Klaus Watzka

Zielvereinbarungen in Unternehmen

Klaus Watzka

Zielvereinbarungen in Unternehmen

Grundlagen, Umsetzung, Rechtsfragen

GABLER

Bibliografische Information der Deutschen Nationalbibliothek
Die Deutsche Nationalbibliothek verzeichnet diese Publikation in der Deutschen Nationalbibliografie; detaillierte bibliografische Daten sind im Internet über <http://dnb.d-nb.de> abrufbar.

1. Auflage 2011

Lektorat: Ulrike Vetter

Gabler Verlag ist eine Marke von Springer Fachmedien.
Springer Fachmedien ist Teil der Fachverlagsgruppe Springer Science+Business Media.
www.gabler.de

Umschlaggestaltung: KünkelLopka Medienentwicklung, Heidelberg
Druck und buchbinderische Verarbeitung: MercedesDruck, Berlin
Gedruckt auf säurefreiem und chlorfrei gebleichtem Papier
Printed in Germany

ISBN 978-3-8349-2624-1

Vorwort

Τέλοκράτος (Telokratie): die Macht des Ziels! Am eigenen Leib durfte ich sie über ein Jahr lang genießen und erleiden. Und ich kann sagen: Sie wirkt! Auch Organisationen sollten bei der Führung ihrer Mitarbeiter nicht auf diese mächtige Kraft verzichten. Man staunt im Rückblick immer wieder über sich selbst, mit welcher Beharrlichkeit man Zeit, Konzentration und Energie aufbringt, wenn man sich erst einmal ernsthaft einem Ziel verschrieben hat. Mitunter fällt im Arbeitsprozess zwar auch der Satz: „Wenn ich das vorher geahnt hätte ...". Aber am Ende dominiert doch die Freude und der Stolz über das fertiggestellte Werk.

Mein Ziel war es, ein Buch zu schreiben, das die vielfältigen und interdisziplinären Facetten zielorientierter Mitarbeiterführung in einer Gesamtdarstellung zusammenführt, neue und kritische Einsichten zur ewig jungen Frage der Führung von Organisationen vermittelt und hilfreiche, verständliche Handlungsempfehlungen für den Praktiker bereithält. Über das Ausmaß meiner Zielerreichung muss nun „König Leser" befinden. Kritik und Verbesserungsvorschläge sind stets willkommen.

Erst die Mithilfe anderer Menschen hat das Buch in dieser Form möglich gemacht. Ihnen möchte ich herzlich danken! An erster Stelle ist mein Freund und Kollege Professor Helmut Assfalg zu nennen, der mit seinem scharfen und unbestechlichen Auge logische Brüche, unpräzise Aussagen und sprachliche Ungereimtheiten aufgedeckt hat. Meine studentische Hilfskraft, Maria Freihoff, hat viele interessante Quellen in den Tiefen der Bibliothek aufgestöbert und mich auch bei der Manuskriptkorrektur verlässlich unterstützt. Professor Theodor Enders hat das arbeitsrechtliche Kapitel durchgesehen und mir die juristische Absolution erteilt. Professor Martin Bösch und Professor Heike Kraußlach haben viele inhaltliche Anregungen geliefert. Dank auch meiner Familie für das große Verständnis in Sachen nicht stattgefundener gemeinsamer Abende und Wochenenden. Ihr verspreche ich: kein Buch mehr! – höchstwahrscheinlich, vielleicht, unter Umständen, falls kein neues Ziel in die Quere kommt ...

Jena, im Dezember 2010 Klaus Watzka

Inhaltsverzeichnis

Teil I: Grundlagen

1 Einführung

„Die wichtigsten Funktionen einer Führungskraft sind erstens, ein Kommunikationssystem bereitzustellen, zweitens dafür zu sorgen, dass unverzichtbare Anstrengungen auch unternommen werden, und drittens, Ziele zu definieren und zu formulieren."

(Chester Barnard, Organisationstheoretiker)

Organisationen existieren einzig und allein, um Ziele zu erreichen. Punkt! Die mit Abstand wichtigste Aufgabe von Führungskräften ist, die Erreichung dieser Ziele sicherzustellen. Punkt! Diese Aussagen gelten für gewinnorientierte, privatwirtschaftliche Unternehmen, für Non-Profit-Organisationen und für die öffentliche Verwaltung gleichermaßen.

Nur die Erreichung von Zielen sichert langfristig die grundsätzliche Überlebensfähigkeit, die Akzeptanz und den Erfolg von Organisationen. Dabei ist zunächst zweitrangig, wer die Ziele gesetzt hat und worin sie inhaltlich konkret bestehen. Privatwirtschaftliche Unternehmen, die dauerhaft über eigene Zielsetzungs- und Zielerreichungsprozesse zentrale Interessen ihrer Eigentümer, Kunden, Fremdkapitalgeber und Mitarbeiter nicht zu erreichen vermögen, verlieren über marktwirtschaftliche Mechanismen schnell ihre Existenzfähigkeit. Und öffentliche Einrichtungen oder Non-Profit-Organisationen, die die Interessen ihrer Träger und Mitglieder nicht erfüllen können, werden von niemandem gebraucht. Zwar dauert ihr Erosionsprozess aufgrund fehlender unmittelbarer Marktkräfte länger, ist aber ebenfalls unaufhaltsam.

Die Frage von Goethes Dr. Faust, „was die Welt im Innersten zusammenhält", lässt sich damit zumindest für Organisationen klar beantworten: Es ist die Definition der „richtigen" Ziele und ihre Erreichung!

Klar ist aber auch, dass Zieldefinition und Zielverfolgung immer arbeitsteilige Prozesse sind. Die Gesamtziele der Organisation können zum einen nur erreicht werden, wenn mehrere Mitarbeiter effizient kooperieren. Zum anderen vollzieht sich die Festlegung von Zielen in einem engen Zusammenwirken von Mitarbeitern und Vorgesetzten. In beiden Prozessen spielen also die Führungskräfte mit ihrem Führungshandeln eine zentrale Rolle. Sie müssen dafür sorgen, dass in der Organisation die „richtigen" Ziele festgelegt werden, diese bei den Mitarbeitern Akzeptanz finden und von ihnen mit hoher Energie und in Abstimmung untereinander verfolgt werden. Jede Führungskraft, die sich nicht mit aller Konsequenz der Sicherstellung dieser Schlüsselprozesse widmet, ist fehl am Platz und betreibt streng genommen Arbeitsverweigerung.

Akzeptiert man diese Überlegungen, dann rückt vor allem ein Steuerungsmechanismus für das Mitarbeiterverhalten in den Vordergrund:

Führen durch Ziele.

Im englischsprachigen Schrifttum spricht man auch vom „Management by Objectives" oder kurz „MbO". Im Weiteren werden diese Begriffe als deckungsgleich behandelt. Egal, ob nun die deutsche oder die englische Bezeichnung Verwendung findet, es geht hier um das wichtigste und wirkungsvollste Führungsinstrument überhaupt – sofern es richtig praktiziert wird!

Im Grundsatz sind die Überlegungen zu diesem Managementsystem nicht neu. Die wesentlichen theoretischen Grundlagen wurden bereits in den 1970er Jahren gelegt, also etwa vor 40 Jahren. Viele Unternehmen setzen dieses Führungssystem nach eigenem Bekunden auch ein. Und viele Führungskräfte werden bestätigen, dass sie ihre Mitarbeiter „selbstverständlich" über Ziele führen und die zentralen Prinzipien des MbO kennen. Warum also noch ein Buch zu diesem Thema? Die Antworten sind einfach:

- Erstens, weil in der erforderlichen Tiefe mitnichten alles zu ihm gesagt ist,
- zweitens, weil eine praxisgerechte und interdisziplinäre Gesamtdarstellung fehlt, die betriebswirtschaftliche, psychologische und arbeitsrechtliche Aspekte vereint,
- drittens, weil sich dem Praktiker bei der Systemeinführung viele Detailfragen stellen,
- viertens, weil in der praktischen Umsetzung eine Fülle von Anwendungsfehlern lauern und
- fünftens, weil es an der Zeit ist, einige Modewellen im Management kritisch zu hinterfragen.

Welchen Nutzen bietet das Buch nun konkret?

In Teil I erhält der Leser einen kompakten, einführenden Überblick über die zentralen Aufbau- und Ablaufprinzipien zielorientierter Führungssysteme. Es enthält ferner einen konkreten und begründeten Vorschlag zum Spektrum der Zieltypen, zu denen mit den Mitarbeitern Vereinbarungen getroffen werden sollten.

Prinzipien theoretisch zu kennen heißt noch lange nicht, sie im täglichen Führungshandeln auch konsequent anzuwenden. Bekanntlich sind wir ja als Menschen häufig Erkenntnisriesen, aber Umsetzungszwerge! Teil II soll Zauderer überzeugen, vom Gedanken zur Handlung zu kommen. Dort werden nämlich ausführlich die Vorteile dieses Führungsinstruments beschrieben. Und das sind ausgesprochen viele! Vertieft werden die psychologischen Mechanismen, die dazu führen, dass schon die reine Existenz von Zielen bei Mitarbeitern Motivations- und Leistungssteigerungen auslöst. Zudem wird auch detailliert aufgezeigt, warum zielorientierte Führungssysteme die gesamte Unternehmenssteuerung verbessern können.

Aber auch die bereits längere, konsequente Praktizierung eines Systems bürgt noch lange nicht für eine richtige Anwendung. Gerade Managementsysteme, die jeder vermeintlich auf Anhieb versteht und die eine hohe Plausibilität aufweisen – was für die Führung über Ziele zweifelsfrei gilt –, bieten bei genauer Betrachtung genügend Möglichkeiten, wichtige Stellschrauben zu übersehen, falsch zu justieren oder im Routinehandeln nur noch „oberflächlich" zu bedienen. Fehlerhafte Handhabung verhindert dann den Erfolg des gesamten Führungsinstruments und raubt ihm die Akzeptanz bei den Mitarbeitern. Aus einem eigentlich leistungsfähigen Steuerungsmechanismus wird dann nur noch ein jährliches „hohles Ritual", das zwar bei allen Beteiligten Ressourcen in Form von Zeit, Geld und Nerven beansprucht, aber für die Organisation keinerlei positive Wirkungen erzielt. Teil III greift daher detailliert alle Erfolgsvoraussetzungen für Zielvereinbarungssysteme auf. Sie funktionieren nämlich nur, wenn die Rahmenbedingungen stimmen, sie in allen Bestandteilen durchdacht aufgebaut sind und man auch die „richtigen" Mitarbeiter und Führungskräfte dafür hat. Die dort thematisierten Aspekte bieten konkrete Handlungsempfehlungen für die Einführung zielorientierter Führungssysteme. Sie können aber auch im Sinne eines Anwendungscontrollings für die kritische Analyse bereits bestehender Systeme genutzt werden. Warum funktionieren sie nicht so, wie man es sich erhofft hat?

Möglicherweise wird in einer Organisation überlegt, die Mitarbeiter nicht nur über Ziele zu führen, sondern über Zielboni auch nach Zielerreichung zu bezahlen. Aus einem Führungsansatz wird dann ein Vergütungssystem. Fast reflexhaft und viel zu unkritisch gehen derzeit viele Organisationen diesen Weg und singen das hohe Lied der leistungsorientierten Vergütung. Zu Recht? Jein! Die Antwort ist nicht einfach. Teil IV beginnt daher auch mit einer ausführlichen Bilanz, in der wichtige Pro- und Contra-Argumente für und gegen Zielboni zusammengetragen werden. Frei von Risiken und Problemen ist eine Vergütung nach Zielerreichung keineswegs! Der Schritt will also wohlüberlegt sein. Aber es gilt zumindest ansatzweise die Weisheit „Gefahr erkannt, Gefahr gebannt". Ich bin auf Basis der Argumente-Bilanz – so viel sei hier schon vorweggenommen – sehr skeptisch, was die Funktionsfähigkeit von Zielbonussystemen anbelangt. Daher wird als Alternative auch zunächst ein Vergütungssystem skizziert, das ohne Zielboni auskommt. Danach aber sollen die Anhänger leistungsorientierter Bezahlungssysteme auf ihre Kosten kommen. Über ein Bausteinsystem werden detailliert alle wichtigen Entscheidungen aufgezeigt, die es bei der Konzeption eines zielbasierten Vergütungssystems zu treffen gilt. Dabei werden jeweils alternative Ausgestaltungsoptionen samt ihrer Vor- und Nachteile vorgestellt. Im Ergebnis erhält der Leser einen praxisorientierten Konzeptionsleitfaden für den Aufbau eines Zielbonussystems.

„TEAM – Toll, ein anderer macht's." Trotz dieses etwas zynischen Praktikerbonmots sind natürlich Ansätze der Gruppenarbeit aus modernen Organisationen nicht mehr wegzudenken. Folglich ist auch der Frage nachzugehen, was es zu beachten gilt, wenn mit ganzen Arbeitsgruppen Ziele vereinbart werden sollen und diese auch kollektiv nach ihrer Erreichung vergütet werden sollen. Dies ist eine von zwei speziellen Fragestellungen, die Teil V aufgreift. Die andere richtet einen kritischen Blick auf das Zusammenspiel aller in der Organisation existierenden Führungsinstrumente. Reibungshitze ist da nicht ausgeschlossen! Weniger ist manchmal mehr! Es wird aufgezeigt, dass professionell aufgebaute Zielvereinbarungssysteme die Funktionen vieler anderer personalwirtschaftlicher Instrumente integrieren können. Insbesondere Modeartikel wie die Balanced Scorecard sind komplett überflüssig. Nicht mehr, sondern weniger Instrumente sind das Gebot der Stunde. Viele Organisationen sind unter die Messies gefallen, mit nutzlosen Instrumenten zugemüllt und bewegungsunfähig geworden! Es wird höchste Zeit, instrumentelle Überkomplexitäten abzubauen und sich auf die wirklich wichtigen Steuerungsinstrumente zurückzubesinnen.

Zielvereinbarungssysteme sind mit einer Fülle von diffizilen arbeitsrechtlichen Einzelfragen verbunden. Diese reichen von Mitbestimmungsrechten der Belegschaftsvertreter bei der Einführung über die Frage akzeptabler Zielschwierigkeiten bis hin zu Vergütungskonsequenzen bei Zielverfehlungen durch längere Erkrankungen von Mitarbeitern. Speziell wenn über Zielboni Geld im Spiel ist, dann ist über kurz oder lang die Wahrscheinlichkeit von Arbeitsrechtsstreitigkeiten besonders hoch. Genau dies passiert derzeit in der Realität. Immer mehr Organisationen praktizieren zielorientierte Vergütungsansätze und die Arbeitsgerichte sind seit einigen Jahren mit Rechtsproblemen konfrontiert, die „das Leben schrieb". Eine differenzierte und abgeschlossene Rechtsprechung gibt es bislang an vielen Stellen noch nicht. Vielmehr sind wir noch in der arbeitsrechtlichen „Such- und Findphase". Umso wichtiger ist daher die Kenntnis juristischer Fußangeln. Teil VI behandelt – streng orientiert am Informationsinteresse von Praktikern – die zentralen Rechtsfragen bei der Gestaltung von zielorientierten Führungs- und Vergütungssystemen, gibt einen Überblick über die aktuelle Rechtsprechung und leistet damit einen Beitrag zu einer rechtssicheren Systemgestaltung.

Dieses Buch wendet sich zunächst an alle Führungskräfte auf allen Hierarchieebenen. Der spezielle Typ und die Größenklasse der Organisation spielen keine Rolle. Fundierte Kompetenzen auf dem Feld der richtigen, effizienten und rechtssicheren Handhabung von Zielvereinbarungen stiften überall gleichermaßen einen hohen Nutzen im Führungsalltag. Intensiv angesprochen ist daher auch der Personenkreis, der sich auf die Übernahme einer Führungsrolle vorbereitet – sei es innerhalb einer Organisation oder auch außerhalb, etwa im Rahmen der akademischen Ausbildung an einer Hochschule. Zielgruppe sind nicht zuletzt auch alle Organisationsleitungen und Personalverantwortlichen, die nach effizienten Steuerungs- und Vergütungsansätzen suchen. Speziell die vielen kleinen und mittelständischen Organisationen stehen hier in der ersten Reihe. Sie verfügen oft nur über eine beschränkte Anzahl an Führungskräften, die in der Folge durch das Tagesgeschäft zeitlich voll ausgelastet sind. Eine systematische Beschäftigung mit modernen Managementmethoden und deren Einführung in der Organisation kommen dabei zwangsläufig zu kurz. Ein fehlender akademischer Hintergrund baut möglicherweise zusätzliche mentale Barrieren auf und führt in der Konsequenz zu einem Verzicht auf Führungsinstrumente, auf die aber auch kleinere Organisationen im Interesse ihres Erfolges nicht verzichten sollten. Allen Lesern wird eine geschlossene, interdisziplinäre, leicht verständliche Gesamtdarstellung des Führungssystems MbO geboten, die zwar theoriebasiert, aber in Sprache und Inhalt nicht theorielastig ist.

Die Verwendung der männlichen Form erfolgt rein aus sprachlichen Vereinfachungsgründen und beinhaltet keinerlei Diskriminierungsabsicht.

2 Betriebswirtschaftliche Zieltheorie

„Kaum verloren wir das Ziel aus den Augen,
verdoppelten wir unsere Anstrengungen."

(Mark Twain, Schriftsteller)

Ein kurzer und selektiver Streifzug durch die betriebswirtschaftliche Zieltheorie stellt zunächst klar, was man unter Zielen versteht, welch zentrale Bedeutung sie für das Management von Organisationen haben und in welcher Form verschiedene Ziele aufeinander einwirken können.

2.1 Begriff und Funktionen

„Ziele sind angestrebte zukünftige Zustände". Oder noch kürzer: „Ziele sind SOLL-Zustände". So lauten die üblichen betriebswirtschaftlichen Definitionen. Für die Planung und Steuerung von Organisationen sind Ziele die zentralen Größen. Warum?

Ohne Ziele ist die Erkennung von Problemen nicht möglich. Definitorisch ist ein Problem eine Abweichung zwischen einem SOLL-Zustand (= Ziel) und einem IST-Zustand (= Lage). In einem Unternehmen, das einen Marktanteil von 18 % anstrebt, aber gegenwärtig nur über 15 % verfügt, würde also das Problem in einem fehlenden Marktanteil in der Größenordnung von 3 % bestehen. Diese zutreffende Problemerkenntnis und eine nachfolgende konsequente Problembehebung sind aber nur auf der Basis von vorab eindeutig festgelegten Zielen möglich. Etwas ketzerisch könnte man formulieren: „Wer keine Ziele hat, hat auch keine Probleme." Oder anders: Wer vermeiden möchte, jemals Probleme zu haben, der sollte tunlichst vermeiden, sich irgendwelche Ziele zu setzen. Es gibt dann nichts, was man verfehlen könnte.

Doch das eigentliche Problem könnte schon in einer fehlerhaften Zielsetzung bestehen. Damit ist klar, dass auch die Formulierung von Zielen Gegenstand einer Problemanalyse sein muss.

Ohne Ziele sind auch keine *rationalen Entscheidungen* in Organisationen möglich. Entscheiden als zentrale Aufgabe von Führungskräften bedeutet immer, zwischen verschiedenen Handlungsalternativen auszuwählen. Dies ist aber nur sinnvoll möglich, wenn die zur Wahl stehenden Handlungsalternativen vorher möglichst eindeutig bewertet wurden. Idealerweise ist es über Bewertungsakte gelungen, eine eindeutige Rangfolge zwischen den Handlungsoptionen herzustellen. Worauf gründen nun solche Bewertungen und Rangfolgen für Handlungsalternativen? Selbstverständlich auf der Spiegelung an Zielen! Rationales Entscheiden ist gleichbedeutend mit der Wahl derjenigen Handlungsalternative, die vorab definierte Ziele am besten erreicht. So kann sich beispielsweise ein Unternehmer bei der Anschaffung eines neuen Fertigungsaggregats nur fundiert für den besten

Typ entscheiden, wenn er vorher eindeutig festgelegt hat, welche Ziele er in der Fertigung vorrangig erreichen möchte: Soll beispielsweise besonders kostengünstig, besonders schnell, besonders flexibel oder besonders ausfallsicher produziert werden? Je nach dominierender Zielrichtung wird eventuell jeweils ein anderer Maschinentyp optimal sein. Für ein qualitativ hochwertiges Entscheidungsverfahren muss es also gelingen, alle relevanten Ziele des Entscheidungsträgers über die angelegten Entscheidungskriterien abzubilden. Werden Entscheidungen nicht konsequent an zu erreichenden Zielen orientiert, dann sind sie irrational oder zufallsgesteuert – man könnte ebenso gut den Würfelbecher bemühen.

Schlussendlich muss man sich verdeutlichen, dass alle *Kontrollprozesse* in Organisationen nur vor dem Hintergrund von Zielen möglich sind. Schon rein definitorisch wird Kontrolle in kurzer Form gern als „SOLL-IST-Vergleich" bezeichnet. Ein derzeitig erreichter Zustand (= IST) wird mit einem ursprünglich angestrebten Ziel (= SOLL) abgeglichen. Deckungsgleichheit zwischen SOLL und IST bedeutet Zielerreichung, Abweichungen zwischen den beiden Größen signalisieren Zielverfehlung und müssen eine konsequente Abweichungsanalyse nach sich ziehen. Diese ist natürlich insbesondere bei Zielverfehlungen geboten, aber auch deutliche Zielübererfüllungen sind kein Grund zu ungetrübter Freude und sollten kritisch hinterfragt werden. Sie könnten ihre Ursache nämlich entweder in zu wenig anspruchsvollen Zielen oder in einer Fehleinschätzung der externen Organisationsumwelt haben. Die erste Ursache wäre eine Verschwendung interner Ressourcen. Die zweite ist ein Indiz dafür, dass die Systeme zur Beobachtung des Umfelds der Organisation nicht optimal funktionieren. Beide Ursachen signalisieren Handlungsbedarf.

Kontrollprozesse stellen zweifellos eine zentrale und absolut unverzichtbare Managementfunktion dar. Die obige Definition macht nachdrücklich klar, dass sie nur dort gebraucht werden – streng genommen sogar nur dort möglich sind –, wo vorher Ziele formuliert wurden. Was sonst soll kontrolliert werden, wenn nicht die Erreichung von Zielen? Kontrollprozesse ohne strikten Bezug zu Zielen sind logisch unsinnig, stellen im milden Fall eine Ressourcenverschwendung und im schlimmen Fall einen demotivierenden und schikanierenden Akt der Machtdemonstration von Führungskräften gegenüber ihren Mitarbeitern dar.

Zusammenfassend ist also festzuhalten, dass zentrale Managementfunktionen wie Problemerkennung, Alternativenbewertung, Entscheidung und Kontrolle nur im Verbund mit Zielfestlegungen sinnvoll sind. Ziele sind die zentralen Steuergrößen beim Management von Organisationen. Umso wichtiger ist damit, dass von der Organisationsleitung dem Prozess der Zielfindung hinreichend Zeit und Energie gewidmet wird, damit im Ergebnis auch die „richtigen" Ziele, insbesondere natürlich die „richtigen Oberziele" festgelegt werden. Denn falsche Oberziele infizieren seuchenartig alle nachgelagerten Managementaktivitäten und steuern die gesamte Organisation in die falsche Richtung. Das Ergebnis falscher Ziele lässt sich am Verhalten der Lemminge bewundern ...

2.2 Zielarten

Nun ist es in aller Regel so, dass in Organisationen nicht nur ein einziges Oberziel existiert. Zwar ging man in der theoretischen Betriebswirtschaftslehre lange Zeit von der Gewinnmaximierung als alleinigem Oberziel von privatwirtschaftlichen Unternehmen aus. Aber mittlerweile interpretiert man Unternehmen eher als Koalitionen von verschiedenen Interessengruppen: Eigentümer, Fremdkapitalgeber, angestellte Topmanager, Arbeitnehmer, Zulieferer, Kunden, Staat/Öffentlichkeit. Man spricht auch von den sogenannten „Stakeholdern". Dauerhafter Erfolg ist nur zu erzielen, wenn über die Unternehmensziele die Interessen aller Gruppen in einem ausgewogenen Verhältnis Berücksichtigung finden. Für alle anderen Organisationen gilt diese Aussage analog. Im Ergebnis führt dies zu einem komplexen System von Oberzielen, das vereinfacht aus drei Kategorien besteht:

1. *Leistungswirtschaftliche Ziele*

   (z. B. herzustellende Produkt-/Dienstleistungsarten, Mengen, Qualitätsniveaus, Prozessgeschwindigkeiten, Zielmärkte, Marktanteile)

2. *Finanzwirtschaftliche Ziele*

   (z. B. Gewinn, Umsatz, Kosten, Liquidität, Cash Flow, Rentabilität, Sicherheit von Kapitalanlagen, Eigenkapitalausstattung, Unabhängigkeit)

3. *Soziale Ziele*

   (z. B. Arbeitszufriedenheit, Arbeitsplatzsicherheit, Qualifizierung von Mitarbeitern, Umweltschutz, finanzielle/ideelle Beteiligung an gesamtgesellschaftlichen Aufgaben).

2.3 Zielbeziehungen

Die Erkenntnis, dass in Organisationen immer mehrere Oberziele gleichzeitig verfolgt werden, rückt die Frage in den Fokus, in welchem Verhältnis die verschiedenen Ziele zueinander stehen können. In der betriebswirtschaftlichen Zieltheorie wird diese Frage unter dem Stichwort „Zielbeziehungen" aufgegriffen. Streng betrachtet ist diese Bezeichnung nicht ganz korrekt. Denn es werden nicht die Beziehungen der *Ziele* zueinander analysiert, sondern die Beziehungen der *Mittel*, die zur Zielerreichung eingesetzt werden.

Eine erste Form von Zielbeziehungen stellt die *Zielkomplementarität* dar. Es handelt sich hier um einen erwünschten Fall. Er liegt immer dann vor, wenn ein Mittel bzw. eine Maßnahme zur Steigerung des Zielerreichungsgrades bei einem Ziel Z_1 ergriffen wird und dadurch gleichzeitig der Zielerreichungsgrad bei einem Ziel Z_2 (oder auch bei weiteren Zielen) positiv beeinflusst wird. Für das Management stellt diese Situation „die beste aller Welten" dar. Ein Beispiel: Zur Bindung der Mitarbeiter sollen Qualifizierungsmaßnahmen angeboten werden, die ihnen Entwicklungsperspektiven eröffnen (Z_1). Das gesteigerte Qualifikationsniveau entfaltet auch positive Effekte auf das Qualitätsniveau in der Fertigung und führt zu höherer Kundenzufriedenheit (Z_2).

Die zweite Form der Zielbeziehungen stellt die *Zielneutralität* dar. Sie liegt immer dann vor, wenn die Verfolgung mehrerer Ziele völlig unabhängig voneinander erfolgen kann. Ein Mittel- oder Maßnahmeneinsatz zu Gunsten eines Zieles Z_1 entfaltet weder positive noch negative Wirkungen auf den Zielerreichungsgrad eines Zieles Z_2. Diese Konstellation kann als unproblematisch gelten. Zielneutralität könnte zum Beispiel gegeben sein, wenn ein Unternehmen gerne den Brandschutz im Lagerbereich verbessern möchte (Z_1) und gleichzeitig die Qualität des Internetauftritts am Arbeitsmarkt optimiert werden soll (Z_2). Rein inhaltlich haben diese Ziele keinerlei Wirkungen aufeinander. Allerdings könnte aus dieser Zielneutralität sehr schnell ein Zielkonflikt (s.u.) werden, wenn beide Ziele um das gleiche Budget für Sondermaßnahmen in der Organisation konkurrieren.

Die dritte Form von Zielbeziehungen ist der *Zielkonflikt*. Es handelt sich hier um den problematischen Fall. Er liegt vor, wenn ein Mittel bzw. eine Maßnahme zur Steigerung des Zielerreichungsgrades bei einem Ziel Z_1 ergriffen wird und dadurch gleichzeitig der Zielerreichungsgrad bei einem Ziel Z_2 negativ beeinflusst wird. Ein Beispiel: Um die Kapitalbindung zu reduzieren, sollen die Lagerbestände an Fertigwaren deutlich reduziert werden (Z_1). In der Folge ergeben sich längere Lieferzeiten und die Kundenzufriedenheit (Z_2) sinkt.

Bei einer extremen Form des Zielkonflikts spricht man auch von *Zielantinomie*. Die Ziele beeinflussen sich dann nicht nur negativ, sondern stehen vielmehr in einem diametralen Gegensatz, sind also völlig unvereinbar. Das wäre sicherlich der Fall, wenn ein Unternehmen die Kosten für Werbung minimieren möchte (Z_1) und gleichzeitig seinen Bekanntheitsgrad in neuen Zielmärkten signifikant steigern möchte (Z_2).

Abbildung 2.1 verdeutlicht die drei grundsätzlichen Zielbeziehungen nochmals grafisch. Ersichtlich wird insbesondere die Reaktion beim Zielerreichungsgrad eines Ziels Z_2, wenn der Zielerreichungsgrad eines Ziels Z_1 gesteigert wird.

Abbildung 2.1: Zielbeziehungen

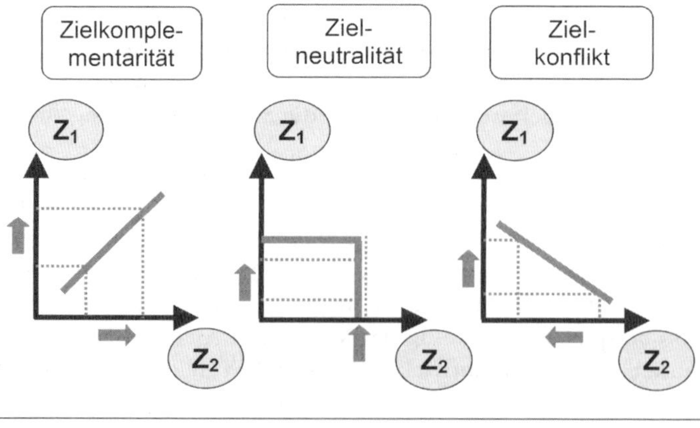

Dargestellt wurden die Grundformen von Zielbeziehungen. In der Praxis können natürlich auch Mischformen auftreten. So wäre z. B. vorstellbar, dass Preissenkungen sich zunächst positiv auf die beiden Ziele Umsatz und Gewinn auswirken (Zielkomplementarität), aber weitere Preissenkungen dann nur noch den Mengenabsatz stimulieren, überproportional Marge vernichten und so zu sinkenden Gewinnen führen (Zielkonflikt). Man würde bei diesem Fall dann von partieller Komplementarität und partiellem Konflikt sprechen.

Ein weiteres Beispiel: Vorstellbar wäre, dass Mitarbeiter effizienzsteigernden Umorganisationen bis zu einem gewissen Umfang indifferent gegenüberstehen, aber es bei stärkeren Eingriffen in die eingespielten Ablaufroutinen zu einer Beeinträchtigung der Arbeitszufriedenheit kommt. Hier wäre dann eine Kombination aus partieller Zielneutralität und partiellem Zielkonflikt gegeben.

Das Spitzenmanagement jeder Organisation steht in der Pflicht, das gesamte System der Oberziele sorgfältig auf die Art der herrschenden Zielbeziehungen hin zu analysieren. Von Zielkonflikten sollte man tunlichst nicht erst in der Phase der Zielverfolgung überrascht werden. Nicht immer wird sich aber die Existenz von Zielkonflikten vermeiden lassen. Das liegt an den unterschiedlichen Interessenlagen aller mit einer Organisation verbundenen Anspruchsgruppen. Die von den Mitarbeitern gewünschte deutliche Vergütungssteigerung stellt nun einmal eine Personalkostensteigerung mit einem negativen Effekt für die Gewinnziele der Eigentümer dar. Welche Wege zur Lösung von Zielkonflikten zeigt die betriebswirtschaftliche Zieltheorie auf?

2.4 Auflösung von Zielkonflikten

Die radikalste Form stellt die *Zielunterdrückung* dar. Eines der beiden konfliktären Ziele wird aus dem Zielkatalog eliminiert. Der Zielkonflikt ist damit aufgelöst. Diese Strategie setzt eine entsprechend starke Machtposition der Verfechter des verbleibenden Ziels voraus. Ein Unternehmer könnte z. B. in Zeiten hoher Arbeitslosigkeit auf die Vergütungswünsche seiner Mitarbeiter mit einer Kündigungsdrohung reagieren und mögliche negative Effekte auf sein Gewinnziel damit beseitigen.

Eine zweite Möglichkeit ist die *Zielgewichtung*. Manche Zielkonflikte lassen sich mit Blick auf die zur Verfügung stehenden Ressourcen lösen, die in bestimmten Prozentsätzen auf die Ziele verteilt werden. So könnte z. B. eine Gewinnsteigerung von 200.000 Euro zu 30 % dem Wunsch der Mitarbeiter nach Vergütungssteigerungen und zu 70 % dem Gewinnmaximierungsziel der Eigentümer dienen.

Die dritte Option stellt eine *Anspruchsniveausenkung* dar. Sie setzt ebenfalls an den Ressourcen an. Die konfliktären Ziele könnten so weit abgesenkt werden, dass der Konflikt aufgelöst wird. Beispiel: Bei einem zur Verfügung stehenden Jahresgewinn von 1.000.000 Euro könnte der Vorstand die ursprünglich angestrebte Stärkung der Rücklagen in Höhe von 600.000 Euro auf 500.000 Euro reduzieren. Wenn die Aktionäre ihr ursprüngliches Ausschüttungsziel ebenfalls von 600.000 Euro auf 500.000 Euro reduzieren, dann reicht die zur Verfügung stehende Gewinnsumme zur konfliktfreien Erfüllung beider Ziele.

Einen vierten gedanklichen Zugang bietet die Möglichkeit, den Zielen den Status von *Hauptziel und Nebenbedingung* zuzuweisen. Dabei wird zunächst die Nebenbedingung erfüllt und in einem zweiten Schritt das Hauptziel optimiert. Umgesetzt auf ein Beispiel: Aus dem Jahresgewinn erhalten die Mitarbeiter in jedem Jahr eine Vergütungssteigerung von 2 % (= Erfüllung der Nebenbedingung). Der verbleibende Gewinn fließt dann gewinnmaximierend den Eigentümern zu (= Erfüllung des Hauptziels). Das Risiko bei dieser Lösungsstrategie besteht erkennbar darin, dass bereits nach Erfüllung der Nebenbedingung die Ressourcen aufgebraucht sind und das Hauptziel damit bedeutungslos wird. Um dies zu verhindern, ist auch die Formulierung von mehreren Nebenbedingungen denkbar, denen Rangfolgen zugewiesen werden. Im Beispiel: Zunächst erhalten die Eigentümer aus dem Jahresgewinn eine Verzinsung von 2 % auf ihr eingesetztes Kapital (Nebenbedingung 1), dann die Mitarbeiter eine Vergütungssteigerung von 2 % (Nebenbedingung 2) und erst dann fließt der Restgewinn den Eigentümern zu (Hauptziel).

Die fünfte Handlungsmöglichkeit stellt die *Nacheinandererfüllung* dar. Hier wird auf einem Zeitstrahl agiert. Die Erfüllung eines der beiden konfliktären Ziele wird zeitlich nach hinten geschoben, so dass man sich zunächst auf die Realisierung nur eines Zieles konzentrieren kann. Streng genommen handelt es sich bei dieser Vorgehensweise auch um eine Zielunterdrückung. Nur ist sie eben nicht endgültiger, sondern nur temporärer Natur und damit für die Interessengruppe hinter dem verschobenen Ziel eher akzeptabel. Als Praxisbeispiel kann das Verhalten von Gewerkschaften dienen, die in wirtschaftlichen Krisenzeiten eine maßvolle Lohnpolitik betrieben haben, um dann aber bei später verbesserter konjunktureller Lage den berühmten „großen Schluck aus der Pulle“ zu reklamieren.

Nach diesem eher generellen Blick auf Organisationsziele soll nun der Fokus auf die Beziehung zwischen Führungskräften und Mitarbeitern und damit auf das Führungsinstrument „Führen durch Ziele“ gerichtet werden.

3 Grundsätzliche Mechanismen zielorientierter Führung

„Man muss gewisse Ziele festlegen, einige Anreize geben und versuchen, nicht in die Details ihrer Arbeit einzugreifen."

(David Packard, Gründer von HP)

Die obige Erkenntnis eines erfolgreichen Unternehmers umschreibt schon recht prägnant den Kerngedanken des Managementsystems „Führen durch Ziele". Sorge für einen klaren Rahmen und lasse die Mitarbeiter dann selbständig agieren. Zum Ausdruck kommt hier ein sehr positives Menschenbild, das stark auf dem Vertrauensprinzip gründet.

3.1 Zielvorgabe und Zielvereinbarung

Management by Objectives (MbO, Führen durch Ziele) ist grundsätzlich in zwei Varianten praktizierbar. Bei einer eher autoritären Variante werden die Führungskräfte die Ziele *vorgeben*. Die eher partizipativ ausgerichtete Variante sieht vor, dass die Ziele im Dialog zwischen Führungskräften und Mitarbeitern *vereinbart* werden. In aller Regel meint man heute Ziel*vereinbarung*, wenn man von „Führung durch Ziele" spricht. Das soll auch hier im Grundsatz so gehalten werden.

Zweifellos stellt der partizipative Führungsstil den zeitgemäßeren Ansatz dar, der einem mündigen Mitarbeiter eher gerecht wird. Damit ist aber ein autoritärer Führungsstil keinesfalls vollständig überflüssig. Er kann sich vielmehr unter bestimmten situativen Rahmenbedingungen als der eindeutig überlegene Stil erweisen. Das gilt z. B. dann, wenn die Mitarbeiter nicht den erforderlichen fachlichen oder motivationalen Reifegrad für eine stärkere Einbindung in unternehmerische Entscheidungen aufweisen, sie eine starke Tendenz zur Verfolgung von Eigeninteressen haben oder wenn schlicht unter Zeitdruck agiert werden muss und daher für aufwändige Diskussionsprozesse keine Zeit bleibt. Insofern kann unter diesen Voraussetzungen auch eine Führung durch Ziel*vorgabe* eine angemessene Vorgehensweise darstellen. Dies wird insbesondere auch dann der Fall sein, wenn – aus welchen Gründen auch immer – eine Einigung auf Stellenziele zwischen Führungskraft und Mitarbeiter nicht möglich ist. *Malik* bringt es mit erfrischender Deutlichkeit auf den Punkt:

> *„Es wird immer wieder Situationen geben, bei denen man sich sagen muss: ‚Wir haben jetzt sechs Wochen über diese Ziele diskutiert und leider keinen Konsens gefunden (...)'. Was nun?*
>
> *Dann ist genau jene Situation eingetreten, in der die Ziele als solche wichtiger sind als ihre Vereinbarung. Dann muss man sie vorgeben, auch wenn das als nicht besonders zeitgemäß gilt. Jedenfalls darf auf keinen Fall die Situation eintreten, keine Ziele zu haben (...)." (Malik, 2000, S. 188)*

In einer empirischen Studie in der ostdeutschen Metall- und Elektroindustrie konnte aufgezeigt werden, dass in 118 von 328 befragten Betrieben Führung über Ziele praktiziert wird. Das sind immerhin 36 %. In diesen Betrieben sind vorwiegend außertarifliche Angestellte und Führungskräfte (zu 65 %) und sonstige Angestellte (zu 60 %) in das System einbezogen. In der Hälfte der Betriebe (49 %) werden sogar gewerbliche Mitarbeiter erfasst. Die Befragung zeigte aber auch weiter, dass in 53 % aller Betriebe Ziele durch die Betriebsleitung oder die Führungskräfte *vorgegeben* werden, also keine Vereinbarungsprozesse stattfinden (*Hinke 2003*).

Im theoretischen Schrifttum wird weit überwiegend der Vereinbarungsansatz empfohlen. Zumindest in dieser untersuchten Branche und Region zeigt die Realität ein anderes Bild. Es wird also noch näher zu prüfen sein, inwieweit motivationale und leistungsbezogene Potenziale dieses Führungsinstruments auf diese Weise „verschenkt" werden.

3.2 Kommunikation der Oberziele

Die zentralen Funktionsprinzipien von Zielvereinbarungen lassen sich auf *drei Mechanismen* reduzieren. Der erste ist die Kommunikation der Oberziele. Der Begriff „Oberziele" ist hier in einem weiten Sinn zu verstehen. Er steht als Sammelbegriff für Visionen, Unternehmenspolitik und strategische Ziele. Alle diese Konstrukte werden dem „Normativen Management" (*Bleicher 2004*) zugerechnet. Etwas ungelenk übersetzt könnte man auch von „vorgebendem Management" sprechen. Gemeint ist damit die Definition eines Rahmens, innerhalb dessen sich alle nachgelagerten Entscheidungen und Prozesse in der Organisation zu bewegen haben – und damit eben auch alle Zielvereinbarungen. Die Setzung dieses Rahmens ist eine der Schlüsselaufgaben des Topmanagements. Nimmt es diese Aufgabe nicht konsequent wahr, dann versagt es. Alle nachgeordneten Führungskräfte und Mitarbeiter benötigen für ihr Handeln diesen Orientierungsrahmen. Daher ist neben seiner Formulierung auch zwingend notwendig, durch permanente und intensive – mündliche und schriftliche – Kommunikationsakte dafür Sorge zu tragen, dass allen Mitarbeitern Visionen, Unternehmenspolitik und strategische Ziele in allen Facetten bekannt sind. Nur dann können sie ihre steuernde Kraft im Organisationsgeschehen entfalten.

Mit einem differenzierteren Blick auf die drei genannten Konstrukte des Normativen Managements lässt sich ihr Zusammenwirken wie in **Abbildung 3.1** darstellen. Strategische Ziele leiten sich demnach aus der Organisationspolitik ab und diese wiederum aus den Visionen.

Abbildung 3.1: Bestandteile des Normativen Managements

Visionen sind anspruchsvolle, aber gleichzeitig auch realistische Zukunftsentwürfe für die Organisation, die mit Blick auf die nächsten Jahre oder gar Jahrzehnte Antworten auf die Fragen geben „*Wer/was wollen wir sein?*", „*Wo wollen wir hin?*". Sie stellen quasi den „Punkt am Horizont" dar, auf den sich die gesamte Organisation in einer längeren Reise hinbewegen soll. Sie sollen Orientierung geben, gleichzeitig Begeisterung auslösen und so Energien bei allen Mitarbeitern aktivieren. Fast schon unvermeidlich zur Illustration ist das berühmte Zitat, das dem Schriftsteller *Antoine de Saint-Exupéry* zugeschrieben wird:

„Wenn du ein Schiff bauen willst, so trommle nicht Männer zusammen, um Holz zu beschaffen, Werkzeuge vorzubereiten, Aufgaben zu vergeben und die Arbeit zu erleichtern, sondern lehre die Männer die Sehnsucht nach dem endlosen, weiten Meer."

Gern wird auch das Bild vom „Leitstern" bemüht. Visionen sollen dem alltäglichen Handeln der Mitarbeiter einen übergreifenden Sinn geben. Sehr gut deutlich wird diese Funktion an folgender kleiner Geschichte:

Drei Steinmetze werden bei der Arbeit gefragt, was sie hier tun. Der erste: „Ich behaue Steine." Der zweite: „Ich ziehe eine Wand hoch." Und der dritte antwortet: „Ich baue an einer Kathedrale mit."

Unmissverständlich betont *Herbert Henzler*, ehemaliger Deutschland-Chef der Unternehmensberatung McKinsey, die Wichtigkeit von Visionen:

> *„Unternehmer und Führungskräfte mit einem hohen Grad an strategischer Führungskompetenz besitzen eine unternehmerische Vision und können diese in einem oder wenigen Sätzen ausdrücken."*

Wirkungsvolle Visionen zeichnen sich durch einige Merkmale aus:

- Plastizität: einfache, eindringliche Formulierung
- Unverwechselbarkeit: Alleinstellung
- Emotionalität: mitreißende, aktivierende Aussage
- Realisierbarkeit: Chance auf Machbarkeit – statt Utopie
- Spitzenanspruch: fordernd; Mittelmäßigkeit wird nicht als Vision akzeptiert
- Glaubwürdigkeit: konformes Verhalten aller Führungskräfte
- Präsenz: permanent im Bewusstsein der Mitarbeiter

Eine Vision für einen Automobilbauer könnte beispielsweise lauten: *„Unbeschränkte Mobilität ohne Umweltbelastung und ohne eigenes Fahrzeug"*. Dessen Management hätte dann die Entwicklung von solarbetriebenen Fahrzeugen und den gleichzeitigen Aufbau eines leistungsfähigen und flexiblen Anmietungssystems für Großstädte im Visier.

Eine Stufe konkreter ist die *Unternehmenspolitik*. Zu dem in der Vision formulierten Zukunftsentwurf (*„**Was** soll erreicht werden?"*), werden erste fundamentale Festlegungen zur Frage *„**Wie** soll es erreicht werden?"* getroffen. Die Unternehmenspolitik basiert auf konkreten Entscheidungen – als Wahl zwischen Alternativen – des Top-Managements. In unternehmenspolitischen Setzungen finden zudem auch stark die grundsätzlichen Werthaltungen der maßgeblichen Unternehmensträger ihren Niederschlag. Es bietet sich an, die Unternehmenspolitik nach verschiedenen Funktionsbereichen zu differenzieren. So entstehen dann beispielsweise Aussagen zur Personalpolitik (z. B. Prinzip der lebenslangen Beschäftigung), zur Finanzpolitik (z. B. weitgehender Verzicht auf Fremdkapital), zur Absatzpolitik (z. B. Rund-um-die-Uhr-Erreichbarkeit der Organisation) oder zur Einkaufspolitik (z. B. Bevorzugung regional ansässiger Zulieferer).

Diese fundamentalen Festlegungen sind langfristig stabil und bilden einen Rahmen für alle weiteren Planungen und Entscheidungen.

Eine weitere Konkretisierungsebene bilden die *Strategischen Ziele*. Sie sind das Ergebnis von detaillierten Analysen im Rahmen der sehr proaktiv ausgerichteten Strategischen Planung, die insbesondere die Entwicklung der organisationsrelevanten Umwelt (z. B. ökonomisch, rechtlich, technologisch, sozial) und die darauf bezogenen eigenen Stärken und Schwächen – vor allem auch in Relation zu wichtigen Wettbewerbern – in den Fokus nimmt. Bei strategischen Zielen werden also mehrjährige, globale Handlungsnotwendigkeiten definiert, mit denen sich eine Organisation gegenüber der Umwelt behaupten will, drohende Risiken umgangen und sich bietende Chancen wahrgenommen werden sollen. Die Erreichung von strategischen Zielen soll durch die Ausarbeitung von *Strategien* gesichert werden. Bei ihnen handelt es sich um *ein Bündel von einzelnen, aufeinander abgestimmten Vorgaben, die die Entscheidungen in allen Funktionsbereichen der Organisation nach einem einheitlichen Muster prägen sollen.*

Wenn also z. B. in der Automobilindustrie – als Reaktion auf die gesellschaftlich geführte Ökologiedebatte – die Entwicklung eines Elektroantriebs ein wichtiges strategisches Ziel darstellt, dann könnte eine zentrale Strategie lauten, die technologische Kompetenz auf diesem Feld zu stärken und von den Kunden auch als kompetent wahrgenommen zu werden. Die Personalabteilung hätte dies bei ihren Rekrutierungsentscheidungen zu berücksichtigen, der Einkaufsbereich bei der Auswahl der Lieferanten, die Abteilung Forschung & Entwicklung bei der Definition von Forschungsfeldern und der Public-Relations-Bereich bei der Außendarstellung des Unternehmens.

Die Notwendigkeit, sich in Organisationen rechtzeitig und intensiv mit strategischen Zielen zu befassen und auf Umfeldveränderungen auch entschlossen zu reagieren, unterstreichen etwas augenzwinkernd ein Zitat des Informatikers *Karl Steinbuch* und ein *chinesisches Sprichwort:*

> *„Ich interessiere mich sehr für die Zukunft, ich werde nämlich dort den Rest meines Lebens verbringen."* *(Karl Steinbuch)*
>
> *„Herr der Vergangenheit ist, wer sich erinnern kann; Herr der Zukunft wird aber nur, wer sich wandeln kann."* *(Chinesisches Sprichwort)*

Zurück zu den Zielvereinbarungen: Es sollte aus den Ausführungen klar geworden sein, dass die durch das Topmanagement zu leistende Formulierung und Kommunikation von Visionen, Unternehmenspolitik und strategischen Zielen – im Weiteren vereinfachend nur noch als Oberziele bezeichnet – einen unverzichtbaren Überbau für treffgenaue Zielvereinbarungen zwischen Führungskräften und Mitarbeitern darstellt. Nun zum nächsten grundsätzlichen Mechanismus von zielorientierten Führungssystemen.

3.3 Zielkaskadierung

Mit dem Begriff der Zielkaskadierung lehnt man sich an das Bild einer Kaskade an, also eines Wasserfalls, der über mehrere Steinstufen ins Tal stürzt. Die Oberziele der Organisation werden schrittweise über alle Organisationseinheiten hinweg hierarchieabwärts aufgespalten. Dieser Prozess reicht von der Organisationsspitze bis hinab zur untersten Stellenebene. Mitunter liest man auch vom „Herunterbrechen der Ziele". Aus sprachästhetischen Gründen nehmen wir diesen Begriff aber mal lieber nicht ins Programm.

Im Ergebnis entsteht eine Zielpyramide, die für alle organisatorischen Einheiten die Leistungsbeiträge zur Erreichung der Oberziele abbildet.

In der *vertikalen* Betrachtung müssen alle Ziele in einem strengen Zweck-Mittel-Verhältnis zueinander stehen. Dies bedeutet, dass die Gesamtheit der Ziele auf einer untergeordneten Ebene (z. B. Abteilungen) die Mittel darstellen, um die Ziele der übergeordneten Ebene (z. B. Hauptabteilung) zu erreichen. Die Ziele aller Hauptabteilungen wären dann wieder die Mittel zur Realisierung der nächsthöheren Organisationseinheit (z. B. eines Werksstandorts).

In der *horizontalen* Betrachtung ist auf jeder Organisationsebene idealerweise eine völlige Widerspruchsfreiheit zwischen den einzelnen Zielen zu fordern.

Abbildung 3.2 illustriert nochmals die grundsätzlichen Zusammenhänge in allgemeiner Form. In der nachfolgenden **Abbildung 3.3** werden sie dann in ein selbsterklärendes Beispiel umgesetzt.

Abbildung 3.2: Zielkaskadierung

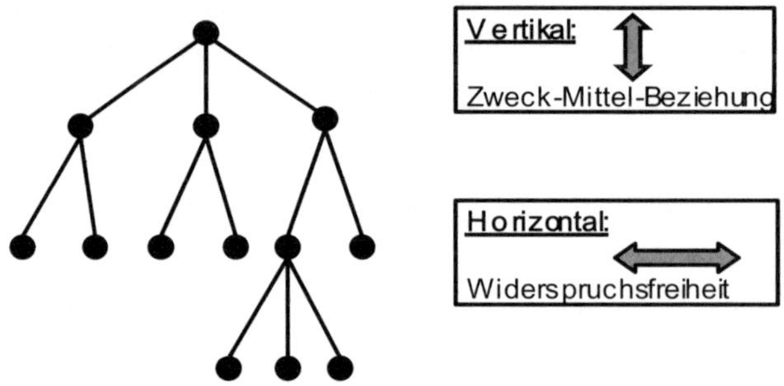

Abbildung 3.3: Beispiel für Zielkaskadierung

Die Aufgabenübertragung an organisatorische Einheiten oder einzelne Mitarbeiter erfolgt beim MbO also in der Hauptsache anhand von Zielen. Klassische Stellenbeschreibungen werden zwar nicht überflüssig, sind aber in ihrer Bedeutung als Organisationsmechanismus zur Verbindung von Struktureinheit und Mensch deutlich gemindert.

Nun zum dritten Basismechanismus zielorientierter Führungssysteme.

3.4 Freie Mittelwahl

Die Mitarbeiter entscheiden selbst, mit welchen Mitteln oder über welche Maßnahmen sie ihre Ziele erreichen wollen. Das gewährt ihnen umfängliche Freiheitsgrade bei der Aufgabenerfüllung. Bekanntlich führen ja immer mehrere Wege nach Rom. Der Mitarbeiter kann denjenigen wählen, der ihm am erfolgversprechendsten erscheint und der am besten zu seiner Persönlichkeitsstruktur und zu seinen bevorzugten Verhaltenstendenzen passt. Es versteht sich von selbst, dass sich die gewählten Mittel und Maßnahmen innerhalb legaler und weiterer, von der Organisation gesetzter Grenzen zu bewegen haben. Letztere sollten dann aber auch nicht so engmaschig gesteckt sein, dass sie die dem MbO innewohnende Freiheitsphilosophie konterkarieren.

Führungskräfte sind aufgrund dieses Prinzips der Notwendigkeit enthoben, jede Arbeitsaufgabe, im Extremfall jeden Arbeitsschritt, einzeln anweisen zu müssen. Auch sie gewinnen dadurch beträchtliche zeitliche Freiräume. Die Außensteuerung des Mitarbeiters durch den Vorgesetzten ist beim MbO in starkem Umfang durch die Selbststeuerung des Mitarbeiters ersetzt.

In der freien Mittelwahl liegt der entscheidende Unterschied zum Delegationsprinzip oder *Management by Delegation,* wie es mitunter auch genannt wird. Es ist nämlich durchaus möglich, dass eine Führungskraft zwar komplexe und anspruchsvolle Aufgaben an einen Mitarbeiter delegiert, gleichzeitig aber relativ enge Verrichtungsvorschriften vorgibt. Eine solche Vorgehensweise wäre eindeutig gegen die Philosophie des MbO. Insofern könnte man MbO auch als eine Weiterentwicklung des Delegationsprinzips betrachten.

3.5 Kritische Anmerkungen

Abschließend zur Darstellung der Grundsatzmechanismen des MbO sei noch ein Zitat von *Reinhard Sprenger* kommentiert. In ihm kritisiert er einerseits völlig zu Recht die Praxis der Zielvereinbarung in vielen Organisationen. Andererseits zeigt sich bei einzelnen Aussagen aber auch eine zu negative Sicht auf dieses Führungsinstrument.

> *„Zielvereinbarung ist vielfach zum Kostenreduktionsventil degeneriert. Man will nur eine Leistung bezahlen, die auch wirklich erbracht worden ist. Dazu verdichtet man den hochkomplexen Leistungsbegriff auf eine einzige Dimension: Geld (...). Um keine finanziellen Nachteile in Kauf zu nehmen, konzentrieren (sich die Mitarbeiter) ausschließlich auf die vereinbarten Ziele, nämlich jene, die Konsequenzen in der Brieftasche haben. Schlecht messbare Aktivitäten wie kollegiales Verhalten, freiwilliger Wissensaustausch (...) werden vernachlässigt." (Sprenger 2001, S. 90)*

Zunächst einmal ist festzuhalten, dass eine schlechte Handhabung eines Managementsystems nicht per se gegen ein System spricht. Durch falsche Anwendung kann jedes Führungsinstrument pervertiert und seine Wirkung ins Gegenteil verkehrt werden. Es ist also in der Betrachtung jeweils streng zwischen *Systemkonstruktion* und *Systemhandhabung* zu trennen. Personalabteilungen und Organisationsleitungen tun gut daran, auch nach der

Einführung eines professionell konstruierten Zielvereinbarungssystems dessen korrekte Handhabung durch die Führungskräfte kritisch zu überprüfen. Handhabungscontrolling ist eine Daueraufgabe!

Ein Problem stellt ohne Zweifel die Gefahr dar, dass die Mitarbeiter sich bei ihrer Arbeit zu stark auf die durch monetäre Anreize untersetzten Ziele konzentrieren und für andere wichtige Aufgaben keine Energie mehr einsetzen. Darauf wird später noch vertieft einzugehen sein. Allerdings ist das in dieser Aussage durchscheinende Menschenbild aber auch zu negativ. Es unterstellt, dass Mitarbeiter lediglich auf monetäre Anreize fixiert sind, wenig Wille zur Übernahme von Verantwortung für das eigene Arbeitsgebiet vorhanden ist und keine Motivation existiert, eine Aufgabe – schon aus reiner Selbstachtung – schlicht „um ihrer selbst willen“ gut zu erledigen. Sollten in einer Organisation tatsächlich mehrheitlich so strukturierte Mitarbeiter vorhanden sein, dann stellen sich dringlich die Fragen: *„Wer hat sie hereingelassen?“* oder *„Warum sind sie so geworden, wie sie sind?“*. Mit aller Konsequenz gehören dann die Personalauswahlsysteme und die Führungsverhaltensmuster der Vorgesetzten auf den Prüfstand.

Auch die Vernachlässigung schlecht messbarer Aktivitäten wie kollegiales Verhalten, freiwilliger Wissensaustausch etc. ist keine zwangsläufige Folge. Selbstverständlich lassen sich auch solche wichtigen Handlungsfelder über Ziele abbilden. Kollegiales Verhalten könnte beispielsweise über das erwünschte Niveau an abteilungsübergreifender Zusammenarbeit oder stellenübergreifenden Informationsflüssen erfasst werden. Die vom Mitarbeiter diesbezüglich entfalteten Aktivitäten sind vielleicht nicht präzise messbar, aber hinreichend genau beurteilbar sind sie durch eine aufmerksame Führungskraft schon. Beim Ziel des freiwilligen Wissensaustausches lassen sich über die Aktivitäten bei organisationsinternen Besprechungen/Konferenzen (Teilnahme, Vorträge, Anfertigung von Dokumenten) oder das Engagement bei der Pflege von Wissensdatenbanken sogar recht präzise Ansatzpunkte zur Messung finden. Natürlich ist es einfacher, eine quantitativ formulierte Vorgabe zu Kostensenkungen oder Umsatzsteigerungen zu formulieren und ihre Erreichung dann zu messen. Mit ein wenig Fantasie können (und müssen!) aber auch die „weichen Faktoren“ Gegenstand von Zielvereinbarungen sein. Denn es gilt die bekannte Managementweisheit:

> *„A weak measure on the right issue is better than a strong measure on the wrong issue.“*
>
> *(„Eine eher unpräzise Messung des richtigen/wichtigen Sachverhalts ist besser als eine präzise Messung des falschen/unwichtigen Sachverhalts.“)*

Etwas irritierend für einen Ökonomen ist *Sprengers* Aussage: *„... man will nur eine Leistung bezahlen, die auch wirklich erbracht worden ist.“* Was ist daran kritikwürdig? Jeder möchte auch im Privatbereich nur für tatsächlich Erbrachtes zahlen. Von Führungskräften in Organisationen ist zu erwarten, dass sie konsequent dafür Sorge tragen, dass anfallenden Personalkosten auch adäquate Leistungen der Mitarbeiter gegenüberstehen. Alles andere würde fast schon den Vorwurf der Untreue gegenüber den Eigentümern rechtfertigen.

Viel entscheidender ist aber ein anderer Punkt. Es könnte der Anschein entstehen, dass Zielvereinbarungen immer auch mit einer Vergütung nach Zielerreichung einhergehen.

Genau dieses Junktim existiert nicht! Es ist sehr wohl möglich, Mitarbeiter „lediglich" über Ziele zu führen. Die reine Existenz von Zielen bzw. der Akt ihrer Vereinbarung übt schon deutliche Wirkungen auf die Motivation und das Leistungsverhalten aus. Dies wird in Teil II noch detailliert ausgeführt. Ob Ziele dann auch vergütungsrelevant sein sollen, muss Gegenstand separater Überlegungen sein. Es wird hier also dafür plädiert, den *Führungs*ansatz von MbO einerseits und den *Vergütungs*ansatz andererseits strikt zu trennen.

4 Phasenablauf der Zielvereinbarung

„Der Langsamste, der sein Ziel nicht aus den Augen verliert, geht immer noch geschwinder als der, der ohne Ziel umherirrt."

(Gotthold Ephraim Lessing, Dichter)

In einer idealtypischen Betrachtung lassen sich die einzelnen Phasen von Zielvereinbarungsprozessen im Überblick gemäß **Abbildung 4.1** darstellen.

Abbildung 4.1: Phasenschema des MbO (in Anlehnung an *Odiorne 1967, S. 102*, und *Staehle 1999, S. 854*)

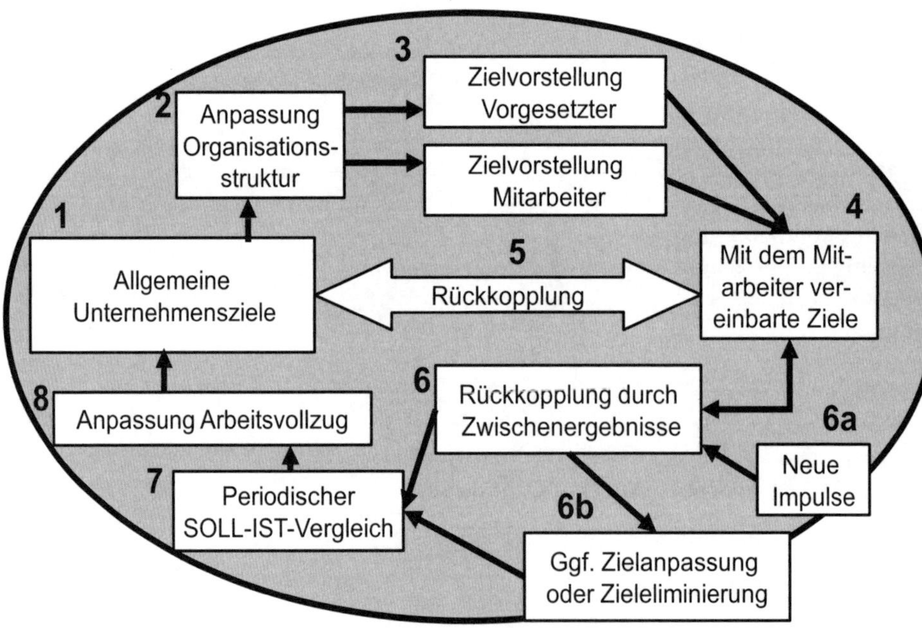

Unverzichtbarer Ausgangspunkt sind, wie bereits ausführlich begründet, immer die Oberziele der Organisation, die zunächst festgelegt sein müssen. (➔ Phase 1)

Falls noch nicht vorhanden, muss zunächst eine Organisationsstruktur geschaffen werden, bei der eine Zielkaskadierung möglich ist. Im Ergebnis müssen Organisationseinheiten (z. B. Abteilungen, Gruppen, Stellen) so abgegrenzt sein, dass ihnen eindeutig ein Teilziel zugewiesen werden kann. Es bedarf dabei nicht zwangsläufig einer hierarchischen Aufbaustruktur. Zielvereinbarungsprozesse sind natürlich ebenfalls innerhalb einer prozessorientierten

Organisation möglich. Analog müssen dann die Prozessstufen so abgegrenzt werden, dass eine klare Zuordnung zwischen Teilziel und Prozessschritt möglich wird. (➔ Phase 2)

In einem dritten Schritt erarbeiten dann im Vorfeld eines Zielvereinbarungsgesprächs der Mitarbeiter und der Vorgesetzte – jeweils getrennt – Vorschläge insbesondere zu den Leistungsbeiträgen, die der Mitarbeiter auf seiner Stelle zu den Oberzielen erbringen könnte. Die getrennte Ausarbeitung von Vorschlägen soll zum einen sicherstellen, dass beide Seiten intensiv vorbereitet in das gemeinsame Gespräch gehen. Und zum anderen soll über diesen Prozess Perspektivenvielfalt hergestellt werden. Die Wahrscheinlichkeit für kreative Zielfindungsprozesse und fruchtbare Diskussionen über die „richtigen" Leistungsbeiträge des Mitarbeiters steigt. Ein direkter Einstieg in das Zielvereinbarungsgespräch birgt die Gefahr, dass sich die Perspektive des Vorgesetzten aufgrund des Hierarchiegefälles zu schnell und zu unreflektiert durchsetzt. Für diesen getrennten Vorbereitungsprozess sollte im Minimum ein Zeitraum von vier Wochen veranschlagt werden. (➔ Phase 3)

Es folgt dann das eigentliche Zielvereinbarungsgespräch zwischen Vorgesetztem und Mitarbeiter. Die Einhaltung der üblichen und bekannten Gesprächsregeln (z. B. hinreichend Zeit, störungsfreie Atmosphäre, gleichberechtigte Chance für Redebeiträge) sollte selbstverständlich sein. Durchaus sinnvoll könnten auch mehrere Gesprächstermine sein. Die Einigung sollte „nicht übers Knie gebrochen" werden. Denn schließlich stellen die Ziele dann für einen längeren Zeitraum die zentrale Arbeitsgrundlage für den Mitarbeiter dar. Gerade bei anspruchsvollen Arbeitsaufgaben sind die zu formulierenden Ziele entsprechend komplex. Insofern könnte sich anbieten, an einem ersten Termin lediglich die gegenseitigen Vorstellungen auszutauschen und vor einem weiteren Termin beidseitig notwendigen Reflexions- oder Informationsbeschaffungsprozessen Raum zu geben. Auch schwierigere Einigungsprozesse benötigen unter Umständen mehrere Gesprächstermine. Dies klingt aufwändig. Ist es auch! Schließlich geht es hier um den Schlüsselprozess der Mitarbeiterführung. Wenn am Ende die für die Organisation „richtigen" Ziele stehen, mit denen beide Seiten „gut leben" können, dann war der Aufwand allemal den Schweiß der Edlen wert. Das Ergebnis dieser Phase besteht in schriftlich fixierten, für den Mitarbeiter verbindlichen Zielen. (➔ Phase 4)

Da sich der Einigungsprozess durchaus über einen längeren Zeitraum hinziehen kann und kontroverse Diskussionsprozesse auch zu inhaltlichen Akzentverschiebungen bei den Zielen führen können, ist eine kritische Rückkopplungsschleife zu den Oberzielen der Organisation nötig. Leisten die vereinbarten Ziele wirklich einen hinreichenden Beitrag zur Erreichung der Oberziele? Besteht Konfliktfreiheit mit anderen Teilzielen in der Organisation? (➔ Phase 5)

In der Phase der Zielrealisierung sind Gesprächstermine einzuplanen, in denen Mitarbeiter und Vorgesetzter den aktuellen Stand der Zielerreichung und möglicherweise auftretende Probleme kritisch reflektieren. Diese Zwischenchecks sollen sicherstellen, dass sich der Mitarbeiter sowohl inhaltlich als auch terminlich im geplanten Zielkorridor befindet. Abweichungen sollen früh genug erkannt werden, um gegensteuernde Maßnahmen einleiten zu können. (➔ Phase 6)

Im Rahmen der Zwischengespräche ist gravierenden Veränderungen in den Rahmenbedingungen, unter denen der Mitarbeiter seine Ziele erreichen soll, besondere Aufmerksamkeit entgegenzubringen. Überraschende Veränderungen in der Organisationsumwelt oder auch ungeplante innerorganisatorische Veränderungen oder Probleme können dafür sorgen, dass Zielerreichungen deutlich schwieriger oder auch leichter werden.

So lässt beispielsweise das insolvenzbedingte Ausscheiden eines Wettbewerbers aus dem Markt ein ehemals anspruchsvolles Umsatzsteigerungsziel eines Verkäufers zu einer eher leichten Übung werden. Erratische Veränderungen von Rohstoffpreisen mit nachfolgend unumgänglichen Preisaufschlägen für die Fertigprodukte können dagegen das ehemals formulierte Umsatzziel schnell zur reinen Träumerei werden lassen. Neue gesetzliche Auflagen können die Aufgabe eines Entwicklungsingenieurs deutlich erschweren. Innerbetriebliche technische Probleme machen die Produktionsmengenziele eines Meisters in der Fertigung unmöglich. Oder eine ungeplante größere Fluktuationswelle in der Organisation kann die Arbeitskapazität eines Personalsachbearbeiters derart in Rekrutierungsprozessen binden, dass an die ursprünglich geplante Entwicklung eines neuen Vergütungssystems nicht mehr zu denken ist.

Solche Ereignisse können dazu führen, dass ursprünglich vereinbarte Ziele nicht mehr angemessen sind, nach oben/unten angepasst, in der Formulierung verändert oder im Extremfall auch gänzlich eliminiert werden müssen. Denkbar wäre auch die Aufnahme zusätzlicher Ziele als Reflex auf Umfeldveränderungen. (➔ Kästen 6a/6b)

Am Ende der Zielerfüllungsperiode hat dann die Abschlusskontrolle zum Ausmaß der Zielerreichung oder auch -verfehlung stattzufinden. Es handelt sich dabei um einen klassischen SOLL-IST-Vergleich. (➔ Phase 7)

Eine Verfehlung der Ziele muss zu einer intensiven Abweichungsanalyse führen, bei der die Gründe für das suboptimale Ergebnis herausgearbeitet werden. Sollte die Zielverfehlung ihre Ursachen primär im Arbeitsverhalten des Mitarbeiters haben, dann sind Anpassungen bei den Arbeitsvollzügen für künftige Zielperioden nötig. Erkenntnis bei der Abweichungsanalyse könnte aber ebenso sein, dass die Ziele falsch gesetzt waren oder der Vorgesetzte den Erreichungsprozess nicht eng genug begleitet hat. Anpassungsnotwendigkeiten liegen dann eher auf der Ebene des Führungsverhaltens. Werden solche Abweichungsanalysen konsequent durchgeführt und die Erkenntnisse in der Zukunft ebenso konsequent berücksichtigt, dann wird jede Organisation dadurch zu einem lernenden System, das sich permanent weiterentwickelt. (➔ Phase 8)

5 Zielkataloge

„Nur wer sein Ziel kennt, findet den Weg."

(Laotse, chinesischer Philosoph)

Welche Typen von Zielen sollten mit Mitarbeitern vereinbart werden? Einen Vorschlag für einen vollständigen Zielkatalog enthält **Abbildung 5.1**. Demnach bieten sich sieben Zieltypen an.

Abbildung 5.1: Zielkatalog für Zielvereinbarungen

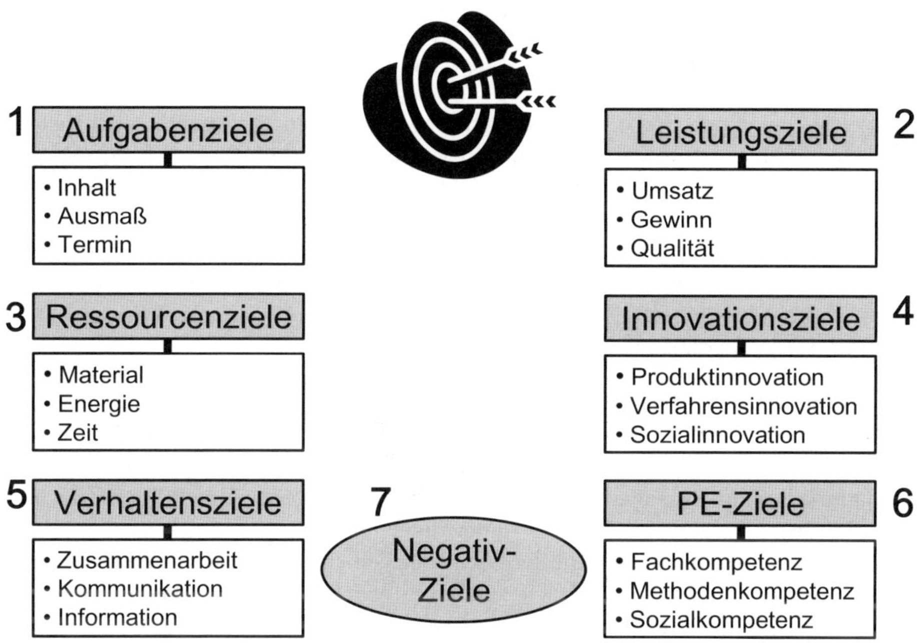

Jeder Mitarbeiter sollte auf seiner Stelle Aufgabenziele, Leistungs- und Ressourcenziele haben (➔ Kästen 1-3). Diese Ziele zeichnen sich dadurch aus, dass sie *innerhalb* der derzeitigen Organisationsstrukturen und Prozessabläufe erreicht werden sollen. Mit ihnen wird sichergestellt, dass einerseits wichtige Aufgaben/Projekte in der Organisation tatsächlich auch angegangen und erledigt werden und dass andererseits in der Aufgabenwahrnehmung eine ständige Verbesserung in kleinen Schritten erreicht wird. Bildlich gesprochen wird die Latte für die Mitarbeiter in jeder Zielperiode – in zumutbarem Umfang – ein kleines Stück höher gelegt. Diese Verfahrensweise bietet für die Mitarbeiter eine ständige Aufforderung, über kleinere effizienzverbessernde Maßnahmen oder auch anspruchsvollere Aufgabenelemente auf ihrer Stelle nachzudenken. Damit wird die Philosophie der *Kontinuierlichen Verbesserungsprozesse* (KVP) wirkungsvoll unterstützt.

Innerhalb der *Aufgabenziele* (➔ Kasten 1) werden ausgewählte, besonders zentrale Einzelaufgaben hinsichtlich ihrer Inhalte *(„Was?")*, ihres Erreichungsausmaßes *(„Wie viel?")* und ihrer Terminierung *(„Wann/bis wann?")* durch Ziele präzise untersetzt. So könnte beispielsweise eine Personalreferentin der *Hightech AG* in einem schwierigen Arbeitsmarktumfeld das Ziel haben, bis Ende des Jahres 30 geeignete Auszubildende für technische Berufe zu rekrutieren.

Innerhalb der *Leistungsziele* (➔ Kasten 2) kann ein direkter Bezug bevorzugt zu finanzwirtschaftlichen Zielkategorien (z. B. Umsatz, Gewinn) hergestellt werden. Dies wird nicht auf allen Stellen möglich sein. Alternativ bieten sich dann qualitätsbezogene Parameter (Produktqualität, Prozessqualität) an. Unser Beispielunternehmen kämpft vielleicht schon seit Jahren mit relativ hohen Abbrecherquoten bei seinen Auszubildenden. Mit der Personalreferentin wird daher ergänzend zu ihrem Rekrutierungsziel das Leistungsziel vereinbart, dass die Abbrecherquote im kommenden Jahr um 20 % abgesenkt werden soll.

Da auf jeder einzelnen Stelle im Unternehmen Ressourcen der unterschiedlichsten Art verbraucht werden, ist es naheliegend, den Ressourcenverbrauch zum Gegenstand von Zielvereinbarungen zu machen. Dies geschieht innerhalb der *Ressourcenziele* (➔ Kasten 3). Sie beziehen sich etwa auf die verbrauchte Materialmenge, den Energieverbrauch, aber auch auf die Ressource „Zeit", wenn die Prozessgeschwindigkeit weiter erhöht werden soll. Mit unserer Personalreferentin der *Hightech AG* könnte beispielsweise vereinbart werden, dass sie bei ihren Rekrutierungsaktivitäten im Vergleich zum Vorjahr 5000 Euro weniger an Kosten für Inserate in Printmedien verursacht.

Es ist weiterhin dringend zu empfehlen, mit jedem Stelleninhaber mindestens ein *Innovationsziel* (➔ Kasten 4) zu vereinbaren. Jetzt sollen sich die Mitarbeiter nicht mehr wie bei den Zieltypen 1 bis 3 gedanklich *innerhalb* der derzeitigen Organisationsstrukturen und Prozessabläufe bewegen. Sie sollen sie im eigenen Aufgabengebiet vielmehr nicht „als in Stein gemeißelt" ansehen, sondern kritisch hinterfragen und weiterentwickeln. Über Innovationsziele auf jeder einzelnen Stelle wird ein betriebliches Innovationsmanagement wirkungsvoll unterstützt. Innovationsziele senden an jeden Mitarbeiter das Signal, dass das Denkmuster *„Das haben wir schon immer so gemacht"* in der Organisation explizit unerwünscht ist. Ein *„Weiter so"* wird durch die Philosophie eines *„Stillstand ist Rückschritt"* ersetzt.

Wenn Innovationen und permanente Weiterentwicklungen in der Organisation gewollt sind, dann müssen auch alle personalwirtschaftlichen Instrumente, die das Mitarbeiterverhalten steuern, konsequent auf dieses Ziel justiert werden. Das sind neben Stellenbeschreibungen, Beurteilungs- und Vergütungssystemen eben auch Zielvereinbarungen. Mitarbeiter in Organisationen richten ihr Verhalten stark einerseits an den Erwartungen aus, die entsprechend konsequent und intensiv an sie kommuniziert werden, und andererseits an den Anreizen (materiell und immateriell), mit denen bestimmte Verhaltensmuster verbunden werden.

Innovationsziele können sich gemäß einer gängigen Dreiteilung beziehen auf: Produktinnovationen (neue Produkte, Produktelemente, neue Dienstleistungen), Verfahrensinnovationen (neue Methoden, Techniken, Instrumente, Prozessabläufe) und Sozialinnovationen (Rahmenbedingungen der Arbeitsverrichtung, Instrumente/Prozesse bei der Kooperation zwischen und bei der Führung von Mitarbeitern). Entweder wird direkt der Einsatz einer konkreten Innovation im Arbeitsgebiet des Mitarbeiters vereinbart oder das Innovationsziel besteht sehr abstrakt in der Aufforderung an den Mitarbeiter, zu einem bestimmten Feld seiner Aufgabe eine optimierende Neuerung zu konzipieren. Existiert in der Organisation ein ausdefiniertes Verbesserungsvorschlagswesen, dann könnte das Ziel auch noch einfacher darin bestehen, dass der Mitarbeiter eine Anzahl X an Verbesserungsvorschlägen einreicht. Zwei Führungsinstrumente wären dann sinnvoll miteinander verzahnt.

Mit der Personalreferentin in unserem Beispiel könnte etwa vereinbart werden, dass die Personalauswahl für die neu zu rekrutierenden Auszubildenden nicht mehr wie bisher nur über Einstellungsinterviews erfolgt, sondern zusätzlich auch ein Assessment-Center konzipiert werden soll. Um die Bewerberansprache weiter zu verbessern, könnte man von ihr zusätzlich Vorträge auf Ausbildungsmessen erwarten. Beides wären anspruchsvolle, innovative Weiterentwicklungen in ihrem Arbeitsgebiet.

Einen weiteren Zielkomplex stellen *Verhaltensziele* (➔ Kasten 5) dar. Es ist hinreichend bekannt, dass in Organisationen abteilungsinterne und abteilungsübergreifende Kooperationen mitunter nicht so funktionieren, wie sie es im Interesse der Organisation und ihrer Kunden sollten. Eigentlich notwendige Abstimmungs- und Kommunikationsprozesse werden nicht oder nur halbherzig vorgenommen. Informationen fließen nicht immer zeitnah, nicht vollständig oder nicht an die Stelle, an der sie benötigt werden. Wissen wird nicht geteilt, sondern aus persönlichen Machtmotiven zurückgehalten. Weitere Beispiele für solche Defizite bei den eher „weichen", aber trotzdem wichtigen Prozessen in der Organisation könnte jeder Praktiker sicher in größerer Zahl anfügen. Es menschelt eben! Über die Berücksichtigung von konkreten Zielen zu Zusammenarbeit, Kommunikation, Informations- und Wissensweitergabe etc. steht eine wirkungsvolle Stellschraube zur Verbesserung dieser wichtigen Prozesse zur Verfügung. Sie stellen quasi den „Schmierstoff der Organisation" dar.

In unserem Beispielunternehmen *Hightech AG* könnten sich die Ausbildungsmeister in der Vergangenheit beklagt haben, dass sie von der Personalabteilung bei der Einstellung von Auszubildenden *„immer vor vollendete Tatsachen gestellt wurden und dann sehen mussten, wie sie mit den ausgewählten Personen im Ausbildungsprozess klarkommen."* Und von den Fachabteilungen verlautete immer mal wieder, dass sie *„nie so recht wissen, wie weit der Einstellungsprozess denn eigentlich schon vorangeschritten ist"*. Es läge also nahe, mit der Personalreferentin zwei Verhaltensziele zu vereinbaren, die eine bessere Einbindung der Ausbildungsmeister in die Entscheidungsprozeduren einerseits und eine zeitnahe Information der Fachabteilungen über den aktuellen Verfahrensstand andererseits vorsehen.

Einen weiteren Zielkomplex stellen *Personalentwicklungsziele* (PE) dar (➔ Kasten 6). Aus den unterschiedlichsten Gründen macht es Sinn, die Qualifikationen der Mitarbeiter aktuell zu halten oder zu verbessern. In hochgradig arbeitsteiligen Prozessen stellt jeder einzelne Mitarbeiter mit Qualifikationsdefiziten eine ernste Bedrohung für die Qualität eines Gesamtprozesses dar. Eine im Vergleich zu Wettbewerbern besser qualifizierte Belegschaft kann zu einem wichtigen Wettbewerbsvorteil am Markt werden. Viele Mitarbeiter selbst streben schon rein zur Sicherung ihres Arbeitsplatzes, aber auch zur Wahrnehmung von Aufstiegs- oder Versetzungschancen eine Ausweitung ihrer Qualifikationen an. Ein gutes Angebot an Qualifizierungsoptionen ist ein wichtiges Merkmal einer hohen Arbeitgeberattraktivität und hilft bei der Rekrutierung neuer Mitarbeiter. Ebenso stellt es einen wichtigen Baustein bei der Bindung von Mitarbeitern dar.

Personalentwicklung ist immer auch Führungsaufgabe und sollte in enger Abstimmung zwischen Mitarbeiter und Vorgesetztem geschehen. Daher sollte jede Zielvereinbarung mindestens ein bis zwei PE-Ziele enthalten, die auf die Beseitigung eines im Arbeitsprozess erkannten Qualifikationsdefizits gerichtet sind oder zur Übernahme von neuen Aufgaben(elementen) befähigen, bei der dann die beim Mitarbeiter diagnostizierten Potenziale „gehoben" werden sollen. Denn dies nicht zu tun, wäre Ressourcenverschwendung.

Hinsichtlich der Inhalte von PE-Zielen kann die bekannte Dreiteilung in

- *Fachkompetenzen* (z. B. Sprachkenntnisse, Schweißerschein, Kenntnis von Gesetzen)
- *Methodenkompetenzen* (z. B. Projekt-Management, Moderationstechnik, Kreativitätstechniken)
- *Sozialkompetenz* (z. B. Kommunikationsfähigkeit, Konfliktfähigkeit, Führungskompetenz)

eine strukturierte Anregung bieten. Eine konsequente Berücksichtigung von PE-Zielen in jeder Zielperiode füllt den Slogan vom „lebenslangen Lernen" mit Leben. Für die Mitarbeiter ist es ein starkes Symbol dafür, dass es die Organisation mit der Pflege ihres „wertvollsten Kapitals" wirklich ernst meint.

Auf den ersten Blick etwas um die Ecke gedacht, auf den zweiten Blick aber sehr naheliegend ist ein Aspekt, den *Malik* betont. Es ist die Berücksichtigung von *Negativ-Zielen* (➔ Oval 7). Wenn Mitarbeiter immer wieder neue und anspruchsvollere Aufgaben übernehmen sollen und Leistungsziele über mehrere Perioden nach oben entwickelt werden sollen, dann muss im Gegenzug auch konsequent für Entlastung gesorgt werden. Der Versuch einer andauernden, undifferenzierten Leistungsverdichtung nach dem Motto *„schneller, weiter, höher"* wird bald an die Grenzen des Wachstums führen und die Mitarbeiter ausbrennen und frustrieren. Mit fairem Umgang hat das nichts zu tun! Mit intelligenter Mitarbeiterführung auch nicht!

Wer zu neuen Ufern aufbrechen will, muss zunächst alten Ballast abwerfen. Im Rahmen von Zielvereinbarungen sollte also nicht nur festgelegt werden, was *aktiv erreicht* werden soll, sondern auch, worauf *explizit verzichtet* werden soll. Welche Aufgaben und Prozesse werden nicht mehr ausgeführt, welche Formulare nicht mehr ausgefüllt und welche Datenbanken nicht mehr gepflegt? Bei einem kritischen Blick wird man in jeder Organisation und auf jedem Arbeitsplatz Routinen finden, deren ersatzlose Abschaffung den Erfolg überhaupt nicht beeinträchtigt. Psychologisch sind solche Verzichtshandlungen nicht einfach. Menschen sind Gewohnheitstiere, und Routinen bieten auch Stabilität und Sicherheit. Niemand gibt gern auf, was er gut beherrscht. Die explizite Formulierung von Negativ-Zielen bietet eine wirkungsvolle Hilfe beim Loslassen und macht den Trennungsakt später auch überprüfbar. Gerade wirksame Menschen trennen sich konsequent von alten Gewohnheiten, um Energie und Zeit für neue Themen freizusetzen.

Ein Zitat von *Malik* fasst die Überlegungen pointiert zusammen:

> *„Am Anfang muss das Ausmisten stehen, das systematische Aufgeben bisheriger Gewohnheiten, Tätigkeiten und Aufgaben.*
>
> *Die jährliche Zielsetzung ist nicht nur der Ort der Fokussierung, sondern auch die beste Gelegenheit, das Unternehmen systematisch zu entschlacken, (...) es von innen heraus zu entgiften, den angesammelten Müll wegzuräumen und Platz zu schaffen für Neues.“* (Malik 2000, S. 180)

Teil II: Vorteile von Zielvereinbarungen

6 Motivationssteigerung

*„Es ist aber Naturgesetz, dass das Herz nicht ruht,
bis es ans Ziel seiner Wünsche gelangt ist.“*

(Francesco Petrarca, italienischer Dichter)

Die Steigerung der Mitarbeitermotivation ist eine zentrale Aufgabe für Führungskräfte. Das Führungssystem MbO kann dazu einen entscheidenden Beitrag leisten. Schon die reine Existenz von Zielen, aber auch der Akt der Zielvereinbarung selbst hat eine positive Wirkung auf die Motivation der Mitarbeiter. Diese Behauptung wird nachfolgend anhand von sechs Motivationsmechanismen detailliert begründet.

6.1 Bedürfnisgerechte Anreize

Motivation kann vereinfacht als Handlungsenergie beschrieben werden. Ausgelöst wird diese Energie durch unbefriedigte Bedürfnisse (= Motive).

Der Psychologe *Abraham Maslow (1977)* hat in seiner bekannten Bedürfnispyramide eine Auflistung der fünf wichtigsten menschlichen Bedürfnisklassen vorgelegt und sie gemäß **Abbildung 6.1** in eine Rangfolge gebracht.

Abbildung 6.1: Bedürfnispyramide nach *Maslow*

Demnach streben Menschen zunächst eine Abdeckung ihrer *Grundbedürfnisse* an (z. B. Hunger, Durst, Schutz vor Witterung), wenden sich dann der Erfüllung von *Sicherheitsbedürfnissen* zu (z. B. dauerhafte Sicherung der Existenzgrundlagen, Angstfreiheit, Ordnung/

Stabilität/Struktur im persönlichen Umfeld), um in der dritten Stufe nach Befriedigung der *sozialen Bedürfnisse* zu streben (z. B. Kommunikation, Freundschaft, Partnerschaft). Wenn diese ersten drei Bedürfnisklassen weitgehend abgedeckt sind, dann wird das *Anerkennungsbedürfnis* dominant (z. B. Wertschätzung/Aufmerksamkeit von anderen Menschen, Statusposition innerhalb von sozialen Gemeinschaften). In der Spitze der Pyramide ist das *Selbstverwirklichungsbedürfnis* angesiedelt, also das Bestreben, alle persönlichen Potenziale zu aktivieren.

Im Gegensatz zu den ersten vier Bedürfnissen ist laut *Maslow* das Streben nach Selbstverwirklichung ein *Wachstums-Motiv*, kann also nie abschließend befriedigt werden. Kaum haben Menschen in ihrer Eigenwahrnehmung eine Facette der Selbstverwirklichung erreicht, setzen sie sich neue Ziele. Ergänzend zu seiner *Rangfolgethese* – Menschen befriedigen ihre Bedürfnisse in der vorgestellten Reihenfolge – nimmt *Maslow* weiter an, dass menschliches Verhalten sehr stark durch das gerade noch nicht erfüllte Bedürfnis gesteuert wird.

Zwar wird das Modell wegen seiner vereinfachenden Annahmen kritisiert, aber es hat für die Motivation von Mitarbeitern in Organisationen trotzdem eine wertvolle Anregungsfunktion. Es zeigt nämlich auf, wie vielfältig die Anreize sein können und auch sein müssen, wenn man unterstellt, dass sich verschiedene Mitarbeiter auf unterschiedlichen Stufen der Bedürfnisbefriedigung befinden. Zielvereinbarungen stellen vor diesem Hintergrund ein mehrdimensionales Motivationsinstrument dar. Mit ihnen können ganz unterschiedliche Bedürfnislagen der Mitarbeiter befriedigt werden (siehe **Abbildung 6.2**). Es ist Aufgabe der Führungskraft, in den Zielvereinbarungsgesprächen den jeweiligen Aspekt besonders zu akzentuieren.

Abbildung 6.2: Bedürfnisbefriedigung durch Zielvereinbarungen

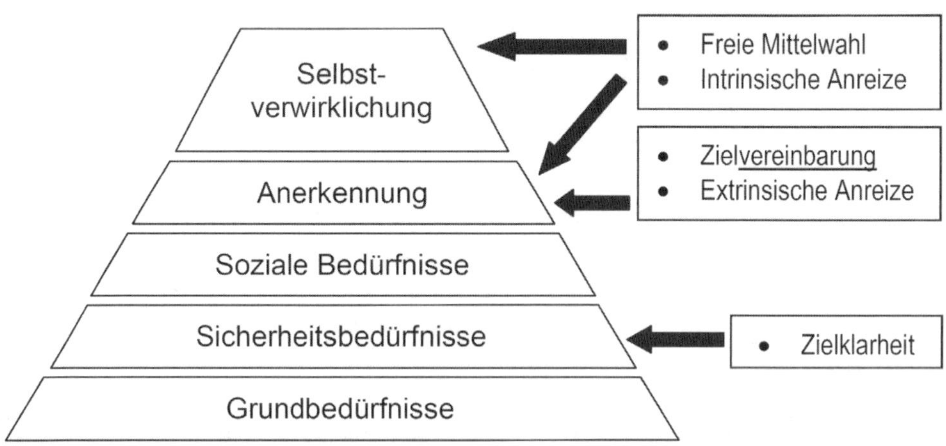

Mitarbeiter mit ausgeprägtem *Sicherheitsbedürfnis* suchen auch in Organisationen nach Klarheit, Struktur und Ordnung. Situationen, bei denen sie über ihre Rolle in der Organisation im Zweifel sind, belasten sie. Diesem Typus kommen Zielvereinbarungen entgegen. Präzise Ziele bauen Unsicherheiten ab und zeigen dem Mitarbeiter klar auf, was von ihm erwartet wird. Diese stabilisierende Orientierungsmarke wird speziell von sicherheitsorientierten Menschen begrüßt.

Mitarbeiter mit einem starken Wunsch nach *Anerkennung* können in dreierlei Hinsicht Bedürfnisbefriedigung erfahren. Zum einen können sie in Zielvereinbarungsgesprächen als gleichberechtigter Verhandlungspartner, also sozusagen „auf gleicher Augenhöhe", mit dem Vorgesetzten agieren. Diese Rolle hat aufgrund ihrer tendenziellen Einebnung hierarchischer Unterschiede starken Symbolcharakter und stärkt in der Selbstwahrnehmung den eigenen Status.

Zum anderen stellt der zentrale Funktionsmechanismus des MbO, dass der Mitarbeiter über die Wege zum Ziel selbst entscheiden darf, einen gewichtigen Vertrauensvorschuss dar. Die Organisation vertraut in die Verantwortungsbereitschaft, die Selbststeuerungsfähigkeit und die fachliche Kompetenz des Mitarbeiters. Vertrauen – sofern es kein „blindes" Vertrauen ist – dokumentiert eine hohe Wertschätzung für die vom Mitarbeiter eingebrachten persönlichen Ressourcen.

Sollten drittens in der Organisation Zielerreichungen an die Vergabe von materiellen oder immateriellen Belohnungen gekoppelt sein, dann stellt der Akt der Belohnungsvergabe ganz unabhängig von Art und Höhe des gewährten Anreizes eine explizite Anerkennung der erbrachten Leistung dar. Motivationspsychologen sprechen bei allen Anreizen, die durch eine Instanz außerhalb der eigenen Person gewährt werden, also z. B. Lob oder Prämien, von *extrinsischen Anreizen* bzw. bei Personen, die stark auf diese Anreizform reagieren, von *extrinsischer Motivation.*

Belegschaftsmitglieder mit ausgeprägten *Selbstverwirklichungsbedürfnissen* sind für ihre Motivation wenig auf Belohnungen von außen angewiesen. Sie wollen Aufgaben aus eigenem Anspruch heraus gut erledigen und streben Tätigkeiten an, bei denen sie ihre eigenen Potenziale abrufen können. Sie sind in der Lage, große persönliche Befriedigung aus einer erfolgreichen Aufgabenbewältigung zu ziehen. Über den erlebten Leistungsstolz belohnen sie sich quasi selbst. Motivationspsychologen sprechen von *intrinsischen Anreizen* bzw. *intrinsischer Motivation.*

Die mit Zielvereinbarungen verbundene freie Mittelwahl stellt nun genau den anspruchsvollen und herausfordernden Aufgabentyp bereit, der es intrinsisch motivierten Mitarbeitern erlaubt, ihre Potenziale zu aktivieren und Befriedigung aus der Zielerreichung zu ziehen. Verstärkend wirkt dabei, dass das Selbstverwirklichungsbedürfnis oft mit einem starken Streben nach persönlicher Autonomie einhergeht. Die freie Mittelwahl bedient genau diesen Wunsch nach selbstbestimmtem Handeln.

6.2 Aufgabenidentifikation

Motiviert an einer Aufgabe zu arbeiten fällt leichter, wenn man sich mit der Aufgabe identifiziert. Identifikation mit einer Aufgabe wiederum ist wahrscheinlicher, wenn man erkennt, dass die Aufgabe wichtig ist und einen Beitrag zu einem übergeordneten Ziel leistet.

Über das Verfahren der *Zielkaskadierung* (siehe Kapitel 3.3) wird für jeden Mitarbeiter genau dieser Sinnzusammenhang hergestellt. Durch die Ableitung der Stellenziele aus den jeweils übergeordneten Zielen nach dem Zweck-Mittel-Prinzip wird für jeden einzelnen Mitarbeiter die Einordnung seines Leistungsbeitrags in den Gesamtzusammenhang der Organisation möglich. Auch sehr einfache Tätigkeiten bekommen dadurch Bedeutung. Mitarbeiter wissen, warum sie etwas tun und umgekehrt auch, dass die Gesamtleistung der Organisation leidet oder gar unmöglich wird, wenn sie selbst auf ihrer Stelle ihre Ziele nicht erreichen. Die Wahrnehmung eigener Wichtigkeit ist ein zentraler Faktor für die Motivation. Warum sollte man sich auch sonderlich anstrengen, wenn man die eigene Tätigkeit als nutzlos oder überflüssig erlebt?

Folgende kleine Geschichte bringt die Zusammenhänge nochmals plakativ auf den Punkt: Ein Besucher betritt das Gelände eines Unternehmens A. Dort fegt ein Mitarbeiter den Hof. Und der Gast fragt ihn: *„Was tun Sie hier?"* Der Mitarbeiter antwortet: *„Welch dumme Frage, das sehen Sie doch! Ich fege den Hof."* Am nächsten Tag besucht unser Mann das Unternehmen B. Auch dort fegt gerade ein Mitarbeiter den Hof. Auch ihn fragt er: *„Was tun Sie hier?"* Und er bekommt die Antwort: *„Ich fege den Hof, damit unsere Kunden einen guten Eindruck von unserem Unternehmen haben und wir dadurch hoffentlich mehr verkaufen können."*

Das wäre dann der Unterschied zwischen sinnstiftender und sinnentleerter Arbeit – mit den naheliegenden Folgen für die Motivation.

Abbildung 6.3: Sinnstiftende Aufgaben durch Zielkaskadierung

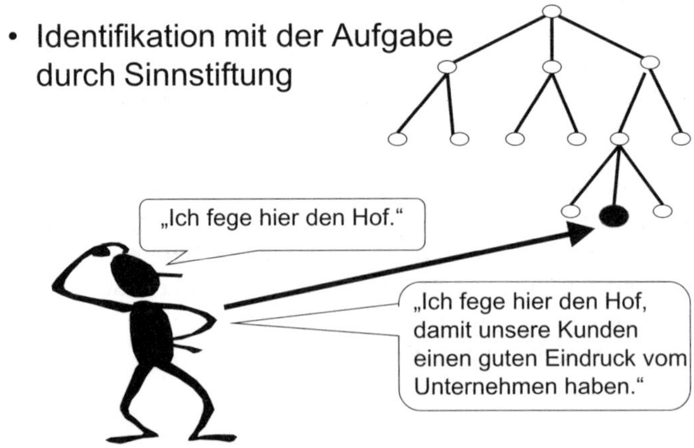

6.3 Selbstverpflichtungseffekt

Die Mitarbeiter haben im Rahmen der Zielvereinbarung die Ziele mit beschlossen. Diese Beteiligung führt zu einer hohen Bindung an die getroffene Zielentscheidung. Im Ergebnis werden sie sich der Erreichung stärker verpflichtet fühlen und im Gefolge eine höhere Einsatzbereitschaft zeigen.

Ziele mit beschlossen zu haben und dann nicht alles dafür zu tun, dass sie auch erreicht werden, würde in der Sprache der Psychologen zu *kognitiven Dissonanzen* führen. Man versteht darunter mentale Spannungszustände, die als unangenehm erlebt werden. Sie sollen daher vermieden werden und drängen auf Abbau. Ein wichtiger Mechanismus zur Vermeidung bzw. zum Abbau dieser kognitiven Dissonanzen ist ein hohes Engagement für die Zielerreichung. Die logische Kette lautet also: Beteiligung führt zu Selbstbindung und diese zwecks Dissonanzvermeidung zu erhöhter Einsatzbereitschaft.

In der Ausschöpfung dieser motivationssteigernden *Commitmentfunktion* (Commitment = Bindung) liegt ein wichtiger Vorteil der partizipativ ausgerichteten Ziel*vereinbarung* gegenüber der eher autoritären Ziel*vorgabe*. Voraussetzung ist allerdings, dass die Mitarbeiter den Prozess auch als ehrliche und gleichberechtigte Beteiligung und nicht als einen Akt der „Pseudopartizipation" empfinden. Dazu später noch ausführlicher in Teil III, Kapitel 9.7.

6.4 Leistungsanreiz durch Zielboni

Motivation entsteht unter anderem über das Angebot bedürfnisgerechter Anreize. Wird die Zielerreichung über das Vergütungssystem mit einer Zielerreichungsprämie gekoppelt, dann erhalten extrinsisch motivierte – und hier insbesondere materiell orientierte – Mitarbeiter einen zusätzlichen Motivationsimpuls. Das Bedürfnis nach materiellen Belohnungen dürfte dabei nur bei einem Teil der Mitarbeiter einer tatsächlichen finanziellen Mangelsituation entspringen. Vielmehr spielt für viele der mit materiellen Belohnungen einhergehende Symbolwert die viel entscheidendere Rolle. Geld steht dann eben für Erfolg, Anerkennung und Status innerhalb und außerhalb der Organisation.

Die dauerhafte Motivationswirkung von Zielerreichungsprämien ist allerdings auch kritisch zu hinterfragen. Zu prüfen wäre, ob nicht reine Mitnahmeeffekte produziert werden und die Organisation nicht den gleichen Einsatz ohne gesonderte Prämie bekäme. Bei intrinsisch motivierten Mitarbeitern ist das der Fall. Zielerreichungsprämien wären dann vielleicht reine Geldverschwendung. Pro und Contra von zielbasierten Vergütungssystemen werden wegen der Komplexität der Fragestellung noch vertieft in Teil IV diskutiert. Insofern muss der hier vorgestellte Motivationseffekt zunächst als potenzieller, nicht aber als sicherer Vorteil gelten.

6.5 Leistungsgerechtigkeit

Viel entscheidender als die absolute dürfte die relative Vergütungshöhe sein. Zu Recht stellt Leistungsgerechtigkeit neben der Anforderungsgerechtigkeit die zweite zentrale Forderung für die Gestaltung von Vergütungssystemen dar. Soll ein Arbeitsentgelt als gerecht empfunden werden, dann muss es zum einen den Schwierigkeitsgrad der Tätigkeit und zum anderen die Leistung des Mitarbeiters widerspiegeln.

Jeder Praktiker weiß, dass nicht der 100-Euro-Schein mehr oder weniger die Mitarbeiter emotionalisiert, sondern eher die 100 Euro, um die man sich gegenüber einer Bezugsperson zu schlecht vergütet fühlt. Aus wissenschaftlicher Sicht hat diesen Zusammenhang schon in den 60er Jahren *Jean Stacy Adams* in seiner Gleichgewichtstheorie (= Equity-Theorie) formuliert. Nach *Adams (1963)* kalkulieren Mitarbeiter permanent die Relation zwischen den in der Organisation erhaltenen Belohnungen und dem Aufwand, den sie dafür betreiben müssen. Diese Relation setzen sie dann in Bezug zur Relation zwischen Belohnungen und Aufwand, den andere Organisationsmitglieder betreiben:

$$\frac{\textit{Eigener Aufwand}}{\textit{Eigene Belohnungen}} = \frac{\textit{Aufwand anderer Mitarbeiter}}{\textit{Belohnungen anderer Mitarbeiter}}$$

Nehmen Mitarbeiter bei diesen Vergleichsprozessen Ungleichgewichte zu ihren Ungunsten wahr, dann werden sie Aktivitäten ergreifen, um wieder einen Gleichgewichtszustand herzustellen. Eine Einwirkung auf Belohnungen und Aufwand anderer Organisationsmitglieder ist nicht oder nur unter hoher Konfliktwahrscheinlichkeit möglich. Die Wege zu einer Verbesserung der eigenen Belohnungen sind auch oft verstellt oder nur höchst mühevoll begehbar. Damit bleibt als letzte und naheliegende Strategie nur die Reduzierung des eigenen Aufwands. Dieser Weg mündet in einer Motivationsabsenkung, schlimmstenfalls in einer *inneren Kündigung*.

Die wahrgenommene Leistungsgerechtigkeit der Vergütung stellt also einen wichtigen Einflussfaktor auf die Motivation der Mitarbeiter dar. Eine Vergütung nach Zielerreichungsgraden ist sicherlich nicht die Lösung aller Probleme der Vergütungsgerechtigkeit in Organisationen. Sie kann aber einen wertvollen Beitrag zu einer – in der Wahrnehmung der Mitarbeiter – leistungsgerechteren Vergütung leisten. Da Erfolg und Überlebensfähigkeit jeder Organisation im Kern von der Erreichung einiger Oberziele abhängen, ist es plausibel vermittelbar, dass ein höherer Beitrag zu den Gesamtzielen auch zu höheren Belohnungen führt.

Über das Verfahren der Zielkaskadierung können die Zielstrukturen in der Organisation transparent und für alle Mitarbeiter nachvollziehbar gemacht werden. Vergütungsunterschiede aufgrund von unterschiedlichen Zielerreichungsgraden werden vermutlich leichter akzeptiert als eine Entgeltdifferenzierung auf der Basis von doch sehr subjektiv eingefärbten Leistungsbeurteilungen durch Vorgesetzte. Zielerreichungsgrade erscheinen in der Wahrnehmung der Mitarbeiter objektiver. Voraussetzung ist allerdings, dass es gelingt, in etwa gleich schwierige Ziele zu definieren und die jeweiligen Zielerreichungsgrade auch hinreichend genau zu messen. Dass dies in der Praxis allerdings nicht ganz ohne Tücke ist, wird in Kapitel 10.4 noch deutlich werden.

6.6 Handlungsinitiierung

Jeder kennt ihn, jeder hasst ihn. Präsent ist er trotzdem: der innere Schweinehund! Psychologen umschreiben ihn vornehm als „Handlungsinitiierungsproblem". Im Extremfall führt er dazu, dass Menschen Aufgaben, die sie eigentlich für wichtig halten und deren Erledigung sie sich wünschen, überhaupt nicht ernsthaft angehen. Wie war das doch gleich mit dem Diätbeginn oder dem regelmäßigen Joggen?

In einer vom Ergebnis her etwas milderen – für Menschen aber trotzdem psychisch belastenden – Form kommt der innere Schweinehund im Gewand der „Aufschieberitis" daher. Psychologen haben dafür den Begriff der „Prokrastinationstendenz" parat (*Rist/Engberding 2006*). Aufgaben werden zwar angegangen, aber viel zu spät und dadurch oft auch mit negativen Konsequenzen für die Ergebnisqualität.

Will oder muss man diese Qualitätsverluste auf alle Fälle vermeiden, dann ist der zu zahlende Preis ein unangenehm ansteigendes Stressniveau in der Endphase der Aufgabenerledigung. Es ergeben sich die berühmten „Nacht- und Sonderschichten". Der Lebenszufriedenheit und dem psychischen Wohlbefinden ist diese Situation, in die sich viele immer wieder manövrieren, nicht zuträglich.

In einer extremen Ausprägung kann die Prokrastinationstendenz auch zur Ursache für Depressionen werden, wobei in der Psychologie der Nachweis nie so ganz trivial ist, was denn nun Ursache und was Wirkung ist. Führt Prokrastination zu Depression oder begünstigen eher umgekehrt Depressionsneigungen die Prokrastinationstendenz? Vermutlich ist es eine Mischung aus beiden Wirkungsmechanismen. Jedenfalls kann in vielen Studien ein gleichzeitiges Auftreten von Prokrastinationstendenzen und Depressionssymptomen gemessen werden. Auch wenn man nicht die Querbeziehung zu psychischen Krankheitsbildern ziehen mag, so stellt Prokrastination doch auf alle Fälle eine Störung der Selbststeuerung dar.

Je nach Studie bezeichnen sich zwischen 10 % und 50 % der Befragten als regelmäßig Betroffene (*Rist/Engberding 2006*). Ein Prokrastinierer steckt also in vielen von uns. Mit schonungsloser Deutlichkeit bringt das nachfolgende Zitat die leidvollen Erfahrungen, die wir des Öfteren mit uns selbst machen müssen, auf den Punkt:

> *„Haben Sie schon erlebt, dass Sie es nicht geschafft haben, mit einer Tätigkeit rechtzeitig anzufangen oder gleichmäßig daran weiter zu arbeiten – obwohl Ihnen die Tätigkeit wichtig war und Sie damit bis zu einem bestimmten Zeitpunkt fertig sein mussten? Haben Sie stattdessen andere Dinge erledigt, vielleicht sogar recht effizient, die aber genau genommen alle nicht zur wichtigen Tätigkeit gehörten? Und als Sie schließlich gerade noch rechtzeitig fertig wurden, haben Sie sich*

> *dann über sich geärgert und sich gefragt, warum Sie das immer wieder so machen? Oft werden wichtige zugunsten weniger wichtiger Tätigkeiten aufgeschoben, so dass die Handlungen nicht den eigenen Absichten entsprechen."* *(Rist/Engberding 2006, S. 64)*

Ein weiter vertieftes Verständnis zum Phänomen des „inneren Schweinehundes" liefert ein Handlungsmodell, das im weitesten Sinne den Motivationstheorien zugerechnet werden kann: das Rubikon-Modell (*Heckhausen 1989; Achtziger/Gollwitzer 2006*). Es soll hier in vereinfachter Form und etwas ausführlicher dargestellt werden, da es Aussagen trifft, die später bei der „richtigen" Gestaltung von Zielvereinbarungssystemen immer wieder von Relevanz sind.

Für die historisch Interessierten sei vorab ein kleiner Exkurs zu dem plakativen Namen des Modells gestattet:

> *Der Modellname leitet sich vom italienischen Fluss Rubicone nördlich Rimini und einer historischen Begebenheit ab, die sich an seinen Ufern abspielte: Julius Cäsar hatte im Jahre 51 v. Chr. die Eroberung Galliens erfolgreich abgeschlossen. Zeitgleich herrschte in Rom aufgrund von Bandenkriegen Anarchie. Pompeius wurde vom Senat zur Wiederherstellung der Ordnung als Konsul eingesetzt. Bewaffnete Heere wurden als Bedrohung Roms angesehen. Einem ultimativen Senatsbeschluss zur Auflösung seines Heeres und Niederlegung seines Amtes als Statthalter Galliens widersetzte sich Caesar. Pompeius wurde daraufhin mit der Verteidigung Roms gegen Caesar beauftragt. Im Jahre 49 v. Chr. entschloss sich Caesar, entgegen der Senatsanordnung, mitsamt seinem Heer den Fluss Rubicone zu überqueren, der die damalige Grenze zwischen der Provinz Gallien und Italien bildete. Faktisch war das eine Kriegserklärung gegen Rom. Caesar war sich dessen bewusst und brachte es in seinem berühmten Spruch „Alea iacta est" (Die Würfel sind gefallen) zum Ausdruck. Im Gefolge erobert er Rom und Italien. „Den Rubikon überschreiten" bedeutet im übertragenen Sinn also so viel wie einen wichtigen, eventuell sogar unumkehrbaren Beschluss von großer Tragweite gefasst zu haben.*

Im Rubikon-Modell werden gemäß **Abbildung 6.4** vier Phasen menschlichen Handelns unterschieden. Dabei wird begrifflich eigentlich streng zwischen *Motivation* und *Volition* unterschieden. Unter *Volition* versteht man dabei vereinfacht *„den Willen zur Überwindung von Handlungsbarrieren"*. Dieser Unterscheidung wird im Weiteren nicht gefolgt. In einem vereinfachten, praxisorientierten Verständnis von Motivation als *„Kraft, die einen Menschen antreibt, eine bestimmte Handlung auszuführen"* sind solche Volitionsprozesse mit enthalten.

Abbildung 6.4: Vereinfachtes Rubikon-Modell der Handlungsphasen

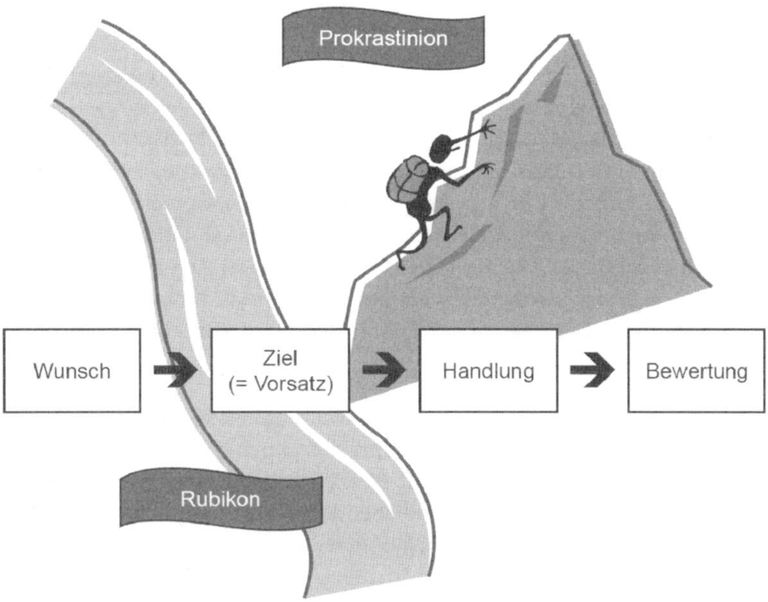

Phase 1: Menschen sind voll von Vorstellungen darüber, was sie tun sollten oder gern tun würden. Sie haben Handlungswünsche. Die Zahl der Wünsche ist immer größer als die Zeit und die Gelegenheiten, diese tatsächlich zu verwirklichen. Folglich stehen Menschen vor einem Auswahlproblem. Welcher der vielen Handlungswünsche schafft es nun, dass sich das Individuum tatsächlich ernsthaft vornimmt, ihn zu verwirklichen? Mit anderen Worten: Welcher Handlungswunsch wird zu einem Handlungsziel, dem sich das Individuum stark verpflichtet fühlt und bei dem die Wahrscheinlichkeit hoch ist, dass es tatsächlich auch zu Erreichungshandlungen kommt? Der Transferprozess von einem Wunsch in ein konkretes Ziel (Psychologen sprechen auch von einem *Vorsatz*) stellt die Überwindung einer ersten Handlungsbarriere dar. Bildlich gesprochen ist es die Überschreitung des Rubikon, da ein wichtiger Handlungsbeschluss gefasst wurde. Kann ein *Wunsch* noch relativ leicht aufgegeben werden, da er keine allzu große Bedeutung für das Selbstwertgefühl hat, so sieht es mit einem konkreten *Vorsatz* schon anders aus. Von ihm Abstand nehmen zu müssen, wird vom Individuum als Misserfolg gewertet.

Wovon machen Menschen nun ihre Entscheidung abhängig, ob sie einen Handlungswunsch zu einem konkreten Handlungsvorsatz „befördern"?

Die Auswahlentscheidung orientiert sich insbesondere an den Kriterien

- Wünschbarkeit
- Machbarkeit

eines Vorsatzes. Bei der *Wünschbarkeit* kalkulieren Menschen die wahrscheinlichen kurz- und langfristigen Konsequenzen einer Zielerreichung. Je positiver sie eingeschätzt werden, umso wahrscheinlicher ist es, dass ein *Wunsch* zu einem *Ziel* erstarkt. Positive Zielkonsequenzen können dabei z. B. aus antizipierten positiven Selbstbewertungen, positiven Bewertungen durch geschätzte Bezugspersonen oder aus der Gewährung von angestrebten Anreizen bestehen. Mit Blick auf Zielvereinbarungssysteme in Organisationen zeigen diese Erkenntnisse, wie wichtig es ist, dass Ziele in den Augen der Mitarbeiter mit positiven Zielkonsequenzen – welcher Art auch immer – verbunden sind. Nur dann schafft ein Handlungswunsch den Weg über den Rubikon und wird von einem *„ich könnte/ich sollte"* zu einem *„ich will/ich werde"*.

Bei der *Machbarkeit* kalkulieren Menschen subjektiv ihre Kompetenzen, zielwirksames Verhalten zeigen zu können. Psychologen sprechen auch von *Selbstwirksamkeitserwartungen.* Kaum jemand fasst freiwillig ernsthaft den Vorsatz zu einer Handlung, deren erfolgreiche Ausführung er sich nicht mit hinreichender Wahrscheinlichkeit zutraut. Mit Blick auf Zielvereinbarungssysteme in Organisationen deutet diese Erkenntnis schon an, wie wichtig es ist, Ziele zu formulieren, die in den Augen der Mitarbeiter den „richtigen" Schwierigkeitsgrad aufweisen, also erreichbar sind. Zusätzlich wird die Machbarkeit auch von der Verfügbarkeit der notwendigen Ressourcen abhängen.

Phase 2: Beschlossen heißt noch lange nicht getan! Kaum ist der Rubikon überquert und man hat sich auf konkrete Handlungsziele verbindlich festgelegt, da lauern auch schon die nächsten Barrieren, die vom konkreten Handlungsvollzug abhalten: allgemeine Lust- und Antriebslosigkeit, Müdigkeit, Versagensängste, externe Störungen, andere Aktivitäten, die Aufmerksamkeit und Energie absorbieren, Verlockungen, die kurzfristig ein größeres Spaßpotenzial versprechen. Alle diese Phänomene können zur Ursache für Prokrastination werden oder auch isoliert neben ihr wirken und von der tatsächlichen Handlung abhalten. Es ist also ein steiniger Weg vom Handlungsziel zur konkreten Handlung. Dazwischen liegt im Minimum „der Berg Prokrastinion", der überwunden werden will.

An dieser Stelle lohnt dann die Frage, warum Menschen Prokrastinationsverhalten zeigen, obwohl sie doch erkannt haben, dass bestimmte Handlungsziele wichtig sind und eine Nichtverfolgung möglicherweise sogar mit negativen Konsequenzen für sie verbunden ist. Eine Antwort auf diese Frage bietet zugleich Ansatzpunkte für die Bekämpfung der „Aufschieberitis". Die Wissenschaft stellt folgende Erklärungsversuche bereit:

- Wenig hoffnungsvoll stimmt zunächst die Erkenntnis, dass Prokrastination zu großen Anteilen von stabilen Persönlichkeitsmerkmalen bestimmt wird. Wenig überraschend ist, dass Menschen mit einer *allgemein niedrigen Leistungsmotivation* zur Prokrastination neigen. Die sind in Organisationen hoffentlich durch leistungsfähige Personalauswahlmechanismen außen vor gehalten worden! Ein zweites Merkmal ist die *Impulsivität.*

Impulsive Menschen neigen dazu, von ihren langfristigen Vorsätzen abzuweichen, wenn andere Aktivitäten kurzfristig positivere Konsequenzen versprechen.

Keinen Einfluss auf die Prokrastinationstendenz hat dagegen die *Intelligenz*. Am Rande: Auch das allgemeine Qualifikationsniveau und die Aufgabenschwierigkeit haben keinen/wenig Einfluss auf das Aufschiebeverhalten.

- Aufgeschoben werden bevorzugt *aversive Aufgaben*. Das überrascht zunächst einmal herzlich wenig. Wann sind Aufgaben aber für Menschen *aversiv*? Zwei Antworten werden gegeben:

  1. Aufgaben sind dann aversiv, wenn sie die Stimmung verschlechtern, weil mögliche Belohnungen durch eine erfolgreiche Aufgabenerfüllung noch in weiter Zukunft liegen, die Aufgabe aber gegenwärtig schon Energie- und Zeiteinsatz erfordert. Die möglichen negativen Konsequenzen (z. B. Nichtbestehen einer Prüfung) sind zeitlich noch so weit weg, dass sie nicht verhaltenssteuernd wirken. Menschen hellen ihre Stimmung dadurch auf, dass sie sich zu Lasten ihrer Vorsätze Aufgaben zuwenden, die kurzfristige Erfolge/Belohnungen versprechen. Das können dann durchaus Aufgaben sein, die eigentlich auch aversiv sind: Putzen, Aufräumen, Lochen/Abheften, E-Mails beantworten.
  2. Aversion gegen Aufgaben kann sich auch aus extrem hohen Leistungsstandards ergeben. Sie können selbst gesetzt oder von außen vorgegeben sein. Eventuell unterstellt das Individuum aber auch lediglich, dass von ihm eine hohe Leistung erwartet wird. Unabhängig von der Quelle des Leistungsstandards stellt sich nachfolgend Angst ein, den Standards nicht entsprechen zu können (Bewertungs- und Versagensangst). Interessant ist die Erklärung am Beispiel von Studierenden, warum Prokrastination der Ausweg sein kann:

> *„Wie kann das paradoxe Verhalten erklärt werden, dass bei Versagensangst gerade durch Prokrastinieren eine Situation herbeigeführt wird, die das Versagen erst wahrscheinlich macht? Wenn Prokrastinierer das eigene Verhalten reflektieren, so gehört dazu regelhaft die Feststellung, dass sie die Prüfung besser bestanden hätten, der Aufsatz noch besser geworden, eine Aufgabe noch besser erledigt worden wäre, wenn sie nur rechtzeitig damit angefangen hätten. Prokrastinieren erlaubt es ihnen also, ein positiveres Bild von ihren Leistungen und Fähigkeiten zu haben, als es die objektiven Arbeitsproben rechtfertigen. (...) (Es ist der Versuch) ein positives Bild, das wir selbst von uns haben beziehungsweise haben wollen, vor Demontage zu schützen."*
> *(Rist/Engberding 2006, S. 72)*

Phase 3: In dieser Phase kommt es konkret zu zielerreichenden Handlungen. Das Individuum steht vor der Aufgabe,

- die Handlungen gegen innere Widerstände, äußere Störungen und konkurrierende Wünsche und Handlungsziele bis zur endgültigen Zielerreichung durchzuhalten (= *Handlungskontrolle*),

- die eigenen Handlungen effizient zu organisieren und Einzelaktivitäten aufeinander abzustimmen (= *Ausführungskontrolle* bzw. *Handlungsregulation*).

Phase 4: Nach Abschluss der zielerreichenden Aktivitäten nimmt das Individuum diverse Bewertungsakte vor. So werden insbesondere vier Sachverhalte eingeschätzt:

1. In welchem Umfang wurde das Handlungsziel tatsächlich erreicht bzw. verfehlt?
2. Auf welche Ursachen sind die Erfolge/Misserfolge zurückzuführen? Typische Ursachenfaktoren sind *eigene Qualifikationen* und *eigene Anstrengungen, Hilfe durch andere Personen, Glück oder Pech.* Psychologen sprechen von den sogenannten *Kausalattributionen (= Ursachenzuschreibung).*
3. Wie sind die erzielten Handlungsergebnisse im Vergleich zu anderen Individuen ausgefallen?
4. Inwieweit sind die im Gefolge der Handlungsrealisierung erhaltenen Belohnungen im weiteren Sinne als „gerecht" anzusehen?

Vom Ergebnis dieser Bewertungsakte ist abhängig,

- ob der Handlungsvollzug als abgeschlossen betrachtet wird und dadurch neuer Freiraum für neue Handlungswünsche/-ziele entstehen kann,
- welche Emotionen sich einstellen (z. B. Zufriedenheit, Trauer, Stolz),
- wie künftig mit ähnlich gelagerten Handlungswünschen/-zielen umgegangen wird.

Von der Gesamtdarstellung des Rubikon-Modells nun wieder zurück zu Zielvereinbarungssystemen. Sie leisten einen wichtigen Beitrag zur Überwindung der in den ersten beiden Phasen dargestellten Handlungsinitiierungsprobleme. Zielvereinbarungen rudern Mitarbeiter also quasi über den Rubikon und helfen dann auch noch bei der Überwindung des „Berges Prokrastinion". Warum?

Zielvereinbarungssysteme sind institutionell vorgegebene Mechanismen. Mitarbeiter „müssen" konkrete Gesprächstermine mit ihrem Vorgesetzten wahrnehmen, dabei eigene Zielvorschläge unterbreiten und sich final mit der Führungskraft auf ein Zielspektrum einigen. Dieses vorgegebene Procedere lässt Mitarbeitern im Grundsatz keine Alternative und baut einen „heilsamen Druck" auf, der verhindert, dass sie zu lange in Abwägensprozessen zwischen ihren diversen potenziellen Handlungsoptionen steckenbleiben. So etwas passiert typischerweise in Organisationen ohne Führung über Ziele. Da kann zwar jeder Mitarbeiter erzählen, *„was falsch läuft und was getan werden müsste"*, aber keiner geht ein Handlungsfeld via selbstverpflichtendem Vorsatz entschlossen an. Mitunter ist es besser, keine Wahl zu haben. Das kürzt Prozesse ab, zumal es sich bei dem Abwägensprozess, *ob* man sich etwas ernsthaft vornehmen sollte, in einer Organisation um einen ineffizienten Prozess handelt. Energie und Zeit sind viel sinnvoller bei der Frage aufgehoben, *was* man sich konkret vornehmen sollte. *Entscheide dich! Bekenne dich!* Das ist die Aufforderung, die von einem Zielvereinbarungssystem ausgeht. Unterstützt wird der Weg zur Verbindlichkeit von Handlungsvorsätzen durch das Prinzip der Schriftlichkeit.

Was den Weg von einem Vorsatz zur konkreten Handlung betrifft, so ist zunächst festzuhalten, dass von akzeptierten Zielen ein starker Aufforderungscharakter ausgeht. Das wurde in diesem Kapitel bereits unter dem Stichwort „Selbstverpflichtungseffekt“ dargelegt. Hinzu kommt, dass viele Elemente von konsequent aufgebauten Zielvereinbarungssystemen geradezu ein „Anti-Prokrastinations-Programm“ sind. Man weiß, dass eine Strukturierung der Arbeitsbedingungen potenziellen Prokrastinierern hilft. Ungeachtet der Freiräume, die den Mitarbeitern durch die freie Mittelwahl bei der Zielverfolgung gegeben sind, erhält ihre Arbeit nämlich auch einen ordnenden Rahmen, und zwar insbesondere durch:

- Fristen für die Zielerreichung,
- Definition von Zwischenzielen (= Meilensteinen),
- häufiges Zwischenfeedback,
- konsequente Fremdkontrolle am Ende der Zielperiode.

Dies hält in Gesamtschau dann auch eher impulsive Mitarbeiter, die sich leicht durch andere Aktivitäten vereinnahmen lassen, leichter in der Spur.

7 Leistungssteigerung

„Sobald der Geist auf ein Ziel gerichtet ist, kommt ihm vieles entgegen."

(Johann Wolfgang von Goethe, Dichter)

Hohe Motivation allein genügt nicht! Sie ist zwar eine wichtige Vorbedingung für die Entstehung von Leistung bei der Ausführung von Aufgaben, aber eben nur eine. Es müssen einerseits noch die notwendigen Qualifikationen und andererseits weitere Elemente der Verhaltenssteuerung beim Mitarbeiter hinzukommen. Denn die durch die hohe Motivation aufgebaute Energie muss auch entsprechend kanalisiert und genutzt werden. Zielorientierte Führungssysteme bergen eine ganze Reihe von Mechanismen, die die Entstehung einer hohen Leistung direkt unterstützen. Sie werden nachfolgend vorgestellt.

7.1 Lupenfunktion

Arbeitsstellen setzen sich in aller Regel aus einem größeren Spektrum von Einzelaufgaben zusammen. Sie stellen die Gesamtaufgabe eines Mitarbeiters dar. Aus ihr werden durch Zielvereinbarungen quasi Schwerpunkte herauspräpariert. Wie unter einem Brennglas treten sie verstärkt in das Bewusstsein des Mitarbeiters. Seine Aufmerksamkeit wird besonders auf diese Aufgabenelemente gelenkt. Er wird sich ihnen besonders zuwenden und sie in allen seinen Arbeitshandlungen stark priorisieren. Damit ergibt sich in der Wahrnehmung des Mitarbeiters eine Aufteilung in wichtigere und weniger wichtige Aufgaben auf seiner Stelle. Dies ermöglicht ihm, den eigenen Zeit- und Energieeinsatz präziser zu den zentralen Aufgaben zu lenken. Es liegt nun folgerichtig in der Verantwortung des Vorgesetzten, dafür Sorge zu tragen, dass über die Zielvereinbarung beim Mitarbeiter genau diejenigen Aufgabenelemente unter dem Brennglas liegen, die eine besonders starke Hebelfunktion auf die Gesamtleistung der Stelle erwarten lassen.

7.2 Sog- und Fokussierungswirkung

Akzeptierte Ziele entfalten eine Art Sogwirkung (= Traction) auf Menschen. Sie zeigt sich darin, dass eine starke Tendenz entwickelt wird, alle Störungen oder Unterbrechungen abzuwehren, die von der Zielverfolgung ablenken. Es tritt also eine leistungssteigernde Konzentrationserhöhung ein. Jeder kennt diesen Effekt aus Endphasen von Projekten oder von seinen eigenen Prüfungsvorbereitungen. Hat man sich erst einmal mit hoher Ernsthaftigkeit entschieden, sich einer bestimmten Prüfung zu stellen oder eine wichtige Aufgabe zu beenden, dann zeigt sich eine große Bereitschaft, auch einmal eine Einladung auszuschlagen oder auf die Lieblingssendung im Fernsehen zu verzichten. Ziele saugen also quasi die Handlungsenergie an und ziehen sie von unwichtigeren Verrichtungen ab. Es entsteht eine starke Tendenz, keine Zeit und Energie für Irrelevantes einzusetzen. Irrelevant sind alle Aktivitäten, die nicht unmittelbar mit der Zielverfolgung in Zusammenhang stehen. Es erfolgt also eine „Konzentration aufs Wesentliche" – und damit eine wirksame Fokussierung und Bündelung von Handlungsenergien.

Die menschliche Befähigung zum Belohnungsaufschub wirkt dabei als wichtiger unterstützender Mechanismus. Man ist bereit, zu Gunsten übergeordneter Ziele auf kleine Annehmlichkeiten zu verzichten, die man sofort haben könnte.

Die psychologischen Effekte 1 und 2 wirken im Verbund. Sie sind leistungsstimulierend und steigern die Wahrscheinlichkeit, dass Ziele auch tatsächlich erreicht werden. Allerdings darf für das Arbeitshandeln in Organisationen eine Gefahr nicht unterschätzt werden: Die Mitarbeiter entwickeln aufgrund dieser Mechanismen zum einen eine Tendenz, alle Informationen auszublenden, die nichts mit ihren Aufgabenzielen zu tun haben. Und zum anderen könnten auch alle Aufgabenelemente vernachlässigt werden, die nicht durch Ziele unterlegt sind. Und das können im Einzelfall auch sehr wichtige sein. Ein Verkäufer, mit dem man nur Umsatzziele vereinbart hat, wird nach dem erfolgreichen Kaufabschluss möglicherweise wenig sensibel für Signale der Kunden zur Produktzufriedenheit sein. Und Aktivitäten der langfristigen Kundenbindung könnten auch unter die Räder kommen, da sie nicht unmittelbar umsatzrelevant sind. Die Vermeidung solcher Effekte liegt im Verantwortungsbereich der Führungskräfte. Sie müssen bei ihrem Führungshandeln ein waches Auge darauf haben, dass Mitarbeiter nicht im übersteigerten und damit negativen Sinne „zielfixiert" sind. Insofern wird deutlich, dass Zielvereinbarungen die Vorgesetzten zwar einerseits im Führungsalltag von Routineanweisungen an die Mitarbeiter entlasten, die Führungskräfte aber andererseits keinesfalls überflüssig machen. Vielmehr werden sie sogar im Hinblick auf steuernde Korrektureingriffe besonders gefordert.

7.3 Erhöhung der Ausdauer

Ziele haben eine positive Wirkung auf die Ausdauer, mit der sich Menschen mit Aufgaben beschäftigen. Psychologen verwenden auch den Begriff der „Persistenz". Persistenz kann mehrere Facetten haben, z. B.:

- Wie lange beschäftigt sich jemand kontinuierlich mit einer bestimmten Aufgabe?
- Wie schnell wird die Beschäftigung mit einer Aufgabe aufgegeben, wenn sich kein Erfolg einstellt oder sogar explizit Misserfolge eintreten?
- Wie intensiv wird nach alternativen Wegen gesucht, wenn ein geplanter Weg blockiert ist?
- Wie stark ist die Neigung, eine Aufgabenbearbeitung wieder aufzunehmen, wenn sie unterbrochen werden musste?

Im Grundsatz konnte in vielen Studien nachgewiesen werden, dass Menschen sich länger und intensiver mit einer Aufgabe auseinandersetzen, sich durch Misserfolge nicht so schnell entmutigen lassen, bei blockierten Handlungswegen intensiv nach Alternativen suchen und eine Aufgabe auch nach Unterbrechungen nicht aus dem Blick verlieren, wenn diese mit einem klar formulierten Ziel untersetzt ist. Ein besonders eindrückliches Beispiel für Persistenz bietet der Sportler, der auf die Erreichung einer Olympianorm hin trainiert und sich dabei auch von Verletzungsunterbrechungen nicht aus der Bahn werfen lässt. Es liegt auf der Hand, dass solche Verhaltensmuster auch bei der Aufgabenerledigung in Organisationen zu besseren Leistungen führen. Zu denken wäre z. B. an Forscher und Entwickler, die sich von Rückschlägen und Sackgassen nicht entmutigen lassen, an Verkäufer, die sich in schwierigen Märkten nicht von einer größeren Zahl von erfolglosen Kundengesprächen frustrieren lassen, an eine Projektgruppe, die die Arbeit an ihrer Projektaufgabe mit hoher Energie fortsetzt, obwohl die Notwendigkeiten des Tagesgeschäfts eine längere Unterbrechung erzwungen haben, aber auch an den Produktionsmitarbeiter, der trotz gehäufter technischer Probleme mit viel Beharrlichkeit das erwünschte Qualitätsniveau zu erreichen versucht.

Nicht alle Mitarbeiter reagieren auf klar definierte Ziele mit einem gleichen Niveau an Persistenz. Persönlichkeitsfaktoren spielen dabei eine wichtige Rolle. Diese förderlichen Dispositionen werden in Kapitel 12 näher dargestellt. Ein weiterer wichtiger Einflussfaktor ist die durch den Mitarbeiter wahrgenommene Zielschwierigkeit und die subjektiv daraus abgeleitete Erfolgswahrscheinlichkeit. Auf diese Zusammenhänge geht Kapitel 10.11 näher ein.

7.4 Mobilisierung von Zusatzenergie

Jeder kennt das Phänomen aus seinen Alltagserfahrungen. Wenn man sich mit hinreichender Ernsthaftigkeit etwas vorgenommen hat, sei es das Rasenmähen im Garten, die Anfertigung der Steuererklärung oder den Beginn der längst überfälligen Diät, dann beginnt das mentale Leiden. Solange der Vorsatz nicht in die Tat umgesetzt ist, drängt er immer wieder ins Bewusstsein und das schlechte Gewissen nagt an uns. Um das unschöne Gefühl endlich loszuwerden, raffen wir uns irgendwann auf und erledigen die anstehende Aufgabe. Das schlechte Gewissen hat uns den dafür nötigen Energieschub gegeben. Wie intensiv solche Energieschübe sein können, hat auch schon jeder erfahren, der bis tief in die Nacht gearbeitet hat, um eine Aufgabe endlich abzuschließen und sich selbst vorher eine solche Leistung nie zugetraut hätte.

Was hier etwas volkstümlich beschrieben wurde, ist in der psychologischen Fachsprache die Wirkung der bereits schon angesprochenen kognitiven Dissonanzen. Akzeptierte, aber bislang unerreichte Ziele drängen sich immer wieder in den Wahrnehmungsvordergrund. Der Mitarbeiter erlebt ein Spannungsgefühl (= kognitive Dissonanz) als unangenehmen psychischen Zustand. Belastende Zustände lösen immer eine starke Handlungstendenz in Richtung ihrer Beseitigung aus.

Die konkrete Handlung besteht in einer intensiven Hinwendung zu den Zielen und ihrer Abarbeitung. Die Existenz von Zielen führt also zu Leistungssteigerungen, indem sie über den Mechanismus der kognitiven Dissonanz zusätzliche Handlungsenergien bereitstellen.

Grundsätzlich könnte der Spannungszustand natürlich auch beseitigt werden, indem das Ziel aufgegeben wird. Keine Ziele, keine kognitiven Dissonanzen mehr. Was im Privatbereich über die Aufgabe der Diätpläne oder im Studium über die Abmeldung von einer Prüfung noch als Ausweichstrategie relativ leicht möglich ist, ist wegen des hohen Verpflichtungscharakters von Zielen in einer Organisation eher unwahrscheinlich. Hier wird im Regelfall die „Vorwärtsstrategie" der Abarbeitung von Zielen gewählt. **Abbildung 7.1** zeigt die Wirkungskette nochmals grafisch.

Abbildung 7.1: Leistungssteigerung durch kognitive Dissonanz

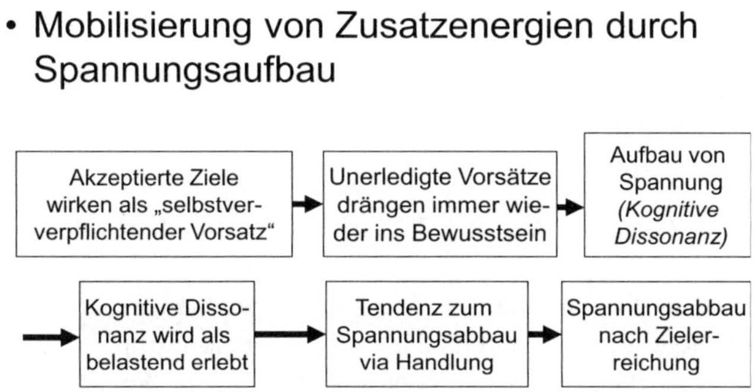

Schon vor über 80 Jahren konnten im Übrigen experimentell die „Nachwirkungen des Unerledigten" bestätigt werden (*Beckmann/Heckhausen 2006*). Unter dem Begriff des „Zeigarnik-Effekt" – benannt nach *Bluma Zeigarnik*, einer Schülerin des amerikanischen Psychologen *Kurt Lewin* – ist in der Psychologie bekannt, dass unterbrochene Aufgaben besser erinnert werden als erledigte Aufgaben. Der Zeigarnik-Effekt ist besonders stark bei

- *End*handlungen, also solchen mit klarem Abschluss (Ziele!), gegenüber *Reihen*handlungen, bei denen immer nur Gleiches wiederholt wird,
- Unterbrechungen kurz vor Handlungsvollendung,
- Personen mit starkem Leistungsmotiv (Ehrgeiz) und hoher Erfolgszuversicht.

Es gibt also schon frühe erste Belege für die persistenz- und leistungssteigernden Wirkungen von Zielen.

7.5 Selbstwertsteigernde Erfolgserlebnisse

Jeder halbwegs ehrgeizige Bergwanderer, der seinen ersten 3000er bestiegen hat, wird zunächst einmal stolz auf seine Leistung sein und dann bald anfangen, ernsthafter über einen 4000er nachzudenken. Erfolg macht eben hungrig auf weitere Erfolge. Welche psychischen Prozesse laufen hierbei genau ab? **Abbildung 7.2** zeigt die Mechanismen grafisch.

Abbildung 7.2: Positive Leistungsspirale durch Zielerreichung

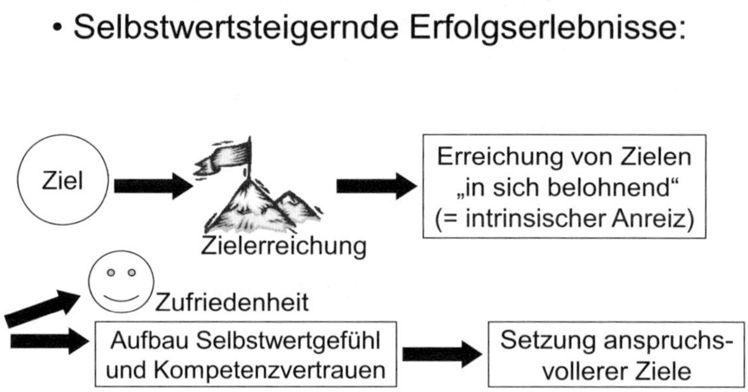

Die Erreichung von Zielen – seien sie selbst gesteckt, vereinbart oder vorgegeben – stellt für jeden Menschen ein Ereignis dar, das „in sich selbst" belohnend ist. Völlig unabhängig von Lob oder Prämien, die durch andere Menschen gewährt werden (= extrinsische Belohnungen) stellt der Zielerreichungsakt eine intrinsische Belohnung dar. Je nach persönlicher Disposition wird sie stärker oder schwächer ausfallen, denn Menschen unterscheiden sich hinsichtlich ihrer Abhängigkeit von extrinsischen Belohnungen. Vorhanden ist das intrinsische Belohnungsempfinden aber in jedem Fall. Gut zu beobachten ist dies bei jedem Leichtathleten, der einen Wettkampf gewinnt, oder einem Fußballer, dem ein Tor gelingt. An die Prämie denkt in diesem Augenblick vermutlich keiner. Die Freude über das „geglückte Werk" dominiert. Zwei Prozesse werden dann einsetzen:

Zum einen wird sich bei dem Individuum die positive Befindlichkeit der „Zufriedenheit" einstellen. Sie ergibt sich im Grundsatz immer, wenn Ereignisse oder Zustände den Erwartungen oder Hoffnungen von Individuen entsprechen. Zum anderen steigen das Selbstwertgefühl und das damit einhergehende Zutrauen in die eigenen Fähigkeiten, auch „Kompetenzvertrauen" genannt. Über die Zielerreichung hat sich das Individuum quasi selbst (und auch allen anderen) den Beweis geliefert, dass es einer Aufgabe gewachsen ist. Damit hat aber auch das realisierte Zielniveau einen Teil seines Reizes eingebüßt. Ein zweites Mal muss man sich das gleiche Zielniveau nicht mehr beweisen. Es lockt der nächste Schritt. Für künftige Zielperioden wird eine starke Tendenz entstehen, sich die Ziellatte ein kleines Stück höher zu legen. Auf diesem Weg entsteht im Grundsatz eine positive Leistungsspirale. Wie dynamisch sie sich entwickelt, ist wieder individuell unterschiedlich und hängt sehr stark davon ab, wie schnell Individuen erzielte Erfolge in gestiegenes Kompetenzvertrauen umsetzen. Grundsätzlich wirksam ist dieser Mechanismus aber bei den meisten Menschen.

Das war bislang die Schilderung des erfreulichen Falls. Natürlich kann aber auch der unerfreuliche Fall auftreten: Ziele werden nicht erreicht. Es entsteht dann eine negative Leistungsspirale. Menschen verlieren persönlichkeitsbedingt mehr oder weniger stark das Zutrauen in die eigenen Fähigkeiten („Ich bin zu ungeschickt!") und tendieren in der Folge dazu, das anzustrebende Zielniveau herabzusetzen. Sie streben dann eher defensiv formulierte Ziele an, die sie mit hoher Wahrscheinlichkeit auch erreichen können. Das aber kann zu erheblichen ungenutzten Potenzialen führen. Vor diesem Hintergrund wird deutlich, wie wichtig es in Organisationen ist, Ziele so zu justieren, dass die einzelnen Mitarbeiter sie auch mit hinreichender Wahrscheinlichkeit erreichen können. Mehr dazu in Kapitel 10.11.

Effekte auf die Leistung treten aber nicht nur *nach* einer Zielerreichung oder -verfehlung auf. Vielmehr antizipieren Mitarbeiter gedanklich schon *im Vorfeld* eine mögliche positive (negative) Selbstbewertung mit allen positiven (negativen) Begleiterscheinungen bei einer Zielerreichung (Zielverfehlung). Naheliegenderweise versuchen sie durch Erhöhung des Leistungsniveaus den unangenehmen Fall tunlichst zu vermeiden. Sehr treffend wird dazu von zwei Wissenschaftlern formuliert:

> *„Die Person wird von der Vermeidung der negativen Selbstbewertung (...) vorwärts geschoben, und von der antizipierten positiven Selbstbewertung (...) vorwärts gezogen."*
>
> *(Oettingen/Gollwitzer 2002, S. 68)*

7.6 Verbesserung der Handlungsregulation

Ziele helfen Menschen, ihr eigenes Handeln besser zu organisieren. Sie steuern sich selbst – Psychologen sprechen auch von „Handlungsregulation" –, indem sie sich ein hierarchisch angeordnetes System von Zielen und daraus abgeleiteten Teilzielen aufbauen. In ihrem psychischen System wird also eine Zielpyramide aufgebaut, für deren einzelne Ebenen eine Zweck-Mittel-Beziehung gilt. Menschen steuern ihre Handlungen damit nach einem Prozess, der im Kern nichts anderes als eine „psychische Zielkaskadierung" ist. Dazu ein einfaches Beispiel: Wer für sich als Oberziel beschlossen hat, ein guter Manager zu werden (ein sogenanntes „to be-Ziel"), der wird daraus konkrete Handlungsziele ableiten (sogenannte „to do-Ziele"). Diese könnten zum Beispiel darin bestehen, bestimmte Seminare an einer Hochschule zu besuchen oder bestimmte Bücher zu lesen. Aus diesen Handlungszielen ergeben sich dann Ziele für einzelne motorische oder kognitive Aktivitäten (sogenannte „motor-control-Ziele"), also zum Beispiel mit dem Bus zur Hochschule zu fahren oder im Internet nach geeigneter Lektüre zu recherchieren.

Erst die Existenz eines Zieles stellt für einen Mitarbeiter einen Auslösereiz dar, eine solche hierarchische Handlungsverkettung überhaupt aufzubauen. Von einem Ziel geht quasi ein gewisser Druck aus, die eigenen Gedanken (= Kognitionen) und Handlungen (= motorische Aktivitäten) zu organisieren. Es muss darüber nachgedacht werden, welche weiteren Überlegungen angestellt und welche Einzelaktivitäten ergriffen werden müssen. Der Mitarbeiter wird zu mentalen Prozess-Simulationen angeregt, in denen er verschiedene Wege zur Zielerreichung gedanklich erprobt. Mentale Simulationen sorgen dafür, dass Handlungsanforderungen besser verstanden und die nachfolgenden Handlungen besser organisiert und miteinander verzahnt werden können. Ein Rennfahrer in der Formel 1 führt sehr bewusst diese beschriebenen Prozesse durch, wenn er vor dem Rennen im Geiste die Strecke mehrfach abfährt. Zweifellos führen die Simulations- und Selbstorganisationsprozesse zu besseren Handlungsergebnissen, mithin also zu Leistungssteigerungen.

Abbildung 7.3 zeigt die Zusammenhänge an dem Beispiel eines Abteilungsleiters in der Fertigung auf, der für seinen Verantwortungsbereich mit dem Produktionsleiter das Ziel einer Produktivitätserhöhung um 5 % vereinbart hat. Da sich im ökonomischen Sinn die Produktivität aus der Relation von Output zu Input ergibt, wird unserem Abteilungsleiter sehr bald klar werden, dass er versuchen kann, den bisherigen Output mit geringerem Mitteleinsatz zu erreichen. Alternativ könnte er auch bei gleichbleibendem Input versuchen, die ausgebrachte Menge zu steigern. Gleichzeitig wird ihm bewusst werden, dass er selbst dazu einige weitere Qualifikationen erwerben muss, sich vermutlich weitere Informationen beschaffen und dazu auch Kontakt mit anderen Bereichen im Unternehmen aufnehmen muss. Bis hierhin hat er also selbsttätig aus seinem Oberziel der Produktivitätserhöhung untergeordnete Zielklassen gebildet. Jetzt werden sich seine Überlegungen weiter darum drehen, wie er zum Beispiel konkret den Input reduzieren kann. Ansatzpunkte ergeben sich über einen geringeren Materialeinsatz oder über einen geringeren Zeiteinsatz. Erscheint ihm der Weg eines sparsameren Materialeinsatzes am erfolgversprechendsten, dann wird er sich konkret überlegen, welchen Experten im Unternehmen er wann über welchen Weg kontaktieren muss, um in Erfahrung zu bringen, wie weit er den Materialeinsatz minimieren kann, ohne die Qualität des Endprodukts zu gefährden, und welchem Mitarbeiter er welche Anweisung geben muss. Er hat die Zielklassen also jetzt auf die Handlungsebene transferiert und weiter in konkrete kognitive und motorische Aktionen spezifiziert.

Abbildung 7.3: Beispiel zur menschlichen Handlungsregulation

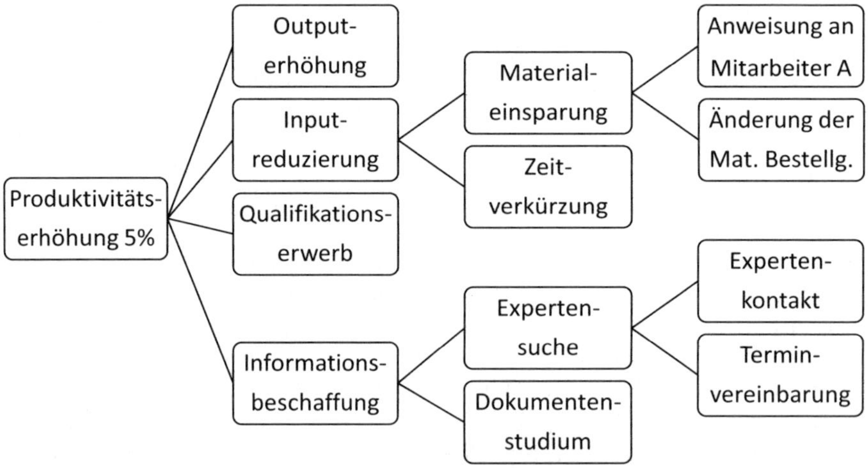

Damit dieser Prozess der eigenen Handlungsregulation in der beschriebenen Weise in Gang kommt und effizient abläuft, müssen einige Bedingungen gegeben sein:

- Das Ziel muss akzeptiert sein, also als verpflichtend erlebt werden.
- Der Mitarbeiter muss über die nötige Befähigung zur Selbstregulation verfügen.
- Der Mitarbeiter muss sein Handlungsfeld intellektuell durchdrungen haben.
- Es dürfen nicht zu viele *Regulationshindernisse* in Form von
  - erzwungenen Unterbrechungen
  - fehlenden Informationen

  vorhanden sein.
- Es dürfen nicht zu viele *Regulationsunsicherheiten* in Form von
  - zu komplexen Zielen
  - unklaren, widersprüchlichen Zielen

  vorhanden sein.
- Es dürfen keine *Regulationsüberforderungen* in Form von
  - zu starkem Zeitdruck
  - Überlastungen des Arbeitsgedächtnisses

  vorhanden sein.

Insbesondere die beiden letzten Bedingungen betonen wieder die Wichtigkeit einer angemessenen Zielschwierigkeit (siehe Kapitel 10.11).

7.7 Qualifikationsaufbau

Von Periode zu Periode werden im Rahmen von Zielvereinbarungssystemen mit den Mitarbeitern schrittweise immer anspruchsvollere Ziele vereinbart. Über die systemseitig vorgesehene freie Wahl der Mittel und Wege zur Zielerreichung sind sie quasi „gezwungen",

- Handlungsfreiräume zu füllen,
- Eigeninitiative zu entwickeln,
- Entscheidungen zwischen alternativen Vorgehensstrategien zu treffen,
- sich selbst zu steuern,
- mit Bezug zu ihrer eigenen Stelle über Zielbeiträge zu den Oberzielen der Organisation zu reflektieren, mithin also gesamtunternehmerisch zu denken.

Konsequent über einen längeren Zeitraum praktiziert, stellen diese Prozesse ein Trainingsprogramm für wichtige Schlüsselkompetenzen auf der Persönlichkeitsebene dar. Die Mitarbeiter werden sich diesen *impliziten* – fast unmerklichen, aber stetigen – Entwicklungsprozessen gar nicht entziehen können. Hinzu kommen dann über die Formulierung von persönlichen Personalentwicklungszielen (siehe Kapitel 5) noch ganz *explizite* Entwicklungsprozesse.

Daneben steigern Ziele auch die Qualifizierungs*bereitschaft* von Mitarbeitern. Unter der Voraussetzung, dass ein Mitarbeiter einerseits auf einem bestimmten Feld überhaupt noch weiter entwicklungs*fähig* ist und er andererseits die Nützlichkeit eines bestimmten Qualifizierungsangebots für seine vereinbarten Stellenziele erkannt hat, sind positive Wirkungen auf die Lernmotivation höchst wahrscheinlich. Ein europaweit tätiger Verkäufer mit einem Umsatzsteigerungsziel wird zum Beispiel schnell die Nützlichkeit eines zusätzlichen Sprachkurses erkennen. Ziele können also auch dem gesamten Personalentwicklungssystem einer Organisation zu höherer Akzeptanz und Nutzung verhelfen. Zwingende Voraussetzung ist allerdings, dass eine hinreichende Abstimmung zwischen dem durch Ziele ausgelösten Qualifizierungs*bedarf* und den verfügbaren Qualifizierungs*angeboten* besteht.

Mitarbeiter qualifizieren sich aber nicht nur über extern vorgegebene Qualifizierungsmodule weiter. Lernen findet auch in Form von selbstgesteuerten Lernprozessen statt, indem andere Mitarbeiter in ähnlichen Leistungssituationen beobachtet werden. Es wird dabei genau registriert, welche Verhaltensstrategien andere wählen und wie erfolgreich sie damit sind. Kann ein Mitarbeiter etwa beobachten, dass eine Kollegin bei Auftreten eines bestimmten Problemtyps sehr schnell andere Kollegen/innen zu einer kurzen Kreativsitzung zwecks Ideensammlung bittet (statt sich lange allein mit dem Problem zu beschäftigen) und damit gute Resultate erzielt, dann steigt die Wahrscheinlichkeit, dass dieses Verhaltensmuster imitiert wird. Kann umgekehrt beobachtet werden, dass die Verhaltensstrategie nicht erfolgreich ist oder mit gravierenden Nachteilen verbunden ist, dann sinkt die Wahrscheinlichkeit, diese Verhaltensstrategie zu kopieren. Sie taugt ja offensichtlich nicht allzu viel. Diese Form des Lernens wird „Imitationslernen" oder „Modelllernen" genannt. Das Lernen am Verhaltensmodell ist eine höchst effiziente Lernform, denn Menschen müssen „das Rad nicht selbst ein zweites Mal erfinden", sondern können ohne zeit- und energieaufwendige eigene „Trial-and-Error-Strategien" direkt erfolgreiche Verhaltensweisen kopieren. Umgekehrt müssen sie Fehler nicht wiederholen, die andere schon für sie gemacht haben. Dass die Herdplatte heiß ist, kann schmerzvermeidend auch durch Beobachtung anderer gelernt werden. Die Existenz von Zielen steigert nun die Bereitschaft, in der Organisation (oder fallweise auch außerhalb) zu beobachten, wer sich in ähnlichen Handlungssituationen befindet und was man sich gegebenenfalls von diesen Verhaltensmodellen „abschauen" kann. Rein ökonomisch kann man sich kaum kostengünstigere Qualifizierungsprozesse vorstellen.

Fasst man die Überlegungen zusammen (**Abbildung 7.4**), dann unterstützen Ziele die Qualifizierung über drei alternative Lernwege:

- selbstgesteuertes Lernen über die intensive Auseinandersetzung mit der Aufgabe
- fremdgesteuertes Lernen über die erhöhte Bereitschaft zur Nutzung von angebotenen Qualifizierungsmodulen
- selbstgesteuertes Lernen über intensive Beobachtung anderer

Abbildung 7.4: Qualifizierungswege auf Basis von Zielen

Mit Fug und Recht können Zielvereinbarungssysteme also auch als Qualifizierungsinstrument gesehen werden. Und verbesserte Qualifikationen werden sich auch in höherer Leistung niederschlagen.

Betrachtet man die Notwendigkeit zur Personalentwicklung von den Karrierephasen her, dann ist insbesondere beim Berufseinstieg oder auch bei einem Neueinstieg in eine Organisation von einem erhöhten Qualifizierungsbedarf auszugehen. Mit Zielvereinbarungen steht dem Vorgesetzten ein Führungsinstrument zur Verfügung, mit dem er für einen neuen Mitarbeiter das Aufgabenfeld im Sinne von Lernabschnitten strukturieren und so dessen Lernprozesse gezielt lenken kann. Über Feedbackgespräche ergeben sich für die Führungskraft wertvolle Informationen zum aktuellen Einarbeitungsstand und eventuell erforderliche zusätzliche Unterstützungsmaßnahmen. Ganz nebenher gewinnt er auch ein Bild über die weiteren Entwicklungspotenziale des Neuen. Zielvereinbarungen können damit also auch ein wichtiger Führungsbaustein für die Integration und Qualifizierung neuer Mitarbeiter sein.

7.8 Zielautomatisierungsprozesse

Einmal mit dem Mitarbeiter vereinbarte Ziele wirken möglicherweise deutlich über die eigentliche Zielerreichungsperiode hinaus. Wurde beispielsweise für eine Arbeitsstelle in einem Jahr die Erreichung eines bestimmten Qualitätsstandards vereinbart, dann besteht eine gewisse Wahrscheinlichkeit, dass der Mitarbeiter das Qualitätsziel auch in den Folgeperioden beachtet, obwohl es gar nicht mehr explizit vereinbart wurde.

Nach der sogenannten „Automotivtheorie" setzen sich Menschen nicht nur Ziele auf der Basis bewusster Überlegungen oder Vereinbarungen, sondern auch auf Basis unbewusster, automatisierter Prozesse. Wenn also ein Mitarbeiter in der Vergangenheit lange und intensiv genug unter bestimmten Rahmenbedingungen ein Qualitätsziel verfolgt hat, dann hat er eine mentale Verknüpfung zwischen einem Ziel und einer Handlungssituation „gelernt". Tritt nun in der Zukunft die gleiche oder eine ähnliche Handlungssituation wieder auf, dann wird er die Qualitätsziele automatisch aktivieren und sein Handeln davon leiten lassen, ohne dass eine bewusste Zielsetzung erforderlich gewesen wäre. Vergangene Ziele vervielfältigen sich also bis zu einem gewissen Grad quasi selbständig in die Zukunft und entfalten auch dort positive Wirkungen auf das Leistungsverhalten.

7.9 Flow-Erlebnisse

Steht Ihr Dealer auch hinter dem Werkstor? Droge Arbeit? Fast könnte man zu solchen Vergleichen greifen, wenn man sich mit dem Phänomen „Flow-Erleben" beschäftigt (*Csikszentmihaly 2004*). Vereinfacht lässt sich Flow als „Verschmelzen mit der Arbeit" oder als „Glückserfahrung durch Aufgehen im eigenen Tun" umschreiben. Entdeckt wurde dieses Phänomen aufgrund von Befragungen von Personengruppen, die Tätigkeiten extrem engagiert betrieben, obwohl sie keine signifikanten Belohnungen dafür erhielten, zum Beispiel Künstler, Sportkletterer, Tänzer, Chirurgen bei der Operation.

In einer etwas ausführlicheren Beschreibung lässt sich Flow-Erleben durch folgende Merkmale kennzeichnen (*Rheinberg 2006*):

- Auf einem hohen Niveau hat man das Gefühl, durch eine Tätigkeit hoch beansprucht zu werden, sie aber gleichzeitig jederzeit unter Kontrolle zu haben.
- Aufgrund von eindeutigen Anforderungen und Rückmeldungen ist jederzeit klar, was zu tun ist.
- Der Handlungsablauf wird – basierend auf einer inneren Logik – als glatt und fließend erlebt. Daraus leitet sich vermutlich auch der Flow-Begriff primär ab. „Es flutscht", würde man volkstümlich dieses Merkmal umschreiben.
- Um die Konzentration auf die Tätigkeit muss man sich nicht bemühen, sie fliegt einem zu.
- Die Zeit wird vergessen; Stunden vergehen wie Minuten.
- Die eigene Person wird nicht mehr als isoliert von der Tätigkeit wahrgenommen. Man reflektiert auch kaum noch über die eigene Person.

Ein höchst überraschender empirischer Befund, der sich stabil in mehreren Studien in den USA und in Europa zeigte, ist, dass Menschen während der Arbeit deutlich häufiger Flow-Erlebnisse haben als während der Freizeit, während der man sich ja eigentlich innig und selbstbestimmt seinen Lieblingstätigkeiten widmen kann. Fragt man gleichzeitig das Glücks- und Zufriedenheitsniveau der Menschen ab – insbesondere über die Frage, „ob sie jetzt lieber etwas anderes tun würden" –, dann zeigt sich, dass die Glücks- und/oder Zufriedenheitswerte während der Freizeit deutlich höher sind als während der Arbeit. Der Befund von häufigem Flow-Erleben bei gleichzeitig nur moderaten Zufriedenheits- und Glücksgefühlen wird in der Wissenschaft als „Paradoxon der Arbeit" bezeichnet. Als Erklärungsmuster für diesen Befund wird u.a. angeboten, dass es soziale Meinungskonvention ist, dass Arbeit weniger attraktiv als Freizeit ist. Befragt man nun Menschen nach ihrem Glück und ihrer Zufriedenheit bei der Arbeit, dann passen sie sich bei der Beantwortung dieser Meinungskonvention an und werten tendenziell die Arbeit ab (*Rheinberg et al. 2007*).

In einer Studie in Deutschland mit 101 Teilnehmern aus allen Berufsgruppen konnte nun weiter gezeigt werden, dass sich die Erlebensunterschiede zwischen Arbeit und Freizeit noch deutlich verstärken, wenn eindeutige Handlungsziele vorhanden waren. Mit anderen Worten: Klare Ziele erhöhen die Flow-Wahrscheinlichkeit während der Arbeit deutlich bei gleichzeitig etwas geringeren Werten für Glück/Zufriedenheit. Im Freizeitbereich dagegen erhöhen klare Ziele die Flow-Wahrscheinlichkeit nur recht moderat, mindern dafür aber die Werte für Glück und Zufriedenheit ebenfalls nur in moderatem Umfang (*Rheinberg et al. 2007)*.

Klar ist damit, dass die Existenz von Zielen eine starke Auswirkung auf das Erleben von Arbeit und Freizeit hat. Die schlechte Nachricht dabei: Ziele mindern offensichtlich ein wenig das Wohlbefinden. Wie lässt sich das erklären? Ziele sind ein erwünschter Zustand, den man aber noch nicht erreicht hat. Dies versetzt Personen dann in einen Zustand der relativen Unzufriedenheit. Die gute Nachricht: Offensichtlich sorgt dieser Zustand der relativen Unzufriedenheit dafür, dass wir eher bereit sind, uns voll und ganz einer Tätigkeit zu widmen, was dann wiederum die Chance auf Flow-Erlebnisse und die damit verbundenen Glücksgefühle steigert. Im Grunde wirkt hier ein Mechanismus, wie er schon bei der kognitiven Dissonanz beschrieben wurde. Einfach ausgedrückt: Ziele machen uns zunächst wegen der empfundenen SOLL-IST-Differenz etwas unglücklich, treiben uns dadurch aber intensiv in die Tätigkeit, was zumindest leistungserhöhend, günstigenfalls über Flow-Erlebnisse auch „glückserhöhend" wirken kann.

8 Verbesserung der Organisationssteuerung

„Ich will jeden Spieler jeden Tag ein bisschen besser machen."

(Jürgen Klinsmann, Fußballtrainer)

Eigentlich müssten alle Controller lauthals jubeln. Denn mit der Einführung von Zielvereinbarungssystemen sorgen die Personalabteilungen dafür, dass das klassische Controlling-Denken überall im Unternehmen Einzug hält. Die mit Zielvereinbarungen verbundenen Prozesse unterstützen wirkungsvoll viele Mechanismen, die Controller als die „Navigatoren der Organisation" anstreben. In Gesamtschau wird die Steuerung der Gesamtorganisation stringenter. Dies wird nachfolgend über die Einzelfunktionen von Zielvereinbarungen begründet.

8.1 Effektivitätsfunktion

Unter Effektivität wird plakativ die Frage verstanden: *„Tun wir die richtigen Dinge?"*. Es soll sichergestellt werden, dass in Organisationen möglichst keine Aktivitäten stattfinden, die keinen Nutzen für die Oberziele stiften.

Über die Zielkaskadierung wird genau das erreicht. Alle Stellenziele werden in einem Top-down-Prozess konsequent aus den Oberzielen abgeleitet. In der umgekehrten Perspektive sind damit im Ergebnis alle vereinbarten Ziele konsequent auf die Oberziele ausgerichtet.

8.2 Effizienzfunktion

Mitarbeiter können sich in einer Organisation zwar im Grundsatz mit den richtigen Dingen beschäftigen, es aber im weitesten Sinn mit einem ungünstigen Kosten-Nutzen-Verhältnis tun. Möglicherweise benötigen sie für die Aufgabenverrichtung zu viel Zeit oder setzen unnötig viele andere Ressourcen ein (z. B. Personalkapazität, Material). Sie wären dann zwar effektiv, aber nicht effizient. Effizienz ist plakativ die Fragestellung: *„Tun wir die richtigen Dinge auch richtig?"*

Da im Rahmen von Zielvereinbarungen auch immer Endtermine und Ressourceneinsatz zwischen Vorgesetztem und Mitarbeiter zur Sprache kommen und dokumentiert werden, wird das Augenmerk des Mitarbeiters besonders auf diese Aspekte gelenkt. Es findet ein Sensibilisierungsprozess für effizientes Handeln statt, der noch durch die Tatsache unterstützt wird, dass der Mitarbeiter im Regelfall mehrere Ziele gleichzeitig zu verfolgen hat und dadurch ein impliziter, „heilsamer Druck" in Richtung Handlungseffizienz entsteht. Ressourcenverschwendung wird unwahrscheinlicher.

8.3 Planungsfunktion

Im Kern beinhaltet Planung immer die systematische Überlegung, über welche Mittel und Aktivitäten die Ziele der Organisation erreicht werden sollen. Wer plant, sucht Wege zum Ziel. Über Zielvereinbarungssysteme ist jeder einzelne Mitarbeiter permanent zu Planungsaktivitäten gezwungen. Die Fragen *„Wo muss ich hin?"* und *„Wie komme ich dorthin?"* stellen sich aufgrund der freien Mittelwahl ständig. Dies zwingt zu Systematik im Denken und Handeln. Planvolles Vorgehen wird wahrscheinlicher, zufallsgesteuertes seltener. Auch ein unsystematischer Aktionismus wird eher unterdrückt.

8.4 Koordinationsfunktion

Die Rechte muss wissen, was die Linke tut. Alle müssen an einem Strang ziehen. So kann man es volkstümlich ausdrücken. Etwas wissenschaftlicher: Der Erfolg einer Organisation hängt ganz entscheidend von einem aufeinander abgestimmten Handeln aller Bereiche und aller Stellen ab. Je größer und hinsichtlich ihres Leistungsspektrums differenzierter eine Organisation ist, desto anspruchsvoller ist die Sicherstellung dieser vermeintlichen Selbstverständlichkeit. Mit einer durchaus sinnvollen Arbeitsteilung und Spezialisierung wurden neue Komplexitäten geschaffen. Separate Leistungen einzelner organisatorischer Einheiten müssen wieder in eine hinreichend homogene Gesamtleistung der Organisation überführt werden. Daher stellt die Aufgabe der „Koordination" bzw. „Integration" auch einen der Schlüsselbereiche in der Theorie des Organisationsmanagements dar.

Konsequent gehandhabte Zielvereinbarungssysteme stellen einen leistungsfähigen Koordinationsmechanismus dar. Die in der Zielkaskadierung angelegte strenge Zweck-Mittel-Beziehung zwischen den Zielen der unterschiedlichen Hierarchieebenen führt im Verbund mit der geforderten Konfliktfreiheit der Ziele auf der gleichen Hierarchieebene zwangsläufig zu einem hohen Abstimmungsgrad zwischen den Organisationseinheiten. Hinsichtlich der Koordination sind damit quasi automatische Stabilisatoren vorgesehen.

8.5 Optimierungsfunktion

Merkmal erfolgreicher Organisationen ist, dass sie permanent an sich arbeiten. Sie geben sich mit einmal Erreichtem nicht zufrieden, denn sie wissen, dass morgen die Erfolge von heute schon Vergangenheit sind. Zukünftige Erfolge müssen heute vorbereitet werden. Erkannte Schwachpunkte sind dazu auszumerzen, Stärken weiter zu kultivieren. Optimierung ist eine Daueraufgabe.

Die immer wieder neu zu führenden Zielvereinbarungsgespräche bieten eine systematische Handlungsaufforderung zur Einleitung von Optimierungsmaßnahmen. Bei der Vorbereitung dieser Gespräche durch Mitarbeiter und Vorgesetzte drängt sich mit Blick auf die Zielfestlegung die Frage *„Was wollen wir künftig besser machen?"* geradezu auf. Auch über die Ansätze, bei Zielerreichung in der nächsten Periode das Zielniveau etwas anzuheben und im Zielkatalog des Mitarbeiters immer mindestens auch ein Personalentwicklungsziel vorzusehen, zeigt sich die Optimierungsphilosophie, die einem MbO innewohnt.

8.6 Allokationsfunktion

Wer als Bereichsleiter am lautesten klagt oder politisch am gerissensten agiert, schöpft für seinen Bereich Ressourcen in Form zusätzlicher Stellen oder aufgestockter Budgets ab. So ist nicht selten die Realität in Organisationen! Im Ergebnis fließen Ressourcen dann nicht immer dorthin, wo sie wirklich am dringendsten benötigt werden oder den größten Nutzen für die Gesamtorganisation stiften, sondern eher zu den begnadeten Mikropolitikern. Mit einer rationalen Ressourcensteuerung hat das nichts zu tun!

Vollständig wird man solche mikropolitischen Aktivitäten sicherlich nie vermeiden können, aber zielorientierte Führungssysteme können Ressourcenzuweisungen ein Stück weit objektivieren und nehmen damit eine wichtige Allokationsfunktion für die Ressourcensteuerung wahr. Dort, wo die für die Organisation wichtigsten Ziele bearbeitet werden, fließen auch die Ressourcen bevorzugt hin. Größere Beiträge zu den Oberzielen rechtfertigen umfänglichere Ressourcen.

8.7 Kontrollfunktion

Auch wenn Controller gerne darauf hinweisen, dass sie Controller mit „C" und nicht mit „K" sind, so bleibt doch eine ihrer zentralen Aufgaben der kritische Blick, ob in der Organisation die angestrebten Ziele auch erreicht werden. Und dieser darf nicht erst stattfinden, wenn *„das Kind bereits in den Brunnen gefallen ist"*, sondern muss so frühzeitig erfolgen, dass Maßnahmen des Gegensteuerns noch möglich sind. Kontrollen in Form von Endkontrollen und Zwischenkontrollen sind eine absolut unverzichtbare Aktivität in der Organisationssteuerung.

Zielorientierte Führungssysteme bilden dieses Erfordernis 1:1 ab und transferieren die notwendigen Kontrollprozesse systematisch bis auf die Ebene jedes einzelnen Mitarbeiters. Das hat den entscheidenden Vorzug, dass damit sich anbahnende Zielverfehlungen exakter geortet und auch spezifischer bekämpft werden können. Kontrollprozesse gewinnen an Präzision und Transparenz. Es wird unwahrscheinlicher, dass eine Organisation zwar ihre Ziele verfehlt, aber nicht so recht weiß, woran es eigentlich lag und wo zukünftig der Verbesserungshebel angesetzt werden muss. Wie in Kapitel 4 bereits dargestellt, sind systematische Endkontrollen und angemessen häufige Zwischenkontrollen integraler Bestandteil jedes MbO-Zyklus.

8.8 Flexibilisierungsfunktion

Misserfolge von Organisationen beruhen häufig darauf, dass Veränderungen in der Organisationsumwelt überhaupt nicht oder zu spät erkannt werden. Und falls sie erkannt werden, dann wird möglicherweise entweder überhaupt nicht oder zu spät auf sie reagiert. Dinosaurier sind aufgrund fehlender Umweltanpassung sogar ausgestorben. Der Blick von Organisationsmitgliedern ist mitunter zu sehr auf den eigenen Nabel gerichtet. Interne Prozesse binden Aufmerksamkeit, die dann bei der Umfeldwahrnehmung fehlt. *„Stell dir vor, Märkte ändern sich und keiner merkt's."* Erfolgreiche Organisationen besitzen die Fähigkeit, relevante Umfeldveränderungen wahrzunehmen und hinreichend schnell auf sie zu reagieren. Sie weisen das Merkmal der Flexibilität auf.

Zielorientierte Führungssysteme unterstützen die Organisationsflexibilität in signifikanter Weise. Denn jede Diskussion zwischen Mitarbeiter und Führungskraft über die Erreichbarkeit oder Nichterreichbarkeit von Zielen lenkt den Blick zwangsläufig auf Faktoren der Organisationsumwelt. Mitarbeiter, die eine Zielabsenkung erreichen wollen, müssen dies (unter anderem) mit ungeplanten, erschwerenden Entwicklungen aus dem Umfeld begründen. Ein Vorgesetzter, der gerne etwas anspruchsvollere Ziele bei seinem Mitarbeiter sehen würde, wird stark über günstige Umfeldbedingungen argumentieren müssen. Entwicklungen der Organisationsumwelt rücken so von der Peripherie ins Zentrum der Betrachtung. Und hat man eine Veränderung erst einmal erkannt und klar thematisiert, wird es schwerer, nicht mehr darauf zu reagieren. Man müsste dann schon eine arge Vogel-Strauß-Strategie fahren und den Kopf in den Sand stecken. Aber wer das tut, knirscht bekanntlich bald mit den Zähnen. Insofern baut sich über Zielvereinbarungssysteme ein erwünschter Flexibilitätsdruck auf.

8.9 Entlastungsfunktion

Führungskräfte klagen oft, dass sie vom Tagesgeschäft aufgefressen werden und zu wenig Zeit haben, über grundsätzliche und strategische Fragen nachzudenken, Konzepte zu entwerfen oder sich intensiver der Mitarbeiterführung zu widmen. Am Rande sei eingeworfen, dass auch zu diesem Prozess immer zwei gehören, nämlich einer, der frisst, und einer, der sich fressen lässt. Im Ergebnis dürfte in vielen Organisationen das bekannte Planungsdilemma Geltung haben:

> *Operativ dringende, aber für die Zukunftssicherung unwichtige Fragen verdrängen strategisch wichtige, aber nicht dringende Entscheidungen.*

Hilfe droht! Zielorientierte Führungssysteme bieten eine zeitliche Entlastung für Führungskräfte. Es müssen nicht mehr einzelne Arbeitsaufgaben und -schritte angewiesen werden. Vorgesetzte müssen im operativen Tagesgeschäft nicht mehr so präsent sein. Anhand der Ziele steuern Mitarbeiter ihr Verhalten selbst und sind bis zu einer gewissen Grenze auch in der Lage, sich selbst zu kontrollieren. Vorgesetzte gewinnen zeitliche Freiräume für Aufgaben, die wirklich den Namen „*Führungs*aktivitäten" verdienen und für die sie eigentlich bezahlt werden. Detailverliebte Sachbearbeitertätigkeit im Tagesgeschäft könnten Organisationen nämlich billiger einkaufen.

Oben wurde bewusst die Formulierung „Hilfe droht!" gewählt, denn manche Führungskräfte empfinden die neu entstandene Handlungssituation wirklich als Bedrohung. Sie müssen jetzt strategisch denken, konzeptionell arbeiten und sich mit Fragen der Mitarbeiterführung beschäftigen. Die Ausrede der starken zeitlichen Belastung durch das Tagesgeschäft zieht nicht mehr. Das erledigen nämlich im Rahmen der gewährten Freiräume die Mitarbeiter.

Die in diesem Teil II vorgestellten Vorteile von Zielvereinbarungssystemen addieren sich zu einer überzeugenden Anzahl. Es spricht also einiges dafür, konsequent auf dieses Führungsinstrument zu setzen. Der Vollständigkeit halber sei noch einmal betont, dass sich etliche Vorteile auch bei einer reinen Zielvorgabe ergeben würden.

Allerdings sind die Vorteile nur potenzieller Natur. Sie ergeben sich nicht zwangsläufig, sondern nur, wenn das Führungsinstrument auch „richtig" gehandhabt wird. Vor den Siegpreis haben die Götter den Kampf gesetzt. Es gilt eine ganze Reihe von Erfolgsvoraussetzungen zu beachten. Kein Managementinstrument gedeiht in einer „lebensfeindlichen Umgebung". Daher müssen als Basisvoraussetzung förderliche Rahmenbedingungen geschaffen werden. Weiter spielen Form und Inhalt der Zielformulierung eine wesentliche Rolle für die Verhaltenssteuerung und die Akzeptanz bei den Mitarbeitern. Von den Vorgesetzten werden bestimmte Verhaltensmuster im Rahmen ihres Führungshandelns eingefordert werden müssen. Und schließlich werden bei den Mitarbeitern bestimmte Persönlichkeitstypen besonders intensiv auf die durch Ziele gesetzten Handlungsimpulse reagieren und andere weniger. Alle diese Voraussetzungen werden im folgenden Teil III erörtert.

Teil III: Erfolgsvoraussetzungen

9 Rahmenbedingungen

„Alles Gelingen hat sein Geheimnis, alles Misslingen seine Gründe.“

(Joachim Kaiser, deutscher Kritiker)

Die Zahl missglückter Einführungen von Managementinstrumenten dürfte Legion sein. Ärgerlich, aber vergleichsweise harmlos ist die Entwicklung eines Konzepts durch eine organisationsinterne Projektgruppe (oder auch wahlweise dessen Einkauf bei einem externen Beratungsunternehmen), das dann in der Organisation nicht eingesetzt wird. Der finanzielle Schaden bleibt im überschaubaren Rahmen, und der Kreis der Frustrierten beschränkt sich im Wesentlichen auf die mit der Konzeptentwicklung betrauten Personen. Herzblut für ein Sonderthema wird man von diesem Mitarbeiterkreis für eine geraume Zeit nicht mehr bekommen, allenfalls Dienst nach Vorschrift.

Viel schlimmer ist es jedoch, wenn das Managementinstrument in der Organisation „in den scharfen Betrieb geht“, aber kaum einer so richtig dahintersteht und seinem zweckentsprechenden Einsatz die erforderliche Zeit und Energie widmet. Der angerichtete Flurschaden auf dem Feld der Mitarbeiterführung ist immens. Schnell entsteht ein Negativimage für das Instrument. Es wird als wirkungslos, unnötig und nutzlos zeitfressend gebrandmarkt. Eine klassische Self-Fulfilling-Prophecy (= sich selbst erfüllende Prophezeiung) ist entstanden: Eine negative Einstellung zu einem Instrument führt zu halbherziger Handhabung, und diese erzeugt dann genau die schlechten Ergebnisse, die die eigenen Vorurteile bestätigen und zur Aussage *„Ich hab's doch gleich gesagt“* berechtigen.

Eingesetzt wird das Managementinstrument nicht aus innerer Überzeugung, sondern nur, *„weil ja die Personalabteilung darauf besteht“*. Lediglich die Buchstaben im Regelwerk eines Managementsystems leben, nicht aber sein Geist. Der Vertrauensverlust in das Führungsinstrument ist kaum noch zu reparieren. Es ist vollständig diskreditiert. Und noch schlimmer: Das Feld für verbessernde Veränderungen oder für die Einführung ähnlich gelagerter Managementsysteme ist womöglich auf Jahre hinaus verwüstet. Der Reputationsverlust des Personalbereichs kommt hinzu. Das organisationsinterne Gedächtnis reicht da oft weit in die Zukunft. Bei der Neuprodukteinführung würden Marketingleute von einem „Flop“ reden.

Damit genau das alles bei der Einführung von zielorientierten Führungssystemen nicht passiert, sollte konsequentes Augenmerk auf die nachfolgenden Rahmenbedingungen gelegt werden.

9.1 Commitment des Topmanagements

Grundsätzlich gilt für die Einführung jedes Managementinstruments: Die Führungsspitze der Organisation muss wollen! Ohne Wenn und Aber muss sie hinter der Einführung eines zielorientierten Führungssystems stehen und diesen Prozess auch aktiv unterstützen. Man spricht vom sogenannten „Top-Level-Commitment“ (Commitment = Bindung).

Die Forschungen zum Innovationsmanagement zeigen deutlich, dass das Verhalten der obersten Führungskräfte einen entscheidenden Erfolgsfaktor für innerbetriebliche Innovationen darstellt. Dort, wo das Spitzenmanagement für alle deutlich sichtbar seine hierarchisch herausgehobene Position zu Gunsten einer Neuerung einsetzt, also seine Rolle als sogenannter „Machtpromotor" aktiv wahrnimmt, steigt die Wahrscheinlichkeit, dass eine Innovation tatsächlich implementiert, akzeptiert und auf Dauer auch praktiziert wird.

Die Überzeugung des Topmanagements von der Sinnhaftigkeit und dem Nutzen eines MbO ist also immer der erste Schritt. Damit nicht genug. Personalbereiche benötigen in einem zweiten Schritt auch eine klare Zusage der Organisationsspitze, dass sie bereit ist, im Implementierungsprozess eine aktive Rolle zu spielen. Fehlt es an einer dieser beiden Voraussetzungen, dann ist von der Einführung eines zielorientierten Führungssystems dringend abzuraten. Die Zeit ist dann eben noch nicht reif dafür. Es ist sinnvoller, noch das ein oder andere Jahr zu warten und weiter beharrliche Überzeugungsarbeit zu leisten, als ohne ausreichende Rückendeckung eine risikoreiche Implementierung mit der Brechstange zu versuchen, die bei einem Scheitern das Feld für das Thema für viele Jahre „verbrennt". Die erfolgreiche Einführung neuer personalwirtschaftlicher Instrumente gleicht häufig dem „Bohren dicker Bretter", für das man einen langen Atem benötigt. Warum?

Neue Managementinstrumente greifen immer in gewachsene Handlungsroutinen von Mitarbeitern und Führungskräften ein. Gewachsene Routinen bedeuten psychologische Sicherheit und Stabilität, die nur höchst ungern aufgegeben wird. Innovationen bedeuten in der Wahrnehmung der Betroffenen immer einen Tausch von Sicherheit gegen Unsicherheit. Unsicherheiten erzeugen Ängste. Man kann im Vorfeld nur schwer abschätzen, welcher zeitliche Zusatzaufwand durch ein neues Instrument entsteht und an welcher Stelle eventuell eigene Machtpositionen bedroht sind. Hinzu kommen Bedenken, den neuen Abläufen möglicherweise nicht gewachsen zu sein. Gerade im Rahmen von Zielvereinbarungsprozessen kommen durchaus einige neue Anforderungen auf Mitarbeiter und Führungskräfte zu.

Eine naheliegende und oft beobachtbare Reaktion auf Innovationen ist daher zunächst einmal Ablehnung durch die Betroffenen. Innovationswiderstände sind im Grundsatz nichts anderes als der Versuch, persönliche Unsicherheit zu vermeiden bzw. Sicherheit durch Festhalten an Altbewährtem zu erhalten. Mit diesen psychologischen Innovationshindernissen müssen Personaler immer rechnen. Zu ihrer Überwindung wird Energie benötigt, die unter anderem eben die Organisationsleitung durch ihr klares Bekenntnis zu dem neuen Instrument bereitstellen muss. Ist sie nicht gesichert, dann geraten Personaler in einen Zwei-Fronten-Krieg, von dem sie zerrieben werden: Gegenüber der Belegschaft müssen sie Widerstände überwinden, und die eigene Organisationsspitze müssen sie in aufwändigen Genehmigungsverfahren auch noch Schritt für Schritt über die Ziellinie treiben.

Über welche Aktivitäten zeigt sich nun Top-Level-Commitment? Worauf sollten Personaler ihre Organisationsspitze verpflichten?

- Das Topmanagement ist in einer *Kommunikatoren-Rolle* gefragt. Immer wieder muss es die Thematik „Zielvereinbarungen" aufgreifen und seine Wichtigkeit betonen. Geeignete Plattformen dafür sind z. B. Belegschaftsversammlungen, Führungskräfteworkshops, Beiträge im Intranet oder in Mitarbeiterzeitschriften. Permanente Kommunikation ist ein Symbol für die Relevanz.

  Eine zweite unverzichtbare Kommunikationsaufgabe besteht in der rechtzeitigen, zielgruppenadäquaten und motivierenden Darstellung der Oberziele der Organisation. Sie ist Voraussetzung dafür, dass den nachgeordneten Hierarchieebenen überhaupt ein Rahmen für ihre Zielvereinbarungen zur Verfügung steht (siehe Kapitel 3.2). Sinnvollerweise sollte dieser Kommunikationsakt aus Gründen der Präzision und Rekonstruierbarkeit der Aussagen nicht nur mündlich, sondern auch schriftlich erfolgen.

- *Themenbezogene Präsenz:* Möglichst keine Informationsveranstaltung für Mitarbeiter und Führungskräfte zum Themenkomplex sollte ohne zumindest temporäre Anwesenheit von Spitzenführungskräften stattfinden. Präsenz kann sich auch in der Einforderung regelmäßiger Berichterstattungen zur Konzeptentwicklung und zur Anwendung von Zielvereinbarungen in der Organisation zeigen. Präsenz dokumentiert Interesse!

- *Ressourcenbereitstellung:* Natürlich sind auch finanzielle Budgets, die für die Konzeption und Implementierung eines Managementsystems bereit gestellt werden, ein Zeichen für dessen Wichtigkeit. Einen viel größeren Symbolgehalt haben aber Personen. Wer leitet die Projektgruppe, die sich mit Zielvereinbarungen beschäftigt? Die Personalleiterin selbst oder der weitgehend unbekannte Personalreferent XY? Solche personellen Ressourcenentscheidungen werden von den Mitarbeitern sehr bewusst wahrgenommen. Sie leiten aus ihnen durchaus Bewertungen zur Relevanz eines Themas ab. Einige der besten und wichtigsten Köpfe der Organisation für alle sichtbar mit der Verantwortung für das neue Instrument zu betrauen, ist eine wichtige Botschaft an alle, dass es die Organisationsspitze „ernst meint".

- Als zentrales Symbol einer hohen Bindung muss die *Vorbildfunktion* der Spitzenmanager gesehen werden. Für Zielvereinbarungen gilt dies in ganz besonderem Maße. Es muss von ihnen erwartet werden, dass sie selbst ihre Zielvereinbarungsgespräche mit der nachgeordneten Hierarchieebene zum einen mit hoher inhaltlicher Güte und zum anderen mit strikter Termintreue vornehmen. Denn vermutlich wird keine Führungskraft viel Herzblut in Zielvereinbarungsgespräche mit ihren Mitarbeitern investieren, die selbst die Erfahrung machen musste, dass ihr eigener Vorgesetzter das Instrument nur widerwillig und oberflächlich angewendet hat. Der Fisch beginnt ja bekanntlich vom Kopf her zu stinken!

  Hinsichtlich der Termintreue wäre es der schlimmste anzunehmende Störfall, wenn auf einer Hierarchieebene die Termine für die Zielvereinbarungsgespräche anstehen und die Gesprächspartner feststellen müssen, dass die übergeordneten Ebenen ihre Gespräche noch nicht geführt haben. Ihnen fehlen damit die nötigen Rahmenvorgaben. Das gesamte Verfahren der Zielkaskadierung ist damit aus den Angeln gehoben.

9.2 Einbindung aller Betroffenen

Dieser Grundsatz sollte bei jeder Veränderung in der Organisation eine Selbstverständlichkeit sein. Alle, die ein Instrument später handhaben müssen oder auch deren Interessen tangiert sein können, müssen im Vorfeld die Möglichkeit erhalten, ihre Sichtweise in die Konzeptionsphase einzusteuern. Das ist in einem eher indirekten Ansatz möglich, indem Vertreter aller Gruppen in dem Projektteam für die Konzeptentwicklung berücksichtigt sind. Unmittelbarer wäre die Beteiligung, wenn alle Betroffenen eine direkte Möglichkeit zur Meinungsäußerung hätten. Realisierbar ist dies bei größeren Belegschaften zum Beispiel über Mitarbeiterbefragungen, Intranetforen oder über moderierte Workshops. Zu achten ist bei der Methodenwahl darauf, dass auch verbal weniger gewandte oder introvertiertere Mitarbeiter eine adäquate Chance haben, die ihnen wichtigen Aspekte einzusteuern.

Die Partizipation der Betroffenen führt zu einigen wichtigen Vorteilen, auf deren Ausschöpfung man keinesfalls verzichten sollte:

- Die mit der Beteiligung an der Systementwicklung zwangsläufig verbundenen *Informationen reduzieren Unsicherheit und Ängste* und sind damit ein wichtiger Beitrag zum Abbau von Innovationswiderständen.
- Die *Akzeptanz von allen Entscheidungen* rund um das neue Managementinstrument steigt bei den Betroffenen, wenn sie das Gefühl haben, durch ihre Meinungsäußerungen und Beiträge Einfluss nehmen zu können. Das Instrument wird so ein Stück weit auch zu ihrem Instrument. Was man selbst mitgestaltet hat, wird man auch in späteren Phasen – selbst wenn Probleme auftreten – eher mittragen. Man fühlt sich psychologisch an die eigenen Entscheidungen gebunden und ist daher eher bereit, Energie aufzubringen, damit diese auch erfolgreich umgesetzt werden. Destruktive Verhaltensmuster würden dagegen in der Eigenwahrnehmung einem „Handeln gegen die eigene Person" gleichkommen und zu kognitiven Dissonanzen führen.
- Die Beteiligung gibt den Betroffenen die Möglichkeit, *Vorbehalte und Befürchtungen zu thematisieren*. So wird bei der Einführung von Zielvereinbarungssystemen die Mitarbeiter z. B. der Gedanke an ständig nach oben geschraubte Zielniveaus, an Rechtfertigungsdruck bei Zielverfehlungen oder auch mögliche Vergütungseinbußen bewegen. Erst wenn solche Vorbehalte offengelegt werden, sind sie einer konstruktiven Bearbeitung zugänglich. Ähnliches gilt für offene Fragen, die bei den Betroffenen existieren. Gibt es für sie keine Plattform, dann entstehen – gespeist aus Halbwissen, mitunter aber auch gezielt gestreut – schnell die abenteuerlichsten Gerüchte.

  Die Organisationsleitung und die Systementwickler erhalten über die Beteiligung der Betroffenen wertvolle Steuerungsimpulse für ihre Informations- und Kommunikationsarbeit. Mögliche Missverständnisse oder Informationsdefizite können viel gezielter ausgeräumt werden. Über strittige Aspekte kann in einen konstruktiven Dialog eingestiegen werden. Ohne diesen Partizipationsansatz bauen sich häufig negative Stimmungslagen gegen eine Innovation auf. Die Organisationsleitung nimmt diese zwar wahr, „stochert aber oft mit der Stange im Nebel" und ist sich unsicher, wo sie kommunikativ den Hebel ansetzen soll.

- Durch die Einbeziehung der Betroffenen ergibt sich die Chance auf eine *signifikante qualitative Verbesserung des Systems*. „Das Bessere ist des Guten Feind." Es wäre vermessen anzunehmen, dass die Entwickler eines Managementsystems und „die Organisationsleitung in ihrer allumfassenden Weisheit" alleine das perfekt an die Organisation angepasste Instrument aus der Taufe heben können. Mitarbeiter und Führungskräfte werden aufgrund ihrer langjährigen Erfahrung im gemeinsamen „Führen und geführt werden" Optimierungsempfehlungen einsteuern oder auch Umsetzungshürden thematisieren, an die relativ basisfern agierende Entscheidungsgruppen auch bei größtem Engagement und maximaler Sorgfalt überhaupt nicht gedacht haben. „Vier Augen sehen eben mehr als zwei, und viele Gehirne haben mehr Ideen als wenige." Auf das Kreativitätspotenzial der Betroffenen zu verzichten, wäre daher geradezu töricht und eine Verschwendung von Humanressourcen.

Wie wichtig eine konsequente und frühzeitige Einbindungsstrategie aller Beteiligten ist, wird in den Ergebnissen einer explorativen Studie zum Ausbaustand von Zielvereinbarungssystemen in süddeutschen Metallbetrieben deutlich *(Drexel 2002)*. Das aufgetretene Desaster wird folgendermaßen beschrieben:

> *„Die Umsetzung des Zielvereinbarungskonzepts in die betriebliche Praxis ist ein oft langwieriger, problematischer, iterativ und mit Rückschritten verlaufender Prozess (...). Anfangserfolge und Phänomene des ‚Wiedereinschlafens', aber auch Anfangswiderstände, die sich allmählich geben; häufig ‚dümpelt er vor sich hin', Zielvereinbarungen werden nach einiger Zeit, ‚nicht mehr gelebt'. (...)*
>
> *Ursache dieser überraschend unsystematischen und unvollständigen Implementationsprozesse scheint vor allem die Ablehnung des Systems durch einen Teil der Arbeitnehmer und der Vorgesetzten zu sein. Erstere antizipieren verschärfte Leistungskontrolle und -intensivierung, letztere halten Zielvereinbarungen für unrealistisch und für eine unsinnige Verschwendung ihrer äußerst knappen Zeit."* *(Drexel 2002, S. 342)*

Erkennen Sie Phänomene aus der eigenen Organisation wieder?

9.3 Training der Führungskräfte

Dem MbO wohnt eine gewisse Tücke inne. Sein Grundgedanke ist höchst simpel. „Führen mit Zielen" hört sich einfach und plausibel an. Das verführt einige Führungskräfte, vorschnell zu glauben, die Funktionsweise verstanden zu haben und keiner weiteren Informationen mehr zu bedürfen. Ohne schuldhaftes Zögern wollen sie sich in die Zielvereinbarungsgespräche stürzen. Aber *„die Wahrheit liegt ja bekanntlich auf dem Platz"*, wie schon der Fußballtrainer *Otto Rehagel* formulierte.

Bei der tatsächlichen Umsetzung lauern, wie die weiteren Kapitel noch zeigen werden, so viele potenzielle Fehlerquellen und so viele mögliche Konfliktsituationen, dass man Führungskräfte keinesfalls unvorbereitet in diese Aufgabe schicken sollte. Wer A sagt, muss auch B sagen. Jede Organisation, die MbO erfolgreich praktizieren möchte, kommt um eine Investition in die Personalentwicklung ihrer Führungskräfte nicht herum. Eine professionell durchgeführte Informations- und Trainingsveranstaltung in Kleingruppen für alle Führungskräfte von eintägiger Dauer stellt das absolute Minimum dar. Auf sie zu verzichten, wäre am falschen Ende gespart.

Denn man riskiert durch eine unprofessionelle Handhabung die weitgehende Wirkungslosigkeit und die Akzeptanzvernichtung für das neue Instrument. Zudem gebietet es auch die Fairness, die eigenen Führungskräfte nicht ohne zusätzliche Unterstützung mit neuen Handlungssituationen zu konfrontieren. Wenn Organisationen Offenheit für Veränderungen wollen, dann müssen sie auch gleichzeitig das deutliche Signal senden, dass sie ihre Mitarbeiter auf diesem Weg durch Qualifizierungsmaßnahmen begleiten. Zudem ist das systematische Training der Führungskräfte auch ein starkes Symbol für die Wichtigkeit, die die Organisation einem Thema zumisst.

Beispiele für Lernziele in einem solchen Trainingsmodul sind:

- Psychologische Wirkung von Zielen
- Geeignete/ungeeignete Ziele
- Führung kontroverser Zielvereinbarungsgespräche
- Messung der Zielerreichung
- Führung von Feedbackgesprächen
- Unterstützung der Mitarbeiter bei Zielverfehlungen

9.4 Schriftliche Leitfäden

Da Zielvereinbarungs- und Rückmeldegespräche nur in größeren zeitlichen Rhythmen stattfinden, werden die Inhalte der Trainings in der nächsten Zielperiode vielfach nicht mehr so präsent sein. Der Vergessensteufel schlägt auch hier zu. Kurze jährliche Auffrischungstrainings bieten sich also an. Diese können dann als Plattform für den Erfahrungsaustausch zwischen den Führungskräften über konkret aufgetretene Probleme dienen und zu einem wechselseitigen Coachingansatz ausgebaut werden.

Zusätzlich sollte die Organisation den Trainingseffekt und die Handlungssteuerung der Führungskräfte aber durch die Bereitstellung von schriftlichen Leitfäden, Handlungsanweisungen, Formblättern und Checklisten unterstützen. Professionell aufbereitet, bieten sie den Führungskräften eine unkomplizierte Nachschlagemöglichkeit bei Zweifelsfragen, eine Hilfe für eine systematische und strukturierte Vorgehensweise und stellen sicher, dass wichtige Handlungsprinzipien im Rahmen von Zielvereinbarungen tatsächlich auch dauerhaft berücksichtigt werden. Was bei Qualitätszertifizierungsprozessen nach DIN ISO 9000 ff. gang und gäbe ist, nämlich die schriftliche Dokumentation von Abläufen, sollte in Sachen Zielvereinbarung nicht stiefmütterlicher gehandhabt werden. Denn um einen Schlüsselprozess handelt es sich dabei ja allemal!

9.5 Vermeidung von Systembürokratie

Allerdings sollte man bei der Gestaltung von schriftlichen Materialien und Handlungsvorgaben nicht übers Ziel hinausschießen. Selbstkritisch betrachtet haben Personalabteilungen aufgrund der von ihnen auch wahrzunehmenden „Ordnungsfunktion" mitunter eine latente Tendenz dazu. Sie schaffen dann eine kontraproduktiv wirkende Systembürokratie.

Zu viel Papier, zu viele Dokumentationszwänge und unnötig komplizierte Abläufe ersticken ein Führungsinstrument. Energie- und Zeiteinsatz verlagert sich dann zu Lasten der eigentlichen Führungsarbeit – also des intensiven inhaltlichen Dialogs zwischen Vorgesetztem und Mitarbeiter – auf das Ausfüllen von Formularen. Es entsteht ein starrer bürokratischer Akt, der einer Absicherungsmentalität Vorschub leistet und dominant nur noch dem Nachweis dient, dass man „seinen Pflichten als Führungskraft" nachgekommen ist – Dienst nach Vorschrift eben.

Zu besichtigen sind solche bürokratischen Rituale im Gesundheits- und Pflegewesen, wo Dokumentationspflichten immer mehr Zeit für die eigentliche Arbeit am Kunden rauben und zudem die Mitarbeiter aufs Höchste frustrieren – vielleicht mit Ausnahme derer, die sowieso lieber Buchhalter geworden wären. Und am Rande: Wenn die Realität sich weigert, so zu sein, wie es Dienstvorschriften vorgeben, dann wird die Realität in der Dokumentation eben etwas angepasst. Die Akten müssen schließlich stimmen! Und Papier ist bekanntlich ja geduldig.

Was zu ausführliche Leitfäden anbelangt – und seien sie vom Verfasser noch so hilfreich gemeint –, so kennen wir alle deren Wirkungen aus dem Privatleben: Wir legen sie beiseite und ignorieren sie gänzlich. Weniger ist eben manchmal mehr.

Auf der anderen Seite werden personalwirtschaftliche Instrumente wie Leistungsbeurteilungen, Anforderungsprofile, Stellenbeschreibungen, Potenzialanalysen für Nachwuchskräfte etc. von manchen Führungskräften aber auch mitunter sehr undifferenziert als „völlig unnötige Zusatzbelastung" empfunden, die sie nur „von den eigentlich wichtigen Arbeiten abhält". Hier stellt sich dann schon die Frage, ob es den Personalbereichen nicht gelungen ist, den Nutzen von systematischer Personalarbeit für den langfristigen Unternehmenserfolg zu kommunizieren, oder ob die Führungskräfte den Unterschied zwischen *Sachbearbeitung* einerseits und *Führung* andererseits und damit ihre Rolle in der Organisation nicht verstanden haben.

Was ist das Fazit? Personalbereiche sollten ein selbstkritisches Auge darauf haben, beim Regelwerk zu Zielvereinbarungen keinen überflüssigen Papierkrieg anzuzetteln und den Führungskräften keine unnötigen Gängeleien zumuten. Im Grunde ist die Gretchenfrage recht einfach: *„Unterstützt ein Leitfaden oder ein Formular die Führungskräfte oder nicht?"* Wenn das Dokument hilfreich ist, dann hat es Existenzberechtigung. Wenn es eher belastend wirkt, dann gehört es in den Papierkorb.

Ein weiteres Beurteilungskriterium ist die Rechtssicherheit. Was in ihrem Sinne geregelt und auch schriftlich dokumentiert sein muss, ist nicht verhandelbar. Allerdings sollte man auch den Mut haben, einmal nicht auf den Typus von juristischem Berater zu hören, der in seinem Gesetzeslaufställchen sitzt, die Paragrafen-Scheuklappenbrille auf der Nase hat und dessen einziger Lebenszweck es ist, das letzte – und sei es auch noch so unwahrscheinliche juristische – Restrisiko über eine schriftliche Absicherung und Dokumentation auszuschließen. Die Rolle des Bedenkenträgers (*„ich wollte ja sicherheitshalber nur darauf hingewiesen haben"*) ist immer die einfachste. Die Organisation ganz real voranzubringen, ist da schon schwieriger. Über eine reine Beschäftigung mit sich selbst hat noch kein Unternehmen Gewinne gemacht. Regelungswut und Absicherungsmentalität können sich auch wie Mehltau über eine Organisation legen. Unternehmerische Tätigkeit ist per se risikoreich. Ein nicht mit vertretbarem Aufwand zu vermeidendes juristisches Restrisiko gehört dazu.

Welche Bestandteile eines Zielvereinbarungssystems sollten nun konkret dem Schriftlichkeitsprinzip unterliegen? Unverhandelbares Minimum ist die schriftliche Fixierung der vereinbarten Ziele. *Malik* formuliert dazu treffend:

> *„(...) viele Manager haben eine Abneigung gegen Schriftlichkeit. Sie assoziieren sie mit Bürokratie. (...) Bei der Zielformulierung ist (dies) jedoch nicht angebracht. Die Ziele jeder Person müssen schriftlich dokumentiert sein, und zwar so präzise wie (...) möglich.*
>
> *Das bedeutet keineswegs Mehrarbeit (...), sondern es spart im Gegenteil Arbeit, nämlich die spätere Mühe des Ausräumens von Missverständnissen, Irrtümern und Kommunikationsproblemen."*
> *(Malik 2000, S. 187)*

Man kann es bei diesem schriftlichen Minimum belassen, wenn man Zielvereinbarungssysteme konsequent nur als Ansatz der Mitarbeiterführung sieht und sie nicht gleichzeitig auch zum Vergütungsansatz ausweitet. Für den intensiven Dialog auf der Ebene zwischen Vorgesetztem und Mitarbeiter über Zielfortschritte, eventuell erforderliche Gegensteuerungsmaßnahmen, Zielerreichung und gegebenenfalls Schlüsse aus Zielverfehlungen genügt dies.

Wichtig ist allerdings, dass nicht nur die *Aufgaben*ziele der übergeordneten Organisationseinheiten, sondern auch die aller benachbarten Organisationseinheiten, zu denen Aufgabenvernetzungen bestehen, für alle transparent sind. Denn erst dann ist eine Prüfung auf eventuell bestehende Zielkonflikte möglich. Und ganz nebenher sind Kooperationen und gegenseitige Unterstützungsleistungen leichter möglich, wenn alle voneinander genau wissen, wer an welchen Zielen arbeitet. Dies ist nämlich auch Voraussetzung dafür, dass in der Organisation tatsächlich „alle an einem Strang ziehen" und diese Aussage nicht nur Floskel auf der Weihnachtsfeier ist. Über eine Veröffentlichung im Intranet ist diese Transparenz relativ einfach herstellbar.

Natürlich ist auf den ersten Blick auch die Überlegung naheliegend, ebenfalls die jeweiligen Zielerreichungsgrade – etwa über die Personalakten – zu dokumentieren. Es lohnt in dieser Frage aber ein zweiter Blick. Denn es gilt die alte Lateinerweisheit: *„Quidquid agis, prudenter agas, et respice finem – Was auch immer Du tust, tue es klug und bedenke das Ende!"* Welche weiteren Prozesse werden durch die Dokumentation der Zielerreichung ausgelöst?

Problematisch sind Zielverfehlungen. Sie werden als Misserfolge aktenkundig für die Nachwelt dokumentiert. In den direkten und eher „intimen" Führungsdialog zwischen Mitarbeiter und Vorgesetzten wird mit dem Personalbereich eine weitere Instanz eingebunden, vor der sich der Mitarbeiter möglicherweise bloßgestellt fühlt. Sein Scheitern „wird gemeldet". Die Mitarbeiter werden zudem psychisch unter Druck gesetzt, da sie Ängste aufbauen, dass irgendwann diese Dokumentationen gegen sie verwendet werden. Also werden sie Energien entwickeln, Scheitern zu vertuschen, oder hartnäckig um die Formulierungen in der Personalakte feilschen. Das sind Energien, die bei der eigentlichen Zielverfolgung oder Optimierung der eigenen Arbeitsprozesse fehlen.

Schnell kann auch bei Misserfolg der Organisation ein Klima entstehen, in dem solche Dokumentationen als Basis für Vorwürfe und als Vehikel zur Suche nach Schuldigen genutzt werden. Was also ist durch die schriftliche Dokumentation von Zielerreichungen wirklich zu gewinnen? Viel, wenn man die nächsten personenbedingten Kündigungen vorbereiten möchte. Eher weniger, wenn man Zielvereinbarungen als gemeinsamen, nachhaltigen und vertrauensvollen Arbeits- und Entwicklungsprozess zwischen einer Führungskraft und ihren Mitarbeitern betrachtet. Für Verbesserungsprozesse bei Zielverfehlungen benötigt man nicht unbedingt die schriftliche Chronik des Scheiterns.

Falls man sich allerdings in der Organisation für ein MbO mit Vergütungsrelevanz entscheidet, dann wird man aus Gründen der Rechtssicherheit und Beweisführung nicht umhin kommen, auch Zielerreichungsgrade akribisch zu dokumentieren. Denn überall, wo Geld fließt, ist es nicht unwahrscheinlich, dass es früher oder später zu Streit darüber kommt. Vor diesem Hintergrund bietet es sich an, eine Betriebsvereinbarung abzuschließen, die zu dem System die zentralen Punkte regelt (siehe dazu näher Kapitel 20.4).

9.6 Mechanismen der Querkoordination

Alle in der Organisation verfolgten Ziele sollen konfliktfrei zueinander sein. Was sich in der Theorie plausibel und einfach anhört, ist bei der Umsetzung in die Praxis, speziell in größeren und komplexeren Organisationen, eine herausfordernde Aufgabe. Es besteht durchaus die Gefahr, dass die Bereiche Ziele festlegen, die einander widersprechen. Gründe könnten zum einen in organisationsinterner Intransparenz liegen. Deren Auftretenswahrscheinlichkeit nimmt mit steigender Organisationsgröße zu. Denn durch sie sinken in aller Regel die Möglichkeiten zu häufiger, direkter Kommunikation.

Zum anderen könnten aber auch Ressortegoismen der Grund sein. Leiter einzelner Bereiche optimieren ihren eigenen Zuständigkeitsbereich ohne Rücksicht auf die Interessen der Gesamtorganisation oder die Auswirkungen auf andere Bereiche. Der Beispielklassiker ist die Marketingabteilung, die zur Neukundengewinnung Zahlungsziele in einem Umfang einräumt, die den Liquiditätsverantwortlichen in der Finanzabteilung missfallen müssen. Solche Handlungsmuster müssen ihre Ursachen nicht in egoistischen Motiven haben, sondern können auch auf unterschiedlichen Denkmustern beruhen, die sich in den Bereichen aufgrund der zu erledigenden Aufgaben eingeschliffen haben. So können sich etwa

Zeithorizonte unterscheiden. Beispielsweise wird in Produktionsbereichen aufgrund der täglich zu erfüllenden Mengen-, Kosten- und Qualitätsanforderungen eher kurzfristig gedacht. In F&E-Bereichen herrscht wegen der langen Entwicklungszyklen für neue Produkte tendenziell ein längerer Zeithorizont vor.

Ein dritter und nicht unwahrscheinlicher Grund für Zielkonflikte könnte auch darin bestehen, dass zwar ursprünglich die Ziele miteinander harmonierten, aber ein Bereich als Reaktion auf Umfeldveränderungen seine Ziele – richtigerweise – verändert hat. Es wurde dann allerdings versäumt, diese Veränderung auch an alle tangierten Bereiche zu kommunizieren.

Um die Entstehung solcher Zielkonflikte zu vermeiden, bedarf es organisatorischer Koordinationsmechanismen. Wie könnten sie aussehen?

- Eine erste Möglichkeit stellt die *Benennung von Zielbeauftragten* dar. Dieser Weg folgt der Erkenntnis „Themen brauchen Gesichter". Immer dann, wenn sich jemand für eine Aufgabe zuständig fühlt, weil ihm eine konkrete Verantwortlichkeit übertragen wurde, wird diese Aufgabe auch konsequent wahrgenommen. Wenn die Aufgabe als allgemeine Aufforderung an alle im Raum steht (*„man müsste …"*), dann setzt Verantwortungsdiffusion ein und die Aufgabe bleibt mit hoher Wahrscheinlichkeit unerledigt. Plakativ bringt das die bekannte Geschichte über vier Personen auf den Punkt:

> *There is a story about four people named* ***Everybody, Somebody, Anybody,*** *and* ***Nobody.***
>
> *There was an important job to be done and* ***Everybody*** *was asked to do it.*
>
> ***Anybody*** *could have done it, but* ***Nobody*** *did it.* ***Somebody*** *got angry about that, because it was* ***Everybody's*** *job.*
>
> ***Everybody*** *thought* ***Anybody*** *could do it, but* ***Nobody*** *realized that* ***Everybody*** *wouldn't do it.*
>
> *It ended up that* ***Everybody*** *blamed* ***Somebody*** *when* ***Nobody*** *did what* ***Anybody*** *could have done.* *(Lieber 2007, S. 198)*

  Zielbeauftragte übernehmen analog zu Datenschutz- oder Arbeitssicherheitsbeauftragten Koordinations- und Absicherungsfunktion für ein spezielles Problemfeld. Sie haben die Aufgabe, bereichsübergreifend die Ziele auf Widerspruchsfreiheit zu prüfen und insbesondere dafür zu sorgen, dass alle Zieländerungen zeitnah an alle tangierten Bereiche kommuniziert werden.

  Hinsichtlich der organisatorischen Ansiedlung dieser Funktion sind mehrere Alternativen denkbar. Jeder Organisationsbereich könnte einen Zielbeauftragten benennen – je nach Bereichsgröße neben- oder hauptamtlich. Möglich wäre auch eine zentrale Funktion, die als Stabsstelle bei der Organisationsleitung, im Controllingbereich oder – falls wie in großen Unternehmen vorhanden – in einer eigenen Integrationsabteilung angesiedelt werden kann.

  Erfolgsentscheidend ist, dass mit dieser Aufgabe nicht ein Mitarbeiter betraut wird, für den man gerade keine sinnvollere Betätigung findet oder der gerade nicht aufgepasst hat und bei der Ämterverteilung „nicht schnell genug hinter den Busch gekommen" ist. Benötigt wird vielmehr eine Person, die aufgrund einer längeren Tätigkeit in der Organisation in verschiedenen Funktionen über einen guten Gesamtüberblick, über Zusammenhangswissen, gute Kommunikationsfähigkeiten und auch über hohe persönliche Akzeptanz in allen Bereichen verfügt.

- Eine zweite Möglichkeit sind *regelmäßige Zielkonferenzen*. In festen Rhythmen – etwa alle drei Monate – treffen sich die Führungskräfte, um sich wechselseitig über Zielveränderungen in ihren Bereichen zu informieren und die daraus resultierenden Anpassungsnotwendigkeiten in anderen Bereichen zu beraten. Noch ein Meeting? Ja! In Organisationen werden mitunter über viel unbedeutendere Fragen als über ein in sich stimmiges Zielsystem endlose Debattierzirkel ins Werk gesetzt.
- Die dritte Option stellt ein *schriftliches Reportsystem* dar, innerhalb dessen die Führungskräfte in vorgegebenen Rhythmen formulargestützt andere Bereiche über Zielveränderungen informieren müssen. Das Risiko, dass solche Dokumente schon bald ungelesen in der Ablage landen oder auf sie nicht reagiert wird, ist bei diesem unpersönlichen Weg allerdings recht hoch. Möglicherweise ist vor diesem Hintergrund eine Rubrik „Ziel-News", die mit hoher Lesepriorität für die Führungskräfte im Intranet der Organisation erscheint, wirkungsvoller.

9.7 Führungskultur

Gut funktionierende Zielvereinbarungssysteme setzen eine Führungskultur in der Organisation voraus, die geprägt ist von den Werten *Ehrlichkeit, Vertrauen* und *Partnerschaftlichkeit*. Diese Aussage trieft zwar fast vor Pathos, ist aber alles andere als eine Phrase. Denn erfolgsentscheidend für jedes Führungssystem ist nicht nur seine „technisch saubere" Konstruktion, sondern vor allem „der Geist", in dem es gehandhabt wird. Unredliche Strategien vor allem der Führungskräfte sind das Ende jedes Zielvereinbarungssystems. Dies soll näher ausgeführt werden.

Was ist zunächst unter dem schillernden Begriff der „Organisationskultur" und daraus abgeleitet unter „Führungskultur" zu verstehen? Hier ein kurzer Erklärungsversuch zu einem der prägenden Managementschlagworte der 80er Jahre (*Heinen 1987, Heinen/Dill 1987*): In jeder Organisation leben und arbeiten über einen längeren Zeitraum Menschen intensiv zusammen. Damit sind Organisationen ähnlich wie Staaten, Volksgruppen, Religionsgemeinschaften etc. eine Art „Miniaturgesellschaft". Sie entwickeln im Laufe der Zeit, insbesondere auf der Basis erlebter Erfolge und Misserfolge, ein gemeinsam geteiltes Wertesystem, das durch längere Berücksichtigung zu Verhaltensnormen erstarkt. Hinzu kommt eine gemeinsame Weltsicht im Sinne geteilter Grundannahmen, Überzeugungen und Denkmuster.

Alle diese Konstrukte sind zwar nicht direkt beobachtbar, können auch nur schwer verbalisiert werden, prägen aber trotzdem alle Prozesse und Strukturen. Sie steuern in einer Art

„kollektiver Programmierung“ die Verhaltensweisen aller Organisationsmitglieder. Man spricht daher auch von einer „Autopilotfunktion“ der Organisationskultur. Mitunter liest man auch die Umschreibung *„the way we are doing things here“*.

Wenn nun von Führungskultur die Rede ist, dann geht es um die gemeinsam geteilten, zu stabilen Verhaltensmustern erstarkten und damit auch tatsächlich gelebten Werthaltungen und Überzeugungen, wie Führungskräfte und Mitarbeiter miteinander umgehen sollten.

Was in Zusammenhang mit Zielvereinbarungssystemen unter einer Führungskultur mit den Werten *Ehrlichkeit*, *Vertrauen* und *Partnerschaftlichkeit* zu verstehen ist, kann am besten über zwei Beispiele verdeutlicht werden, in denen kontraproduktive Verhaltensweisen von Führungskräften beschrieben werden.

Beispiel 1: Kontraproduktiv wäre es, wenn Führungskräfte das System missbrauchen, um völlig überzogene Leistungsansprüche durchzusetzen. Sie gehen dann mit der Idee in die Gespräche mit ihren Mitarbeitern, dass es „trickreich“ sein könnte, zunächst ein deutlich überhöhtes Zielniveau zu verlangen, sich in der Diskussion vom Mitarbeiter „runterhandeln“ zu lassen, um schließlich ein Zielniveau zu realisieren, das immer noch fühlbar über dem eigentlich Machbaren liegt; also 180 % fordern, um am Ende 130 % durchzusetzen.

Dumm nur, dass die Mitarbeiter dieses Spiel relativ schnell durchschauen und ihre Gegenstrategien entwickeln. Sie kontern mit Tiefstapelei, betonen überstark die Aufgabenschwierigkeiten und die höchst problematischen Rahmenbedingungen, unter denen sie die Ziele erreichen müssen. Mitarbeiter gehen dann sehr schnell mit der Idee in die Zielvereinbarungsgespräche, dass man tief einsteigen sollte, sich vom Vorgesetzten „hochverhandeln“ lässt, um letztlich hoffentlich bei einem Zielniveau zu landen, das im Alltagsgeschäft ohne allzu viele Schweißperlen realisierbar ist. Wie du mir, so ich dir! Schnell wurde die Lektion gelernt, *„egal was ich anbiete, die Führungskraft wird das Zielniveau sowieso noch nach oben drücken“*.

Entstanden ist ein orientalischer Teppichhandel. Es werden mikropolitische Spielchen des Tarnens und Täuschens gespielt. Statt eines ehrlichen Dialogs, in dem beide Seiten vertrauensvoll ihre Leistungsfähigkeit und Leistungserwartungen thematisieren, greifen Rituale, wie man sie aus Tarifvertragsverhandlungen kennt: Beide Seiten gehen mit absurden Vorschlägen ins Gespräch und dann trifft man sich tendenziell irgendwo in der Mitte. Man könnte damit leben, wenn auf diesem recht aufwändigen (und unehrlichen) Weg mit hoher Wahrscheinlichkeit am Ende ein Ergebnis erzielt wird, mit dem beide Seiten zufrieden sind. Das aber könnte durch ein Verhaltensmuster verhindert werden, das im folgenden Beispiel thematisiert wird.

Beispiel 2: Kontraproduktiv wäre, wenn Führungskräfte in überstarkem Maße in Zielvereinbarungsgesprächen ihre übergeordnete Hierarchieposition nutzen. Auch wenn sich eigentlich zwei Gesprächspartner auf Augenhöhe gegenübersitzen sollten, so findet doch ein Dialog im Hierarchiekontext statt. Das Machtgefälle zwischen den beiden Partnern ist real und auch gewollt. Entscheidend ist aber, wie die stärkere Machtposition eingesetzt wird. Wenn sie von der Führungskraft genutzt wird, um relativ rücksichtslos oder manipulativ die eigenen Zielvorstellungen „durchzudrücken“, dann findet kein ehrlicher und motivierender Beteiligungsprozess, sondern lediglich „Pseudopartizipation“ statt.

Triebfeder der Führungskräfte für solche Verhaltensmuster könnte beispielsweise sein, dass sie sich gegenüber ihrer übergeordneten Führungsebene bereits vorschnell und endgültig auf Ziele für ihre Mitarbeiter festgelegt haben (*„dem Müller verkaufe ich das schon“*). Oder aber sie verfolgen dominant eigene Karriere- und Profilierungsinteressen und schrecken dabei auch vor der rücksichtslosen Ausbeutung ihrer Mitarbeiter nicht zurück. Ehe das dadurch angerichtete Führungsdesaster so richtig sichtbar wird, hat dieser Typus schon längst die nächste Karrierestufe genommen und presst an anderer Stelle Mitarbeiter wie reife Zitronen aus. Mitarbeiter merken aber sehr genau, wenn ihnen auf diese subtile Art und Weise „Gewalt angetan wird“. Enthusiasmus für die Zielverfolgung wird man so nicht wecken können, eher schon einen geschärften Blick dafür, wie man dem Druckregime am besten entkommen kann. Fehlzeiten und Fluktuation sind naheliegende Reaktionsmuster.

Es gibt das schöne Bonmot, dass man Mitarbeiter nur schnell genug über den Tisch ziehen muss, damit sie die dabei entstehende Reibungshitze als Nestwärme empfinden. Netter Gag, aber in der Realität sind schmerzhafte Brandblasen bei den Mitarbeitern wahrscheinlicher.

In einer sehr kritischen Aussage fasst ein Personalberater solche dysfunktionalen Verhaltensmuster von Führungskräften zusammen:

> *„Die Zielvereinbarung orientiert sich an den Machtverhältnissen im Unternehmen. (...) Häufig stellt sie daher einen massiven Anschlag auf die Motivation der Mitarbeiter dar. Die Trümpfe werden freilich immer erst dann gezogen, wenn die Vereinbarung den Interessen des Chefs zuwiderzulaufen droht. Dann wird auf die traditionellen Instrumente zurückgegriffen und einfach angeordnet. Mein Vorwurf daher: die Unehrlichkeit. Der Mitarbeiter hat nämlich keine Wahl. Er muss mitspielen.“* *(Kollenz 2000, S. 74)*

Um es klar zu sagen: Fehlt es an der beschriebenen Führungskultur, dann werden Zielvereinbarungssysteme auf Dauer nicht mit den erhofften und in Teil II ausführlich beschriebenen Vorteilen betrieben werden können. Es wird vielmehr über kurz oder lang zu Ausweichreaktionen der Mitarbeiter kommen. Das Instrument wird eher zur Quelle von Frustration und nicht zum Nukleus für Motivations- und Leistungssteigerungen.

Es gilt für eine Organisation, nüchtern zu erkennen, wenn die Zeit für die Einführung dieses Führungsinstruments eben noch nicht reif ist. Von einer Einführung wäre dann auch dringend abzuraten. Jedes Managementinstrument setzt einen – oft mehrjährigen – Entwicklungsprozess aller Beteiligten voraus. Die Einführung in einer Organisation, in der das Klima zwischen Vorgesetzten und Mitarbeitern – aus welchen Gründen auch immer – belastet und von Misstrauen geprägt ist, ist zum Scheitern verurteilt.

Und in Organisationen, in denen die Beteiligten keine oder wenig Erfahrungen mit Mitarbeitergesprächen, mit Beurteilungsprozessen oder Dialogen zur Personalentwicklung haben, ergibt sich ebenfalls ein risikoreicher „Kaltstart". Sinnvoll wäre es vermutlich, den Beteiligten zunächst einmal Zeit zu geben, Erfahrungsprozesse auf den genannten Feldern zu durchlaufen und eine Führungskultur mit den angesprochenen Werten in einem gemeinsamen Prozess zu entwickeln. Ein Haus wird schließlich auch von unten gebaut!

Um jetzt nicht ein „weltfremdes Gutmenschentum" unterstellt zu bekommen: Zielvereinbarungssysteme sollen zu Leistungssteigerungen führen! An diesem propagierten Vorteil wird festgehalten. Streng zu vermeiden ist aber ein permanentes und undifferenziertes Anheben der Leistungsziele. Das würden Mitarbeiter völlig zu Recht als „Anziehen der Daumenschrauben" empfinden. Zielvereinbarungssysteme mutieren dann zum neuen Folterspielzeug rücksichtsloser Vorgesetzter. Die Anpassung von Leistungszielen nach oben ist explizit erwünscht, aber nur, wenn sie über einen der vier nachfolgend aufgeführten Gründe zu rechtfertigen ist:

1. Die Mitarbeiter haben sich qualifikatorisch weiterentwickelt und sind daher leistungsfähiger.
2. Die Mitarbeiter schöpfen – aus welchen Gründen auch immer – ihr Leistungspotenzial nicht vollständig aus.
3. Die Mitarbeiter erhalten auf ihren Arbeitsplätzen eine verbesserte Ressourcenausstattung im weiteren Sinne (z. B. Budgets, Personalkapazität, neue Technologien).
4. Die Rahmenbedingungen für die Aufgabenerfüllung haben sich verbessert, so dass die Zielerreichung leichter wird.

Liegt keiner dieser Tatbestände vor, dann kann auch eine Anhebung von Zielen nicht in Frage kommen. Sie wäre lediglich ein unfairer Akt der Ausbeutung. Insofern müssen Vorgesetzte und Mitarbeiter einen offenen und differenzierten Dialog über die vier genannten Gründe führen.

10 Zielinhalt und Zielformulierung

„Fleiß für die falschen Ziele ist noch schädlicher als Faulheit für die richtigen."

(Peter Bamm, deutscher Schriftsteller)

Wenn Ziele ihre Steuerungsfunktion für das Verhalten der Mitarbeiter erfüllen sollen, dann sind hinsichtlich ihrer Inhalte und ihrer Formulierung einige wichtige Voraussetzungen zu beachten.

10.1 Anzahl der Ziele

Die Versuchung ist groß, bei den Vereinbarungsgesprächen über möglichst viele Ziele die Welt aus den Angeln heben zu wollen. Sinnvoll wäre es nicht. Wie viele Ziele sollten nun vereinbart werden? Weniger ist im Zweifelsfall mehr. Bei den Aufgabenzielen lautet die Empfehlung „drei Ziele". Die absolute Obergrenze liegt bei fünf. Zwar mag es unter den Mitarbeitern auch vereinzelt Rastellis geben, die beeindruckend viele Bälle gleichzeitig in der Luft halten können. Die Regel ist dies aber nicht. Vielmehr deuten neuere psychologische Erkenntnisse darauf hin, dass der Multitaskingfähigkeit von Menschen sehr enge Grenzen gesetzt sind. Menschen arbeiten effizienter, wenn sie Aufgaben getrennt voneinander und nacheinander abarbeiten können. Am Rande: Auch die Multitaskingfähigkeit von Computern ist streng betrachtet überhaupt keine. Die Maschine arbeitet Prozesse streng nacheinander ab, nur eben mit einer solchen Geschwindigkeit, dass beim Betrachter der Eindruck der Parallelität entsteht. Neurologen fanden heraus, dass das menschliche Gehirn um 20 bis 40 % weniger leistungsfähig ist, wenn es gleichzeitig verschiedene Aufgaben bewältigen muss.

Zu viele Ziele, die Mitarbeiter gleichzeitig im Auge behalten sollen, zwingen ihren Aufmerksamkeitsapparat in multiple Anforderungen, denen er nicht mehr gewachsen ist. Logische Folge ist, dass einzelne Ziele aus dem Fokus der Mitarbeiter rücken und damit auch nicht mehr konsequent verfolgt werden. Die durch Ziele eigentlich angestrebten Prozesse der Aufmerksamkeitsfokussierung und Bündelung von Handlungsenergien (siehe Kapitel 7) gelingen bei zu vielen Aufgabenzielen nicht mehr. Bildlich gesprochen bekommen die Mitarbeiter einen flirrenden Blick, der zwischen den Zielen irrlichtert. Und die Handlungsenergien fasern eher aus als sich zu bündeln. Negative Effekte sind zudem auf die Motivation zu erwarten, da hinreichend große Erfolgserlebnisse nicht entstehen können. *Fredmund Malik* formuliert dieses Manko folgendermaßen:

> *„Es sind (...) die großen Aufgaben, an denen Menschen sich entwickeln, die sie motivieren, die sie ihre Grenzen überschreiten lassen. (...)*
>
> *Die meisten Menschen haben zu viele, dafür aber zu kleine Aufgaben. Damit werden sie verdorben, sie kümmern vor sich hin, verzetteln sich und haben zwar viel Arbeit, jedoch (...) keine Erfolgserlebnisse – weshalb man sie dann motivieren muss."* *(Malik 2000, S. 179 f.)*

Für alle anderen Ziele aus dem in Kapitel 5 empfohlenen Zielkatalog (Leistungs-, Ressourcen-, Innovations-, Verhaltens-, Personalentwicklungs- und Negativziele) folgt aus den Überlegungen, dass man je Kategorie lediglich ein, im begründeten Ausnahmefall höchstens zwei Ziele vereinbaren sollte. Alles andere würde nicht nur den Mitarbeiter bei der Zielverfolgung überfordern, sondern auch dessen Vorgesetzten, der ihn über seine Führungsarbeit bei diesem Prozess wirkungsvoll begleiten soll. Natürlich kann die Anzahl der Ziele nicht unabhängig vom zugrunde gelegten Zielerreichungszeitraum gesehen werden. Je länger er ist, umso mehr Ziele können auch in den Zielkatalog aufgenommen werden. Hier wurde für einen typischen Zielverfolgungszeitraum von einem Jahr argumentiert.

Die Beschränkung bei den Aufgabenzielen birgt zweifellos die Gefahr, dass dem Mitarbeiter die nicht durch Ziele untersetzten kleineren – aber gleichwohl sehr wichtigen – Aufgaben aus dem Blick geraten und nicht mit der erforderlichen Konsequenz bearbeitet werden. Dies zu verhindern, ist Aufgabe des direkten Vorgesetzten im täglichen Führungshandeln. Zielvereinbarungen sind damit ein gutes Beispiel dafür, dass Führungsinstrumente einerseits als Ersatzmechanismus für personale Führung (= Führungssubstitute) wirken. Denn größere Freiräume für und Verlagerung der Selbststeuerungsverantwortung auf den Mitarbeiter verkleinern den Führungsbedarf deutlich. Andererseits wird personale Führung durch solche Führungssubstitute aber nicht gänzlich überflüssig, sondern Führungskräfte sind gefordert, flexibel diejenigen Leerstellen zu füllen, die ein Instrument oder struktureller Regelungsmechanismus – wie eben die Zielvereinbarung – nicht abdeckt. Maximale Führungseffizienz entfaltet sich immer in einem optimalen Zusammenspiel von strukturaler und personaler Führung.

10.2 Beeinflussbarkeit der Ziele

Warum sollte sich ein Mitarbeiter zur Erreichung von Zielen anstrengen, wenn er den Eindruck hat, dass er durch seinen eigenen Einsatz das Ausmaß der Zielerreichung nur beschränkt beeinflussen kann? Innerhalb der Motivationstheorien, speziell im Rahmen der „Erwartungs-Valenz-Ansätze", thematisiert man diesen Zusammenhang unter dem Stichwort der „Anstrengungserwartung". Sie ist eine von drei Basiskomponenten, von denen die menschliche Motivation – verstanden als Antriebskraft für Handlungen – abhängt. Die Grundaussage dieser Motivationstheorien zeigt in vereinfachter Form **Abbildung 10.1.**

Abbildung 10.1: Motivationsentstehung nach dem Erwartungs-Valenz-Ansatz

Demnach hängt die Motivation von Mitarbeitern vom multiplikativen Zusammenwirken von Valenz, Anstrengungserwartung und Konsequenzerwartung ab. Das Multiplikationszeichen soll in der modelltheoretischen Vorstellung zum Ausdruck bringen, dass keine der Komponenten gleich null werden darf, wenn Motivation entstehen soll.

Unter *Valenz* versteht man dabei *„die subjektive Bewertung eines von der Organisation gebotenen Anreizes durch den Mitarbeiter"*. Er wird bei diesem – sicherlich eher unbewusst ablaufenden kognitiven – Prozess für sich klären, inwieweit der dargebotene Anreiz geeignet ist, ein offenes Bedürfnis zu befriedigen. Offeriert also eine Organisation beispielsweise eine Beförderung, wenn ein bestimmtes Leistungsniveau gezeigt wird, dann hängt die Motivationswirkung dieses Anreizes entscheidend davon ab, ob einem Mitarbeiter hierarchischer Aufstieg Bedürfnisbefriedigung vermittelt. Ist dem nicht so, dann hat der Anreiz eine geringe Valenz und seine Motivationswirkung geht ins Leere.

Die zweite Komponente, *Anstrengungserwartung*, interessiert hier besonders. Dahinter verbirgt sich *„die subjektive Einschätzung eines Mitarbeiters, in welchem Umfang er glaubt, durch eigenes Handeln die Entstehung eines Leistungsergebnisses oder die Erreichung eines Zieles beeinflussen zu können"*. Wenn er nur geringe Einflussmöglichkeiten sieht, dann ist dies gleichbedeutend mit einer geringen Anstrengungserwartung. Sie führt zwangsläufig zu einem niedrigen Motivationsniveau. Niemand rudert auf Dauer gern ein Boot, wenn die Paddel nicht im Wasser stecken.

Im Rahmen der *Konsequenzerwartung* kalkuliert der Mitarbeiter dann noch für sich *„die Wahrscheinlichkeit, dass es nach Erreichung eines Zieles bzw. Leistungsergebnisses tatsächlich auch zur Gewährung des ausgelobten Anreizes kommt"*. Auf seinem kognitiven Prüfstand steht also die Frage, ob in der Organisation

- Leistung/Zielerreichung überhaupt wahrgenommen wird,
- gerecht bewertet wird,
- angemessen und gerecht belohnt wird.

Hat ein Mitarbeiter daran ernstliche Zweifel, dann wird es trotz hoher Attraktivität der Anreize und trotz eines wahrgenommenen hohen Einflusses auf die Leistungsentstehung nur zu schwach ausgeprägter Motivation kommen. Warum springen, wenn man am Ende doch nicht an die Wurst kommt?

Im Lichte der Anstrengungserwartung betrachtet, sind also für Zielvereinbarungen grundsätzlich nur solche Ziele geeignet, bei denen die Mitarbeiter einen starken und direkten Einfluss auf den Grad der Zielerreichung haben. Dieser Aspekt ist vor der endgültigen Zielverabschiedung besonders kritisch zu prüfen. Ungeeignet wären insbesondere Ziele, bei denen Mitarbeiter bei der Aufgabenerfüllung

- sehr stark von unkalkulierbaren äußeren Rahmenbedingungen abhängen (z. B. erratische Ölpreis- oder Wechselkursschwankungen, unvorhersehbare Marktschwankungen, Änderungen von Rechtsvorschriften oder auch Zuliefererausfälle insbesondere in politisch instabilen Ländern),

- stark von Entscheidungen anderer Stellen oder auch von der Qualität der Vorleistung von anderen Wertschöpfungsstufen abhängen.

Von einem Meister in der Fertigung wird man nur hohes Engagement bei der Erreichung von Qualitätszielen erwarten können, wenn man ihm auch Einflussmöglichkeiten auf die Qualität der Rohstoffe, Einsatzmaterialien oder Werkzeuge einräumt. Analog benötigt ein regionaler Verkaufsleiter für seine Absatzziele einen gewissen Freiraum bei der Anpassung der Werbestrategie an die Besonderheiten des konkreten regionalen Umfelds.

Es geht hier bei der Forderung nach Unabhängigkeit von Entscheidungen und Vorleistungen anderer Stellen um einen diffizilen Balanceakt. Denn Spezialisierung und Arbeitsteilung ist in modernen Organisationen aus Gründen der Effizienzsteigerung ja durchaus gewollt und eigentlich unverzichtbar. Sie schafft aber andererseits hohe Abhängigkeiten der Stellen voneinander. Dies kann bei der Verfolgung von Zielen, auf der psychologischen Ebene, durchaus kontraproduktiv wirken. Der Aussöhnungsmechanismus zwischen notwendiger Arbeitsteiligkeit einerseits und Unabhängigkeitsstreben der Mitarbeiter andererseits liegt in der parallelen Vereinbarung von Zielen für übergeordnete Organisationseinheiten, also zum Beispiel Teamziele, Abteilungsziele. Spezielle Gestaltungshinweise dazu werden in Kapitel 17 gegeben.

10.3 Operationale Zielformulierung

Ziele taugen nur dann zu einer Steuerung der eigenen Handlungen, wenn sie hinreichend präzise formuliert sind. Unscharfe Zielformulierungen bieten zu wenig Orientierungsanker und belasten den Mitarbeiter unnötigerweise mit offenen Fragen. Die betriebswirtschaftliche Zieltheorie spricht in diesem Zusammenhang auch von „operationalen Zielen“. Als operational bezeichnet man ein Ziel, das hinsichtlich fünf Dimensionen genau beschrieben ist:

- WER? (➔ präzise Benennung des Zielerfüllungsträgers)
- WAS? (➔ präzise Beschreibung des Zielinhalts)
- WIE VIEL? (➔ präzise Beschreibung des Zielausmaßes)
- WANN? BIS WANN? (➔ präzise Angabe des Zielzeitbezugs)
- WOMIT? (➔ präzise Angabe verfügbarer Ressourcen)

Die beiden amerikanischen Pioniere der modernen Zieltheorie, *Edwin Locke und Gary Latham (2006)*, sprechen von „spezifischen Zielen“. Sie fanden in ihren Untersuchungen heraus, dass spezifische Ziele gegenüber eher vagen Zielen den Erfolg stärker begünstigen. Spezifische Ziele führen sogar dazu, dass die Mitarbeiter sich durch sehr anspruchsvolle Ziele stärker stimulieren lassen als durch moderate Zielniveaus – und zwar unabhängig davon, ob die Ziele vereinbart oder vorgegeben waren. Dieser Effekt basiert bei spezifischen Zielen insbesondere auf der Auslösung einer besonders hohen Bereitschaft

- ausdauernd an der Zielverwirklichung zu arbeiten (Persistenz),
- die Aufmerksamkeit ungeteilt auf das Ziel zu richten,
- die Zielverwirklichung zu planen,
- korrigierende Rückmeldungen anzunehmen.

Es spricht also viel dafür, einer operationalen Zielformulierung viel Aufmerksamkeit zu widmen.

Nachfolgend sind zur Illustration eine inakzeptabel unpräzise und eine mustergültig operationale Zielformulierung gegenüber gestellt. Ein Mitarbeiter der Personalabteilung mit Zuständigkeit für das Hochschulmarketing könnte mit folgenden Vorgaben konfrontiert sein:

„Steigerung des Arbeitgeberimages unseres Unternehmens bei Fachhochschulabsolventen in Thüringen. Tun Sie Ihr Bestes!“	Erhöhung der Zahl an Initiativbewerbungen durch Absolventen von Thüringer Fachhochschulen von derzeit 60 auf 150 bis Ende 2011 durch verstärkte Präsenz auf Absolventenkongressen und Gestaltung einer neuen Imagebroschüre. (Etat: 20.000 Euro)

Erkennbar mangelt es der linken Formulierung an handlungsanleitendem Charakter. Die Formulierung rechts dagegen ermöglicht dem Mitarbeiter eine klare Ausrichtung seiner Handlungsenergien. Sie hat zudem den Vorteil, dass aus ihr auch schon klar erkennbar wird, woran die Zielerreichung später gemessen werden soll. Dies leitet über zur nächsten Voraussetzung.

Davor aber noch eine wichtige generelle Formulierungsempfehlung: Ziele sollten, wenn irgend möglich, positiv formuliert sein. Die Psychologie spricht auch von sogenannten „Annäherungszielen“ (z. B. *„Ich will als Führungskraft meinen Mitarbeitern hilfreiches Feedback geben.“*) in Abgrenzung zu sogenannten „Vermeidungszielen“, die negativ formuliert sind (z. B. *„Ich will kein belangloses Feedback geben.“*). Positiv formulierte Ziele richten die Aufmerksamkeit auf positive, erwünschte Zustände und führen bei Zielverfolgung und Zielerreichung daher auch zu positiven Gefühlen. Negativ formulierte Ziele stellen eher eine mentale Verknüpfung zu unerwünschten Zuständen und damit auch zu negativen Emotionen her. Aber es geht nicht nur um den „Kuschelfaktor“ oder, seriös ausgedrückt, um Wohlbefindensmaße. Positiv formulierte Ziele führen auch zu besseren Ergebnissen. Eine plausible Erklärung dafür ist, dass positive Ziele eindeutiger definiert sind, indem sie einen Endzustand beschreiben. Negative Ziele beschreiben dagegen nur, was *nicht* erreicht werden soll, lassen dadurch mehr Optionen offen und führen so zu weniger konkreten Zielvorstellungen beim Mitarbeiter. Mit anderen Worten: Positive Ziele beinhalten operationalere Handlungsvorgaben.

10.4 Eindeutige Zielerreichungskriterien

Hat der Mitarbeiter ein Ziel vollständig erreicht? Hat er es nicht erreicht? Ist es nur zum Teil erreicht oder vielleicht sogar übererfüllt worden? Zu welchem Teil?

Bei der Beantwortung dieser Fragen sollte es möglichst wenige Unschärfen geben. Daher ist es wichtig, dass schon bei der Zielformulierung – also im Vorfeld – eindeutige Kriterien definiert und dokumentiert werden, an denen später die Zielerreichung, Teilerreichung oder Zielverfehlung festgemacht wird. Die Einigung im Vorfeld erspart viele Konflikte und belastende Diskussionsprozesse im Nachgang.

Speziell, wenn in der Organisation auch nach Zielerreichungsgraden vergütet werden soll, müssen unterschiedliche Grade der Zielerreichung gemessen werden. Das führt zur Notwendigkeit, eine Einstufungsskala zu definieren. Bei der Festlegung aller Skalen, die im weitesten Sinne zur Einschätzung der Leistung von Mitarbeitern eingesetzt werden sollen, bewegt man sich immer im Spannungsfeld zwischen Leistungsgerechtigkeit einerseits und Messgenauigkeit/Differenzierungsvermögen andererseits. Im Sinne einer hohen Leistungsgerechtigkeit wäre eine lange Skala mit vielen Skalenpunkten angezeigt. Sie gestattet eine differenzierte Abstufung zwischen den unterschiedlichen Zielerreichungsgraden unterschiedlicher Mitarbeiter – theoretisch. Rein praktisch wird aber der einschätzende Vorgesetzte schnell an die Grenzen seines Differenzierungsvermögens kommen. Und bei vielen Zielen – speziell, wenn sie nicht quantitativ formuliert werden können – wird die genaue Feststellung des Zielerreichungsgrades mit größeren Unschärfen behaftet sein. Wie z. B. sollte bei einem Logistiker das Ziel *„Verbesserung der Kommunikationsstrukturen mit den Zulieferern"*, wie bei einem Vertriebsmitarbeiter das Ziel *„Erkundung eines neuen ausländischen Zielmarkts"* und wie bei einem Teamleiter in der Fertigung das persönliche Entwicklungsziel *„Bessere Einbindung unterstellter Mitarbeiter in Entscheidungen"* in vielen Abstufungen präzise gemessen werden? Lange Skalen mit vielen Skalenpunkten produzieren hier allenfalls eine Pseudogenauigkeit.

Gesucht wird also ein sinnvoller Kompromiss zwischen leistungsgerechten Abstufungsmöglichkeiten einerseits und hinreichend genauer tatsächlicher Messbarkeit des Zielerreichungsgrads andererseits. Hinter dem zweiten Aspekt steht im Übrigen auch die Frage, ob ein Vorgesetzter seine Einstufung dem Mitarbeiter gegenüber auch schlüssig und nachvollziehbar begründen kann. Bei einer zu langen Skala – etwa bei 11 Skalenpunkten – wird die Argumentation vermutlich schnell „holprig", wenn dargelegt werden soll, warum der Skalenpunkt 8 und nicht Skalenpunkt 9 angemessen ist. Als Kompromiss wird daher zur Messung für alle Ziele eine 5er-Skala vorgeschlagen, die gleichzeitig prozentual und verbal verankert ist (siehe **Abbildung 10.2**). Für jeden einzelnen Skalenpunkt sollten sich Mitarbeiter und Vorgesetzter im Rahmen der Zielvereinbarungsgespräche auf 1 bis maximal 3 Kriterien einigen, an denen dann das jeweilige Zielerreichungsniveau ersichtlich ist.

Abbildung 10.2: Skalenvorschlag zur Messung der Zielerreichung

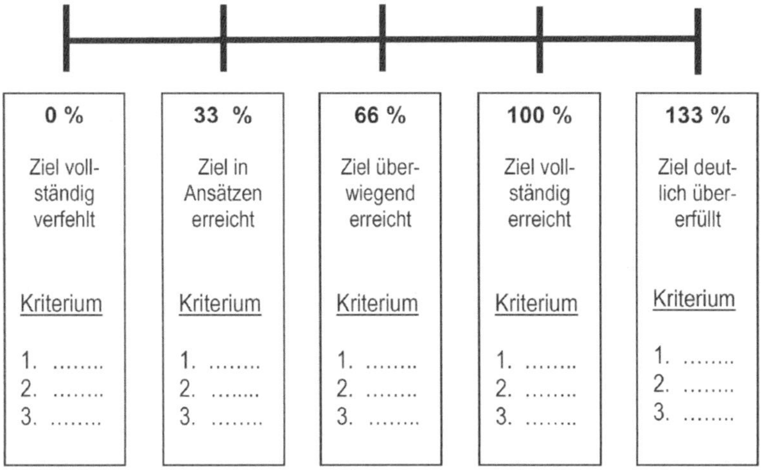

Vier Aspekte sind zu diesem Skalenvorschlag noch erläuterungsbedürftig:

1. Im Bereich der Zielübererfüllung ist lediglich ein einziger zusätzlicher Skalenpunkt vorgesehen. Es soll damit bewusst ein Anreiz zur Vereinbarung realistischer Ziele gesetzt werden. Ziele, die vom Mitarbeiter in dramatischer Weise übererfüllt werden können, waren einfach von Anfang an zu tief gesetzt. Oder es wurde versäumt, auf deutliche Verbesserungen im Aufgabenumfeld über rechtzeitige Zielanpassungen zu reagieren.

2. Diese Skala wird für quantitativ und qualitativ messbare Ziele gleichermaßen vorgeschlagen. Kritiker könnten einwenden, dass bei quantitativen Zielen (z. B. Umsatzsteigerung) eine viel feinere Abstufung möglich wäre und damit Messpräzision verschenkt wird. Vordergründig stimmt das. Aber eben nur vordergründig. Die quantitative Messbarkeit einer Größe bedeutet nicht zwangsläufig, dass damit eine exaktere Aussage zur erbrachten Leistung eines Mitarbeiters in Relation zu anderen Mitarbeitern zu treffen wäre. Unschärfen bleiben auch hier hinsichtlich

   - des persönlichen Einsatzes des Mitarbeiters zur Realisierung des Zielniveaus,
   - der begünstigenden bzw. erschwerenden Rahmenbedingungen bei der Zielverfolgung,
   - der relativen Schwierigkeit der formulierten Ziele im Vergleich zu Zielen anderer Mitarbeiter.

   In Anbetracht dieser Unschärfebereiche spricht viel dafür, organisationsweit nur einen einzigen Skalentyp zu verwenden. Dies gibt Mitarbeitern auf Stellen, für die primär „nur" qualitative Ziele formuliert werden können, auch nicht das Gefühl, lediglich „Zielvereinbarungen zweiter Klasse" zu erhalten. Zudem sorgt man durch einen einheitlichen Skalentyp auch dafür, dass das System nicht zu komplex wird.

3. Die bei den Skalenpunkten hinterlegten Prozentwerte sind nicht konkret numerisch zu begreifen, sondern haben eher eine symbolische Funktion. Sie sollen beim Beurteiler eine Skalenverankerung tendenziell nach einer Drittel-Logik herstellen. Im Verbund mit der zusätzlichen verbalen Skalenbeschreibung wird so eine stabilere Skalenverankerung erzielt.

4. Die verbalen Formulierungen wurden betont sachorientiert gestaltet. Mitunter liest man die Empfehlung, dass auch Zielverfehlungen „positiv" formuliert sein sollten. Solche euphemistischen Verbrämungen stehen einem konstruktiven, offenen und sachlichen Dialog über Zielerreichungen eher im Wege. Denn schöne Worte voller Harmonie verhindern eine klare Diagnose der Ursachen für (teilweise) Zielverfehlungen. Und wo es keine klare Diagnose gibt, da kann es auch keine wirksame Therapie geben. In einem vertrauensvollen Führungsprozess unter „reifen" Beteiligten müssen „die Dinge beim Namen genannt werden" können.

Generell vermieden werden sollten im Übrigen auch Skalenbenennungen, die an das Schulnotensystem angelehnt sind. Sie wecken bei den Mitarbeitern eher negative Assoziationen, indem sie an Bewertungsakte im Lehrer-Schüler-Verhältnis erinnern. Es erfolgt eine unnötige symbolische Betonung des Machtunterschiedes, der dem angestrebten Dialog auf Augenhöhe nicht förderlich ist.

10.5 Quantitative und qualitative Ziele

„Wir können bei uns keine Zielvereinbarungen einführen, weil wir keine Ziele haben, die in Zahlen zu messen wären."

Eine Killerphrase der übelsten Sorte! Zweifellos sind die Formulierung von operationalen Zielen und auch die Messung der Zielerreichung einfacher, wenn in Zahlen fassbare Ziele vorliegen: Kostensenkungen, Umsatzsteigerungen, Termineinhaltungen, Fehlerquoten etc.

Manche Ziele sind aber einfach nicht überzeugend zu quantifizieren. Trotzdem sind sie wichtig und daher muss auch das Leistungsverhalten der Mitarbeiter nach ihnen ausgerichtet werden. Wer wollte bestreiten, dass hochwertige Kundenberatung, Kundenbindung, verbesserte innerbetriebliche Kooperationen oder Informationsflüsse wichtige Ziele darstellen? Die Formulierung von Kennziffern zu ihnen bereitet mitunter aber große Schwierigkeiten. Dann sollte man es auch lassen und nicht die Quantifizierung des Unquantifizierbaren versuchen. Das macht Ziele nur unnötig lächerlich und angreifbar. Will wirklich jemand ernstlich hochwertige Kundenberatung in „investierten Gesprächsminuten" messen? Solche Denkfiguren leisten allenfalls einer sozialistischen Tonnenideologie Vorschub. Zwar gibt es die Managementweisheit „If you can't measure it, you can't manage it" (was man nicht messen kann, kann man auch nicht managen), aber richtig müsste sie eigentlich heißen „If you can't describe it, you can't manage it" (was man nicht beschreiben kann, kann man auch nicht managen). Pseudogenauigkeit nützt niemandem; gewisse Unschärfen in der Messung qualitativer Ziele müssen einfach akzeptiert werden.

Gleichzeitig inhaltsleer und inhaltsvoll kann die Empfehlung nur lauten:

> *„So viele **quantitative** Ziele wie möglich, so viele **qualitative** Ziele wie nötig benennen."*

Welche Optionen bestehen zum Umgang mit qualitativen Zielen?

1. Wichtig ist eine möglichst präzise, ausführliche verbale Beschreibung des finalen Zustands, der erreicht werden soll. Eine komplett beschriebene Seite je Ziel wird keine Seltenheit sein. Dieser Formulierungsprozess und der Dialog darüber vertiefen als wertvollen Nebeneffekt das (gemeinsame) Verständnis zum Zielinhalt. Hilfreich ist zusätzlich das Denken in der Kategorie von Lastenheften. Es werden dabei – in Analogie zur Entwicklung von Produkten – möglichst viele Kriterien festgelegt, denen eine Lösung entsprechen soll.

2. Bei manchen qualitativen Zielen kann auch der Zielerreichungsgrad nur schwer exakt fassbar sein oder auch erst in einer ferneren Zukunft hinreichend sicher bestimmbar sein. Ein Beispiel dafür wäre das Ziel eines Mitarbeiters im Personalbereich, das Arbeitgeberimage bei Hochschulabsolventen zu verbessern. Die ergriffenen Aktivitäten wirken nicht kurzfristig. Daher ist ihr Erfolg möglicherweise abschließend auch erst in einigen Jahren zu beurteilen. Wie könnte man mit dieser Situation bei einer jährlichen Zielerreichungsbeurteilung umgehen? Die Lösung liegt in einem Perspektivenwechsel von einer *outputorientierten* Betrachtungsweise hin zu einer *inputorientierten* Betrachtungsweise. Der Vorgesetzte beurteilt dabei die vom Mitarbeiter ergriffenen Aktivitäten unter den Kriterien Plausibilität und Intensität. Er macht sich mit anderen Worten auf Basis der Darlegungen des Mitarbeiters ein Bild davon, inwieweit der Mitarbeiter systematisch und engagiert auf einem Gestaltungsfeld aktiv war.

10.6 Offenheit der Wege

Jede Zielformulierung muss kritisch darauf hin geprüft werden, ob sie durch zu enge Vorgaben die gewollte freie Wahl der Mittel und Wege durch den Mitarbeiter nicht unnötig stark einschränkt und dann demotivierend und kreativitätsunterdrückend wirkt. Ziele sollten als „finaler Zustand" formuliert werden, also lediglich beschreiben, „was erreicht werden soll". Allerdings sollte diese Forderung auch nicht zu dogmatisch gehandhabt werden. Denn selbstverständlich müssen Organisationsleitungen und Führungskräfte die Möglichkeit haben, grundsätzliche strategische Festlegungen zu treffen, die für den Mitarbeiter dann auch verbindlich sind. So ist es zum Beispiel durchaus möglich, einem Einkäufer bei seinem Ziel, einer Senkung der Beschaffungspreise um 10 %, gleichzeitig vorzugeben, dass keine Zulieferer außerhalb eines Radius von 200 km berücksichtigt werden sollen, wenn es dafür wichtige strategische Gründe gibt. Der Einkäufer wird dies auch nicht als Einschränkung seiner Handlungsfreiheit empfinden, wenn die strategischen Erwägungen nachvollziehbar kommuniziert wurden.

10.7 Abstimmung auf Ressourcen

Jemand mit einem Eimer Wasser holen zu schicken, in dem kein Boden ist, ist weder besonders rational noch besonders fair. Gute Ergebnisse werden sicherlich nicht erzielt und viel Begeisterung wird man bei künftigen Gängen zum Brunnen wohl auch nicht erwarten können. Was mit dieser kleinen Metapher zum Ausdruck gebracht werden soll: Ziele, für deren Verfolgung dem Mitarbeiter nicht die erforderlichen Ressourcen zur Verfügung stehen, sind wie ein Eimer ohne Boden, nämlich wirkungslos und demotivierend.

Realistische und faire Ziele sind insbesondere dadurch gekennzeichnet, dass die Ressourcenfrage vorab seriös geprüft und diskutiert wurde. Für die Zielverfolgung wichtige Ressourcenkomplexe sind

- Qualifikation des Mitarbeiters
- verfügbare Arbeitszeit
- Arbeitsmittel/-instrumente, technologische Ausstattung
- verfügbare Personalkapazität
- Budgets.

Es ist sinnvoll, die Mitarbeiter im Rahmen ihrer Vorbereitung auf das Zielvereinbarungsgespräch nicht nur Zielvorschläge erarbeiten zu lassen, sondern auch um eine parallele Ressourcenplanung zu bitten. Dies

- stärkt ihr gesamtunternehmerisches Denken
- macht Ziele realistischer
- verhindert bei späteren Zielverfehlungen die Ausrede „fehlender Ressourcen".

Einen alternativen Blick auf die Ressourcenfrage bietet der Aspekt der „Steuerung persönlicher Ressourcen". Es gibt Mitarbeiter mit einer latenten Tendenz zur Selbstausbeutung. Kurz und mittelfristig zeigen sie damit erhöhte Leistungen, sind für die Organisation höchst „erfreuliche" Mitglieder und für Vorgesetzte der Auspresserfraktion die geborenen Opfer. Langfristig enden Selbstausbeutungen aber immer in Selbstüberforderungen, die dann persönliche Handlungsblockaden, Frustrationen und Fehlhandlungen produzieren. Diese Folgen fügen der Organisation durch temporären Ausfall der Mitarbeiter, innere Kündigung, endgültige Fluktuation oder Qualitäts- und Terminprobleme möglicherweise mehr Schaden zu, als sie vorher durch das „permanente Fahren des Mitarbeiters im persönlichen roten Drehzahlbereich" gewonnen hat.

Latente Selbstausbeutungstendenzen zeigen sich in Glaubenssätzen der Mitarbeiter, nach denen sie leben und arbeiten. Einige besonders prägnante wurden samt ihrer negativen Wirkungen auf die Selbststeuerung nachfolgend zusammengestellt. Jeder dieser Glaubenssätze ist zwar im Grundsatz höchst positiv. Ihr Gefahrenpotenzial im Hinblick auf einen verantwortungsvollen Umgang mit der eigenen Person liegt aber in einem übersteigerten Vollzug.

> ***„Sei immer perfekt!", „Mach keine Fehler!"***
>
> *Das Streben nach totaler Perfektion, Vollkommenheit und Gründlichkeit in allem, was getan wird, und die Meinung, jeder Fehler sei ein Beweis persönlichen Scheiterns, sind sichere Vorboten von Frustration und Erschöpfung.*
>
> ***„Mach immer schnell!"***
>
> *(Dies) artet in Hektik aus. Außerdem besteht die Gefahr, dass in der Schnelligkeit wichtige Aspekte der Arbeit übersehen werden. Die Korrektur von Fehlern kostet schließlich mehr Zeit, als mit der Geschwindigkeit gewonnen werden konnte.*
>
> ***„Streng dich immer an!"***
>
> *Wird jede Aufgabe zum „Jahrhundertwerk", wird die Gefahr groß, dass bald vor „lauter Bäumen der Wald nicht mehr gesehen wird".*
>
> ***„Mach es allen recht!"***
>
> *(Das) ist ein Befehl, der nicht ausführbar ist. Wer von allen geliebt und geschätzt werden will und nicht „nein" sagen kann oder es lernt, erstickt leicht in Arbeit und macht es schließlich niemandem recht.*
>
> ***„Sei immer stark!"***
>
> *Haltung bewahren, sich keine Blöße geben, Vorbild für andere sein, verlangen übertriebene Härte und eiserne Konsequenz. Kompromisse werden als Schwäche gewertet, Hilfe als Eingeständnis für Schwäche (...).* *(Kirchler/Walenta 2008, S. 394)*

Verantwortlich und partnerschaftlich handelnde Führungskräfte nutzen Mitarbeiter mit solchen Glaubenssätzen nicht aus, sondern treten mit ihnen in einen Entwicklungsprozess zur Korrektur der Einstellungen ein.

10.8 Zielidentifikation

Idealerweise sollten sich die Mitarbeiter mit den vereinbarten Zielen vollständig identifizieren. Im Minimum müssen sie sie akzeptieren.

Identifikation ist zweifellos der stärkere Bindungsmechanismus. Sie ist begrifflich und inhaltlich eng mit dem individualpsychologischen Begriff der „menschlichen Identität" verwandt. Die Wurzeln des Konzepts reichen bis in die Psychoanalyse von *Sigmund Freud* zurück, der Identifikation als *„ursprünglichste Form der Gefühlsbindung an ein Objekt"* bezeichnet (*Brandstätter 2007).* Für das Selbstverständnis und die Selbstbewertung eines Menschen (hier: Mitarbeiter) sind die Objekte (hier: Ziele, Zielerreichung) dann von zentraler Bedeutung. Mitarbeiter definieren sich als Person ein Stück weit über bestimmte Ziele. Ziele werden nicht mehr nur angestrebt, weil man den Erwartungen der sozialen Umwelt entsprechen möchte (*„ich muss"*), sondern „mit heißem Herzen und voller Hingabe", aus tiefer innerer Überzeugung (*„ich will"*). Mitunter wird auch von „Ego-Involvement" gesprochen.

Akzeptanz als schwächerer Bindungsmechanismus bleibt eher an der Persönlichkeitsoberfläche. Wenn man im übertragenen Sinne Identifikation als „Kern“ oder „Körper“ bezeichnen würde, dann wäre Akzeptanz eher die „Schale“ oder die „Kleidung“ und damit auch auswechselbarer. Akzeptanz ist weniger die Verinnerlichung, sondern eher nur die „Einwilligung“ eines Mitarbeiters in die Erwartungen, die von der sozialen Umwelt an ihn herangetragen werden. Mitunter wird auch von „Compliance“ gesprochen.

Tabelle 10.1 liefert nochmals eine plakative Gegenüberstellung von Identifikation und Akzeptanz (in Anlehnung an *Neuberger 2002)*:

Tabelle 10.1: Zielidentifikation und Zielakzeptanz

Zielidentifikation	Zielakzeptanz
Innere Überzeugung	Äußerliche Konformität
Bestandteil der Selbstdefinition	Persönlichkeitsoberfläche
„Körper-Kern-Zentrum“	„Kleidung-Schale-Peripherie“
Tiefenhandeln	Oberflächenhandeln
Handeln mit „heißem Herz und begeisterter innerlicher Bejahung“	Handeln mit „kühlem Verstand in Ausfüllung einer übernommenen Rolle“
„Ich will!“	„Ich muss!“
Ego-Involvement	Compliance

Es kann aber auch des Guten zu viel geben. Die Gefahr einer überstarken Identifikation von Mitarbeitern liegt auf der Hand, nämlich Selbstausbeutung mit nachfolgender Stress- oder gar Burnout-Symptomatik. Um dies nicht eintreten zu lassen, sind Führungskräfte gefragt, die begeisterungsfähige und –bereite Mitarbeiter nicht als „nützliche Idioten“ begreifen und kurzfristig „leersaugen“, dies aber zum langfristigen Schaden der Organisation. Vielmehr ist an dieser Stelle nochmals nachdrücklich auf die Ausführungen zur Führungskultur in Kapitel 9.7 zu verweisen: Ehrlichkeit, Vertrauen, Partnerschaftlichkeit!

Es gibt nun zwei grundsätzliche Mechanismen zur Herstellung von Akzeptanz, besser noch Identifikation: Erstens „Freiwilligkeit der Entscheidung für die Ziele“ und zweitens „Verknüpfung mit bedürfnisgerechten Anreizen“. Beide Einflussfaktoren werden in den nächsten beiden Kapiteln vertieft.

10.9 Freiwilligkeit der Zielentscheidung

Freiwilligkeit wird über eine möglichst intensive Partizipation und Verzicht auf Manipulationsmechanismen bei der Zielvereinbarung erreicht. Unterschiedliche Stufen der Partizipation können in Anlehnung an das bekannte Führungsstilkontinuum der beiden US-Amerikaner *Tannenbaum* und *Schmidt* gemäß **Abbildung 10.3** unterschieden werden. Stufe 5 beschreibt dabei ein Partizipationsverständnis, wie es dem MbO zugrunde liegt. Die Stufen 6 und 7 gehen noch darüber hinaus und umschreiben Freiheitsgrade für die Mitarbeiter, wie sie im Managementkonzept des „Empowerment" diskutiert werden. Mitarbeiter erhalten hier eine Art umfängliche Handlungsvollmacht für den eigenen Arbeitsplatz, die auch eine weitgehend eigenständige Festlegung von Zielen einschließt. Unter Identifikationsgesichtspunkten wäre dieser Mechanismus natürlich ideal. Da dieser weitgehende Ansatz wohl derzeit aber nur für eine beschränkte Anzahl an Organisationen und Mitarbeiter in Frage kommt, also noch eher eine Vision darstellt, die am Ende eines längeren Entwicklungsprozesses stehen könnte, soll er hier nicht weiter vertieft werden.

Ein interessanter empirischer Befund soll aber nicht verschwiegen werden: Man konnte beobachten, dass auch häufig sogenannte „Tell-and-Sell-Ziele" zu hoher Akzeptanz und nachfolgend hoher Leistungsbereitschaft bei den Mitarbeitern führen. Bei diesem Zieltypus geben Vorgesetzte die Zielhöhe vor und erläutern/begründen den Mitarbeitern intensiv die Wichtigkeit der Ziele. Als zentraler Einflussfaktor wird eine „anerkannte Autorität" der Führungskraft vermutet. Vorgesetzte mit einer starken Autoritätsstellung können also im Ausnahmefall auch Ziele vorgeben und darauf setzen, dass sie von den Mitarbeitern als verpflichtend erlebt werden. Zielakzeptanz ist auf diesem Weg möglich, Identifikation aber wohl eher nur eingeschränkt. Und am Rande: Ein vertieftes Verständnis der Ziele und die Beseitigung etwaiger Zielunklarheiten sind in einem dialogorientierten Partizipationsprozess auch leichter möglich. Gerade bei komplexeren Aufgaben stellt eine ausführliche Zielvereinbarungsdiskussion für den Mitarbeiter auch einen Informationsgewinnungs- und -verarbeitungsprozess dar, der zu einer besseren geistigen Durchdringung der Aufgabe führt.

Abbildung 10.3: Partizipationsstufen
(Quelle: In Anlehnung an die Grafik bei *Berthel/Becker 2007, S. 115*, und die Inhaltskonzeption von *Graumann/Klavina 2009, S. 31 f.*)

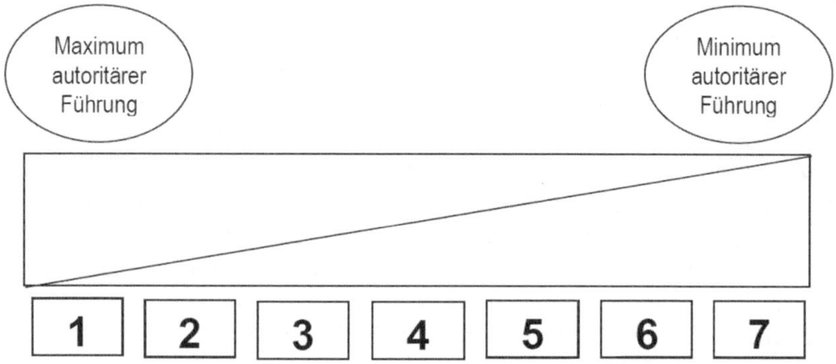

1 = Vorgesetzter legt die Ziele allein fest und gibt sie ohne weitere Erklärung vor.

2 = Vorgesetzter legt die Ziele fest und erläutert sie den Mitarbeitern.

3 = Vorgesetzter macht alternative Vorschläge für Ziele, lässt Fragen und Kommentare der Mitarbeiter zu, trifft aber final die Entscheidung über die Ziele allein.

4 = Vorgesetzter bittet die Mitarbeiter um Zielvorschläge, diskutiert mit ihnen die jeweiligen Pros und Contras, trifft aber final die Entscheidung über die Ziele allein.

5 = Vorgesetzter bittet die Mitarbeiter um Zielvorschläge und diskutiert mit ihnen die jeweiligen Pros und Contras. Die finale Festlegung der Ziele erfolgt gemeinsam in einem offenen Diskussionsprozess.

6 = Vorgesetzter definiert Grenzen für die Ziele und überlässt die konkrete Zielfestlegung innerhalb dieser Grenzen den Mitarbeitern.

7 = Vorgesetzter gestattet den Mitarbeitern die eigenständige Festlegung von Zielen (= Empowerment).

10.10 Verknüpfung mit bedürfnisgerechten Anreizen

Wenn Mitarbeiter erkennen, dass sie durch eine engagierte Zielverfolgung Bedürfnisbefriedigung erlangen können, dann steigert das die Wahrscheinlichkeit für eine Identifikation mit den Zielen, zumindest aber für eine Erhöhung ihrer Akzeptanz. Es muss also eine enge Verbindung zwischen dem Anreizsystem der Organisation und dem Zielvereinbarungssystem hergestellt werden. Wie vielfältig die Ansatzpunkte für die Gewährung von Anreizen sein können, zeigt im Überblick **Tabelle 10.2**.

Tabelle 10.2: Komponenten von Anreizsystemen

Materielle Anreize	Immaterielle Anreize
■ Fixe Vergütung ■ Variable Vergütung – Akkord-/Prämienentlohnung – Zielboni – Provisionen – Erfolgsbeteiligungssysteme ■ Kapitalbeteiligung ■ Sozialleistungen – Betriebsrente – Vermögensbildung – Zinsgünstige Darlehen – Lebensversicherungen ■ Sachleistungen – Dienstwagen – Mitarbeiterrabatte – Freizeitangebote (Sport, Kultur) – Wellness-Programme – Gesundheitsvorsorge – Verbilligter Wohnraum ■ Arbeitsplatzsicherheit – Jobgarantien – Verlängerung Kündigungsfrist – Aufhebung Befristung	■ Weiterentwicklung – Karrierechancen – Qualifikationserwerb ■ Aufgabenveränderung – Job Rotation, Versetzung – Job Enlargement (Aufgabenvergrößerung) – Job Enrichment (Aufgabenanreicherung) – Auslandsstationen ■ Flexibilisierung – Arbeitszeit (Gleitzeit, freie Tage, Sabbaticals, flexibler Ruhestand) – Arbeitsort (Telearbeit, Home-Office) ■ Statussymbole (Büro, Handy, Laptop, Uniform) ■ Macht, Einfluss – Entscheidungskompetenzen – Unterschriftsbefugnis – Personalverantwortung – „Elitäre" Gruppenmitgliedschaft ■ Führungsimpulse (Lob, Anerkennung, Feedback)

Die exemplarische Auflistung zeigt, dass der Fantasie keine Grenzen gesetzt sind. Wichtig ist, dass die gebotenen Anreize auf offene Bedürfnisse der Mitarbeiter treffen. Und nachdem Menschen nun einmal verschieden sind, gelingt dies am besten, wenn das Anreizsystem in der Organisation keine „einheitliche Zwangsbeglückungsmaschinerie" für alle Mitarbeiter darstellt, sondern in vertretbaren Grenzen auf die Bedürfnislagen unterschiedlicher Mitarbeiter angepasst werden kann bzw. Mitarbeitern Wahloptionen bietet.

Eine schöne, aber für die meisten Organisationen wohl utopische Idee ist da sicherlich das Konzept der „Individualisierten Organisation", bei der in der Extremform jeder einzelne Mitarbeiter idealerweise über ein eigenes Anreizbündel motiviert werden soll. Organisationen können leider keine reinen „Wunschkonzerte" bieten, zumal diese auch zu ökonomisch irrationalen Komplexitäten und Administrationskosten führen würden.

Eine realistische Variante der bedürfnisgerechten Motivation bietet dagegen der „Cafeteria-Ansatz" in einer einfachen Version. Er sieht vor, dass für verschiedene Mitarbeitergruppen verschiedene Anreizpakete gebildet werden. Denn akademisch ausgebildete Mitarbeiter im Controllingbereich haben andere Bedürfnislagen als die ungelernten Hilfskräfte im Lagerbereich. Das Angebot verbilligten Wohnraums ruft bei der ersten Gruppe möglicherweise gelangweiltes Gähnen, bei der zweiten Gruppe größtes Interesse hervor. Innerhalb der Anreizpakete für die einzelnen Mitarbeitergruppen sollten im Rahmen einer vorgegebenen Wertgrenze zudem Alternativen bestehen. Der junge, ledige und kinderlose Mitarbeiter im Lager, der noch im elterlichen Haus wohnt, hat eine andere Bedürfniskonstellation zum Beispiel hinsichtlich eines persönlichen Versicherungspakets als der verheiratete Lagerarbeiter mittleren Alters mit 3 Kindern und eigenem Wohnhaus. Unterschiedliche Lebensphasen führen zu unterschiedlichen Bedürfnissen. Auch wenn das jetzt 5 Euro ins Phrasenschwein kostet: Menschen sind eben nicht nur untereinander verschieden. Sie wandeln sich samt ihrer Bedürfnisse auch im Zeitablauf. So einfach, wie diese Weisheit daherkommen mag, so stellt sich trotzdem die kritische Frage, ob alle Organisationen tatsächlich adäquat auf diese simple Erkenntnis reagieren. Wohl eher nicht!

Wie weit man mit der Ausdifferenzierung gehen will, kann jede Organisation nur für sich selbst entscheiden. In jedem Fall sollte aber in regelmäßigen Abständen ein kritischer Blick auf das Anreizportfolio erfolgen. Sind dort Anreizelemente enthalten, die insgesamt nicht mehr zeitgemäß sind? Solche „Karteileichen" produzieren Kosten und lösen Mitnahmeeffekte aus, haben aber keinerlei motivierende Kraft. So mag vor einem Vierteljahrhundert der Jubilarurlaub noch „ein Knüller" gewesen sein, in Zeiten gut abgesicherter Urlaubsansprüche und weniger belastender Arbeitsbedingungen löst man durch ein wertgleiches Jahresabonnement für ein Fitness- und Saunazentrum vermutlich mehr Begeisterung aus.

Schlüsselmerkmal jedes wirkungsvollen Anreizsystems ist, dass es erwünschte Verhaltensmuster durch Belohnunsvergabe unterstützt und unerwünschte Verhaltensmuster durch Belohnungsvorenthaltung/-entzug unterdrückt. Jede Organisation sollte also in regelmäßigen Abständen ihre Anreizsysteme komplett auf den Prüfstand stellen und sich kritisch fragen, ob nicht völlig unerwünschte Verhaltensweisen belohnt werden. Fehlanreize können eine gesamte Organisation in die falsche Richtung steuern. Wirtschaftskrise und Bankerboni lassen grüßen!

In einer differenzierteren Betrachtungsweise sollte zwischen *intrinsischen und extrinsischen Anreizen* unterschieden werden. Identifikation mit den Zielen (innere Überzeugung!) ist wohl dauerhaft nur über *intrinsische Anreize* zu erreichen. Es muss dazu gelingen, den

Mitarbeitern über die Ziele Aufgaben und Arbeitssituationen anzubieten, die ihnen Selbstverwirklichungspotenziale zum Beispiel über Entscheidungsfreiräume, Faszination, Kreativitätsspielräume oder persönliche Weiterentwicklungschancen bieten. Mitarbeiter verfolgen die Ziele dann aus eigenem inneren Antrieb – eigentlich eine sehr kostengünstige Form der Motivation.

Kritiker werden zu Recht einwenden, dass es in Organisationen viele Aufgaben und Stellen gibt, denen man auch beim besten Willen keine funkelnden Kreativitäts- und Faszinationssterne abgewinnen kann. Manche Tätigkeiten müssen schlicht und einfach diszipliniert abgearbeitet werden. Das alles stimmt, ist aber nicht zwangsläufig das Ende für intrinsische Motivationsbemühungen. Jetzt sind Organisationsleitung und Führungskräfte gefordert. Gelingt es ihnen, den Mitarbeitern kommunikativ zu vermitteln, dass sie auch mit ihrer vergleichsweise langweiligen und unprätentiösen Aufgabe an einem lohnenswerten, faszinierenden übergeordneten Ziel mitarbeiten, dann entsteht auf diesem Weg intrinsische Motivation. Teer kochen allein ist wenig inspirierend, damit aber an der Nutzung einer vorher unfruchtbaren Wüstenregion mitzuarbeiten schon eher. Charismatische Führungskräfte und überzeugende Visionen sind bei diesem Kommunikationsakt sehr hilfreich. Sie können Mitarbeitern – um ein Bild aus Kapitel 9.1 nochmals aufzugreifen – das Gefühl vermitteln, nicht nur Steine zu behauen, sondern an einer Kathedrale mit zu bauen.

Noch spitzfindigere Kritiker könnten anmerken, dass selbst die kreativsten und spannendsten Aufgaben irgendwann ihre Faszination und so ihren intrinsischen Motivationscharakter verlieren. Selbst das Fliegen eines großen Verkehrsflugzeugs auf einer bestimmten Strecke wird irgendwann zur (langweiligen) Routine. Auch das stimmt im Grundsatz. Aber dafür hat das Personalmanagement Instrumente, mit denen gegengesteuert werden kann: systematischer Arbeitsplatzwechsel (Job Rotation), inhaltliche Anreicherung von Arbeitsaufgaben (Job Enrichment) oder auch dauerhafte Versetzungen.

Wenn völlig unnachgiebige Kritiker nun noch geltend machen, dass auch dieses Instrumentespektrum irgendwann ausgeschöpft ist, dann gebe ich mich geschlagen. Dann ist es wohl tatsächlich für den Mitarbeiter und die Organisation an der Zeit, über einen Organisationswechsel oder über die Rente nachzudenken. Es sei denn, die Mitarbeiter passen ihre Erwartungshaltung an den Faszinationsgrad der Tätigkeit nach unten an und können einer höheren Routine auch Positives abgewinnen. Häufig zeigen sich diese Prozesse bei älteren Mitarbeitern mit längerer Organisationszugehörigkeit. Identifikation entsteht dann weniger über die Aufgabe selbst, sondern eher über die grundsätzliche Verbundenheit mit der Organisation.

Extrinsische Anreize, also solche, die „von außen" gewährt werden müssen, wie z. B. Zielboni, freie Tage, Statussymbole, werden wohl allenfalls zu Akzeptanz der Ziele führen, nicht aber zu Identifikation mit ihnen. Materielle Anreize können schlimmstenfalls sogar die intrinsische Motivation zerstören, indem das Streben nach (äußeren) materiellen Anreizen das Streben nach (innerer) Erfüllung durch die Aufgabe sukzessive verdrängt. So wie man Kinder bei regelmäßiger materieller Honorierung jeder Gefälligkeit im Haushalt schnell dazu bringen kann, die Tätigkeit nur noch wegen der Belohnung zu verrichten und nicht mehr aus Freude daran, den Eltern einen Gefallen zu tun, so werden auch Mitarbeiter möglicherweise in einem „Dressurakt" schnell auf die Erlangung von materiellen Anreizen konditioniert. Nicht mehr aus Spaß an der Bewegung springt man durch den Reifen, sondern nur noch, weil auf der anderen Seite die Belohnung wartet. Der Grat zwischen einer motivierenden extrinsischen Belohnung, die das Engagement für die Zielerreichung steigert, weil sich Zielerreichung in den Augen der Mitarbeiter „lohnt", und einer extrinsischen Belohnung, die nur Mitnahmeeffekte produziert und mit zunehmender Sättigung graduell immer wirkungsloser wird, ist mitunter sehr schmal.

Dieses Risiko materieller Anreize soll hier nur angedeutet werden. In Kapitel 14.13 wird es nochmals aufgegriffen und vertieft behandelt.

10.11 Angemessene Zielschwierigkeit

Oft liest man die Forderung, dass Ziele zur optimalen Leistungsstimulation idealerweise „mittelschwer" sein sollten. Gemeint ist dann immer die gelungene Synthese zwischen „anspruchsvoll/herausfordernd" einerseits und „machbar/erreichbar/nicht überfordernd" andererseits. Das klingt plausibel. Sonderlich präzise ist die Aussage allerdings nicht und damit für den Praktiker auch nur beschränkt hilfreich. Jetzt aber kein verfrühter Optimismus, denn die einfache, kochrezepthafte Empfehlung zum angemessenen Schwierigkeitsniveau kann auch hier nicht geliefert werden. Vielmehr zeigt sich bei näherer Analyse schnell, dass die Frage nach der richtigen Zielschwierigkeit schon rein wissenschaftlich sehr facettenreich ist. Ein tieferes Verständnis der Einflussfaktoren und der Wirkmechanismen sollte aber auch in der Praxis bei der Justierung des richtigen Schwierigkeitsniveaus hilfreich sein. Begeben wir uns also auf den Weg und starten dabei zunächst bei den Extremen.

Zu leichte Ziele sind nicht wünschenswert. Zum einen schöpfen sie de facto vorhandene Leistungspotenziale von Mitarbeitern nicht aus. Sie stellen damit ökonomisch eine Verschwendung von Ressourcen dar. Zum anderen sind zu leichte Ziele auch auf der psychologischen Ebene kontraproduktiv. Denn es gelingt nicht, Spannung und zusätzliche Energien zu mobilisieren. Es ist bekannt, dass Menschen ihre Anstrengungsbereitschaft und Energiebereitstellung an der Schwierigkeit einer Aufgabe regulieren. Der Blick vom Tal zum Gipfelkreuz eines hohen Berges am Beginn einer Bergtour führt eindeutig zu einer stärkeren Energetisierung als der geplante Gang durch das Museum. Dies mag einer der Gründe sein, warum man sich nach dem Museumsbesuch mindestens genauso zerschlagen fühlen kann wie nach einer längeren Bergtour. Einen anderen Beleg für diesen Mechanismus haben auch viele schon selbst des Öfteren durchlebt und sich darüber geärgert. Es ist die Tendenz, die Zeit, die für eine Aufgabenerledigung zur Verfügung steht, auch tatsächlich vollständig auszunutzen. Ist die Zeit üppig bemessen, so startet man eben etwas später und legt ein betulicheres Arbeitstempo vor. Am Ende ist dann doch der finale Endspurt nötig, um die Aufgabe termin- und qualitätsgerecht zu erledigen. Ist die Zeit dagegen von Anfang an knapp bemessen, geht man direkt mit ganz anderem Schwung zu Werke, erlebt also eine höhere Energetisierung. „Unter Druck bin ich am effizientesten" – hört man häufig.

Zu schwere Ziele sind auf der anderen Seite ebenso wenig wünschenswert. Die durch den Mitarbeiter wahrgenommene Erfolgswahrscheinlichkeit ist zu gering. Mögliche Misserfolge sind fast mit den Händen greifbar. Eine solche Situation entmutigt schon an der Startlinie und unterdrückt die Bereitschaft, tatsächlich alle Leistungspotenziale zu aktivieren. *„Ich lasse mich doch nicht verheizen"* – würde der Mitarbeiter vielleicht kommentieren. Von einer „suboptimal ausgeprägten Anstrengungserwartung" würde etwas weniger volkstümlich der Psychologe sprechen. Und er meint damit die „Einschätzung der Wahrscheinlichkeit, dass eigenes Handeln tatsächlich zum erwünschten Erfolg führt". Eine hohe Anstrengungserwartung ist aber eine wichtige Voraussetzung für eine hohe Motivation (siehe Kapitel 10.2).

Beide Extremfälle führen also zu einer suboptimalen Leistungsbereitschaft. Wann aber ist nun ein Ziel „mittelschwer"? Jeder Mitarbeiter wird dies anders empfinden.

Erstens gibt es relativ stabile, persönlichkeitsbedingte Unterschiede bei den sogenannten „Selbstwirksamkeitserwartungen" von Menschen. Das sind Überzeugungen zur Wirksamkeit eigener Handlungen. Als Persönlichkeitsmerkmal beeinflusst es sehr stark die Bildung der oben angesprochenen Anstrengungserwartung in einer konkreten Leistungssituation. Wo der eine Mitarbeiter von Zweifeln geplagt ist, ob er einer Aufgabe gewachsen ist, da geht ein anderer Mitarbeiter mit schier unerschütterlichem Zutrauen in die eigenen Fähigkeiten zu Werke.

Zweitens spielen neben diesen eher stabilen Persönlichkeitsmerkmalen aber auch situative Einflüsse eine Rolle. Gerade erlebte Erfolge steigern tendenziell die Selbstwirksamkeitserwartung, gerade erlittene Misserfolge bedrohen sie. Ein Fußballspieler, der die letzten acht Elfmeter sicher verwandelt hat, schreitet beim neunten Strafstoß mit anderem Zutrauen zum Ball als derjenige, der die letzten drei verschossen hat.

Drittens ergibt sich die Einschätzung der Zielschwierigkeit auch aus sozialen Vergleichsprozessen. Können Mitarbeiter beobachten, dass viele andere Mitarbeiter ähnliche Ziele erfolgreich bewältigen, dann gilt das Ziel als eher leicht. Ist das umgekehrt nur bei wenigen anderen Mitarbeitern zu beobachten, so wird individuell auf ein eher schwieriges Ziel geschlossen. Durchschwimmen viele Menschen einen Fluss mit starker Strömung, dann erscheint die Aufgabe allen anderen am Ufer eher machbar und es wird mehr Bereitschaft zur Nachahmung der Handlung geben. Im Grundsatz wirken hier die bereits beschriebenen Mechanismen des Modelllernens. In einer Organisation könnte also die Akzeptanz schwierigerer Ziele gesteigert werden, indem man den Mitarbeitern möglichst häufig und intensiv die Beobachtung anderer, erfolgreich handelnder Mitarbeiter ermöglicht.

Neben diesen persönlichkeitsbedingten, situativen und sozialen Einflüssen sollte der Vorgesetzte bei der Zielvereinbarung auch den Unterschied zwischen *Aufgaben*schwierigkeit und *Ziel*schwierigkeit im Auge behalten. Beides ist mitnichten das Gleiche. Die Schwierigkeit einer Aufgabe ergibt sich primär über ihre Komplexität und des für sie notwendigen Niveaus an Qualifikationen. Die Zielschwierigkeit macht sich dagegen eher an der erforderlichen Leistung fest, die ein Mitarbeiter zur Erreichung eines Zieles aktivieren muss (*Locke/Latham 1990)*. Ein einfaches Beispiel soll die Zusammenhänge verdeutlichen: Auf dem Arbeitsplatz eines Rechnungsprüfers stellt die Prüfung von Rechnungen der Materiallieferanten hinsichtlich ihrer Richtigkeit eine geringe Aufgabenschwierigkeit dar. Bei der Vorgabe, innerhalb eines bestimmten Zeitintervalls eine hohe Anzahl solcher Prüfungen vorzunehmen, bleibt die Aufgabenschwierigkeit zwar weiterhin niedrig, die Zielschwierigkeit jedoch steigt deutlich an. Gemäß etlichen empirischen Untersuchungen von *Locke und Latham* steigt die Leistung von Mitarbeitern mit zunehmender Zielschwierigkeit tendenziell linear an. Sie bricht ab dem Punkt dramatisch ein, an dem die Mitarbeiter das Ziel für nicht mehr machbar halten (siehe **Abbildung 10.4**).

Abbildung 10.4: Empirische Beziehung zwischen Zielschwierigkeit und Leistung nach Locke/Latham (entnommen bei: *Kirchler/Walenta 2008, S. 365)*

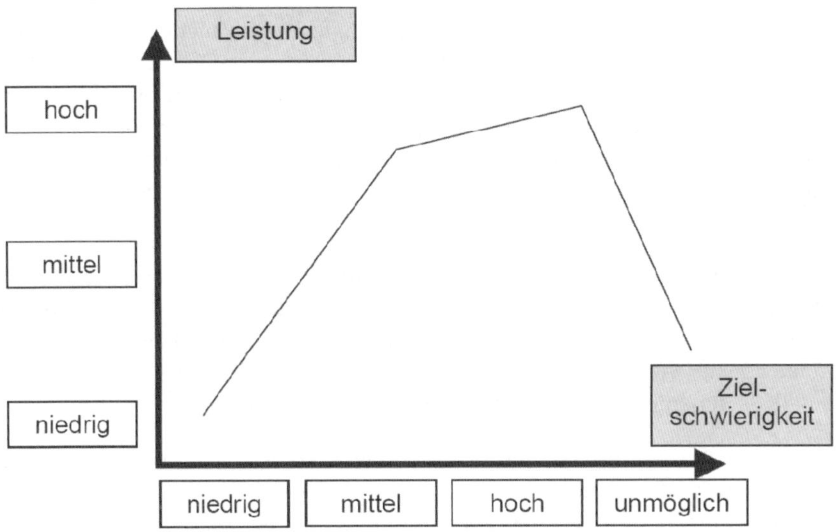

Der beschriebene Gleichlauf von Zielschwierigkeit und Leistung tritt allerdings nur ein, wenn die Ziele für die Mitarbeiter eine hinreichende Attraktivität haben. Warum sollte man auch mit einer Leistungssteigerung auf Ziele reagieren, denen man nichts abgewinnen kann oder gegen die man sogar eine Aversion hat? Zielattraktivität ergibt sich – wie bekannt – insbesondere aus einer

- inhaltlich attraktiven Aufgabe (intrinsische Motivation),
- Verknüpfung der Zielerreichung mit attraktiven extrinsischen Anreizen,
- intensiven Beteiligung an der Zielfestlegung.

Hinreichende Zielattraktivität vorausgesetzt, lässt sich also durch anspruchsvolle Ziele auf der Dimension Zielschwierigkeit grundsätzlich die Leistung steigern. Mitarbeiter sind bis zu einem gewissen Grad willens, sich fordern zu lassen und darauf mit einer erhöhten Anstrengungsbereitschaft zu reagieren. Würde man jedoch von unserem Rechnungsprüfer im Beispiel aber nun erwarten, dass er einen Vorschlag für ein EDV-gestütztes Konzept zur Rechnungsprüfung erarbeitet, er aber gar nicht über einen hinreichenden EDV-Hintergrund verfügt (oder glaubt, ihn nicht zu haben), dann würde man ihn mit einer *Aufgaben*schwierigkeit konfrontieren, der er sich nicht gewachsen fühlt. Nicht Leistungssteigerung, sondern Ausweichreaktionen wären die Folge.

Bringt man die Erkenntnisse zu den Dimensionen Aufgabenschwierigkeit und Zielschwierigkeit nun zusammen, so wird klar, dass der erste Schritt immer die Prüfung sein muss, ob die mit einem vereinbarten Ziel einhergehenden *Aufgaben* hinsichtlich ihrer Komplexität und ihrer qualifikatorischen Anforderungen die Mitarbeiter nicht überfordern. Ist das gesichert, dann kann man auf dieser Basis den Mitarbeitern mit positiven Effekten auf die Leistung auch einiges an *Ziel*schwierigkeit „zumuten". Die „Grenzen der Zumutung" wurden bereits in den Ausführungen über die Führungskultur thematisiert.

Um die Zumutung für den Leser in Grenzen zu halten, wird im Weiteren nun wieder von einem vereinfachten Verständnis von Zielschwierigkeit ausgegangen. Ein letzter wichtiger Einflussfaktor muss allerdings noch angesprochen werden. Es ist der persönlichkeitsbedingt unterschiedliche Umgang der Menschen mit dem Risiko, das mit der Übernahme von Zielen zwangsläufig immer verbunden ist. Er beeinflusst wesentlich die Bereitschaft zur Vereinbarung anspruchsvoller Ziele. Die Überlegungen basieren in vereinfachter Form auf dem sogenannten „Risikowahlmodell" (*Atkinson 1957*).

Werden Menschen vor die Wahl von Leistungssituationen gestellt, dann stellen sie sich geistig mögliche Erfolge und Misserfolge und die damit zusammenhängenden Gefühle vor. Im Falle von Erfolg ist das insbesondere Stolz. Im Falle von Misserfolg ist es Scham. Persönlichkeitsbedingt dominiert bei manchen Menschen eher der Gedanke an Erfolg, den sie samt seiner positiven Emotionen für sich realisieren möchten; man spricht von sogenannten „Erfolgsmotivierten". Bei anderen dagegen, den sogenannten „Misserfolgsmotivierten" dominiert der Gedanke an den Misserfolg und die damit einhergehenden negativen Emotionen, die sie auf alle Fälle vermeiden möchten. Diese Persönlichkeitsdisposition hat Einfluss auf die Wahl von Zielen.

Misserfolgsmotivierte würden sich am liebsten Leistungssituationen überhaupt nicht stellen. Müssen sie es, dann wählen sie bevorzugt leichte Ziele, die sie mit höchster Wahrscheinlichkeit auch erreichen. Oder sie wählen schwere Ziele, die ihnen die Ausrede offen lassen, dass „man daran ja nur scheitern konnte". Beide Wahlstrategien ermöglichen es mit hoher Wahrscheinlichkeit, keine Scham empfinden zu müssen.

Erfolgsmotivierte dagegen stellen sich bevorzugt Zielen mittleren Schwierigkeitsgrads und arbeiten an ihnen engagiert und ausdauernd. Diese Leistungssituationen erscheinen einerseits machbar genug, um eine hinreichende Wahrscheinlichkeit für Erfolg zu bieten und sind andererseits auch schwer genug, um im Erfolgsfall vor sich und anderen „brillieren" zu können. Leichte Ziele ermöglichen ihnen keinen Leistungsstolz und rufen daher auch kein sonderliches Engagement hervor.

Abbildung 10.5 fasst nochmals die wichtigsten Einflussfaktoren auf die Wahl der Zielschwierigkeit, die Einschätzung der Zielschwierigkeit und die resultierende Anstrengungsbereitschaft zusammen. Vorgesetzte sollten sie im Rahmen der Zielvereinbarungsgespräche berücksichtigen, gegebenenfalls auch offen mit dem Mitarbeiter thematisieren.

Abbildung 10.5: Einflussfaktoren auf die Wahl und die Einschätzung der Zielschwierigkeit

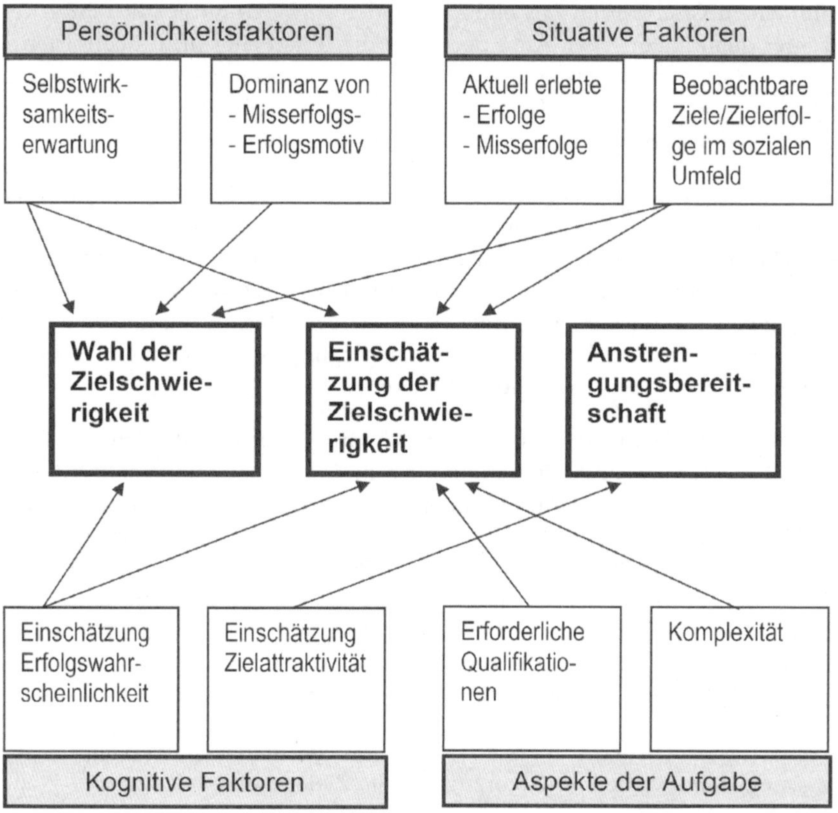

10.12 Meilensteine und Teilziele

Hangeln ist leichter als Springen – zumindest über längere Distanzen! Liegt ein vereinbartes Ziel zeitlich weiter in der Zukunft, dann bietet es sich an, zeitliche Zwischenziele, sogenannte *„Meilensteine"*, zu formulieren. Analoges gilt für sehr komplexe Ziele. Sie sind sinnvollerweise in inhaltliche Zwischenziele, also *„Teilziele"*, aufzuspalten. Meilensteine und Teilziele sind mit drei wichtigen Vorteilen verbunden:

1. *Verbesserung der Handlungsregulation:* Ein zeitlich weit entferntes Ziel (= distales Ziel) wird durch Meilensteine näher an die Gegenwart gerückt (= proximales Ziel). Komplexe Ziele werden durch Teilziele in leichter handhabbare und planbare Elemente zerlegt. Für den Mitarbeiter entsteht quasi eine Zielkette, an der er sich entlanghangeln kann. Dies erleichtert ihm die Selbststeuerung seines Handelns. Über die Zwischenziele ergeben sich zudem logische Kontrollpunkte, die dem Mitarbeiter und dem Vorgesetzten eine effektive Selbst- bzw. Fremdkontrolle erlauben, inwieweit man sich noch im Zielkorridor befindet.
2. *Motivationssteigerung:* Die Erreichung von Meilensteinen oder Teilzielen bietet in verkleinertem Maßstab alle positiven Effekte einer Zielerreichung. Sie stellt selbstwertsteigernde Erfolgserlebnisse bereit und steigert über „das Gefühl voranzukommen" die Zuversicht, das finale Ziel auch tatsächlich erreichen zu können. Beide Effekte machen neue Kräfte frei. Mit zunehmender Annäherung an das finale Ziel steigt – analog zu den Pferden, die den heimischen Stall riechen – die Bereitschaft zum Endspurt. Zudem wird die Ausdauer bei der Arbeit am finalen Ziel gesteigert, denn den bislang erzielten Fortschritt möchte man ungern aufgeben oder entwerten. Außerdem gilt: Erfolg macht Appetit auf mehr Erfolg.
3. *Unterdrückung der Prokrastinationstendenz:* Von zeitlich nahen Zielen geht ein starker Aufforderungscharakter aus. Sie gestatten es in geringerem Umfang, den Handlungsbeginn „auf die lange Bank zu schieben". Sie wirken quasi als Deadlines. In einer Studie konnte zusätzlich gezeigt werden, dass zeitliche Deadlines, die von außen gesetzt werden, stärker die Leistung fördern als Deadlines, die sich Menschen selbst setzen (*Ariely/Wertenbroch 2002*). Dieser Befund würde nahelegen, bei der Terminierung von Zwischenzielen eher etwas autoritärer zu agieren.

Wie viele Zwischenziele sollten vereinbart werden? Dies ist eine Einzelfallentscheidung, die in einem Steuerungsdreieck insbesondere von drei Determinanten abhängt (**Abbildung 10.6**).

Die Einflussfaktoren sind weitgehend selbsterklärend. Hinsichtlich des Reifegrads und der Selbststeuerungsfähigkeit des Mitarbeiters sei angemerkt, dass man üblicherweise zwischen einer fachlichen und einer motivationalen Ebene unterscheidet. Es ist also beispielsweise durchaus vorstellbar, dass ein Mitarbeiter zwar eine hohe fachliche Reife hat und sich von daher eigentlich mit hohem Autonomiegrad selbst steuern könnte, aber Defizite auf der motivationalen Ebene aufweist. Dies etwa, weil er zu starke Selbstzweifel hegt und häufige Ermunterung über kleine Erfolgserlebnisse benötigt oder weil er zur Prokrastination neigt. Eine höhere Anzahl an Zwischenzielen bietet ihm dann ein motivationales Korsett. Und weiterhin ist zu berücksichtigen, dass Mitarbeiter hinsichtlich verschiedener Ziele durchaus unterschiedliche Reifegrade und Selbststeuerungsfähigkeiten aufweisen können. Vorstellbar wäre zum Beispiel ein hohes Niveau bei der Erledigung von Einzelarbeit, aber ein geringeres Niveau, sobald in Teamstrukturen agiert werden muss.

Abbildung 10.6: Steuerungsdreieck für Meilensteine und Teilziele

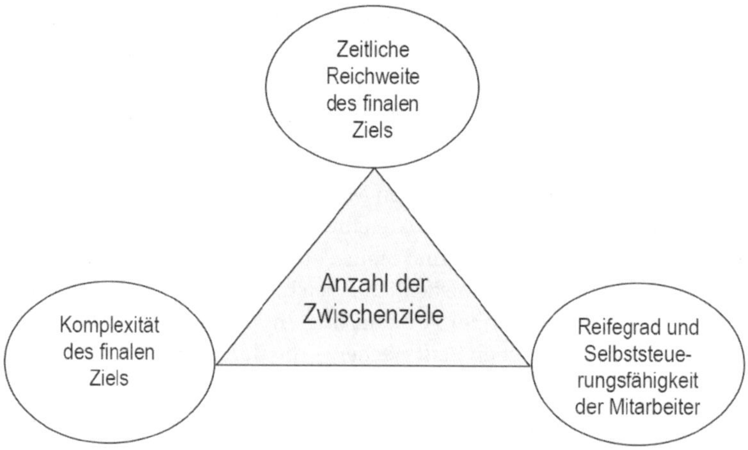

10.13 Zielflexibilität bei Umfeldänderungen

Das einzig Stete ist der Wandel. Eigentlich mag man die Diagnose, dass sich die Wirtschaftsbedingungen dynamisch verändern, schon gar nicht mehr lesen. Trotzdem stimmt sie natürlich. Es war so, es ist so und es bleibt so! Dies macht aber auch deutlich, dass es für die Aufgabenerfüllung in Organisationen auch ein Stück Normalität ist, ständig mit veränderten Rahmenbedingungen konfrontiert zu sein. Von den Mitarbeitern muss daher auch im Rahmen von Zielvereinbarungen erwartet werden, dass sie mit Flexibilität auf Veränderungen in der Organisationsumwelt reagieren. Nicht jede Wechselkursveränderung um 10 Cent, nicht jeder temporäre Ausfall eines Zulieferers oder nicht jede ungeplante Fluktuation eines Mitarbeiters in der eigenen Abteilung kann dazu führen, dass Zielniveaus neu verhandelt werden. Würde man diesen Geist aus der Flasche lassen, man bekäme ihn sicherlich nicht mehr hinein. Eine Nachverhandlungsrunde würde die nächste jagen. Der Schritt zur ausschließlichen Beschäftigung mit sich selbst wäre in der Organisation vollzogen und ein Bürokratiemonster geboren. Daher: Einmal vereinbarte Ziele müssen einen grundsätzlichen Bestandsschutz genießen, auch wenn der Wind einmal von vorn kommt – oder auch ungeplant von hinten.

Diese Forderung kann man allerdings nur erheben, wenn im Rahmen der Zielvereinbarung für alle zentralen Einflussgrößen auf die Zielerreichung die potenziellen Risikofaktoren – im Sinne einer ungeplanten schlechteren Entwicklung des Zielumfelds – und die potenziellen Chancen – im Sinne einer ungeplanten besseren Entwicklung des Zielumfelds – identifiziert, ausführlich diskutiert und hinsichtlich ihrer Eintrittswahrscheinlichkeit eingeschätzt wurden. Die Zielniveaus sind dann so zu justieren, dass alle Risiken und Chancen, die eine hinreichende Wahrscheinlichkeit aufweisen, quasi im Zielniveau „eingepreist" sind.

Über diese Vorgehensweise wird ein gemeinsames Verständnis dazu hergestellt, wie ein „normaler" Schwankungskorridor bei den Rahmenbedingungen der Zielverfolgung aussieht. Gleichzeitig werden damit auch die Ränder des Korridors beschrieben – eventuell sogar in konkreten Zahlenwerten –, die eine Anpassung des Ziels nach unten oder oben rechtfertigen oder möglicherweise sogar zu einer Zieleliminierung oder auch zu neuen Zielen im Zielkatalog führen müssen.

Sind die Wahrscheinlichkeiten für die jeweiligen Umfeldveränderungen schwer zu prognostizieren oder ist man mit einem Zielumfeld konfrontiert, das sehr dynamische Veränderungen aufweist, dann ist es sinnvoll, Ziele nicht als fixierte *Punktziele* zu formulieren (z. B. 10 % Umsatzsteigerung), sondern eher als *Intervallziele* (z. B. Umsatzsteigerung 8 % bis 12 %). Eine weitere Option in dieser Situation stellt die Formulierung von *relativen Zielen* dar, die auf andere Organisationen, andere Abteilungen oder andere Stellen bezogen sind, die ähnlichen Umfeldveränderungen ausgesetzt sind (z. B. 2 % höhere Umsatzsteigerung als Wettbewerber XY).

Der Diskussionsprozess zwischen Vorgesetztem und Mitarbeiter über mögliche Umfeldveränderungen hat ganz nebenher noch einen nicht zu unterschätzenden Vorteil: Die Identifikation von Chancen und Risiken bei der Zielerfüllung stellt in weiten Bereichen gleichzeitig einen Reflexionsprozess über Erfolgsfaktoren und Leistungstreiber für die zu erledigenden Aufgaben dar. Er führt bei den Mitarbeitern zu einer besseren mentalen Durchdringung der Aufgabenstrukturen und im Gefolge zu besseren Leistungen.

Tritt nun eine Umfeldveränderung ein, die überhaupt nicht „auf dem Radar" war oder die das für wahrscheinlich gehaltene Ausmaß deutlich übersteigt, dann sind zeitnah und ohne Wenn und Aber notwendige Zielanpassungen ernsthaft zu prüfen – nach unten und nach oben! Denn über die Veränderungen der Rahmenbedingungen haben sich auch die Leistungsbedingungen für den Mitarbeiter geändert. Die Zielerreichung ist schwieriger oder einfacher geworden. Eigentlich ist dieser Zusammenhang sehr simpel, trotzdem wird er häufig bei der Einschätzung der Leistung eines Mitarbeiters übersehen, da er sich der direkten Beobachtbarkeit entzieht. Daher soll noch einmal das Zusammenspiel von drei Leistungsfacetten verdeutlicht werden:

Abbildung 10.7: Beurteilungsfacetten für menschliche Arbeitsleistung

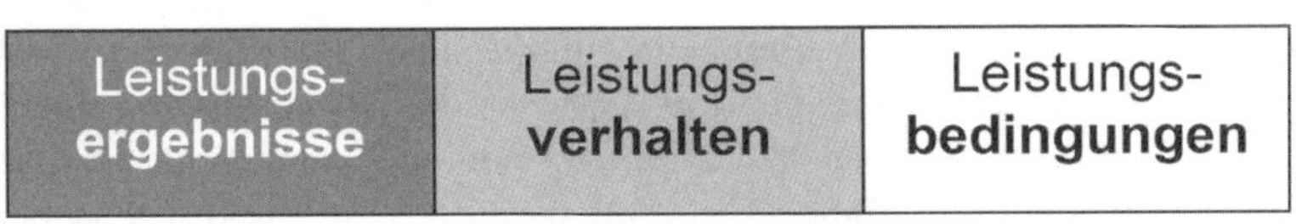

Wie bei einem Eisberg liegt auch bei der Leistung eines Mitarbeiters der größere einschätzungsrelevante Teil eher unsichtbar unter der Wasseroberfläche. Über dem Wasser, damit gut sichtbar und folgerichtig stark im Aufmerksamkeitsfokus des Betrachters liegen die Leistungs*ergebnisse* (z. B. bei einem Verkäufer der Absatz von 850 Elektrogeräten im Jahr). Eher unter der Wasseroberfläche – und damit oft nicht konsequent genug gestellt – ist die

Frage, mit welchem Leistungs*verhalten* dieses Absatzergebnis erzielt wurde. Hat der Verkäufer dazu alle seine Leistungsreserven aktivieren müssen oder dieses Ergebnis eher spielerisch realisiert? Und völlig aus dem Blick gerät mitunter die Frage, unter welchen Leistungs*bedingungen* ein Leistungsergebnis erzielt wurde. 850 abgesetzte Geräte zu Zeiten der Hochkonjunktur und in einem dichtbesiedelten, einkommensstarken Verkaufsgebiet sind etwas anderes als 850 Geräte in Zeiten der Wirtschaftskrise, in einer von Arbeitslosigkeit geprägten, dünn besiedelten Region. Jedem sind diese Zusammenhänge plausibel. Trotzdem wird der Nachwelt häufig nur der Erfolg oder Misserfolg, also das Leistungsergebnis, überliefert. Nach dem Leistungsverhalten und den Leistungsbedingungen, unter denen das Ergebnis erzielt wurde, fragt dann niemand mehr. Daher hier nochmals deutlich: Starke Veränderungen der Umfeldbedingungen für die Zielerreichung verändern die Zielschwierigkeit. Darauf nicht mit Zielveränderungen zu reagieren, ist im Falle von leichter werdenden Zielen Ressourcenverschwendung. Im Falle von schwieriger werdenden Zielen handelt es sich um eine subtile, wenn nicht sogar perfide Form der Leistungsverdichtung und damit um einen Akt höchster Unfairness.

Die permanenten Veränderungen der Umfeldbedingungen in Organisationen und ihre subjektive Interpretation durch die Organisationsmitglieder sind Gründe, warum manche Autoren zu einer radikalen Ablehnung der Zielvereinbarung und ähnlich gelagerter Führungsinstrumente (Balanced Scorecards, Leistungsbeurteilungen, TQM-Systeme etc.) kommen. Sie sehen in ihnen „fixierte Leistungsverträge", die schon von ihrer Grundkonstruktion her nicht für dynamische Umwelten geeignet sind (*Pfläging 2008).*

> *„Fixierte Ziele sind (...) das subjektivste, irrelevanteste und amateurhafteste Verfahren der Leistungsbeurteilung überhaupt. (...) In einer dynamischen und komplexen Welt ist kein Platz für fixierte Ziele, fixierte Leistungsverträge und Abweichungsanalysen. (...) Sollen Umfeldveränderungen (...) Berücksichtigung finden, dann muss nachverhandelt und nachbudgetiert werden, was wiederum zeitaufwändig ist und schnelle Reaktionen verhindert." (Pfläging 2008, S. 99-101)*

Starker Tobak! Aber: „*Cum grano salis*", wie der Lateiner sagen würde – „mit einem Körnchen Wahrheit". Und es ist durchaus ein großes Körnchen. Natürlich verweist das Zitat auf eine wichtige Gefahr jeglicher Zielvereinbarungen. Der Schluss kann aber nicht sein, auf dieses Managementinstrument zu verzichten, sondern es eher systematisch weiterzuentwickeln. Vor allem ist darauf zu achten, dass das Instrument „richtig" gehandhabt wird. Etliche der von *Pfläging* vorgetragenen Beispiele für den kontraproduktiven Charakter von fixierten Zielen beruhen eher auf einer suboptimalen Handhabung. Es ist schon ein wenig „tricky", Fehlhandhabungen quasi als „gesetzt" zu betrachten und damit dann das Instrument im Grundsatz in Frage zu stellen. Daher noch mal: Schlechte Handhabung spricht nicht per se gegen ein Managementsystem. Aber Kritik und die Schilderung von Fehlentwicklungen sind natürlich äußerst hilfreich, da sie aufzeigen, wo die „dünnen Stellen im Eis" bei einem Managementinstrument sind. Eigentlich ist jedem Leser auch die Lektüre der kritischen Kommentare von *Pfläging* zu empfehlen. Sie schaffen ein weiter vertieftes Verständnis.

Wie sieht nun der konkrete Gegenentwurf beim Umgang mit dynamischen Umfeldbedingungen aus? Propagiert werden „relative Ziele". Aha! Ganz ohne Ziele scheint es schon mal nicht zu gehen. Statt *„fixierten Leistungsverträgen"* mit *„fixierten Zielen"* sollen *„relative Leistungsverträge"* mit *„relativen Zielen"* als Steuerungsmodell dienen. Dabei verpflichtet sich die Unternehmensleitung, ein herausforderndes und offenes Handlungsklima zu schaffen, und die Teams und Mitarbeiter verpflichten sich im Gegenzug zu kontinuierlicher Leistungsverbesserung. Dazu erarbeiten sie einige zentrale Leistungsindikatoren, die die relative Stellung gegenüber Wettbewerbern oder anderen Filialen abbilden (z. B. Marktanteil, Rentabilität, Kundenzufriedenheit). Ein wichtiges Instrument sind Ranglisten oder Ligatabellen, die intensiv eingesetzt werden und auf deren Basis sich Mitarbeiter und Teams verpflichten, um x Plätze nach oben zu steigen oder auch die gegenwärtige Position zu halten. Es werden dann Aktionspläne an die Geschäftsführung übermittelt, in denen wichtige Initiativen und Veränderungen beschrieben werden. Vorteil dieses Vorgehens soll u.a. sein, dass sich solche relativen Ziele automatisch, also ohne Nachverhandlungsprozesse, an Veränderungen im Umfeld anpassen. Unausgesprochen steht dahinter wohl die Annahme, dass alle Liga-Konkurrenten von den Umfeldveränderungen (z. B. Ölpreisanstieg) in gleicher Weise betroffen sind.

Dieser Vorgehensvorschlag provoziert einige Fragen und Kommentare:

- Wie wird eigentlich sichergestellt, dass die Teams und Mitarbeiter keine Aktionen ergreifen, die in Konflikt miteinander stehen? Dies ist die Frage der Koordination, die im MbO über die Zielkaskadierung gut gelöst ist.
- Welche relativen Ziele sollen sich Mitarbeiter geben, für deren Aufgaben keine Ranglisten oder Ligatabellen erstellbar sind, entweder weil sie nicht an einer Marktschnittstelle agieren oder aus anderen Gründen keine Vergleichsdaten beschaffbar sind? Hier wird man an der Formulierung von absoluten Zielen wohl nicht vorbeikommen.
- Ersetzt man nicht den Aufwand, den man durch den Vereinbarungsprozess von Zielen hat, durch einen neuen Aufwand, nämlich die Erstellung von Ligatabellen? Hinzu kommt die Frage, ob die für permanente Ligatabellen notwendigen Informationen überhaupt in der notwendigen Präzision und Aktualität mit vertretbarem Aufwand beschaffbar sind. Wettbewerber warten ja nun nicht gerade darauf, möglicherweise sensible Geschäftsdaten offenbaren zu dürfen.
- Was passiert, wenn man die falschen Bezugsobjekte für seine Ligatabellen wählt? Möglicherweise wird dann „Schlendrian mit Schlendrian" verglichen.
- Möglicherweise verstrickt man sich in endlose Diskussionen mit den Mitarbeitern, ob ein bestimmter Wettbewerber X oder eine andere Abteilung Y der eigenen Organisation wirklich ein geeignetes Vergleichsobjekt darstellt. Schnell ist dann das Argument zur Hand, dass dort ja bessere Leistungsbedingungen herrschen (z. B. bessere technologische Hilfsmittel, höhere Personalkapazitäten).
- Was sollte eine Organisation tun, die sich gar nicht relativ vergleichen möchte, sondern auf bestimmten Feldern selbst die Standards setzen will? Ohne die Formulierung absoluter Ziele wird es auch hier nicht gehen.

- Die implizite Annahme, dass alle Organisationen von Umfeldveränderungen gleich getroffen werden und sich damit relative Ziele quasi von selbst neu justieren, stimmt nicht in allen Fällen. Schon der banale Fall, dass in einem Land eine Gesetzesänderung eintritt, die für ein anderes Land nicht gilt, zeigt, dass Umfeldveränderungen auch standortabhängig sein können. Trotzdem muss auf sie über Zielanpassungen reagiert werden.
- Relative Ziele sind eigentlich ein Verstoß gegen die Forderung, dass Ziele zur optimalen Handlungssteuerung und zur optimalen Motivation operational – hier also präzise hinsichtlich des Zielausmaßes – formuliert sein müssen. Andererseits können sie unter besonders dynamischen Umfeldbedingungen aber auch einen wichtigen Beitrag leisten, um Ziele tatsächlich auf einem „angemessenen Schwierigkeitsniveau" zu halten und so die Motivation optimal stimulieren. Dieser Aspekt ist also ambivalent zu beurteilen.

Um jetzt nicht über Gebühr Trennendes hervorzuheben: Die Ideen sind natürlich versöhnbar. Relative Ziele sind in das System der Zielvereinbarungen problemlos integrierbar und stellen somit eine Weiterentwicklung dar. Dort, wo es mit vertretbarem Aufwand möglich ist, können und sollen natürlich Benchmark-Ziele formuliert und Ligatabellen eingesetzt werden. Ein solcher wettbewerbsorientierter Blick kann auch durchaus dominieren. Er ist den Mitarbeitern gut vermittelbar und stimuliert einen gewissen „sportlichen Ehrgeiz".

Es wird zu Recht darauf hingewiesen, dass gerade in Zeiten sich schnell erholender Märkte nach Krisen der Blick auf den Wettbewerb wichtig ist. Wenn Mitarbeiter nach dem Motto „Nichts ist besser als ein schlechtes Vorjahr" eine Tendenz zur Konservierung von Zielniveaus zeigen, dann droht schnell eine Verschlechterung der relativen Wettbewerbsposition (*Kahlert 2002*). Aber wie gezeigt wurde, ist der Mechanismus der relativen Ziele nicht überall möglich und sinnvoll. Das MbO bleibt daher der notwendige Grundlagenmechanismus, die Idee der relativen Ziele in Teilbereichen der Organisation eine sinnvolle situative Erweiterung. Ihr Einsatz bietet sich überall dort an, wo ein begrenzter Markt mit einer begrenzten Anzahl an Marktteilnehmern, die alle in ähnlichen Strukturen agieren, existiert.

10.14 Organisationskongruenz der Ziele

Die etwas sperrig formulierte Forderung nach „Organisationskongruenz der Ziele" meint schlicht, dass jedes formulierte Ziel

- eindeutig
- abgrenzbar
- konfliktfrei

einer organisatorischen Einheit (Stelle, Gruppe, Abteilung etc.) zugeordnet werden kann. Wie in **Abbildung 10.8** nochmals bildlich dargestellt, heißt das mit anderen Worten, dass sich die erarbeitete Zielpyramide (= Kreise) völlig deckungsgleich auf die Organisationsstruktur (= Kästchen) projizieren lässt. Dies gilt im Grundsatz gleichermaßen für eine hierarchische Organisationsstruktur wie für eine prozessorientierte Struktur. In letzterem Fall hieße die Forderung, dass jedes Ziel eindeutig einem Prozessschritt zuzuordnen ist, hinter dem jeweils ein verantwortlicher Mitarbeiter steht.

Abbildung 10.8: Organisationskongruenz von Zielen

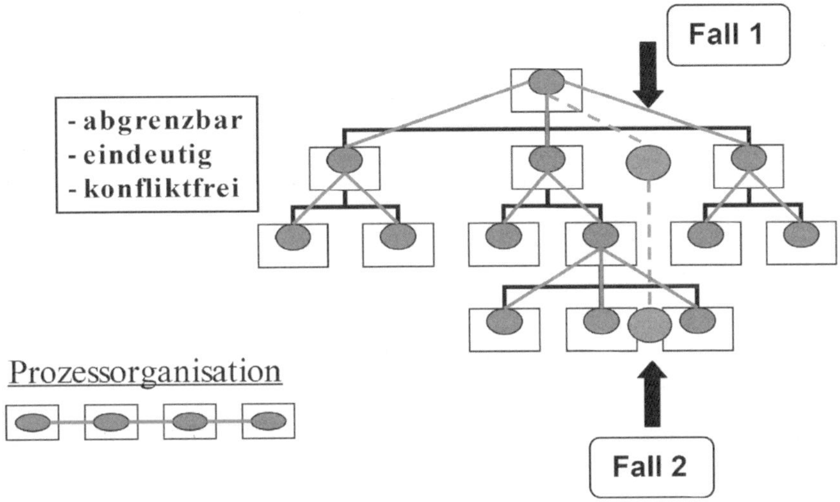

Völlig inakzeptable Fälle sind in den beiden schwarzen Kreisen dargestellt. Im *Fall 1* fühlt sich für ein wichtiges Ziel keine Organisationseinheit zuständig. „Wir? Wieso wir? Ich dachte, um die Benachrichtigung des Kunden über die Auslieferungsverzögerung habt ihr euch gekümmert!" – so könnte ein interner Dialog aussehen. Man muss ihn nicht weiter kommentieren.

Im *Fall 2* fühlen sich für ein Ziel mehrere Organisationseinheiten zuständig. „Viele Köche verderben den Brei" – weiß schon der Volksmund. In Organisationen hat diese Konstellation eine Reihe von Negativwirkungen:

- Es wird zwangsläufig zu Kompetenzgerangel zwischen den Mitarbeitern kommen.
- Internen und externen Ansprechpartnern werden wechselnde Kontaktpartner zugemutet, die dann womöglich noch inkompatible Aussagen treffen oder Aktivitäten entfalten. „Die Rechte weiß dort nicht, was die Linke tut!" – wäre der Kommentar eines Betroffenen. Selbst wenn das nicht eintritt, so ergibt sich zumindest eine Verletzung des Prinzips „One Face to the Customer".
- Es erfolgt keine kompromisslose Verantwortungsübernahme für das Ziel. Im Hinterkopf schlummert die Idee, dass sich ja auch die andere Organisationseinheit um das Ziel kümmern könnte. Verantwortungsdiffusion tritt ein.
- Im Misserfolgsfall kommt es zu konfliktträchtigen Schuldzuweisungen. Schuld sind natürlich immer die anderen ...

10.15 Vermeidung von Fehlsteuerungen

Zwei Formen von Fehlsteuerungen durch Ziele sind relevant und bedrohen die positiven Wirkungen des Gesamtsystems. Ihre Vermeidung hat schon fast den Charakter einer Präambel, die man jedem Vereinbarungsprozess virtuell voranstellen könnte. Unbedingt sind alle vereinbarten Ziele vor der endgültigen Verabschiedung auf ihr Fehlsteuerungspotenzial hin kritisch zu hinterfragen.

Fehlsteuerung 1: König Kunde wird vom Thron gestoßen

Auch wenn er bei der Zielvereinbarung nicht mit am Tisch sitzt, final geht es doch um ihn. Jedes Ziel muss – und sei es auch nur über eine längere Wirkungskette – letztendlich den Kundennutzen steigern. Alle Ziele, die

- nur Wohlverhalten gegenüber dem hierarchischen Vorgesetzten demonstrieren und hierarchiekonforme Leistung nachweisen sollen,
- einzig und allein der persönlichen Profilierung innerhalb der Organisation und damit persönlichen Karriereinteressen dienen,
- eher aus der persönlichen Lust an der Durchsetzung im Verhandlungsprozess geboren sind,

stellen eine gravierende Fehlsteuerung dar. Jedes Ziel muss einer virtuellen Verprobung am Kundennutzen standhalten. Der Kunde ist das Maß aller Dinge!

Fehlsteuerung 2: Das haben wir nicht gewollt!

Jedes vereinbarte Ziel steuert das Verhalten des Mitarbeiters. Es ist aus seiner Sicht rational, alles zu tun, was zu einer direkten Zielerfüllung führt. Und wenn er noch nach der Zielerfüllung vergütet wird, dann hat er gleich die zweite Rationalität für sein Handeln. Aber entspricht die ausgelöste Aktivität auch wirklich dem von der Organisation Gewollten? Es lohnt, im Vorfeld intensiv über mögliche Kollateralschäden nachzudenken.

Pfläging (2008) illustriert die Gefahr von Fehlanreizen an einem Beispiel:

> *„(Die eigentlichen Ziele werden nicht oder nur suboptimal erreicht). Das liegt daran, dass Ziele stets nur Abstraktionen und reduktionistische Abbildungen vom ‚Zweck' sein können. Indem wir Ziele definieren, verengen wir den eigentlichen Zweck und beginnen, den Sinn unseres Handelns teilweise auszublenden. Zielsysteme funktionieren so wie Scheuklappen. Ein Beispiel hierfür ist der Verkäufer, der ‚Verkaufserfolg' verwirklichen will, der aber als Hauptziel ‚Verkaufsvolumen' vorgesetzt bekommt und dessen Vergütung anschließend auch nicht nach dem erreichten Verkaufserfolg, sondern nach dem erreichten Verkaufsvolumen berechnet wird. Der Verkäufer wird alles tun, um das Verkaufsvolumen kurzfristig zu steigern – und sei es auf Kosten des Erfolgs seiner Kollegen oder auf Kosten seines eigenen zukünftigen Erfolgs im nächsten Jahr."*
>
> *(Pfläging 2008, S. 100)*

10.16 Zusammenfassung

Ziele sollen „SMART" sein. Plakative Faustformeln sind als Gedankenstütze mitunter recht hilfreich. Wichtige Aspekte, die bei der Formulierung von Zielen zu beachten sind, werden in der SMART-Regel über die Anfangsbuchstaben adressiert. Beim Stöbern in der Literatur finden sich eine deutsche und eine englische Version. Nehmen Sie beide und in kurzen Erinnerungsstichworten sind große Teile der hier vorgetragenen Aspekte abgedeckt (siehe **Tabelle 10.3**). Und was dann noch fehlt, deckt die Anweisung ab, dass Ziele auch PURE und CLEAR sein sollen (**Tabelle 10.4**).

Tabelle 10.3: SMART-Regel der Zielformulierung
(Quelle: In Anlehnung an *Krogerus/Tschäppeler 2009, S. 21)*

SMART-REGEL (dt.)	SMART-REGEL (engl.)	
S chriftlich fixiert	**S** pecific	(konkret)
M essbar	**M** easurable	(messbar)
A nspruchsvoll	**A** ttainable	(erreichbar)
R ealistisch	**R** elevant	(wichtig)
T erminiert	**T** rackable	(beeinflussbar)

Tabelle 10.4: PURE- und CLEAR-Regel der Zielformulierung
(Quelle: In Anlehnung an *Krogerus/Tschäppeler 2009, S. 21*)

PURE		CLEAR	
P ositively Stated	(positiv formuliert)	**C** hallenging	(herausfordernd)
U nderstood	(verständlich)	**L** egal	(legal)
R elevant	(relevant)	**E** nvironmentally Sound	(umweltverträglich)
E thical	(ethisch korrekt)	**A** greed	(vereinbart)
-		**R** ecorded	(protokolliert)

11 Führungskräfte

„Wenn nur der Kutscher klar sieht,
dann wird auch mit blinden Pferden das Ziel erreicht."

(Johann Nepomuk Nestroy, österr. Schriftsteller)

Wenn man das Erreichen von Zielen als das Schlüsselkriterium für Organisationserfolg akzeptiert, dann folgt daraus stringent, dass alle Aktivitäten von Führungskräften rund um die Zielvereinbarung die Schlüsselprozesse der Mitarbeiterführung darstellen. Ebenso stringent folgt daraus, dass in einer Organisation nur derjenige Führungskraft sein, werden oder bleiben kann, der fähig und willens (!) ist, diese Schlüsselprozesse mit hinreichender Qualität zu bewältigen. Und weiter folgt stringent daraus, dass alle personalwirtschaftlichen Systeme, die auf die Auswahl, Potenzialanalyse oder Qualifizierung von Führungskräften abzielen, die Analyse und Förderung dieser Schlüsselqualifikation an herausgehobener Stelle berücksichtigen müssen.

Es wäre ein fataler Fehler und unfair dazu, anzunehmen, dass die Führungskräfte „schon irgendwie mit den Anforderungen klarkommen", die in Zielvereinbarungsprozessen auf sie zukommen. Eine solche Haltung erinnert etwas an die jahrelang praktizierte Fußballtaktik der Engländer: Bälle erst mal hoch in den Strafraum schlagen und vorne hilft dann der liebe Gott. Was genau muss man nun von Führungskräften erwarten? Worin muss man sie unterstützen und qualifizieren?

11.1 Kommunikationskompetenz

Alle Gespräche im Rahmen eines MbO stellen hohe Anforderungen. Es geht nicht um das mündliche, statische Abarbeiten eines Formulars. Gefordert sind vielmehr freie Gespräche, in denen

- gegenseitige Erwartungen präzise geklärt werden,
- Verhandlungen über adäquate Leistungsbeiträge des Mitarbeiters geführt werden,
- Interessengegensätze überbrückt werden müssen,
- der Mitarbeiter bei auftretenden Problemen Unterstützung und Beratung erhält, der Vorgesetzte also in einer Rolle als thematischer Sparringspartner und Coach gefordert ist,
- gemeinsam konstruktiv an Problemlösungen gearbeitet wird,
- konstruktiv steuernde Feedbackprozesse nicht nur in der „Schönwettersituation eines erreichten Ziels", sondern auch im „Tiefdruckausläufer der Zielverfehlung" stattfinden.

Listet man schlagwortartig die Qualitätskriterien für diese Gespräche auf, dann kommt man zu folgendem Anforderungsprofil (siehe **Abbildung 11.1**):

Abbildung 11.1: Anforderungen an Mitarbeitergespräche beim MbO

Wenn man all diese Anforderungen addiert, dann wird deutlich, dass die Gespräche mitunter ein „Tanz auf der Rasierklinge" sind. Mit einem rein technokratischen Abarbeiten des Führungsinstruments „Mitarbeitergespräch" ist es da nicht getan. Die Führungskraft ist als Gesamtperson gefordert, wenn eine wirklich authentische Gesprächssituation entstehen soll, die der Organisation bei der Aktivierung aller Leistungspotenziale der Mitarbeiter nützt, ohne das Zusammenarbeitsklima mit ihnen zu gefährden.

Gerade die letzte Anforderung, dass Gespräche *unterstützend* sein sollen, ist nicht ohne Tücke. Denn das MbO liefert mit seiner Philosophie der „Freiräume für den Mitarbeiter" dem Vorgesetzten einen willkommenen Vorwand, sich möglichst weit zurückzuziehen und sich im Gespräch mit dem Mitarbeiter nicht hinreichend einzubringen. Freiheitsgrade zu gewähren heißt nicht, seine Rolle als fallweise benötigter fachlicher Begleiter und Berater des Mitarbeiters aufzugeben. Motiv für diesen Rückzug könnte Bequemlichkeit oder auch Angst vor Gesichtsverlust sein, wenn eine Auseinandersetzung mit schwierigen Problemen gefordert ist. Aber erst wenn der Mitarbeiter sicher sein kann, dass er vom Vorgesetzten jederzeit auch *lösungsorientierte* Unterstützung im Gespräch einfordern kann, ist eine Vertrauenssituation entstanden, die aus seiner Sicht auch die Vereinbarung sehr anspruchsvoller und risikoreicher Ziele erlaubt.

Das folgende Zitat beschreibt einen falsch verstandenen Freiraumgedanken sehr pointiert:

> *„(Man) hört oft das Argument: ‚Ich lasse meinen Mitarbeitern einen großen Freiraum, wenn sie aber Probleme haben, bin ich für sie da.' Das hört sich gut an, geht aber an den Erfordernissen vorbei. Vorgesetzte werden ihrer Funktion nur gerecht, wenn sie auch die Einzelheiten der Arbeiten ihrer Mitarbeiter betrachten, Anteil nehmen an deren Problemen und mitwirken an deren Überwindung.*
>
> *Bekannterweise werden Probleme oft schon dadurch transparenter und leichter lösbar, dass man sie detailliert beschreibt (…). Wenn dann noch jemand gut zuhört und Verständnis und Anteilnahme signalisiert, fühlt sich der Problembetroffene verstanden und erleichtert und gewinnt häufig ganz neue Einsichten. Hiermit ist die erste Rolle des verantwortungsbewussten Vorgesetzten beschrieben: Er muss Zuhörer (…) sein. Er muss darüber hinaus auch mit seiner ganzen Kraft Problemlösungen durchdenken, mit dem Mitarbeiter Alternativen diskutieren (…). Abwehrende*

> *und vertröstende Sprüche wie ‚Machen Sie sich schon mal an die Arbeit, Sie schaffen das schon' sind völlig unangebracht. (...) Der Mitarbeiter benötigt immer wieder den kritischen, konstruktiven (...) Helfer, der sein Vorgesetzter sein muss."* (*Stolz 2009, S. 18*)

In den nachfolgenden Checklisten werden als Handlungshilfe in kompakter Form die wichtigsten konkreten Inhalte, Aktivitäten und Regeln für das Zielvereinbarungsgespräch als spezielle Ausformung des Mitarbeitergesprächs zusammengestellt (in Anlehnung an *Eyer/ Haussmann 2009* und *Berkel 1994*). Die **Tabellen 11.1** bis **11.5** folgen dabei einer zeitlichen Logik mit den Phasen *Gesprächsvorbereitung – Gesprächsdurchführung – Gesprächsabschluss.* Die Checklisten erinnern auch noch einmal an die wichtigsten allgemeinen Regeln, die für jedes Mitarbeitergespräch gelten. Explizit ausgespart wurde das Feedbackgespräch zur Zielerreichung. Wegen seiner zentralen Bedeutung wird es in Kapitel 11.3 separat behandelt.

Tabelle 11.1: Checkliste für Zielvereinbarungsgespräche, allgemeine Hinweise zur Vorbereitung

GESPRÄCHSVORBEREITUNG – allgemein
■ Rechtzeitige Einladung an Mitarbeiter mit – Mitteilung von Inhalt, Ort und geplanter Gesprächsdauer – Übersendung nötiger Informationen und Formblätter
■ Ausreichend Zeit einplanen
■ Hierarchiefreier Besprechungsplatz – nicht am Schreibtisch des Vorgesetzten – Besprechungsecke oder -zimmer
■ Angenehme Gesprächsatmosphäre herstellen (z. B. Warming-up-Phase, Getränke, Raumklima, Beleuchtungsverhältnisse)
■ Für Störungsfreiheit sorgen (Telefon, Besucher)
■ Vertraulichkeit sicherstellen
■ Gesprächsziel und -ablauf vorplanen
■ Sich auf individuelle Charakteristika des Mitarbeiters „einstimmen" (z. B. Empfindlichkeiten, Kommunikationseigenarten)
■ Notwendige Informationen und Unterlagen beschaffen

Bei der speziellen, inhaltlichen Vorbereitung wird zwischen Vorgesetztenaktivitäten und Mitarbeiteraktivitäten getrennt. Selbstverständlich müssen sich beide Seiten auf das Gespräch vorbereiten. Der Führungskraft fällt dabei aber die Aufgabe zu, den Prozess zu initiieren und die Vorbereitung des Mitarbeiters inhaltlich zu lenken. Naheliegenderweise könnte das in der Praxis durch ein hilfreiches Formblatt geschehen, das dem Mitarbeiter im Vorfeld ausgehändigt wird. Folgende Aspekte haben beide Seiten im Vorfeld zu durchdenken (**Tabelle 11.2**):

Tabelle 11.2: Checkliste für Zielvereinbarungsgespräche, inhaltliche Hinweise zur Vorbereitung

GESPRÄCHSVORBEREITUNG – Inhalte	
VORGESETZTER	**MITARBEITER**
■ Umfeldveränderungen für – die Gesamtorganisation – den eigenen Bereich – die Stelle des Mitarbeiters	■ Umfeldveränderungen für – die Gesamtorganisation – den eigenen Bereich – die eigene Stelle
■ Ziele – der Gesamtorganisation – des eigenen Bereichs ■ Stärken/Schwächen – der Gesamtorganisation – des eigenen Bereichs	Auf Basis vorheriger Kommunikation durch den Vorgesetzten
■ Verantwortungs-/Kompetenzbereich und Schwerpunktaufgaben des Mitarbeiters	■ Eigene(r) Verantwortungs-/ Kompetenzbereich und Schwerpunktaufgaben
■ Sinnvolle Ziele (= Leistungsbeiträge) des Mitarbeiters für die Ziele – der Gesamtorganisation – des eigenen Bereichs	■ Mögliche eigene Leistungsbeiträge zur Erreichung der Ziele und zum Schwächenabbau/Stärkenausbau – der Gesamtorganisation – des eigenen Bereichs
■ Weitere relevante Ziele (Innovations-, Verhaltens-, PE-, Negativ-Ziele)	■ Weitere relevante Ziele (Innovations-, Verhaltens-, PE-, Negativ-Ziele)
■ Prioritäten der Ziele	■ Prioritäten der Ziele
■ Ressourcenbedarf dieser Ziele (z. B. Zeit, Geld, Sachmittel)	■ Ressourcenbedarf dieser Ziele (z. B. Zeit, Geld, Sachmittel)
■ Stärken/Schwächen des Mitarbeiters in seinem Aufgabenbereich (Fremdbild)	■ Selbsteinschätzung eigener Stärken/ Schwächen mit Bezug zu Aufgabenbereich und Zielvorschlägen
■ Notwendige Unterstützung bei der Zielverfolgung durch – den Vorgesetzten – Qualifizierungsmaßnahmen	■ Erwartete Unterstützung bei der Zielverfolgung durch – den Vorgesetzten – Qualifizierungsmaßnahmen – Kollegen

In der konkreten Gesprächsdurchführung sollte die Führungskraft folgende allgemeine Regeln berücksichtigen (**Tabelle 11.3**):

Tabelle 11.3 Checkliste für Zielvereinbarungsgespräche, allgemeine Hinweise zur Gesprächsdurchführung

GESPRÄCHSDURCHFÜHRUNG – allgemein
■ Verdeutlichung des Gesprächsziels zu Beginn
■ Faire, manipulationsfreie Lenkung des Gesprächs
■ Berücksichtigung legitimer Interessen des Gegenübers
■ Hierarchiefreier Kommunikationsstil – durch umkehrbare Formulierungen (= Formulierungen, die von beiden Seiten verwendet werden könnten) – durch authentische, offene, sachliche Botschaften
■ Zeitliche Ausgewogenheit der Redebeiträge
■ Zielgruppenadäquate Formulierungen
■ Fragen stellen – zur Sicherstellung des korrekten Verständnisses – zur Vertiefung von Aspekten – zur Signalisierung von Aufmerksamkeit und Interesse – in einer „Hebammenfunktion" zur genaueren Verbalisierung von „Botschaften zwischen den Zeilen" (z.B. „Ich weiß nicht, ob ich das schaffe!" ➔ „Sie meinen, Sie brauchen mehr Unterstützung?")
■ Aktives Zuhören d.h. – mit hoher Aufmerksamkeit – unter Signalisierung dieser Aufmerksamkeit (z.B. Mimik, Gestik, Augenkontakt, Wiederholung des Gehörten) – mit dem Ziel der Ermunterung zu weiteren Redebeiträgen
■ Sachlichkeit
■ Offene Thematisierung von Emotionen
■ Sendung von „Ich-Botschaften" zu eigenen Meinungen, Emotionen

Tabelle 11.4 listet die Gesprächsgegenstände auf, die die Führungskraft thematisieren sollte:

Tabelle 11.4: Checkliste für Zielvereinbarungsgespräche, Gesprächsgegenstände

GESPRÄCHSDURCHFÜHRUNG – Inhalte
■ Erläuterung/Präzisierung der Zielvorstellungen durch den *Mitarbeiter* ■ Begründung des Nutzens der vorgeschlagenen Ziele durch den *Mitarbeiter* im Lichte der Organisationsziele, Bereichsziele und der Umfeldentwicklungen ■ Verprobung mit den Lageeinschätzungen und Zielvorstellungen des *Vorgesetzten* und Herausarbeitung der Unterschiede ■ Diskussion der Gründe für die abweichenden Vorstellungen ■ Diskussion der Einwände, Befürchtungen und thematisierten Risiken der jeweils anderen Seite ■ Gemeinsame Erarbeitung eines Kompromisses mit dem Ergebnis eines operativ formulierten Zielkatalogs ■ Prüfung auf Wechselwirkungen mit den Zielen anderer Mitarbeiter ■ Einigung auf die zur Zielverfolgung zur Verfügung stehenden Ressourcen ■ Rollenklärung hinsichtlich der erwarteten und zugesagten Unterstützungen durch den Vorgesetzten (oder anderer Stellen) ■ Benennung von (substanziellen!) zielgefährdenden Risiken ■ Einigung auf Indikatoren und Prozesse, über die die Zielerreichung gemessen werden soll ■ Kritische Schlussverprobung des Zielkatalogs: SMART? PURE? CLEAR? ■ Herstellung von Transparenz über die Beziehung zwischen Zielerreichung und Gewährung von Anreizen ■ Festlegung von Meilensteinen

In der letzten Gesprächsphase bzw. nach dem Zielvereinbarungsgespräch dürfen folgende Aktivitäten nicht vernachlässigt werden (**Tabelle 11.5**):

Tabelle 11.5: Checkliste für Zielvereinbarungsgespräche, Hinweise zum Gesprächsabschluss und zu Folgeaktivitäten

GESPRÄCHSABSCHLUSS
■ Schriftliche Dokumentation der Ergebnisse ■ Information tangierter Stellen/Bereiche über den Zielkatalog ■ Terminfestlegungen für Folgegespräche – zu den Umsetzungsplanungen des Mitarbeiters – den Zwischenständen der Zielerreichung ■ Festlegung eines Prozedere für die Klärung noch offener Punkte

11.2 Informationsweitergabe

Die Führungskraft muss uneingeschränkt bereit sein, Informationen umfänglich und zeitnah an den Mitarbeiter weiterzugeben. Soll dieser seine Ziele mit hohem Eigenständigkeitsgrad verfolgen, dann benötigt er dazu alle Informationen aus der Gesamtorganisation und aus seiner Abteilung, die potenziell Einfluss auf seine Aufgabe haben könnten.

Das Informationsvolumen ist eher größer als kleiner zu dimensionieren. „Mehr" ist in diesem Fall ausnahmsweise tatsächlich einmal mehr als „weniger". Denn es darf keinesfalls zu der Situation kommen, dass der Vorgesetzte eine zu starke Vorselektion der Informationen betreibt. Er ist von der täglichen Zielverfolgung des Mitarbeiters viel zu weit entfernt. Insofern besteht die Gefahr, dass er Informationen als irrelevant deklariert, die bei der Zielrealisierung hilfreich wären. Einzig und allein der Mitarbeiter ist der Experte hinsichtlich seiner eigenen Stellenziele und kann damit die Relevanz oder Irrelevanz von Informationen am besten einschätzen. Die Selektionshohheit muss daher bei ihm liegen. Andernfalls könnte der Vorgesetzte – ohne böse Absicht – schnell zum Informationsnadelöhr werden.

Informationen sind primär eine *Bringschuld* der Vorgesetzten und nur sekundär und im Einzelfall eine *Holschuld* des Mitarbeiters. Eine Informationspolitik, die seitens der Organisation nach der „Salamitaktik" funktioniert oder bei der der Mitarbeiter seinem Vorgesetzten jedes Informationsfragment „einzeln aus der Nase ziehen muss", ist definitiv nicht kompatibel mit der Selbststeuerungsphilosophie des MbO. Die zentrale Bedeutung von Informationen macht auch ein plakativer Ausspruch deutlich, der dem erfolgreichen Unternehmer *Bill Gore* – Gründer der Firma Goretex – zugeschrieben wird:

> *„Ein Mensch ohne Informationen kann keine Verantwortung übernehmen, doch ein Mensch, der Informationen erhält, muss unweigerlich Verantwortung übernehmen."*

Was sich so selbstverständlich liest, ist in der Praxis mitnichten selbstverständlich. Es geht aus Sicht der Führungskräfte sogar ziemlich „ans Eingemachte". Von ihnen wird nämlich durch die umfängliche Informationsweitergabe eine Machtteilung, wenn nicht sogar Machtaufgabe erwartet. *„Wissen ist Macht"*, weiß schon der Volksmund. Die Statusposition einer Führungskraft gründet sich in einem traditionellen Rollenverständnis zu einem nicht unerheblichen Teil auf Informationsmonopolen oder zumindest Informationsvorsprüngen. Von diesen Besitzständen gilt es bei einer „Informationspolitik des offenen Visiers" Abschied zu nehmen.

11.3 Feedback

Bei einem Feedback handelt es sich um *„eine Nachricht, die von einer Feedbackquelle ausgeht, an einen Feedbackempfänger gerichtet ist und eine Information über die Erreichung von Handlungszielen, aber auch über die Richtigkeit, Genauigkeit und Angemessenheit vergangenen Verhaltens des Empfängers beinhaltet"* (Ilgen/Fisher/Taylor 1979). Auf die umfassende Feedback-Theorie dieser Autoren wird auch im Weiteren zurückgegriffen.

Nicht zwangsläufig geht Feedback Hand in Hand mit Lob oder Kritik. Es macht Sinn, diese Führungsinstrumente zumindest gedanklich zu trennen, auch wenn in praxi natürlich kaum zu verhindernde Überlappungsbereiche existieren. Lob oder Kritik ist immer ein bewusst emotional aufgeladener Bewertungsakt. Feedback kann sich auch im emotional eher neutralen Bereich bewegen, nämlich wenn es rein aus Gründen der sachlichen Verhaltenssteuerung und aus Lerngründen gegeben wird.

Grundsätzlich hat der Mitarbeiter einen moralischen Anspruch zu wissen, wie er mit seinen Arbeitsleistungen vom Vorgesetzten gesehen wird. § 82 Absatz 2 Betriebsverfassungsgesetz gibt ihm darüber hinaus sogar einen rechtlichen Anspruch, dass *„mit ihm die Beurteilung seiner Leistungen erörtert wird"*. Welch ein fatales Symbol für die Bedeutung einer Arbeitsaufgabe in der Organisation wäre es auch, wenn ein Mitarbeiter nie eine Information von seinem Vorgesetzten bekäme, ob er seine Aufgaben zu dessen Zufriedenheit erledigt oder nicht. Ein schlimmerer Motivationskiller ist kaum vorstellbar! Der naheliegende Schluss aus Sicht des Mitarbeiters kann nur lauten: *„Ob ich mich hier engagiere oder nicht, ist ungefähr so bedeutsam wie die Tatsache, dass in China ein Sack Reis umfällt oder nicht – es interessiert offenbar niemanden."* Keine Rückmeldungen zu geben, ist eine vollständige Missachtung von Gesamtperson und Engagement des Mitarbeiters!

Bei Zielvereinbarungssystemen sind Ziele und Feedbacks siamesische Zwillinge. Wer Ziele vereinbart, muss dem Mitarbeiter natürlich rückmelden, ob er sie erreicht hat. Es gilt auch als gut gesichert, dass Ziele und Feedback gerade im Verbund zu den höchsten Leistungssteigerungen führen.

Feedback ermöglicht dem Mitarbeiter,

- seinen Fortschritt auf dem Weg zum Ziel im Sinne einer Positionsbestimmung genau zu erfassen,
- Intensität und Richtung seiner Anstrengungen neu zu justieren,
- erforderlichenfalls seine Handlungsstrategien komplett umzustellen.

Feedbacks verleihen Zielen ein zusätzliches Gewicht, indem sie sie über die wiederholte Thematisierung noch intensiver in den Aufmerksamkeitsfokus des Mitarbeiters rücken.

Diese positiven Wechselwirkungen zwischen Zielen und Feedback gelten allerdings nur, wenn das Feedback einen hohen Informationswert für den Mitarbeiter hat und sich auf Aspekte der Tätigkeit bezieht, die der Mitarbeiter auch beeinflussen kann. In der Kombination zwischen Zielen und Feedback sind vier Fälle denkbar (siehe **Tabelle 11.6**).

Tabelle 11.6: Interaktion zwischen Zielen und Feedback

		Ziele	
		differenziert	global
Feed-back	differenziert	Feedback wird leicht verstanden und auf künftiges Verhalten umgesetzt	Verhaltensbewertung ist schwierig
	global	Empfänger interpretiert Feedback in seinem Bezugssystem	Feedback schwierig zu interpretieren und auf Verhalten umsetzbar

Naheliegenderweise ist im Hinblick auf die Verhaltenssteuerung die sinnvollste Kombination, auf differenzierte Ziele auch ein differenziertes Feedback zu geben. Fällt Feedback zu global aus (z. B. *„Ich bin mit Ihren Leistungen im Großen und Ganzen sehr zufrieden"*, *„Ich könnte mir noch mehr Energieeinsatz bei Ihnen vorstellen"*), dann gibt dies dem Mitarbeiter zu breite Interpretationsspielräume. Er stellt dann nach seinen Bedürfnissen eine Beziehung zu verschiedenen Facetten seiner Aufgabenerfüllung her. Eine wirkungsvolle Verhaltenssteuerung durch den Vorgesetzten ist so nicht möglich. Sie ist ebenfalls nicht möglich, wenn schon die Ziele zu global formuliert werden; aber dieser Fall sollte auf der Basis von operationalen Zielen sowieso ausgeschlossen sein.

Im Rahmen des MbO stellt der Vorgesetzte die zentrale Feedbackquelle dar, und er muss diese Aufgabe regelmäßig und intensiv wahrnehmen. Dies kann zum einen in *formalisierter Form,* also über institutionalisierte und terminierte Feedbackgespräche, aber auch in eher *informaler Form* während des Arbeitsprozesses erfolgen („Ad-hoc-Feedback"). Beide Formen sind in Kombination einsetzbar, wobei die Feststellung und nähere Analyse des Zielerreichungsgrades – auch von Meilensteinen – in einem formalisierten Feedbackgespräch stattfinden müssen. Arbeitsbegleitendes Ad-hoc-Feedback bietet sich insbesondere auf Wunsch des Mitarbeiters an, wenn dieser aus Gründen persönlicher Unsicherheitsreduktion eine weitere Meinung zu seinen Handlungstendenzen einholen möchte. Ein zweiter Grund für Ad-hoc-Feedback könnte sein, dass der Vorgesetzte klar eine falsche Handlungstendenz des Mitarbeiters erkennt und von sich aus schadensverhütend interveniert. Das aber sollte beim MbO eine seltene Ausnahme und dem Krisenfall vorbehalten sein. Ansonsten würden über häufiges Ad-hoc-Feedback zu enge Steuerungseingriffe entstehen, die dem Mitarbeiter – quasi durch die Hintertür – wieder die Handlungsfreiräume nehmen, die ihm durch das Zielvereinbarungssystem gegeben werden sollten.

Als leistungsfähige Feedbackquelle kann grundsätzlich auch die Arbeitsaufgabe selbst fungieren. Man spricht in Abgrenzung von *personalen* Feedbackquellen hier von einer *sachlichen* Feedbackquelle. Gerade die beim MbO vorgesehene operationale Definition von Zielen versetzt den Mitarbeiter bis zu einem gewissen Grad in die Lage, seine Zielfortschritte und -erreichung selbst zu kontrollieren und sich damit vorgesetztenunabhängiges Feedback zu generieren. Dieses *Selbstfeedback* kann sehr effektiv sein, da es jederzeit und ungefiltert zur Verfügung steht. Es führt beim Mitarbeiter zu einer geringen psychologischen Distanz und hohen Vertrauenswürdigkeit des Feedbacks („trau keinem außer Dir selbst"). Ein solches Akzeptanzniveau muss sich ein Vorgesetzter in einem formalisierten Feedbackgespräch zunächst einmal erarbeiten. Sein hierarchischer Machtstatus hilft ihm allerdings dabei, da Mitarbeiter in hierarchischen Strukturen aufgrund der Rollendefinitionen im Grundsatz eine „Feedbackberechtigung" des Vorgesetzten akzeptieren, insbesondere dann, wenn er als kompetent wahrgenommen wird.

In den weiteren Ausführungen wird nun näher auf *Terminierung, Funktionen, Häufigkeit* und die *Gestaltung* eines formalisierten Feedback-Gesprächs eingegangen.

Hinsichtlich der *Terminierung* kann ein Feedbackgespräch zum gleichen Zeitpunkt und in Kombination mit einem Zielvereinbarungsgespräch stattfinden. Vorgesetzter und Mitarbeiter reflektieren dabei auf Basis des Vorgesetzten-Feedbacks zunächst die Zielerreichung im abgelaufenen MbO-Zyklus und schließen dann direkt die Zielvereinbarung für den kommenden MbO-Zeitraum an.

Eher zu empfehlen wäre allerdings eine Termintrennung. Diese gibt beiden Parteien die Möglichkeit, die ausgetauschten Aspekte zum vergangenen Zeitraum jeweils für sich inhaltlich intensiver zu verarbeiten und die gewonnenen Erkenntnisse in die neue Vereinbarung einfließen zu lassen. Insbesondere wenn über eine Zielverfehlung gesprochen werden muss, also negatives Feedback gegeben wird, dann sind kontroverse Diskussionen nicht unwahrscheinlich. Es findet eine Emotionalisierung des Gesprächs statt, die einem sachorientierten Dialog über die künftigen Ziele eher im Wege steht. Eine terminliche Trennung gibt insbesondere dem Mitarbeiter die Gelegenheit, das selbstwertbedrohende Misserfolgserlebnis und die damit verbundenen negativen Emotionen zu verarbeiten. Überhaupt stellt negatives Feedback eine äußerst kritische Gesprächssituation dar. Sie wird daher noch speziell aufgegriffen.

Die zentralen *Funktionen von Feedbackgesprächen* im Rahmen eines MbO wurden bereits angedeutet. Für eine nähere Analyse ist es zweckmäßig, in *positives* und *negatives* Feedback zu unterscheiden.

Im Falle eines *positiven* Feedbacks gilt für Feedbackgespräche:

- Sie geben dem Mitarbeiter Verhaltenssicherheit, indem sie ihm über die Rückmeldung, sich im Zielkorridor zu befinden, die Richtigkeit und Angemessenheit seines Leistungsverhaltens bestätigen und ihn damit auch gleichzeitig von Verantwortung entlasten.
- Sie sind in sich ein Akt der Anerkennung und haben damit auch belohnenden Charakter.
- Sie sind formalisierte Basis für die Gewährung weiterer Anreize. Erst die klare Feststellung von Zielerreichungen schafft beim Mitarbeiter das Gefühl, Belohnungen auch verdient zu haben.

- Sie stellen lerntheoretisch einen positiven Verstärkungsmechanismus dar, der optimales Leistungsverhalten des Mitarbeiters auch für die Zukunft wahrscheinlicher macht.
- Sie sind ein Mechanismus, der das Vertrauen der Mitarbeiter in die eigenen Kompetenzen weiter stärkt.

Im Falle eines *negativen* Feedbacks gilt für die Gespräche:

- Sie stellen über die Rückmeldung, sich nicht im Zielkorridor zu befinden, einen wichtigen – frühzeitig wirkenden – Korrekturmechanismus für mögliche Zielverfehlungen und suboptimales Leistungsverhalten dar (= Regulationsfunktion von Feedback).
- Sie fungieren als Anreiz zur Leistungsverbesserung.
- Sie stellen lerntheoretisch einen negativen Verstärkungsmechanismus dar, der suboptimales Leistungsverhalten des Mitarbeiters für die Zukunft unwahrscheinlicher macht.
- Sie sind unverzichtbare Basis der Ursachenanalyse für die Zielverfehlung und darauf aufbauender gemeinsamer Erarbeitung von Verbesserungsoptionen.
- Sie sind argumentative Basis für die Nichtgewährung ausgelobter Anreize.

Angesichts dieser vielfältigen Funktionen überrascht es nicht, dass viele Studien den engen Zusammenhang zwischen Feedback und Leistungssteigerung belegen (*Kirchler/Walenta 2008*). Die Autoren machen aber auch auf ein oft übersehenes Risiko aufmerksam. Feedbacks (auch Lob!) können auch zu Leistungsbeeinträchtigungen führen. Diese treten ein, wenn der Mitarbeiter die Aufmerksamkeit aufgrund der Rückmeldung zu stark auf die eigene Person lenkt und dann in seiner Emotionsbearbeitung gefangen bleibt. Schlüsselmerkmal eines leistungssteigernden Feedbacks ist damit die strikte *Sachorientierung* im Sinne einer Konzentration auf die Stellenziele und die damit verbundenen Aufgaben und Aufgabendetails. Ihre Erreichung und sachgerechte Erfüllung, nicht so sehr die Person des Mitarbeiters, müssen im Zentrum der Betrachtung stehen. Und dort, wo der Blick auf den Mitarbeiter notwendig wird, ist am *konkreten Verhalten* und nicht an der *Person* des Mitarbeiters anzuknüpfen (näher siehe unten). Verhalten ist auch leichter und schneller zu verändern als die Gesamtperson. Insofern steigt die Bereitschaft, auf Feedback zu reagieren.

Hinsichtlich der *Häufigkeit* formalisierter Feedbackgespräche ist keine allgemeingültige Antwort möglich. Sie orientiert sich zunächst einmal an der Grundregel, dass Feedback „aktuell" sein muss. Es muss eine solche zeitliche Nähe zum Leistungsprozess bestehen, die das Erinnerungsvermögen des Mitarbeiters nicht überfordert und es ihm ermöglicht, für sich eine detaillierte Verbindung zwischen der Rückmeldung und seinem Leistungsverhalten zu ziehen. Im Übrigen gelten die gleichen Einflussfaktoren wie bei der Festlegung von Meilensteinen: Je höher die zeitliche Reichweite und die Komplexität des finalen Ziels und je geringer der Reifegrad und die Selbststeuerungsfähigkeit des Mitarbeiters, desto häufiger ist Feedback nötig.

Nun noch einmal speziell zum *negativen* Feedback. Es ist für beide Seiten natürlich die weitaus angenehmere Gesprächssituation, übereinstimmend feststellen zu können, dass *„die Dinge in Ordnung sind oder sich zumindest in die richtige Richtung entwickeln"*. Vorgesetzte können dabei nicht allzu viel verkehrt machen. Sie müssen sich lediglich fragen, ob sie durch die Art ihrer Kommunikation wirklich alle Motivationspotenziale ausgeschöpft haben, die ein positives Feedback generieren kann. Zu kurze, zu emotionslose Rückmeldungen, Lob, das nicht authentisch wirkt, oder auch unnötige Abwertungen der Leistungen („*haben wir früher in der halben Zeit gemacht*") sind sicher ungeschickt und kontraproduktiv. Vor einer wirklich heiklen Gesprächssituation stehen die Beteiligten aber, wenn negatives Feedback gegeben werden muss. Und besonders heikel wird es, wenn der Mitarbeiter seine Zielerreichung und sein Leistungsverhalten deutlich besser einschätzt als sein Vorgesetzter oder andere Ursachen für Zielverfehlungen sieht.

Gerade zum zweiten Punkt – der Ursachenzuschreibung – konnte vielfach nachgewiesen werden, dass Beobachter von außen (hier: der Vorgesetzte) bei Misserfolgen stärker dazu neigen, sie einer *handelnden Person* (hier: dem Mitarbeiter) zuzuschreiben. Die handelnden Personen dagegen schreiben Misserfolge tendenziell eher *situativen Umständen* zu. Führungskräfte stehen in solchen Gesprächssituationen dann vor der Aufgabe, die Quadratur des Kreises vorzunehmen. Einerseits haben sie mit unmissverständlicher Klarheit Zielverfehlungen festzustellen und auch ebenso klar Ursachen zu thematisieren, die im Einflussbereich des Mitarbeiters liegen. Andererseits ist aber auch zu sehen, dass eine negative Rückmeldung aus Sicht des Mitarbeiters ein selbstwertbedrohendes Ereignis darstellt, das ihn in eine defensive Haltung drängt und potenziell negative Wirkung auf das Zutrauen in die eigenen Kompetenzen und die Motivation haben kann.

Dysfunktionale Wirkungen negativer Feedbacks gilt es durch eine *selbstwertschützende Feedbacktechnik* zu vermeiden. Sie zeichnet sich durch die Beachtung von sechs Prinzipien aus:

- Ein konkretes unzureichendes *Ergebnis* oder ein fehlerhaftes *Verhalten* steht in der Kritik und nicht die *Gesamtperson* des Mitarbeiters. Dies schlägt sich dann auch in entsprechenden Formulierungen nieder: „*Sie haben bei ihrer Entscheidung ein wichtiges Detail nicht beachtet*" vs. „*Sie sind ein unaufmerksamer Mitarbeiter*".

- Der Akzent muss auf der präzisen *Beschreibung* des fehlerhaften Verhaltens und weniger auf dessen *Bewertung* liegen. Jedem Mitarbeiter ist klar, dass es aus Sicht der Organisation kein erwünschter Zustand ist, wenn Ziele nicht erreicht werden. Eine einmalige Klarstellung genügt daher. Eher als erniedrigend empfundene wertende Ausführungen in epischer Breite sollte sich der Vorgesetzte sparen. Stattdessen sollte die Zeit eher dafür genutzt werden, möglichst scharf herauszuarbeiten, worin genau die Defizite in den Ergebnissen und im Leistungsverhalten liegen. Idealerweise sollte dabei eine Fokussierung auf einzelne, konkrete Handlungssituationen erfolgen. Das macht das Feedback für den Mitarbeiter leicht nachvollziehbar und liefert ihm dann auch handhabbare Ansatzpunkte für Verbesserungen.

- Es muss eine Beschränkung auf eine Feedbackmenge erfolgen, die der Mitarbeiter kognitiv und emotional verarbeiten kann. Es ist davon auszugehen, dass gerade negative Rückmeldungen immer zu Emotionalisierungen beim Mitarbeiter führen, die dann Energien absorbieren und so seine kognitiven Kapazitäten beschränken, Informationen aufzunehmen und sie rational zu verarbeiten. Hinsichtlich ihrer emotionalen Stabilität unterscheiden sich die Mitarbeiter. Es ist also eine Einzelfallentscheidung, wie viel negatives Feedback einem Mitarbeiter an einem Termin „zugemutet" werden kann. Im Extremfall muss negatives Feedback auch einmal in zwei, besser verdaulichen, Portionshäppchen serviert werden.

- Der Mitarbeiter benötigt ein Emotionsventil und muss daher hinreichend Gelegenheit erhalten, seine Sicht und seine Bewertungen darzustellen. Diese dürfen auch nicht verbal abqualifiziert werden. Weichen Einschätzungen des Mitarbeiters deutlich von denjenigen des Vorgesetzten ab, so kann zwar ein Austausch darüber erfolgen, aber es besteht keine Notwendigkeit, sich auf gemeinsame Bewertungen zu einigen. Die beiden Sichten bleiben als zwei subjektive Wirklichkeitskonstruktionen nebeneinander stehen. Klar muss aber auch sein, dass für alle weiteren Führungshandlungen die Bewertungen des Vorgesetzten maßgebend sind. Dies betrifft natürlich insbesondere die Einschätzung des Zielerreichungsgrads. Die Führungskraft sollte allerdings bei den Darlegungen des Mitarbeiters offen für neue Informationen und Aspekte sein. Sind sie gravierend genug, dann müssen sie auch zu Bewertungsrevisionen führen. Machtdemonstration über die Durchsetzung der eigenen Sichtweise ist im Feedbackgespräch kein funktionales Ziel, sondern es geht um zutreffende Fremdeinschätzungen.

- Die Bereitschaft, negatives Feedback zu akzeptieren und vor allem auch darauf zu reagieren, ist nur vorhanden, wenn ein Feedbackempfänger auch realistische Chancen sieht, durch eigene Handlungen Verbesserungen herbeizuführen. Sieht er keine Verhaltensalternativen, dann bleibt ihm schon aus Gründen des Selbstwertschutzes nichts anderes übrig, als die Feedbackinformation abzulehnen. Vor diesem Hintergrund ist es zentral, dass der Vorgesetzte klar seine Bereitschaft zur Unterstützung signalisiert. Diese kann in der gemeinsamen Erarbeitung von Handlungsstrategien zur Leistungsverbesserung oder/und in der Definition geeigneter Personalentwicklungsmaßnahmen liegen.

- Falls dies vertretbar ist und keine zu starke „Wirklichkeitsbeugung" darstellt, sollte der Vorgesetzte zumindest teilweise primär *variable Ursachen* als Gründe für Misserfolge betonen. Das sind außerhalb der Person des Mitarbeiters vor allem „Pech, Zufall, ungünstige Umstände" und innerhalb der Person vor allem „unzureichende Anstrengung". Variable Ursachen vermitteln dem Mitarbeiter das Gefühl, „dass es das nächste Mal besser laufen kann". Widrige externe Bedingungen müssen nicht zwangsläufig wieder auftreten. Und für zu geringe eigene Anstrengungen hat er selbst die Verbesserungsmöglichkeiten in der Hand. Diese „psychologische Fluchttür" verhindert zu negative Selbstbewertungen und erhält vor allem eine hohe Motivation des Mitarbeiters.

Zusammenfassend sind in den **Tabellen 11.6** bis **11.8** als Handlungshilfe für Führungskräfte in kompakter Checklistenform die wichtigsten konkreten Inhalte, Aktivitäten und Regeln für Feedbackgespräche zusammengestellt (s.a. *Eyer/Haussmann 2009*). Die bereits beim Zielvereinbarungsgespräch dargestellten allgemeinen Regeln für Mitarbeitergespräche gelten selbstverständlich analog.

In einer getrennten Gesprächsvorbereitung wären von Vorgesetztem und Mitarbeiter folgende Aspekte zu durchdenken (**Tabelle 11.7**):

Tabelle 11.7: Checkliste für Feedbackgespräche - Hinweise zur Vorbereitung

GESPRÄCHSVORBEREITUNG	
VORGESETZTER	**MITARBEITER**
■ Umfeldveränderungen für – die Gesamtorganisation – den eigenen Bereich – die Stelle des Mitarbeiters seit der Zielvereinbarung	
■ Niveau der Zielerreichung für alle vereinbarten Ziele	■ Niveau der Zielerreichung für alle vereinbarten Ziele
■ Indikatoren der Zielerreichung	■ Indikatoren der Zielerreichung
■ Ursachen für Zielverfehlungen – beim Mitarbeiter selbst – in den Umfeldbedingungen – bei vorgelagerten Prozessstufen – bei Kooperationspartnern – im eigenen Vorgesetztenverhalten	■ Ursachen für Zielverfehlungen
■ Ausmaß der Ausschöpfung eigener Leistungspotenziale durch den Mitarbeiter	■ Ausmaß der Ausschöpfung eigener Leistungspotenziale
■ Im Rahmen der Zielverfolgung neu zu Tage getretene Stärken/ Schwächen des Mitarbeiters	■ Im Rahmen der Zielverfolgung neu zu Tage getretene Stärken/Schwächen
■ Notwendige Qualifizierungsmaßnahmen	■ Notwendige Qualifizierungsmaßnahmen
	■ Vermisste Unterstützung seitens des Vorgesetzten

Für Feedbackgespräche gelten einige allgemeine Regeln. Ihre weitgehende Bekanntheit kann vorausgesetzt werden, so dass sich vertiefende Erläuterungen erübrigen (**Tabelle 11.8**).

Tabelle 11.8 Checkliste für Feedbackgespräche - allgemeine Feedbackregeln

GESPRÄCHSDURCHFÜHRUNG **– Allgemeine Feedbackregeln –**
■ Authentische Botschaften über „Ich-Formulierungen" (*„**Ich** komme aufgrund meiner Beobachtungen zum Ergebnis, dass Sie in der Situation XY ..."*) ■ Negatives Feedback nur unter vier Augen ■ Zuhören des Feedbackempfängers ohne Aktivierung von Kommentierungs- oder Rechtfertigungsreflexen ■ Start mit positiven Aspekten ■ Beschränkung auf Feedbackmengen, die kognitiv und emotional durch den Mitarbeiter verarbeitbar sind ■ Fokussierung nicht auf die Person, sondern auf unzureichende Ergebnisse oder fehlerhafte Verhaltensmuster ■ Möglichst präzise, sachliche und verhaltensnahe Beschreibung falscher oder unerwünschter Verhaltensmuster ■ Möglichst Bezug zu konkreten Handlungssituationen ■ Keine Vorwürfe und keine persönlichen Anfeindungen ■ Gelegenheit für Feedbacknehmer, seine Sichtweise darzustellen ■ Keine Abqualifizierung abweichender Sichtweisen des Mitarbeiters ■ Grundsätzliche Bereitschaft, eigene Eindrücke und Bewertungen auf Basis neuer Informationen durch den Mitarbeiter zu revidieren

Hinsichtlich der inhaltlichen Gestaltung des Feedbackgesprächs sollte der Vorgesetzte die in **Tabelle 11.9** aufgelisteten Gesprächsgegenstände abdecken. Die vorgeschlagene Reihenfolge der Aspekte stellt zugleich einen logischen Gesprächsleitfaden bereit.

Tabelle 11.9 Checkliste für Feedbackgespräche - Gesprächsgegenstände

GESPRÄCHSDURCHFÜHRUNG

– Gesprächsgegenstände –

- Einschätzung der Zielerreichungsgrade durch den *Mitarbeiter* samt Begründungen für die Einschätzungen (*Selbstbild*)
- Erläuterung von Ursachen für Zielverfehlungen durch den *Mitarbeiter* (*Selbstbild*)
- Einschätzung der Zielerreichungsgrade durch den *Vorgesetzten* samt Begründungen für die Einschätzungen (*Fremdbild*)
- Erläuterung vermuteter Ursachen für Zielverfehlungen durch den *Vorgesetzen* (*Fremdbild*)
- Diskussion der Gründe für ggf. abweichende Einschätzungen zur Zielerreichung anhand der Indikatoren für die Zielerreichung und zu Gründen der Zielverfehlung (ggf. ist eine Klärung strittiger Punkte und damit ein weiterer Termin sinnvoll)
- Verbindliche und abschließende (!) Festlegung des Zielerreichungsgrads durch den Vorgesetzten (unter Berücksichtigung neuer Aspekte, die der Mitarbeiter im Gespräch zugesteuert hat)
- Verbindliche und abschließende (!) Festlegung zur Gewährung von Anreizen

---

- Gemeinsame Erarbeitung von Handlungsoptionen zur Verbesserung künftiger Zielerreichungsgrade
- Gemeinsame Beratung von geeigneten Qualifizierungsmaßnahmen zur Verbesserung der Zielerreichungsgrade und zum Ausbau/Abbau von Stärken/Schwächen
- Diskussion zukünftig nötiger/möglicher weiterer Unterstützungsleistungen durch den Vorgesetzen
- Bilanz zu beidseitigen Lernerfahrungen aus dem abgelaufenen Zielverfolgungszeitraum

Drei wichtige Merkposten für das Gesprächsende sind in **Tabelle 11.10** zusammengestellt.

Tabelle 11.10: Checkliste für Feedbackgespräche - Gesprächsabschluss

GESPRÄCHSABSCHLUSS

- Eventuell schriftliche Dokumentation der Ergebnisse und Vereinbarungen
- Motivation des Mitarbeiters über eine Zusammenfassung
  - bislang erreichter Fortschritte bei der Zielverfolgung
  - des Spektrums gemeinsam erarbeiteter Optimierungsoptionen
- Mitarbeiter „hat das letzte Wort“

11.4 Vermittlung angemessener Bezugsnormen

Mitarbeiterführung für Fortgeschrittene! Es gilt, zwei Bälle gleichzeitig im Auge zu behalten, sie aufeinander und vor allem auf den jeweiligen Mitarbeiter abzustimmen. Worum geht es konkret? Um die simultane Optimierung der Perspektive des Mitarbeiters bei der Zielverfolgung und die Akzentsetzung beim Feedback durch den Vorgesetzten.

Zur Einordnung und Bewertung eigener Leistungen benötigen Mitarbeiter immer einen Vergleichsmaßstab. Psychologen sprechen auch von *Bezugsnormen*. Grundsätzlich stehen die in **Abbildung 11.2** abgebildeten drei alternativen Bezugsnormen zur Verfügung. Mitarbeiter werden in aller Regel alle drei parallel einsetzen. Persönlichkeitsbedingt wird aber eher eine Bezugsnorm besonders bedeutsam sein.

Abbildung 11.2: Bezugsnormen für Leistungseinordnung und -bewertung

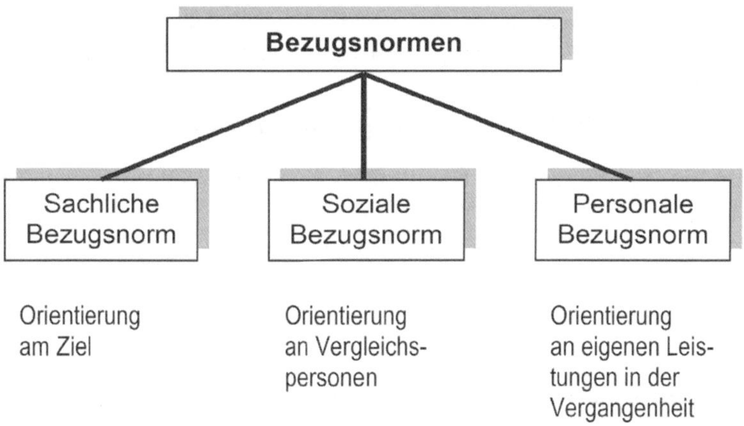

Im Einzelnen können sich Mitarbeiter bei der Einschätzung und Einordnung ihrer eigenen Zielerreichungsgrade

- sehr stark bevorzugt nur an einem Ziel orientieren *(= sachliche Bezugsnorm)*,
- intensiv mit anderen Mitarbeitern und deren Leistungen vergleichen *(= soziale Bezugsnorm)*,
- sehr stark nur mit der eigenen Person beschäftigen, indem sie ihre Leistungen permanent in Bezug zu früher erbrachten Leistungen setzen *(= personale Bezugsnorm)*.

Für Vorgesetzte gilt es nun zu erkennen, zu welcher Bezugsnorm die einzelnen Mitarbeiter tendieren. Gelingt dieser Analyseprozess, dann können Führungskräfte die Erkenntnisse sowohl bei der Begleitung des Zielverfolgungsprozesses zu Motivationszwecken als auch im Feedbackprozess zum Selbstwertschutz der Mitarbeiter nutzen. Vorhandene Vergleichstendenzen können entweder im Gespräch gezielt verstärkt werden oder es muss erforderlichenfalls eine Fokusverschiebung versucht werden.

Eine vorhandene Tendenz zu *sachlichen Bezugsnormen* wird insbesondere bei sehr leistungsorientiert denkenden Mitarbeitern vorherrschen. Diese extrem starke Fokussierung auf das Ziel ist einerseits erwünscht und daher unterstützenswert, birgt aber andererseits bei Zielverfehlungen das Risiko einer sehr starken Beeinträchtigung des Selbstwertgefühls. Tritt dieser Fall ein, muss der Vorgesetzte im Feedbackgespräch versuchen, den Mitarbeiter eher zu sozialen Vergleichsprozessen zu ermuntern. Der Mitarbeiter kann dann trotz Zielverfehlung Selbstwert aus der Erkenntnis ziehen, dass er im relativen Vergleich zu anderen Mitgliedern der Organisation auch wertvolle Beiträge leistet.

Eine Tendenz zu *sozialen Bezugsnormen* ist bei wettbewerbsorientiert denkenden Mitarbeitern zu finden. Für ihren Leistungsstolz und ihre Zufriedenheit ist weniger die absolute Erreichung von Zielen entscheidend, sondern eher die Frage, ob sie bessere Ergebnisse erzielen als andere Mitarbeiter. Sie können mit einer Zielverfehlung dann gut leben, wenn diejenige von Kollegen noch größer ausfällt. Umgekehrt „leiden" sie unter einer Zielerreichung, wenn andere Mitarbeiter aus ihrem sozialen Vergleichskreis noch besser abgeschnitten haben. Dieser Mitarbeitertypus ist motivierbar, wenn der Vorgesetzte – in gesundem Umfang – ihren sportlichen Wettkampfgeist stimuliert (*„Die Verkaufszahlen des Kollegen X toppen Sie doch bestimmt!"*). Problematisch wird es, wenn eher leistungsschwache Mitarbeiter zu sozialen Bezugsnormen tendieren. Sie erleben so im sozialen Vergleich häufig Misserfolge. Hier müsste der Vorgesetzte eine Neufokussierung entweder auf eine sachliche Bezugsnorm versuchen, wobei die vereinbarten Ziele dann keinesfalls zu schwer sein dürfen. Oder er versucht eine Verschiebung auf eine personale Bezugsnorm und rückt damit eher eine positive Leistungsentwicklung im Zeitablauf stärker in den Blickpunkt des Mitarbeiters.

Personale Bezugsnormen sind generell vorteilhaft für Leistungsschwächere. Bei ihnen ist die Gefahr am größten, dass sie durch Zielverfehlungen oder durch soziale Vergleiche Misserfolge erfahren und so in ihrem Selbstwert beeinträchtigt werden. Sie sollte der Vorgesetzte in Feedbackgesprächen gezielt auf ihre Leistungsfortschritte orientieren. Wenn es die allerdings auch nicht gibt, dann besteht ein grundsätzliches Problem …

Eher ungünstig wäre eine personale Bezugsnorm für Mitarbeiter, die ihre Leistungspotenziale bislang nicht ausschöpfen. Sie geben sich mit kleinen Fortschritten gegenüber der Vorperiode zufrieden, obwohl es mit ein wenig mehr Ehrgeiz auch „große" sein könnten. Hier sollte der Vorgesetzte eine Neufokussierung auf sachliche oder soziale Bezugsnormen versuchen.

Ohne Zweifel stellen Neufokussierungen der Bezugsnormen über Mitarbeitergespräche eine schwierige Aufgabe dar. Ein „Kochrezept" gibt es dafür auch nicht. Vielleicht bewegen wir uns an der Schwelle zwischen Führungshandwerk und Führungskunst.

11.5 Bereitschaft zum Zeiteinsatz

Die vorangegangenen Ausführungen zu Zielvereinbarungs- und Feedbackgesprächen und zu den Informationsnotwendigkeiten haben deutlich gemacht, dass es sich um intensive und zeitaufwändige Prozesse handelt. Mehrere mehrstündige Gespräche je Mitarbeiter sind keine Seltenheit. Über einen einjährigen MbO-Zyklus aufaddiert wird man im Durchschnitt wohl mit 3 Arbeitstagen je einzelner Führungsbeziehung rechnen müssen. Hinzu kommen dann noch die notwendigen Querabstimmungen der Ziele mit anderen tangierten Bereichen. Schnell wird deutlich, dass ein professionelles MbO nicht zum zeitlichen Nulltarif zu haben ist. Ganz im Gegenteil! Es fordert die Bereitschaft zu intensivem Zeiteinsatz. *Malik* bemerkt dazu treffend:

> *„Das Führen mit Zielen ist vom Grundsatz her wirklich nicht schwierig zu verstehen. Normalerweise ist es auch im intellektuellen Sinne nicht besonders schwierig, sich vernünftige Ziele auszudenken. Es ist vor allem arbeitsintensiv, sie soweit zu durchdenken, auszuarbeiten, zu diskutieren und zu präzisieren, dass sie tatsächlich praktisch brauchbar sind und ihre Funktionen erfüllen können."* *(Malik 2000, S. 174 f.)*

Das Klagelied vieler Führungskräfte über diesen Zeitbedarf wird nicht lange auf sich warten lassen. *„Dafür haben wir gar keine Zeit"*, wird man häufig hören. *„Wofür sonst?"*, möchte man zurückfragen.

Führung ist nun einmal die Hauptfunktion einer Führungskraft. Der Begriff kommt ja schließlich nicht von ungefähr! Greifen wir nochmals die oben in den Raum gestellten durchschnittlichen 3 Arbeitstage p.a. je Mitarbeiter auf. Bei einer Führungsspanne von 20 Mitarbeitern wären das 60 Arbeitstage, also ein knappes Viertel der etwa 250 Arbeitstage pro Jahr. Ist das zu viel für den Schlüsselprozess der Mitarbeiter- *und* (!) Unternehmensführung schlechthin? Sicherlich nicht!

Im Denken und im Terminkalender jeder Führungskraft müssen alle zielbezogenen Gespräche mit der Priorität A verankert sein. Rein semantisch ist es da hilfreich, sich vom Begriff des „Zeitaufwands" zu lösen. Aufwand ist zunächst einmal reine Ressourcenvernichtung. Gerade das sind diese Gespräche aber nicht. Der Begriff „Zeitinvestition" scheint da viel passender zu sein. Investitionen tätigt man, um einen „Return on Investment" einzufahren. Genau dieses betriebswirtschaftliche Kalkül sollten Führungskräfte auch bei diesem Führungsinstrument verinnerlichen.

12 Mitarbeiter

„Wenn nur die Pferde klar sehen,
dann kann der Kutscher auch einmal ein Nickerchen machen."
– Replik auf Johann Nepomuk Nestroy –

(Klaus Watzka, deutscher Hochschullehrer)

Menschen unterscheiden sich in ihren Persönlichkeitsprofilen. Damit liegt natürlich auch die Frage nahe, wie der „ideale Mitarbeiter" für Zielvereinbarungssysteme aussieht. Es ist anzunehmen, dass einzelne Persönlichkeitsmerkmale dazu führen, dass Mitarbeiter besonders intensiv und in der erwünschten Weise auf den Führungsimpuls reagieren, der durch die Vereinbarung von Zielen gesetzt wird. Andere Persönlichkeitscharakteristika dagegen stehen der Steuerungsphilosophie eines MbO tendenziell eher als Hindernis gegenüber.

Als zentrale Erfolgsfaktoren für die Praktizierung zielorientierter Führung wurden bereits intensiv herausgearbeitet: erforderliche Rahmenbedingungen in der Organisation (Kapitel 9), angemessene Zielinhalte und Zielformulierungen (Kapitel 10) und notwendige Führungsverhaltensmuster der Führungskräfte (Kapitel 11). Förderliche Persönlichkeitsprofile von Mitarbeitern stellen nun im vorliegenden Kapitel den vierten und letzten Komplex von wichtigen Erfolgsfaktoren dar.

12.1 The Big Six of MbO im Überblick

Möchte man Zielvereinbarungssysteme als zentrales Führungsprinzip in Organisationen etablieren, dann wäre es konsequent, im Rahmen der Personalauswahl neben allen anderen relevanten Einstellungskriterien auch das Vorhandensein von Persönlichkeitsmerkmalen etwas näher in Augenschein zu nehmen, die ein MbO unterstützen. Ob man dabei so weit gehen möchte, ihren Ausprägungsgrad mit Hilfe von standardisierten psychologischen Testverfahren zu messen, wird jede Organisation für sich entscheiden müssen. Sicherlich sind zu allen intensiv erforschten und diskutierten Persönlichkeitsmerkmalen auch entsprechende Testmodule in Papierform oder in digitaler Version – mitunter auch als Online-Variante im Internet – käuflich erwerbbar. Klar ist aber auch, dass aufgrund der Unschärfen in der Definition von Persönlichkeitsmerkmalen und der nicht vorhandenen Eineindeutigkeit von Messoperationen immer nur Näherungsergebnisse erzielt werden können. Was messen wir eigentlich genau und wie messen wir es? Das sind die ewig jungen Fragen bei allen psychologischen Konstrukten. Klar ist ferner, dass solche Testverfahren keinesfalls in die Hände von ungeschulten Personen gehören. Wer also „A" sagt und sich im Rahmen der Personalauswahl auf den Weg der validen (= gültigen) und reliablen (= zuverlässigen) Messung von Persönlichkeitsmerkmalen begeben möchte, der muss auch „B" sagen und dies mit professioneller Unterstützung tun. Alles andere wäre Scharlatanerie.

Der Anspruch bei den weiteren Ausführungen zielt nicht auf eine exakte Messung von Persönlichkeitsmerkmalen ab. Er ist bescheidener. Es soll ein Set von potenziell besonders relevanten Merkmalen inhaltlich beschrieben und ihre Bedeutung für Zielvereinbarungsprozesse erläutert werden. Einige Indikatoren und typische Fragen aus psychologischen Testverfahren werden die Konstrukte für den Leser greifbarer machen.

Das so erzeugte, vertiefte Verständnis versetzt Führungskräfte zum einen in die Lage, im Rahmen von Auswahlinterviews zumindest ein erstes Gespür für die Ausprägung dieser Persönlichkeitsmerkmale bei den Bewerbern zu entwickeln. Zum anderen steigt die Sensibilität dafür, warum sich einige Mitarbeiter mit Zielvereinbarungsprozessen schwerer tun als andere und vielleicht sogar Widerstände dagegen entwickeln. Es ist sinnvoll, im Rahmen der formalisierten Mitarbeitergespräche auf weniger günstige Ausformungen von Persönlichkeitscharakteristika Rücksicht zu nehmen und den Mitarbeiter bei der Überwindung seiner eigenen psychologischen Schranken zu unterstützen.

Was aber sind nun günstige Persönlichkeitscharakteristika für ein MbO? Es werden sechs Merkmale als besonders wichtig angesehen. Nennen wir sie in sprachlicher Analogie zu dem bekannten Fünf-Faktoren-Modell, das menschliche Persönlichkeitsstrukturen hinreichend präzise beschreiben soll, „The Big Six of MbO" (**Abbildung 12.1**).

Abbildung 12.1: The Big Six of MbO

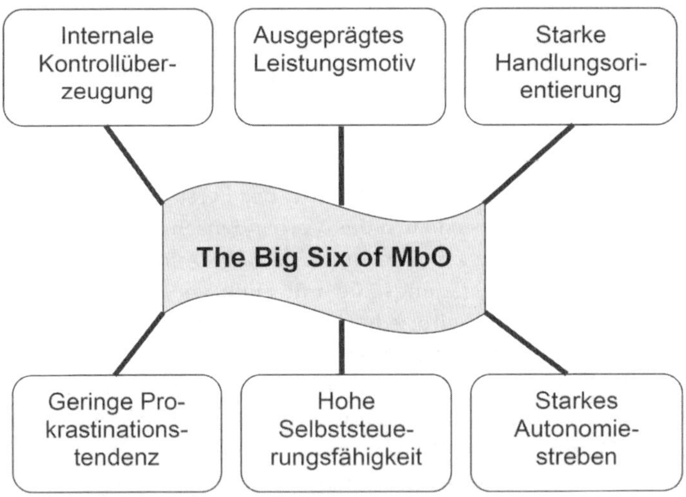

In den folgenden Abschnitten werden die Merkmale nun näher erläutert.

12.2 Internale Kontrollüberzeugung

Wie erklären Sie persönlich all die Dinge, die sich in Ihrem Leben ereignen? Welche Ursachen sehen Sie für Erfolge oder Misserfolge, die Sie im Privat- oder Berufsleben haben? Ist es Glück, Pech, Zufall, Ergebnis eigenen Handelns? Das alles sind Schlüsselfragen, wenn es um das Persönlichkeitsmerkmal der *Kontrollüberzeugung* geht. Zu seinem besseren Verständnis sind vorab einige grundsätzliche Erläuterungen sinnvoll.

Die zentrale theoretische Grundlage für Kontrollüberzeugungen findet sich in der *Attributionstheorie* von *Weiner (1986)*. Danach haben Menschen eine grundsätzliche Tendenz, alle für sie besonders bedeutsamen Ereignisse auf Ursachen zurückzuführen. Dies gilt gleichermaßen für eigenes Verhalten und eigene Erlebnisse wie auch für Verhalten und Ereignisse, die bei anderen Personen beobachtet werden können. Der Grund liegt schlicht in dem Bedürfnis, eigenes/fremdes Verhalten und eigene/fremde Handlungsergebnisse verstehen, erklären und damit auch für die Zukunft prognostizieren zu können. Psychologen sprechen allgemein von *Zuschreibungsprozessen (= Attributionsprozesse)*. Und da es speziell um die Zuschreibung von Verhalten und Handlungsergebnissen auf ihre auslösenden Ursachen geht, spricht man konkret auch von *Ursachenzuschreibung (= Kausalattribution; causa (lat.) = der Grund*).

Diese von Menschen immer wieder vorgenommenen Kausalattributionen lassen sich nun gemäß **Abbildung 12.2** über vier Einzeldimensionen näher charakterisieren.

Abbildung 12.2: Dimensionen der Kausalattribution

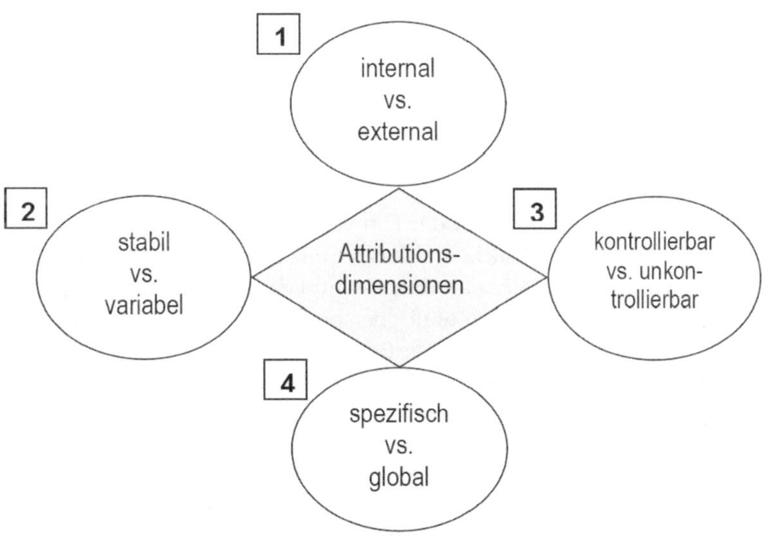

Dimension 1: Von Interesse ist zunächst die *Attributionsverortung*. Wird der Grund für ein Verhalten oder ein Handlungsergebnis eher innerhalb einer Person vermutet, dann spricht man von *internaler Kausalattribution.* Beispielsweise könnte ein Beobachter den Anlageerfolg eines Börsenspekulanten mit dessen Qualifikationen, z. B. profunden Marktkenntnissen, erklären. Wird der Grund für Verhalten oder Handlungsergebnisse eher außerhalb einer Person vermutet (z. B. situative Umstände, andere Personen), dann liegen *externale Kausalattributionen* vor. Zum Beispiel könnte der Erfolg des Börsenspekulanten mit „Glück gehabt" oder der Tatsache erklärt werden, dass ihn eine andere Person gut beraten hat. Der Börsenspekulant selbst wird seinen Anlageerfolg für sich selbst natürlich auch erklären, also auf Ursachen zurückführen.

Dimension 2: Relevant ist unter dem Blickwinkel der *Stabilität* weiterhin, ob die Ursachen eher *unveränderlich* sind *(= stabile Ursachen)* oder aber eher *veränderlich (= variable Ursachen).* Glück oder Pech sind typische variable Ursachen. Denn sie müssen als Einflussfaktoren nicht zwangsläufig wieder auftreten. Das eigene Anstrengungsniveau als Ursachenfaktor ist ebenfalls variabel. Man könnte es in der nächsten Handlungssituation ja verändern. Eher stabile Ursachen wären zum Beispiel die eigenen Qualifikationen oder die Schwierigkeit von Aufgaben. Sie können kurzfristig nicht verändert werden. Sowohl internale als auch externale Kausalattributionen können also jeweils in Kombination mit stabilen oder variablen Ursachen auftreten. **Tabelle 12.1** zeigt Beispiele dazu.

Tabelle 12.1: Kombinationen von Kausalattributionen

	internal	**external**
stabil	■ Qualifikationen ■ Persönlichkeit	■ Aufgabenschwierigkeit ■ Rahmenbedingungen
variabel	■ Anstrengung ■ Zeiteinsatz	■ Glück/Pech/Zufall ■ Hilfe durch Dritte

Dimension 3: Hinzu kommt dann mit der Dimension der *Kontrollierbarkeit* noch die Frage, ob die Person glaubt, auf die Ursachenfaktoren Einfluss zu haben oder nicht, sie also verändern zu können. Man unterscheidet daher *kontrollierbare* und *nicht kontrollierbare* Ursachenfaktoren. Der Ursachenfaktor „Zufall" beispielsweise ist zwar veränderlich (= variabel), kann aber nicht von der Person beeinflusst werden (= nicht kontrollierbar). „Eigene Anstrengungen" sind dagegen als Ursache zwar ebenfalls variabel, liegen aber im Einflussbereich der Person (= kontrollierbar).

Dimension 4: Mit der Frage der *Generalisierung* als vierter Dimension kann abgebildet werden, ob die Attributionen einer Person eher *spezifisch* oder eher *global* sind. Spezifische Kausalattributionen beziehen sich immer nur auf abgegrenzte Einzelereignisse oder einzelnes Verhalten. Bei globalen Attributionsmustern hat das Individuum die Tendenz, die vorgenommenen Ursachenzuschreibungen auch auf andere Ereignisse und Verhalten zu übertragen. So könnte beispielsweise bei einem Misserfolg bei Aufgabe A die Ursachenerklärung auf eine andere Aufgabe B übertragen werden und dort ein Misserfolg genauso erklärt werden *(„Immer habe ich Pech!“)*. Diese Generalisierung könnte so weit führen, dass eine Aufgabe B gar nicht in Angriff genommen wird, da im Vorfeld schon die Erwartung besteht „sowieso nur Pech zu haben“.

Die Art der vorgenommenen Attributionen steuert natürlich auch *künftiges Handeln* von Personen. Schreibt ein Beobachter unseres Börsenspekulanten dessen Erfolg seinen Qualifikationen zu (= internal-stabile Attribution), dann wird er eher geneigt sein, ihn nach einem Börsentipp zu fragen. Wenn der Beobachter die Ursache seines Anlageerfolges eher darin sieht, dass er selbst einen guten Tipp erhalten hat (= external-variable Attribution), so wird die Neigung deutlich sinken, ihn um Rat zu fragen. Das künftige Verhalten des Börsenspekulanten selbst wird natürlich auch durch seine eigenen Attributionen gesteuert. Glaubt er, den Erfolg aufgrund seiner Qualifikationen erzielt zu haben (= internal-stabile Attribution), dann wird er eher die Tendenz zu weiteren Spekulationen haben, als wenn er sich sagen würde „Glück gehabt“ (= external-variable Attribution). Es bilden sich bei ihm also Erwartungen für die Zukunft heraus.

Und schlussendlich steuert die Art der vorgenommenen Attribution auch die *Gefühle*. Bei einer Zuschreibung des Anlageerfolgs auf seine eigenen Qualifikationen werden Leistungsstolz und Zufriedenheit auftreten. Diese positiven Gefühle werden bei der Zuschreibung des Erfolgs auf die Ursache „Glück gehabt“ deutlich unwahrscheinlicher sein. Möglicherweise werden Gefühle auch schon im Vorfeld auf potenzielle künftige Ereignisse und künftiges Verhalten übertragen. Bei unserem Börsenspekulanten könnte dann Vorfreude und Optimismus beim Gedanken ans nächste Börsengeschäft einsetzen. Zukünftige Situationen werden also auf der Gefühlsebene antizipiert.

Fassen wir bis hierhin zusammen: Attributionen steuern als kognitive Prozesse

- die Art, wie Menschen vergangene Ereignisse und eigene und fremde Handlungen erklären,
- künftige eigene Handlungen,
- Gefühle, die mit vergangenen (und künftigen) Ereignissen und vergangenen (und künftigen) eigenen Handlungen verbunden sind.

Damit ist klar, dass Attributionsmuster sicherlich auch einen Einfluss darauf haben, wie Mitarbeiter ihre Aufgaben angehen, und auch, wie wohl sie sich dabei fühlen. Vorgesetzte sollten also eine „Antenne“ für die Art der Ursachenzuschreibung ihrer Mitarbeiter haben. Es lohnt, genau hinzuhören, wenn Mitarbeiter die Gründe für ihre Erfolge/Misserfolge und ihre Ziele/Pläne erklären. Der Vollständigkeit halber sei noch erwähnt, dass Führungskräfte den Erfolg/Misserfolg ihrer Mitarbeiter natürlich auch auf Ursachen zurückführen und ihre weiteren Handlungen und Gefühle durch diese Attributionen gesteuert werden. So könnte ein Vorgesetzter z. B. ärgerlich werden und „zum Krisengipfel laden“, wenn er ein schlechtes Leistungsergebnis auf ungenügende Anstrengung des Mitarbeiters attribuiert. Eine zweite, kritische Antenne für die eigenen Attributionsmuster und deren Angemessenheit ist also ebenfalls sinnvoll.

Nachdem nun ein hinreichendes Grundverständnis zu den Mechanismen und zur Bedeutung von Kausalattributionen gelegt ist, soll jetzt speziell die Dimension 1, also die Frage der Attributionsverortung, nochmals vertieft aufgegriffen werden. Dies deshalb, weil zu ihr auch vielfältige empirische Ergebnisse mit Relevanz für Wirtschaftsorganisationen vorliegen.

Es hat sich gezeigt, dass Menschen eine Tendenz zur Anwendung der immer gleichen Attributionsmuster haben. Attributionen sind also nicht nur *kognitive Prozesse*, sondern können sich auch zu relativ *stabilen Persönlichkeitsmerkmalen* verdichten. Der amerikanische Psychologe *Rotter (1966)* hat in seinen vielbeachteten und -zitierten Arbeiten zwei Persönlichkeitstypen beschrieben, in denen sich sehr stark unterschiedliche Attributionsmuster manifestieren. Unter dem Stichwort der *Kontrollüberzeugung (= Locus of Control)* unterscheidet er Menschen mit *internalen Kontrollüberzeugungen* und *externalen Kontrollüberzeugungen.* Im Kern geht es dabei um die Frage, in welchem Ausmaß Menschen glauben, „Kontrolle über ihr eigenes Schicksal" zu haben.

Internal kontrollierte Menschen haben persönlichkeitsbedingt eine sehr starke Überzeugung, dass alles, was mit ihnen geschieht oder nicht geschieht, primär von ihnen selbst ausgelöst wird. Ob sie Erfolg oder Misserfolg haben, hängt in ihrem Weltbild stark von ihrer eigenen Person ab, z. B. von ihrer Einsatzbereitschaft und ihren eigenen Qualifikationen. Ursache für Handlungsergebnisse sind sie selbst. Ihre Sicht der Welt folgt der Überzeugung *„Jeder ist seines Glückes Schmied!"*.

External kontrollierte Menschen hängen dagegen persönlichkeitsbedingt eher der Überzeugung an, dass ihr Leben primär von außen gelenkt wird. Sie begreifen sich eher als Spielball von Mächten außerhalb ihrer Person. Ob sie Erfolg oder Misserfolg haben, hängt in ihrem Weltbild weniger von ihnen selbst, sondern eher von unkalkulierbaren äußeren Umständen wie Glück oder Pech oder vom Handeln bzw. den Entscheidungen anderer Personen ab. *„Erfolg oder Misserfolg hat man nicht, er widerfährt einem"*, ist ihre Überzeugung. *„Ein blindes Huhn findet auch einmal ein Korn"*, wäre ein typisches Erklärungsmuster für eigenen Erfolg. **Abbildung 12.3** bildet die beiden fundamentalen Kontrollüberzeugungen nochmals ab.

Es liegt auf der Hand, dass Mitarbeiter mit internalen Kontrollüberzeugungen deutlich positiver auf Zielvereinbarungssysteme reagieren dürften. In ihrem Weltbild hängt die Erreichung oder Nichterreichung von Zielen in der Organisation primär von ihnen selbst ab. Folglich ist die Wahrscheinlichkeit hoch, dass sie auch ein starkes Engagement zur Zielerreichung an den Tag legen, insbesondere dann, wenn sie in ihren Attributionen bevorzugt eigene Anstrengungen – also eine grundsätzlich variable und beeinflussbare Größe – für die Ursache von Zielerreichung oder -verfehlung halten. Attributionen auf die eigenen Anstrengungen verhindern auch, dass es im Falle eines Misserfolges zu Beschädigungen des Selbstwerts kommt. *„Try a little bit harder"*, würde die Handlungsanweisung an sich selbst lauten.

Abbildung 12.3: Internale und externale Kontrollüberzeugung

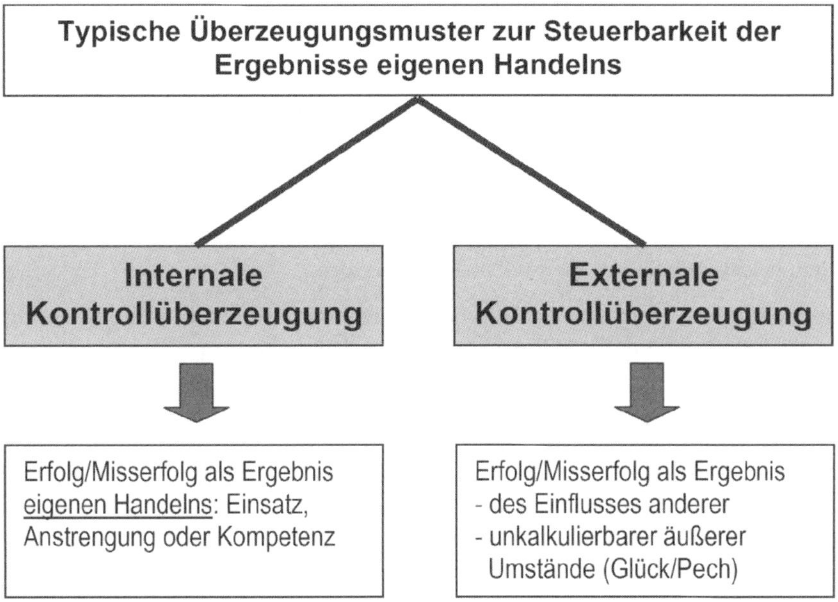

Dagegen werden external kontrollierte Mitarbeiter deutlich weniger Engagement zur Zielerreichung zeigen. Warum sollten sie auch? In ihrem Weltbild hängt die Zielerreichung ja nur recht begrenzt von ihrem Handeln ab. Das wird auch ihre Bereitschaft zur Vereinbarung anspruchsvollerer Ziele senken. Im Extremfall empfinden sie Ziele auch als Bedrohung. Denn von diesen geht in ihrer Wahrnehmung nämlich ein starker Aufforderungscharakter aus, ohne dass sie selbst nennenswerte Einflussmöglichkeiten auf die Zielerreichung sehen.

Dass internale Kontrollüberzeugungen mit vielen Vorteilen im Hinblick auf die Motivation und Leistung von Mitarbeitern, aber auch im Hinblick auf ihr generelles Wohlbefinden verbunden sind, konnte in vielen Studien nachgewiesen werden. Es zeigte sich beispielsweise in einer Metaanalyse (*Ng/Sorensen/Eby 2006),* dass Mitarbeiter mit internalen Kontrollüberzeugungen

- sich höhere Ziele setzen,
- eher bereit sind, Verantwortung zu übernehmen, indem sie sich Aufgaben suchen, bei denen bestimmte Fähigkeiten gefordert sind, wohingegen external kontrollierte Mitarbeiter Aufgaben präferieren, bei denen auch „Glück" eine Rolle spielt, was ihnen im Misserfolgsfall ermöglicht, auf „mangelndes Glück" zu verweisen,
- höhere Leistungsergebnisse erzielen,
- höhere Motivation an den Tag legen,

- stark ausgeprägte Erwartungen haben, durch eigene Anstrengungen angestrebte Handlungsergebnisse auch erreichen zu können (= Anstrengungserwartung) und dafür auch die angestrebten Belohnungen zu erhalten (= Konsequenzerwartung),
- mehr Handlungsalternativen bei der Aufgabenverrichtung sehen,
- intensiver aufgabenrelevante Informationen suchen und schon vorhandene Informationen konsequenter und mit mehr Neugier auswerten,
- eine generell höhere Arbeits- und Lebenszufriedenheit haben und ein größeres „mentales Wohlbefinden" angeben, da sie Kontrolle über ihr Leben empfinden,
- in geringerem Umfang Stress- oder Burnout-Symptome haben, da sie sich in der Lage fühlen, belastende Situationen selbst zu verbessern,
- weniger Tendenz zu machiavellistischen Manipulations- und Täuschungsstrategien haben, sondern vielmehr auf ihre eigenen Fähigkeiten vertrauen,
- aktiver und geschickter im Aufbau sozialer Beziehungen sind und dann im Gefolge auch in größerem Umfang positive soziale Erfahrungen machen können.

Viele dieser Konsequenzen von internalen Kontrollüberzeugungen sind auch im Rahmen von Zielverfolgungsprozessen hilfreich. Aber unabhängig davon, ob ein Erfolg oder Misserfolg auftritt, haben internal kontrollierte Menschen auch bei der Verarbeitung dieser Handlungsergebnisse Vorteile. Es konnte gezeigt werden, dass Internale eine günstigere *Erfolgs*verarbeitung haben, da sie aufgrund der Zurechnung auf die eigene Person einen stärkeren Anstieg

- des Selbstwertgefühls,
- des Kompetenzvertrauens,
- der Arbeitszufriedenheit

haben. Externale schreiben sich den Erfolg eher nicht zu („Glück gehabt") und sind daher auch weniger in der Lage, Befriedigung daraus zu ziehen („sich selbst feiern", „sich selbst auf die Schulter klopfen") und für die Zukunft Kompetenzvertrauen aufzubauen.

Im Falle eines *Misserfolgs* oder bei Auftreten von Problemen zeigte sich, dass Internale

- in ihrem Selbstwert nicht so stark beeinträchtigt werden,
- ausdauernder an einer Problembehebung arbeiten,
- schneller wieder zu einer positiven Zukunftsplanung übergehen,
- auch für die Zukunft ein hohes Aktivitätsniveau beibehalten.

Externale haben dagegen – ganz im Gegensatz zu ihrem Weltbild – eine Tendenz, Misserfolge stabilen Ursachen in der eigenen Person zuzuschreiben *(„ich bin einfach zu ungeschickt dafür")*. Sie attribuieren also asymmetrisch und können so aus Erfolgen weniger positive Effekte für ihren Selbstwert ziehen, wohingegen sie ihn bei Misserfolgen eher weiter beeinträchtigen.

Das ist eine recht eindrucksvolle Vorteilsliste. Der Wunschtraum jedes Vorgesetzten könnte es nur sein, ein Heer von Internalen um sich zu haben, mit denen er die Welt aus den Angeln heben kann. Wacht man wieder auf, dann muss man konstatieren, dass in Organisationen die Mitarbeiter nun mal so sind, wie sie sind und dass viele wohl auch eher zu externalen Kontrollüberzeugungen tendieren. Sie liefern gleichwohl wertvolle Beiträge, schöpfen aber ihre Potenziale nicht aus. Es wäre die Aufgabe für Führungskräfte, diesen Mitarbeitern im Rahmen von Mitarbeitergesprächen immer wieder zu verdeutlichen, an welchen Stellen sie durch ihr eigenes Handeln Erfolge auslösen können und sie nach erzielten Erfolgen auch darin zu bestätigen, dass sie selbst der auslösende Faktor waren.

Woran sind nun internale Kontrollüberzeugungen zu erkennen? Zur näheren Erfassung der typischen Denkmuster zeigt **Tabelle 12.2** zehn Items, wie sie die Psychologen *Schuler/Prochaska (2001)* zur Erfassung der *Internalität* im Rahmen ihres Fragebogens LMI (= Leistungsmotivationsinventar) verwenden.

Tabelle 12.2: Items zur Erfassung von Kontrollüberzeugungen

INTERNALITÄT	
Wie weit man es beruflich bringt, ist zu einem guten Teil Glückssache.	*Wenn ich einsichtigere Lehrer und Vorgesetzte gehabt hätte, hätte ich es schon weiter bringen können.*
Das meiste, was im Leben passiert, hängt mehr von anderen Leuten ab als von einem selbst.	*Beruflicher Erfolg stört ein glückliches Leben eher, als dass er es fördert.*
Für unzulängliche Leistungen ist meistens der Vorgesetzte verantwortlich.	*Mein Erfolg hängt vor allem von meinem eigenen Verhalten ab.*
Schulnoten und betriebliche Leistungsbeurteilungen werden oft mehr nach Sympathie als nach tatsächlicher Leistung vergeben.	*Manchmal habe ich das Gefühl, dass man es mir schwer macht und mich entmutigt.*
Manches habe ich nur deswegen erreicht, weil ich viel Glück hatte.	*Wenn ich etwas erreicht habe, lag das vor allem an meinem Geschick und meinen Fähigkeiten.*

Nicht wünschenswert wäre auf der anderen Seite aber auch eine übersteigerte Ausprägung der internalen Kontrollüberzeugung. Wenn sie nicht mehr wirklichkeitsgerecht ist, dann werden daraus „Kontrollillusionen". Der Übergang zur „Träumerei" hat keine scharfe Grenze. In extremer Form stellen sich Allmachtsfantasien und Realitätsverleugnungen nach dem Muster *„alles geht!"* ein. Auf den schönen Spruch *„Geht nicht, gibt's nicht!"* muss die Antwort eben manchmal lauten: *„Gibt es doch!"*. Hindernisse und Probleme sind im

Organisationsalltag sehr real. Auch ihre Überwindung unterliegt einem Kosten-Nutzen-Kalkül. Mitarbeiter, die nicht erkennen können oder wollen, dass ein Weg mit einer Betonmauer verrammelt ist und nicht oder nur mit unverhältnismäßigem Aufwand zu gehen ist, sind für eine Organisation auch nicht hilfreich. Ebenso ist es mit Mitarbeitern, die bei ihrer persönlichen Machbarkeitsideologie die Risikoseite aus dem Auge verlieren. Die Steigerung eines Gesamtgewinns von 5 Milliarden auf 10 Milliarden mag vielleicht grundsätzlich möglich sein, aber um welchen Risikopreis? Wenn die Risikostrategie nicht aufgeht, dann ist der angerichtete Schaden immens und steht in keinem rationalen Verhältnis zur Gewinnchance. Kommt uns das nicht allen irgendwie unter dem Stichwort „Subprime-Papiere" bekannt vor? Was mit falsch justierten Risikoprofilen im Großen passieren kann, kann maßstabsverkleinert auch an jedem einzelnen Arbeitsplatz vorkommen.

12.3 Ausgeprägtes Leistungsmotiv

Als zweites wichtiges Persönlichkeitsmerkmal benötigen Mitarbeiter im Rahmen von Zielvereinbarungssystemen ein stark *ausgeprägtes Leistungsmotiv*. Ziele erreichen zu wollen oder zu müssen, ist ohne Zweifel eine Leistungssituation. Wie intensiv Mitarbeiter darauf mit nachhaltiger Aktivität reagieren, hängt in hohem Umfang von der Stärke ihres Leistungsmotivs ab. Genau wie andere zentrale Motive, wie z. B. das sogenannte Affiliationsmotiv (= Bedürfnis nach sozialem Anschluss) oder das Machtmotiv (= Streben nach Dominanz), ist es bei Mitarbeitern unterschiedlich stark ausgeprägt und kann durch entsprechende situative Bedingungen (hier: Ziele) angeregt werden.

Woran zeigt sich nun ein stark ausgeprägtes Leistungsmotiv? Auf der Basis der Analysen von *Brunstein/Heckhausen (2006)* kann man zu nachfolgenden Merkmalen kommen. Mitarbeiter

- definieren für eigene Handlungen einen Gütemaßstab, den sie für sich als verbindlich sehen,
- wählen Gütemaßstäbe, an denen man auch scheitern könnte; sie legen sich im übertragenen Sinne die Latte nicht selbst zu tief,
- messen sich häufig selbst an diesem Gütemaßstab,
- zeigen den Anspruch, im Zeitablauf eine Aufgabe immer besser oder schneller verrichten zu wollen,
- suchen sich Aufgaben, bei denen sie ihre Qualifikationen vor sich selbst oder vor anderen unter Beweis stellen können,
- suchen sich Aufgaben, bei denen sie ihre Qualifikationen weiterentwickeln können,
- reagieren mit verstärktem Einsatz und Ausdauer, wenn Hindernisse/Probleme bei der Aufgabenerfüllung auftauchen, statt in resignative Inaktivität zu verfallen,

- vergleichen sich hinsichtlich der Leistung gern mit anderen Mitarbeitern und wollen besser sein (Wettbewerbsorientierung),
- zeigen emotionale Reaktionen wie z. B. Ärger, Trauer oder Scham, wenn sie Gütemaßstäbe verfehlen, und Freude oder Stolz, wenn sie sie erfüllen; emotionale Gleichgültigkeit gegenüber Erfolg oder Misserfolg *(„mir doch egal!")* wäre eher ein Zeichen für ein gering ausgeprägtes Leistungsmotiv.

Ein weiter vertieftes Verständnis des Leistungsmotivs entsteht, wenn man unterstellt, dass Mitarbeiter einerseits eine mehr oder weniger stark ausgeprägte Tendenz haben, Erfolge zu erzielen *(= Erfolgsorientierung)* und andererseits eine mehr oder weniger starke Tendenz aufweisen, Misserfolge oder Fehler zu vermeiden *(= Misserfolgsorientierung)*. Beides sind nachvollziehbare Motive, um engagiert zu arbeiten. Man kann sie nun kombinieren und kommt in **Abbildung 12.4** zu einem Portfolio unterschiedlicher Mitarbeitertypen (= quadripolares Modell der Leistungsmotivation).

Abbildung 12.4: Mitarbeiterportfolio der Leistungsmotivation (Quelle: *In Anlehnung an: Brunstein/Heckhausen (2006), S. 177 (nach: Covington/Roberts (1994), S. 160))*

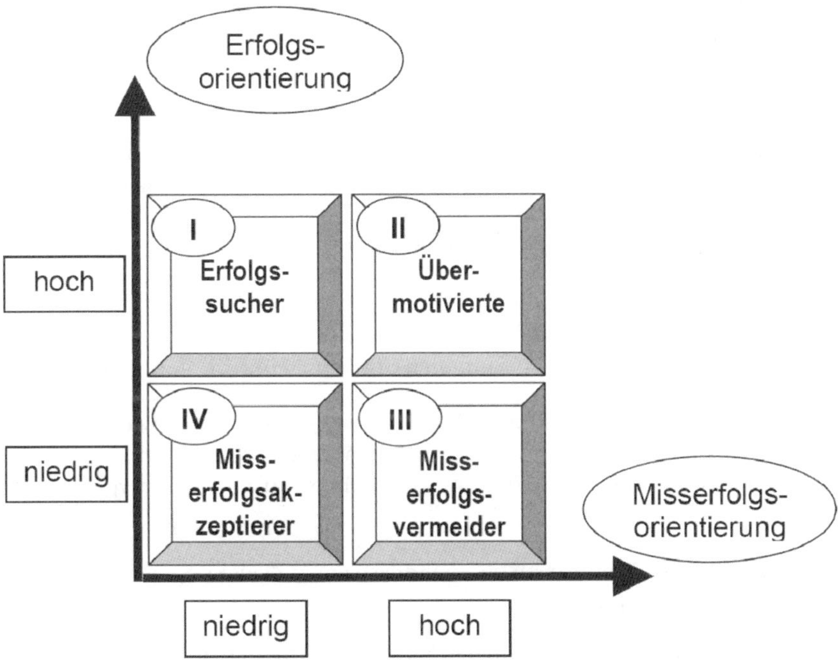

Quadrant I: Erfolgssucher wenden sich neugierig, optimistisch und mit hoher Erfolgszuversicht anspruchsvollen Aufgaben zu. In eigener Initiative legen sie sich die Leistungslatte gern immer ein kleines Stück höher. Sie entwickeln kaum Ängste oder Besorgnis im Hinblick auf Misserfolge. An das Scheitern verschwenden sie eher keine Gedanken. Erfolge vermitteln ihnen Freude und Stolz. Sie interpretieren sie als Bestätigung ihrer Kompetenz. Tritt doch einmal ein Misserfolg ein, dann beeinträchtigt er ihren Selbstwert kaum. Sie sind überzeugt, es das nächste Mal besser machen zu können.

Quadrant II: Übermotivierte arbeiten ebenfalls engagiert, um erfolgreich zu sein. Sie werden aber gleichzeitig sehr stark durch Ängste und Besorgnis über mögliche Fehler und Misserfolge vereinnahmt. Diese negativen Emotionen hemmen allerdings nicht ihre Anstrengungen, sondern mobilisieren sie vielmehr. Ein Großteil der Zeit und der Energie wird allerdings eher von Absicherungs- und Fehlervermeidungsstrategien absorbiert. Die zugehörigen Aktivitäten werden unter hoher persönlicher Anspannung und unter einem als hoch empfundenen sozialen Druck durchgeführt. Nach Erfolgen sind sie eher erleichtert, aber nicht sonderlich zufrieden oder stolz. Misserfolge sehen sie primär als Zeichen für eine unzureichende eigene Kompetenz und empfinden leicht negative Emotionen wie Entmutigung und Scham.

Quadrant III: Misserfolgsvermeider sind von starken Versagensängsten geplagt. Fehler und Misserfolge wollen sie auf alle Fälle vermeiden. Dafür setzen sie all ihre Kapazitäten ein. Sie arbeiten quasi immer nur in der Defensive und mit dem Rücken zur Wand. Für das aktive Anstreben von Erfolgen bleibt kaum Raum.

Quadrant IV: Misserfolgsakzeptierer haben sich von anerkannten Leistungsstandards weitgehend abgekoppelt. Hinsichtlich ihres Selbstwerts sind sie nicht von Erfolg oder Misserfolg in der Organisation abhängig. Sie bemühen sich nicht, neue Qualifikationen zu erwerben oder ihre eigene Leistung zu erhöhen, und gehen Anstrengungen und anspruchsvollen Aufgaben eher aus dem Weg. Hinsichtlich Misserfolgen sind sie nicht ängstlich oder besorgt.

Die dargestellten Verhaltensmuster bieten genügend Stoff für die Formulierung von Fragen im Bewerberinterview oder für Beobachtungen durch die Führungskraft im Arbeitsalltag.

Es kann aber auch zu viel des Guten geben! Übersteigerungen des Leistungsmotivs sind natürlich in Organisationen kontraproduktiv. Sie manifestieren sich in „krankhaftem Ehrgeiz", der sich in folgenden unerwünschten Verhaltensmustern oder Ergebnissen niederschlagen kann:

- Überstarkes Wettbewerbsstreben belastet die sozialen Beziehungen und die Kooperationen in der Organisation.
- Das Leistungsmotiv generalisiert in alle Handlungssituationen innerhalb der Organisation und auch im Privatleben. Zu viele Situationen werden leistungsthematisch nur noch unter Nützlichkeitserwägungen interpretiert, auch solche, die eigentlich ein sinnvolles und nötiges Gegengewicht zur Anspannung in Leistungssituationen sein sollten (Kontaktpflege, Small-Talk-Phasen in Besprechungen, Sport, Spiel). Der „innere Major"

wird zu stark. Auf Dauer überlastet der Mitarbeiter sich selbst und sein soziales Umfeld. Bei allen Effizienzüberlegungen in Organisationen darf nicht übersehen werden, dass niemand permanent „im Volllastbereich laufen" kann.

- Die eigenen hohen Gütemaßstäbe werden auch an Kollegen angelegt. Leistungsschwächere können diesen nicht gerecht werden. Es kommt zu interpersonellen Konflikten.
- Als „Abwürgen unter Druck" wird das Phänomen beschrieben, dass es bei Übermotivation zu Leistungsverschlechterungen kommt. Dies kann zum einen daran liegen, dass durch den selbst aufgebauten Erfolgsdruck die Aufmerksamkeit zu stark auf die eigene Person und damit weg von der Aufgabe gelenkt wird, oder zum anderen, dass komplexe oder fehleranfällige Aufgaben überhastet ausgeführt werden, also keine angemessene Handlungsregulierung mehr erfolgt. In einem Experiment konnten diese Effekte bei Basketballspielern nachgewiesen werden, denen man bei der Aufgabe, ein schwieriges Dribbling mit einem Korbwurf abzuschließen, die Vorgabe machte, einen neuen persönlichen Rekord aufzustellen. Unter der „Rekordbedingung" verschlechterten sich viele Spieler gegenüber der gleichen Aufgabe unter normalen Trainingsbedingungen.

Um nicht kontraproduktiv zu wirken, muss also ein starkes Leistungsmotiv immer Hand in Hand mit einer gewissen sozialen Intelligenz und Selbstregulationsfähigkeit gehen.

12.4 Starke Handlungsorientierung

Ein drittes, für Zielvereinbarungen höchst relevantes, Persönlichkeitsmerkmal ist eine *starke Handlungsorientierung*. Einige Fragen eröffnen einen ersten gedanklichen Zugang zu diesem Konstrukt:

Kreisen Ihre Gedanken nach Misserfolgen auch intensiv um die Frage *„Warum musste ausgerechnet das jetzt wieder passieren?"*. Oder halten Sie es eher mit der Maxime, die Fußballspieler gern nach Niederlagen vor laufender Kamera zum Besten geben: *„Nicht mehr zu ändern! Aufstehen, Mund abputzen und weitermachen!"*?

Sind Sie eher der Typus, der unter Stressbedingungen von sich sagt: *„Wenn zu viel auf einmal kommt, dann kann ich keinen klaren Gedanken fassen, weiß gar nicht mehr so richtig, was ich eigentlich will, und komme auch nicht mehr so richtig weiter mit meinen Aktivitäten!"*? Oder sagen Sie eher von sich: *„Erst unter Druck werde ich so richtig effizient!"*?

Diese beiden Situationen mit den zugehörigen Alltagsaussagen umreißen recht gut zwei Persönlichkeitsdispositionen, die mit *Lageorientierung* und *Handlungsorientierung* beschrieben werden *(Kuhl 1983, 2006)*. Im Kern geht es dabei um die Frage, wie gut eine Person unter belastenden Rahmenbedingungen ihre Affekte (= Gefühle) kontrollieren kann. Überstarke Gefühle sind kontraproduktiv. Sie führen zu einer Willenshemmung, die die Umsetzung von Handlungen erschwert. Affektauslösende belastende Rahmenbedingungen können zum einen eher in der *Vergangenheit* begründet liegen. Dies ist insbesondere dann der Fall, wenn ein Misserfolg aufgetreten ist, den man verarbeiten muss. Die Affektauslöser können aber auch eher in der *Gegenwart* oder *Zukunft* liegen. Dies ist der Fall, wenn unter stressreichen Bedingungen geplant, entschieden oder gehandelt werden muss. Dafür wird dann der Begriff der „prospektiven Handlungs- oder Lageorientierung" verwendet.

Lageorientierte Personen zeichnen sich dadurch aus, dass sie unter belastenden Bedingungen stark von ihren Gefühlen in Beschlag genommen werden und so eine Handlungsblockade entsteht. Zu einer gezielten Steuerung ihrer Emotionen sind sie kaum in der Lage. Auch wenn das Ereignis gar nicht mehr zu ändern ist, so tendieren sie nach Misserfolgen stark zum Grübeln und dehnen ihre negativen Gefühle dabei auch auf potenzielle künftige Handlungssituationen aus. Sie versuchen, den Misserfolg zu erklären, und beschäftigen sich mit der Bearbeitung ihrer Emotionen. Im Ergebnis sind sie quasi in ihrem eigenen Gefühlskäfig und damit in der Vergangenheit gefangen. Im Hinblick auf gegenwärtige oder zukünftige Aufgaben, die zu erledigen sind, werden lageorientierte Personen ebenfalls zum Opfer ihrer überstarken Affekte. Sie empfinden sie als bedrohlich und erleiden infolge von Lähmungstendenzen und Energieverlust Leistungseinbußen. So konnte z. B. gezeigt werden, dass Lageorientierte

- für ihre Entscheidungen mehr Zeit brauchen, insbesondere auch wegen einer zu intensiven Prüfung von eher unwichtigen Handlungsalternativen und einer zu langen Alternativenabwägung,
- trotz längerer Entscheidungszeiten weniger Informationen bei ihren Entscheidungen berücksichtigen,
- sich trotz längerer Entscheidungszeiten unsicher hinsichtlich des Ergebnisses fühlen,
- nicht in der Lage sind, die Anzahl der Handlungsalternativen im Entscheidungsprozess wirkungsvoll zu reduzieren,
- dazu tendieren, Entscheidungskontexte zu verkomplizieren; aus KISS (Keep it Simple and Stupid) wird KICC (Keep it Complex and Complicated),
- an unerledigten Aufgaben auch dann festhalten, wenn momentan keine Gelegenheit zu deren Realisierung besteht; sie zögern, auf attraktivere/sinnvollere Tätigkeiten zu wechseln, so dass sich Inflexibilitäten bei der Aufgabenverrichtung ergeben.

Eine absolut unbekömmliche Kombination wäre es demnach, wenn einem lageorientierten Mitarbeiter gerade ein frischer Misserfolg „in den Knochen steckt" und er gleichzeitig mit einer anspruchsvollen und komplexen neuen Aufgabe konfrontiert ist. Hier wäre der Vorgesetzte gefordert, diese Situation erst gar nicht entstehen zu lassen oder aber Unterstützung zu geben. Dies könnte auf der *sachlichen* Ebene z. B. durch Strukturierungshilfen bei der Aufgabe, temporäre Abminderung der Belastung oder durch Gewährung zusätzlicher Zeit/Ressourcen geschehen. Auf der *emotionalen* Ebene sind aufmunternder Zuspruch, vor allem aber Signale hilfreich, dass bei Problemen jederzeitige Gesprächsbereitschaft besteht.

Handlungsorientierte Personen dagegen sind in der Lage, handlungsblockierende Gefühle wirkungsvoll zu unterdrücken. Nach Misserfolgen analysieren sie kurz die Gründe, schalten dann aber relativ schnell um und konzentrieren sich auf die Erarbeitung von Handlungsalternativen, mit denen sie ihre Ziele doch noch erreichen können. Die Loslösung von negativen Gefühlen gelingt ihnen besser als lageorientierten Personen, weil sie fähig sind, schon sehr früh Informationen daraufhin zu prüfen, ob sie in einer bestimmten Handlungssituation nützlich oder aber nutzlos oder gar bedrohlich sind. Gefühle sind nun nichts anderes als Informationen an die eigene Person. Handlungsorientierte Personen klassifizieren negative Gefühle sehr früh als nutzlos/bedrohlich und verdrängen sie frühzeitig (*„mich lange zu ärgern, hilft mir jetzt auch nicht weiter“*). Negativaffekte lassen sie nicht hochkommen und müssen sie dann im Gefolge auch nicht mühsam unterdrücken. Der Ungeist wird erst gar nicht aus der Flasche gelassen.

Im Hinblick auf gegenwärtige oder zukünftige Aufgaben passiert Ähnliches. Ein Bedrohungsgefühl lässt man erst gar nicht entstehen, sondern konzentriert sich auf *„die Dinge, die getan werden müssen“*. Über Prozesse der Selbstmotivierung bauen sie eher positive Gefühle gegenüber den zu erledigenden Aufgaben auf und wenden sich ihnen schneller, effizienter und nachhaltiger zu.

Es liegt auf der Hand, dass lageorientierte Verhaltenstendenzen für eigenständige Zielverfolgungsprozesse im Rahmen eines MbO eher nicht förderlich sind, handlungsorientierte Muster dagegen hohe Effizienz erwarten lassen. Wer nicht Gefangener seiner Emotionen ist, kann sich eher auf die sachorientierten Arbeitsprozesse einlassen.

Woran ist nun eine starke Handlungsorientierung zu erkennen? Acht ausgewählte Items (von insgesamt 36) aus dem Fragebogen HAKEMP90 zur Erfassung von Lage- und Handlungsorientierung sollen das Konzept in **Tabelle 12.3** nochmals inhaltlich illustrieren. Die handlungsorientierten Tendenzen sind dabei jeweils grau unterlegt.

Tabelle 12.3: Items zur Handlungs- und Lageorientierung (Quelle: *Kuhl (o.J.), o. S.)*

Handlungs- vs. Lageorientierung
Wenn ich mit einer interessanten Arbeit beschäftigt bin, dann a) suche ich mir zwischendurch gern eine andere Arbeit. b) könnte ich unentwegt weitermachen.
Wenn mir etwas Wichtiges immer wieder nicht gelingen will, dann a) verliere ich allmählich den Mut. b) vergesse ich es zunächst einmal und beschäftige mich mit anderen Dingen.
Wenn einmal sehr viele Dinge am selben Tag misslingen, dann a) weiß ich manchmal nichts mit mir anzufangen. b) bleibe ich fast genauso tatkräftig, als wäre nichts passiert.

Wenn ich vorhabe, eine umfassende Arbeit zu erledigen, dann

a) denke ich manchmal zu lange nach, womit ich anfangen soll.

b) habe ich keine Probleme loszulegen.

Wenn ich sehr viele wichtige Dinge zu erledigen habe, dann

a) überlege ich oft, wo ich anfangen soll.

b) fällt es mir leicht, einen Plan zu machen und ihn auszuführen.

Wenn meine Arbeit als völlig unzureichend bezeichnet wird, dann

a) lasse ich mich davon nicht lange beirren.

b) bin ich zuerst wie gelähmt.

Wenn ich etwas Wertvolles verloren habe und jede Suche vergeblich war, dann

a) kann ich mich schlecht auf etwas anderes konzentrieren.

b) denke ich nicht mehr lange darüber nach.

Wenn ich ein schwieriges Problem lösen muss, dann

a) lege ich meist sofort los.

b) gehen mir zuerst andere Dinge durch den Kopf, bevor ich mich richtig an die Aufgabe heran mache.

Eine übersteigerte Handlungsorientierung ist allerdings auch nicht wünschenswert. Der Grat zwischen ihr und „blindem Aktionismus" oder „operativer Hektik" kann schmal sein. Überzogene Handlungsorientierung

- verführt zu vorschnellem Handeln. Schneller Handeln als Denken ist keine wirklich gute Idee.
- verhindert, dass nach Misserfolgen in ausreichendem Umfang die Gründe des Scheiterns analysiert werden und daraus Schlüsse für die Zukunft gezogen werden.
- verhindert, dass vor der Handlung in einer ausreichend langen Planungsphase alle potenziellen Handlungsalternativen zusammengetragen und geprüft werden. Wer die beste Handlungsstrategie gar nicht aufgedeckt hat, kann sie auch nicht realisieren.
- schürt eine Tendenz, „die Dinge einfacher zu machen, als sie sind". Überkomplexitäten sind schlecht, Unterkomplexität im Denken allerdings auch.

12.5 Geringe Prokrastinationstendenz

Zeit, die am Anfang verschenkt wird, ist am Ende nur schwer wieder einzuholen. Diese Weisheit kennt jeder Planer. Und sie stimmt ja auch. Daher ist es im Rahmen von Zielverfolgungsprozessen wichtig, dass Mitarbeiter den Handlungsbeginn möglichst nicht verzögern und sofort „in medias res" gehen. Dass solche Verhaltensmuster alles andere als selbstverständlich sind, sondern viele Menschen mit einer starken Tendenz zum Aufschieben des Handlungsbeginns zu kämpfen haben, wurde bereits in Kapitel 6.6 erläutert. Die Existenz von Zielen in der Organisation wirkt zwar im Grundsatz solchen Prokrastinationstendenzen entgegen, aber wünschenswert wäre, wenn die Mitarbeiter bereits vom Persönlichkeitstypus her eine *geringe Prokrastinationstendenz* aufweisen würden.

Dieses Persönlichkeitsmerkmal hat sicher eine gewisse inhaltliche Überdeckung mit dem zuvor dargestellten Kriterium der Handlungsorientierung, schärft aber in Abgrenzung zu ihm insbesondere nochmals den Aspekt des Handlungs*beginns*. Zudem fokussiert es nicht nur auf die *Gefühlsebene*, sondern beinhaltet auch die eher *sachorientierte Planungsebene*.

Für eine übersteigerte Anti-Prokrastinationstendenz müsste man wohl ähnliche Negativwirkungen wie für eine übersteigerte Handlungsorientierung erwarten: Die „heiße Nadel" und der „überstürzte Beginn" dominieren das durchdachte Vorgehen.

Einige Items aus dem von *Rist/Engberding (2006)* verwendeten Fragebogen sollen – sprachlich etwas an Wirtschaftsorganisationen angepasst – das Konzept der Prokrastinationstendenz nochmals kompakt illustrieren und eine Beobachtungsbasis für Vorgesetzte bereitstellen (siehe **Tabelle 12.4**).

Tabelle 12.4: Items zur Erfassung von Prokrastinationstendenzen (Quelle: *In Anlehnung an Rist/Engberding (2006), S. 67)*

PROKRASTINATIONSTENDENZ	
„Ich zögere den Beginn von Aufgaben bis zur letzten Minute hinaus."	*„Selbst wenn ich weiß, dass eine Aufgabe unbedingt erledigt werden muss, kann ich mich nur schwer dazu durchringen, gleich damit anzufangen."*
„Ich zögere den Beginn von Arbeiten so lange hinaus, dass ich damit nicht rechtzeitig fertig werde."	*„Wenn ein wichtiges Problem anstehen würde, würde ich so schnell wie möglich damit anfangen." (*)*
„Ich bin mit meinen Arbeiten oft schon früher fertig als nötig." (*)	*„Ich erledige meine Aufgaben regelmäßig jeden Tag, damit ich mit meinem Pensum nicht in Verzug gerate." (*)*
„Wenn eine wichtige Aufgabe ansteht, dann bin ich oft noch mit anderen Arbeiten beschäftigt, die kurzfristig fertiggestellt werden müssen."	*„Bei wichtigen Terminen in der Organisation kalkuliere ich eine reichlich bemessene Zeitreserve ein." (*)*

„Ich nutze Leerzeiten zwischen einzelnen Terminen, um schon einmal mit Anfangsaktivitäten für längerfristige Aufgaben in Gang zu kommen." (*)	*„Wenn ich einen wichtigen Termin habe, sorge ich dafür, dass die dafür benötigten Dinge am Abend vorher bereitliegen." (*)*
„Zu Verabredungen und Treffen komme ich oft zu spät."	*„Ich neige dazu, die Arbeitsmenge die ich innerhalb einer bestimmten Zeit bewältigen kann, zu überschätzen."*

(*) = Items für Anti-Prokrastinationstendenzen

Wie könnte nun eine Führungskraft im Rahmen von Zielvereinbarungssystemen den „Edel-Prokrastinierern" in ihrem Bereich ein wenig „auf die Sprünge helfen"? Eine naheliegende Unterstützung wäre die Vereinbarung von dichter gesetzten Meilensteinterminen zu Beginn der Zielverfolgungsperiode. Ein zusätzliches, relativ früh angesetztes Planungsgespräch, in dem der Mitarbeiter seine beabsichtigten Aktivitäten (inklusive zugehöriger Terminvorstellungen) zur Zielrealisierung vorstellen soll, kann „hilfreichen Druck" aufbauen.

12.6 Hohe Selbststeuerungsfähigkeit

Das fünfte erforderliche Persönlichkeitsmerkmal knüpft an der Tatsache an, dass Zielvereinbarungssysteme für die Mitarbeiter eine offene Arbeitssituation schaffen. Nur nach Zielen zu arbeiten und nur sehr sparsam durch Führungsimpulse des Vorgesetzten gelenkt zu werden, setzt eine hohe Befähigung zur eigenständigen Füllung dieser Freiräume voraus. Streng genommen beginnt der Freiraum schon mit der Vereinbarung hinreichend anspruchsvoller Ziele. Mitarbeiter müssen daher in der Lage sein,

- sich selbst zutreffend einzuschätzen und auf die eigenen Kompetenzen zu vertrauen,
- ihre eigenen Handlungen zu planen und zu regulieren,
- sich immer wieder selbst zu motivieren.

Alles zusammen wird als *Selbststeuerungsfähigkeit* bezeichnet.

Zum einen rechtzeitig mit Aufgaben zu beginnen (= geringe Prokrastinationstendenz) und zum anderen die eigene Gefühlswelt angemessen regulieren zu können (= Handlungsorientierung), sind ohne Zweifel auch Bestandteile von Selbststeuerungsfähigkeit. Insofern überlappen die Merkmale in Randbereichen. Selbststeuerungsfähigkeit ist jedoch deutlich mehr. Damit der Mitarbeiter über einen langen Zeitraum „in der Spur" der konsequenten Zielverfolgung bleibt, müssen in Anlehnung an die *sozial-kognitive Lerntheorie* (*Bandura* 2001) noch weitere Elemente hinzukommen. Sie sind im Überblick in **Abbildung 12.5** dargestellt.

Abbildung 12.5: Elemente der Selbststeuerungsfähigkeit

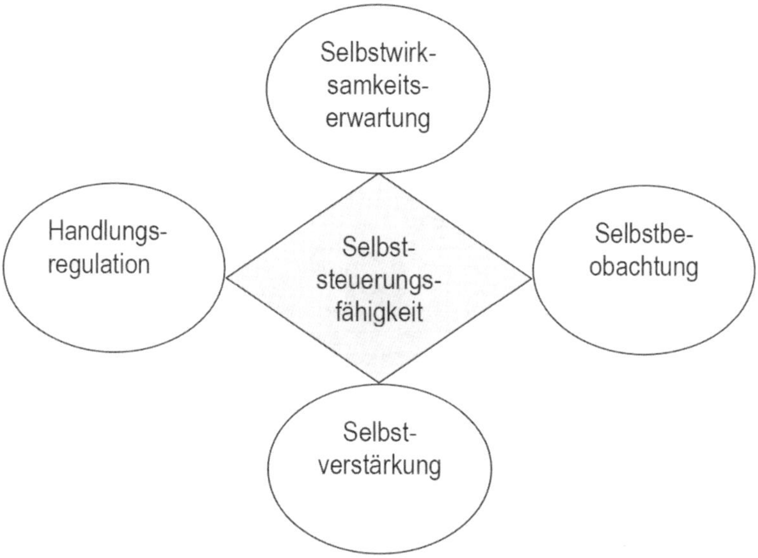

Die vier Elemente sollen nun näher erläutert werden:

Hohe Selbstwirksamkeitserwartung: Dies ist eine relativ stabile Überzeugung des Mitarbeiters, auf Basis seiner Qualifikationen bestimmte Verhaltensmuster grundsätzlich zeigen und damit auch Handlungsergebnisse produzieren zu können. Nur wer eine hohe Selbstwirksamkeitserwartung *(= Self-Efficacy)* hat, ist bereit, sich anspruchsvolle Ziele zu setzen und konstant an ihrer Realisierung zu arbeiten.

Gegenüber der *internalen Kontrollüberzeugung* stellen Selbstwirksamkeitserwartungen die speziellere Persönlichkeitsdisposition dar, da sie einen engen Bezug zu den eigenen Qualifikationen aufweisen. Gegenüber der *Anstrengungserwartung* als ein Einflussfaktor auf die Motivation ist sie das allgemeinere Konstrukt, da Anstrengungserwartungen situativ sind, also eher an konkrete, einzelne Handlungssituationen gebunden sind. Für effiziente Zielverfolgungsprozesse sind idealerweise alle drei Einflussfaktoren hoch ausgeprägt. In Gesamtschau stellt sich das Verhältnis zwischen den drei Konstrukten an einem Beispiel wie in **Abbildung 12.6** dar:

Abbildung 12.6: Beziehung zwischen Selbstwirksamkeitserwartung, internaler Kontrollüberzeugung und Anstrengungserwartung

Internale Kontrollüberzeugung

Allgemeine Überzeugung, als Person die Ursache für Erfolg oder Misserfolg zu sein.

Beispiel: *Verkäufer X glaubt, dass Verkaufserfolg generell vom Einsatz des einzelnen Verkäufers abhängt.*

↓

Selbstwirksamkeitserwartung

Überzeugung, auf Basis eigener Qualifikationen bestimmte Verhaltensmuster zeigen zu können und damit bestimmte Handlungsergebnisse produzieren zu können.

Beispiel: *Verkäufer X glaubt, mit seinen kommunikativen Fähigkeiten auch sehr skeptische Kunden von Produkten überzeugen zu können.*

↓

Anstrengungserwartung

Einschätzung der Wahrscheinlichkeit, dass eigene Anstrengungen zu einem bestimmten Handlungsergebnis führen.

Beispiel: *Verkäufer X glaubt, dass ein zweiter Besuch bei Kunde Y zum Verkaufsabschluss führt und ist daher zu einer längeren Anfahrt bereit.*

Selbstwirksamkeitserwartungen verändern sich in aller Regel nicht abrupt. Sie formen sich vielmehr in einem längeren Prozess insbesondere unter dem Einfluss von

- selbst erlebten Erfolgen und Misserfolgen,
- Rückmeldungen durch andere Personen,
- Beobachtungen anderer Personen bei Erfolg/Misserfolg.

Die ersten beiden Einflussfaktoren zeigen noch einmal, wie bedeutsam eine angemessene Zielschwierigkeit ist, bei der Mitarbeiter in hinreichendem Umfang Erfolgserfahrungen haben und nachfolgend positive Feedbacks erhalten können.

Woran sind nun hohe Selbstwirksamkeitserwartungen zu erkennen? Typische Denkmuster erfassen *Schuler/Prochaska (2001)* unter der Dimension *Erfolgszuversicht* im Rahmen ihres Fragebogens LMI (= Leistungsmotivationsinventar). **Tabelle 12.5** gibt einige Items wieder.

Tabelle 12.5: Items zur Erfassung der Selbstwirksamkeitserwartung

SELBSTWIRKSAMKEITSERWARTUNG	
Auch vor einer schwierigen Aufgabe rechne ich immer damit, mein Ziel zu erreichen.	*Wenn ich mir etwas vornehme, dann gelingt es mir meist besser als anderen Leuten.*
Wenn ich eine Prüfung ablege, bin ich auch davon überzeugt, dass ich sie bestehe.	*Ich brauche mich vor keiner Situation zu fürchten, weil ich mit meinen Fähigkeiten noch überall durchgekommen bin.*

Selbstbeobachtung: Bei diesem zweiten Element einer hohen Selbststeuerungsfähigkeit wird erwartet, dass ein Mitarbeiter in der Lage sein muss, sich bei der Aufgabenausführung selbst zu beobachten (= *Self Monitoring*). Er muss sich quasi neben sich selbst stellen können, um möglichst präzise Informationen zu generieren über

- sein eigenes Verhalten,
- die Auslöser seines Verhaltens,
- die Konsequenzen seines Verhaltens.

Diese Informationen werden benötigt, um zu überwachen, ob auf bestimmte Auslösebedingungen hin mit adäquaten Verhaltensmustern reagiert wird und ob diese Verhaltensmuster dann auch zu den erwünschten Verhaltenskonsequenzen führen. Die Selbstbeobachtung ist letztlich die Basis für die Einleitung von Verhaltenskorrekturen. Da der Vorgesetzte aufgrund der Freiheitsgrade beim MbO keine enge Überwachungsfunktion mehr wahrnimmt, muss der Mitarbeiter selbst diese Monitoringaufgabe übernehmen. Er müsste also z. B. selbst erkennen, dass er durch sofortiges Reagieren auf jede eingegangene E-Mail seine eigene Arbeitseffizienz massiv beeinträchtigt, und sich daher selbst verordnen, E-Mails nur noch in einem einzigen täglichen Zeitfenster zu beantworten.

Selbstverstärkung: Ein Mitarbeiter muss bei diesem dritten Element der Selbststeuerungsfähigkeit in der Lage sein, die Wahrscheinlichkeit, mit der ein Verhalten bei ihm selbst auftritt, selbst zu steuern. Er kann dabei sogenannte „Verstärkungstechniken" nutzen.

Bei der Anwendung von Verstärkungstechniken sind im Grundsatz drei Ansätze denkbar (*König/Kleinmann 2006*). Erstens kann sich ein Mitarbeiter selbst positiv verstärken und damit für eine Wiederholung erfolgreichen Handelns sorgen. Beispielsweise kann er – um das obige E-Mail-Beispiel wieder aufzugreifen – sich selbst mit einer Kaffeepause belohnen, nachdem er alle E-Mails gesammelt in einem einzigen Zeitfenster abgearbeitet hat.

Zweitens kann er sich selbst „bestrafen" und damit für eine Unterdrückung unerwünschten Verhaltens sorgen. Wenn in unserem Beispiel der Mitarbeiter trotz anderer Vorsätze doch wieder gleich auf jedes E-Mail-Piepsen seines PC reagiert und daher sein geplantes Arbeitspensum am Vormittag nicht schafft, dann könnte er sich das gemeinsame Mittagessen mit den Kollegen versagen. Drittens kann ein Mitarbeiter die Strategie der Stimuluskontrolle einsetzen. Wenn er erkennt, dass ein bestimmter Auslösereiz zu unerwünschten bzw. erwünschten Verhaltensmustern führt, dann kann er versuchen, diesen Auslösereiz zu eliminieren bzw. herbeizuführen. Beispielsweise könnte der Mitarbeiter in seinem E-Mail-Programm den Piepston abstellen, da er ja weiß, dass er nicht widerstehen kann und „sofort antritt", wenn die Maschine nach ihm pfeift.

Im Grunde geht es bei der Verstärkungstechnik um eine Gewährung oder Nichtgewährung von Anreizen, mithin also um eine Motivationsaufgabe, die der Mitarbeiter mangels ständiger Präsenz des Vorgesetzten für diese Führungsfunktion partiell selbst übernimmt.

Handlungsregulation: Bei diesem vierten Element einer hohen Selbststeuerungsfähigkeit geht es um die Befähigung, komplexe Handlungsanforderungen

- planerisch in handhabbare Einzelaufgaben aufzuspalten,
- diese in einen sinnvollen Bezug zueinander zu setzen und
- den Zeiteinsatz für die Einzelaufgabe zutreffend einzuschätzen.

Ziele helfen einerseits bei der Handlungsregulation, wie bereits in Kapitel 7.6 ausführlich dargelegt wurde. Andererseits stellt ihre Existenz aber auch genau die komplexe Handlungsanforderung dar, die einen Mitarbeiter zu intensiver eigener Handlungsregulation zwingt. Ein klassischer Doppelcharakter!

12.7 Starkes Autonomiestreben

Nun zum sechsten und letzten Persönlichkeitsmerkmal im Rahmen der „Big Six of MbO". Großer Auslauf oder kurze Leine? Weite Prärie oder Laufställchen? Etwas provokant formuliert, sind das die Unterschiede zwischen Zielvereinbarungssystemen und anweisungszentrierten Führungsmustern. Es mag Mitarbeiter geben, die die Sicherheit und den Kuschelfaktor im Laufställchen schätzen und auch die klare Steuerung über die kurze Leine eher als Entlastungsfaktor empfinden. Sie werden unter dem „weiten Horizont" zielbasierter Führungssysteme eher leiden.

Nicht weiter erläuterungsbedürftig ist dagegen wohl, dass Menschen mit einem *ausgeprägten Autonomiebedürfnis* sehr positiv auf die Freiheitsgrade reagieren, die ein MbO bietet. Im Arbeitsalltag zeigt sich ein hohes Autonomiebedürfnis bei Mitarbeitern u.a. an folgenden Merkmalen:

- Bereitschaft zur Verantwortungsübernahme,
- Entscheidungsfreudigkeit,

- Äußerung eigener Meinungen, Ideen und Vorstellungen,
- wenig Rückfragen nach Aufgabenübernahme,
- Suche nach eigenen Wegen der Aufgabenerledigung,
- Unabhängigkeit von externen Anreizen.

Im Rahmen der Dimension „Selbständigkeit" bildet das bereits mehrfach angesprochene *Leistungsmotivationsinventar (LMI)* in 10 Items typische Denk- und Verhaltensmuster von autonomieorientierten Personen ab (siehe **Tabelle 12.6**).

Tabelle 12.6: Items zur Erfassung des Autonomiestrebens

SELBSTÄNDIGKEIT	
Bei einer schwierigen Aufgabe ist es mir lieber, gemeinsam mit anderen die Verantwortung zu tragen, als sie allein auf mich zu nehmen. (*)	*Bei gleichem Verdienst ziehe ich die Tätigkeit als Angestellter der als Selbständiger vor. (*)*
Ich bin gern allein verantwortlich für das, was ich tue.	*Auch in kleinen Dingen fällt mir eine Entscheidung oft schwer. (*)*
Manchmal ist es mir lieber, anderen die Entscheidung zu überlassen. (*)	*Es ist mir manchmal ganz angenehm, nicht für alles verantwortlich zu sein. (*)*
Es fällt mir leicht, Entscheidungen schnell zu treffen.	*Es ist mir wichtig, selbst zu bestimmen, wie ich meine Arbeit mache.*
Es wäre mir sehr unangenehm, häufig gesagt zu bekommen, was ich tun soll.	*Ich habe schon in jungen Jahren auf Unabhängigkeit Wert gelegt.*

(*) = Items für geringe Selbständigkeit

Eine problematische Übersteigerung des Autonomiebedürfnisses beginnt dort, wo sich der Mitarbeiter

- nicht mehr an Regeln oder Anweisungen hält,
- zum eigenmächtigen Handeln und zu Heimlichkeiten tendiert,
- Vorgesetzte nicht mehr in zentrale Entscheidungen einbindet,
- sich sozial nur noch schwer in Teams integrieren lässt und
- „querulatorisch" immer und zu jedem Thema einen eigenen, abweichenden Standpunkt hat.

Teil IV: Zielorientierte Vergütungssysteme

13 Pro: Chancen und Nutzen

„Als ich klein war, glaubte ich, Geld sei das Wichtigste im Leben. Heute, da ich alt bin, weiß ich: Es stimmt."

(Oscar Wilde, irischer Schriftsteller)

Sollte man die Erreichung von Zielen materiell belohnen und damit den Schritt von einem reinen Führungssystem hin zu einem Vergütungssystem vollziehen? Die Frage ist äußerst facettenreich. Es gibt viele Gründe dafür und viele dagegen. Um dem Leser eine fundierte eigene Meinungsbildung zu ermöglichen, werden nachfolgend in Form einer Argumentebilanz wichtige Pro- und Contra-Argumente dargestellt. Wie komplex die Fragestellung ist, zeigt sich daran, dass auch einzelne Pro- und Contra-Aspekte nicht völlig eindeutig sind. Es gibt sogar in der Mikrosicht oftmals ein „einerseits" und „andererseits". Wo es nötig erscheint, wird daher die Substanz der Argumente kritisch hinterfragt und kommentiert. Diese Einlassung lässt schon erahnen, dass es im Ergebnis ein eindeutiges Für oder Wider nicht geben wird.

Dies kann es auch gar nicht geben. Denn selbstverständlich unterliegen zielbasierte Vergütungssysteme – wie jedes andere Managementsystem auch – hinsichtlich ihrer Wirksamkeit situativen Einflussfaktoren. So werden im Minimum die nachfolgend aufgelisteten Faktorenkomplexe zu berücksichtigen sein. Sie wirken im Verbund und können sich fallweise wechselseitig verstärken oder auch abschwächen.

- *Motivstrukturen der Mitarbeiter:* Man wird zur Kenntnis nehmen müssen, dass manche Mitarbeiter finanziellen Anreizen eine höhere Bedeutung beimessen und im Arbeitsverhalten intensiver auf sie reagieren als andere. Die Bandbreite reicht dabei von höchster Sensibilität bis zu relativer Gleichgültigkeit gegenüber der Entlohnungshöhe und der Entlohnungsstruktur. Erklärbar sind solche Unterschiede über individuelle Persönlichkeitsstrukturen (z. B. intrinsische Motivation, Ehrgeiz, Neid, Gier, Wettbewerbsorientierung), über Prägungen aus dem sozialen Umfeld (z. B. Erziehung, Freundes- oder Bekanntenkreis) oder schlicht über die persönliche finanzielle Situation. Wer eine/n Partner/in mit attraktiven Einkommen hat, selbst über eine höhere Vermögensposition verfügt oder keine finanziellen Verpflichtungen gegenüber von ihm abhängigen Personen hat, der muss sich – zumindest unter der Perspektive der Existenzsicherung – nicht sonderlich von der Frage umtreiben lassen, ob es am Jahresende noch einen Zielbonus gibt oder nicht.
- *Aufgaben und Arbeitsbedingungen:* Es gibt Aufgaben und Arbeitsbedingungen, die so interessant, vielfältig und angenehm sind, dass sich Mitarbeiter ihnen freiwillig, gerne und intensiv zuwenden. Zusätzliche Anreize wären dann unnötig. Auf der anderen Seite kann man sich auch Tätigkeiten vorstellen, die so monoton sind und/oder unter so belastenden Bedingungen ausgeführt werden müssen, dass die Mitarbeiter ein zusätzliches „Stimulanzium" benötigen oder zu Recht ein angemessenes „Schmerzensgeld" dafür erwarten.

- *Höhe der Gesamtvergütung:* Ein Zielbonus in Höhe von 2.000 Euro bei einer Jahresgrundvergütung von 20.000 Euro für eine einfache Sachbearbeitertätigkeit ist natürlich etwas anderes als ein zusätzlich möglicher Zielbonus von 100.000 Euro „on top" auf ein Jahresgrundgehalt von 250.000 Euro bei einer hochrangigen Führungskraft oder einem hochkarätigen Experten. Im ersten Fall löst die Nichtgewährung des Bonus eventuell ernstere finanzielle Sorgen aus. Im zweiten Fall sollte dies weniger wahrscheinlich sein. Stellt sich im ersten Fall vielleicht die Frage sehr intensiv, ob man für seine Arbeit in Gesamtschau denn noch angemessen vergütet wurde, so ist die Frage im zweiten Fall nicht von so fundamentaler Bedeutung. Insofern müssten Zielboni bei höheren Vergütungen von Führungskräften/Experten und Zielboni bei niedrigeren Vergütungen im Tarifbereich eigentlich getrennt diskutiert werden.
- *Wettbewerbsumfeld am Arbeitsmarkt:* Eine Organisation ist keine Insel. Um die besten Arbeitskräfte steht sie auf dem Arbeitsmarkt in stetem Wettbewerb mit anderen Organisationen. Vergütungshöhen und -strukturen sind ein wichtiger Bestandteil des Anreizpakets, das ein Bewerber oder Mitarbeiter subjektiv wahrnimmt und von dem dann entscheidend seine Eintritts- oder Bleibemotivation abhängt. Organisationen sind bei ihren Vergütungsentscheidungen also nicht autonom. Insofern müssen Zielbonussysteme eigentlich in Abhängigkeit von Branchen- und Arbeitsmarktsituation analysiert und beurteilt werden.

Von den dargestellten situativen Einflussfaktoren wird im Folgenden bewusst weitgehend abstrahiert. Nur punktuell werden differenzierende Aspekte aufgegriffen. Primär geht es vielmehr um das möglichst „scharfe Herauspräparieren" von grundsätzlichen Wirkmechanismen und Folgen, die mit einer Vergütung nach Zielerreichungsgraden verbunden sind – weitgehend unabhängig von verschiedenen Mitarbeitergruppen.

Beginnen wir nun also mit der Aktiv-Seite der Bilanz. Was spricht für Zielboni? Zehn Argumente werden vorgetragen.

13.1 Leistungssteigerung und -erhaltung

Wie jede andere Form eines Leistungslohns auch (z. B. Akkord-, Prämienentlohnung), sollen Zielboni dazu führen, dass eine Tätigkeit von einem Mitarbeiter mit einer Intensität ausgeübt wird, die er ohne diesen materiellen Anreiz nicht zeigen würde.

Im Regelfall wird eine Leistungssteigerung das Ziel sein. Fallweise kann es aber auch rein um den Erhalt der Leistung gehen. Dies gilt speziell für Tätigkeiten, bei denen Mitarbeiter höhere Abneigungsschwellen überwinden müssen. Ohne zusätzliche extrinsische Anreize würden sie eine Arbeit nicht mit der für die Aufgabenerfüllung nötigen Intensität und Dauerhaftigkeit ausüben. Niemand entgrätet freiwillig den ganzen Tag Fische oder leert Mülltonnen. Auch der Auftrag, anderen Menschen Bank- oder Versicherungsprodukte zu verkaufen, ist nicht immer vergnügungssteuerpflichtig. Aber selbst bei deutlich angenehmeren Tätigkeiten kann es auf Dauer zu Motivationsverlusten kommen, da alternative Zeit- und Energieverwendungen für den Mitarbeiter höhere Attraktivitätspotenziale erlangen.

Solchen Motivationsbarrieren und -verlusten möchte man mit einer entsprechend hohen Vergütung entgegenwirken. Man kann dies zwar durch eine attraktive fixe Vergütung versuchen. Aber gemeinhin wird angenommen, dass der gleiche Endbetrag – aufgeteilt auf einen fixen und einen variablen Anteil (hier: Zielbonus) – motivatorisch wirksamer ist, da er beim Mitarbeiter dauerhafter einen Spannungsbogen aufrechterhält.

Solche Überlegungen sind vollständig kompatibel mit der in Kapitel 10.10 erhobenen Forderung, dass Ziele mit bedürfnisgerechten Anreizen verknüpft sein müssen. Das muss allerdings nicht zwangsläufig „Geld" sein. In **Tabelle 10.2** wurde ein weites Spektrum alternativer Anreize aufgelistet. Möglicherweise ist mit ihnen für die Organisation eine Steuerung von Leistungssteigerung und -erhaltung bei den Mitarbeitern deutlich kostengünstiger möglich.

13.2 Reduzierung des Personalkostenrisikos

Fixe Vergütungen bergen für jede Organisation das Risiko, dass sie von den Mitarbeitern keine adäquate Gegenleistung erhalten. Reduzieren die Mitarbeiter bei fixen Vergütungen – aus welchen Gründen auch immer – ihre Leistung und stellen weniger Produkte oder Dienstleistungen her, dann bedeutet das für jede Organisation eine Steigerung der Lohnstückkosten. Das gilt für die Herstellung von Schokoladenweihnachtsmännern genauso wie für den einzelnen Pflegeprozess in einem Altenheim. Je höher über Zielboni der variable Anteil der Gesamtvergütung ist, umso geringer ist auch das Personalkostenrisiko.

Die sogenannte *„Prinzipal-Agenten-Theorie" (Kräkel 2004)* liefert einen wichtigen Erklärungsbeitrag zur Entstehung dieses Personalkostenrisikos. Analysiert werden Austauschbeziehungen zwischen einem *Auftraggeber* (= *Prinzipal*; hier: Organisation) und einem *Auftragnehmer* (= *Agent*; hier: Arbeitnehmer). Der Prinzipal beauftragt den Agenten, gegen eine Entlohnung bestimmte Aufgaben für ihn zu erfüllen. Es ist nun typisch für Prinzipal-Agenten-Situationen, dass ein Agent bei seinen Handlungen nicht nur die Interessen seines Prinzipals im Auge hat, sondern auch eigene Interessen verfolgt. Das kann er mit Erfolg tun, weil er Informationsvorsprünge hat. In der Rolle eines Arbeitnehmers weiß ein Agent immer mehr über seine „wahren" Qualifikationen und Leistungspotenziale als der Prinzipal. Naheliegenderweise möchte ein Prinzipal diesen Informationsnachteil ausgleichen und damit das Risiko reduzieren, dass durch den Agenten seine Interessen nicht hinreichend vertreten werden. Dazu kann er Überwachungsmechanismen einsetzen. Aus der Perspektive der Prinzipal-Agenten-Theorie sind leistungsorientierte Vergütungssysteme, hier speziell Zielboni, damit nichts anderes als Überwachungsinstrumente, die sicherstellen sollen, dass der Arbeitnehmer seine Leistungspotenziale tatsächlich auch in vollem Umfang ausschöpft und der Organisation zur Verfügung stellt.

13.3 Variabilisierung der Personalkosten

Vereinbart man Ziele, die eng an den Gewinn einer Organisation gekoppelt sind, dann schwanken die anfallenden Personalkosten über die Gewährung/Nichtgewährung von Zielboni im Gleichklang mit der Gewinnentwicklung. Diesem Ideal der „atmenden Personalkosten" kommt man umso näher, je höher der Anteil des variablen Zielbonus an der Gesamtvergütung ist. In gewinnlosen Jahren kann die Organisation sehr schnell eine Personalkostenreduktion realisieren. Der Fixkostenblock „Lohn und Gehalt" wird also teilweise – in Abhängigkeit vom Organisationserfolg – variabilisiert. Für das Überleben von Organisationen in Krisenzeiten kann dies mitunter ein entscheidender Faktor sein.

13.4 Befriedigung von Mitarbeiterbedürfnissen

In einer empirischen Studie in deutschen Unternehmen wurden den Befragten acht unterschiedliche Anreize vorgegeben. Sie sollten daraus die vier Anreize auswählen, die für sie bei der Erreichung von Zielvereinbarungen den größten Nutzen stiften *(Graumann/ Niedermeyer 2003)*. Die Studie ist deshalb so interessant, weil sie spezifisch auf zielbasierte Vergütung zugeschnitten war. Bei 167 Teilnehmern ergab sich ein Bild gemäß **Abbildung 13.1**. Leider wird nicht berichtet, aus welchen Hierarchieebenen und Tätigkeitsfeldern sich der Teilnehmerkreis der Studie rekrutiert.

Abbildung 13.1: Präferierte Anreizarten in Prozent bei Zielvereinbarungen (Quelle: *Graumann/Niedermeyer (2003), S. 74)*

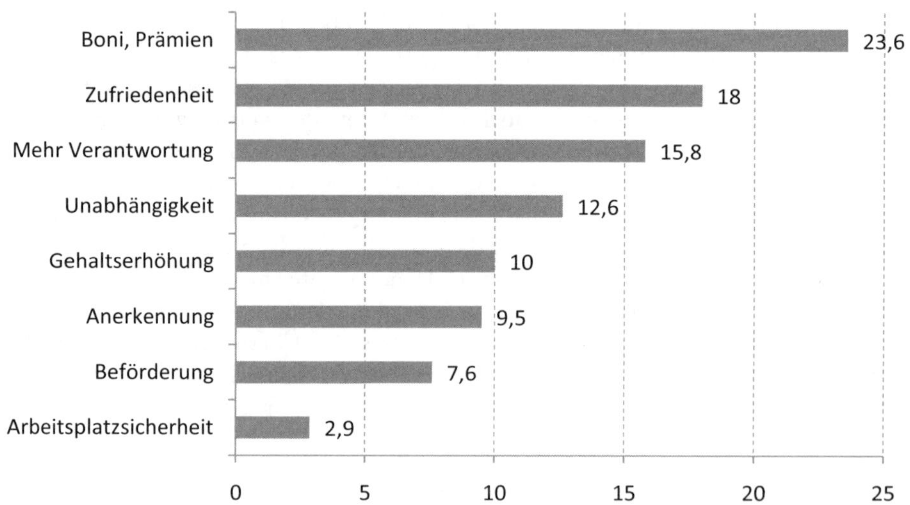

Die Ergebnisse weisen Zielboni (23,6 %) in den Augen der Mitarbeiter eindeutig als wichtigsten Anreiz aus. Nimmt man noch den Aspekt „Gehaltserhöhung" (10 %) dazu, dann machen monetäre Belohnungen als extrinsische Anreize ziemlich genau ein Drittel der präferierten Anreize aus. Man scheint also – zumindest nach dieser Studie – an der Gewährung von Geld im Rahmen von Zielvereinbarungssystemen nur schwer vorbeizukommen.

Auf drei Aspekte dieses Ergebnisses soll aber auch noch explizit hingewiesen werden. Die ersten beiden sind eher allgemeiner Natur und betreffen alle empirischen Studien, in denen die Bedeutung materieller Anreize analysiert wird.

- Es wäre zu hinterfragen, zu welchem Anteil die hohe Bedeutung monetärer Anreize erst durch die Art der Befragung ausgelöst wurde. Wissenschaftler sprechen von einem Methodenartefakt, wenn eine bestimmte Erhebungsmethode zumindest teilweise dafür verantwortlich ist, dass die Ergebnisse „so sind wie sie sind". Hier liegt die Vermutung nahe, dass Mitarbeiter – einfach ausgedrückt – auf die Frage *„Willst Du mehr Geld?"* naheliegenderweise mit *„Ja"* antworten. Wer würde auf eine solche Frage – schon rein sicherheitshalber – mit *„Nein!"* antworten? Insofern ist die Bedeutung materieller Anreize möglicherweise *über*zeichnet. Interessant wäre zu wissen, wie die Befragten geantwortet hätten, wenn man ihnen keine Anreizkategorien vorgegeben hätte, sondern sie aufgefordert hätte, diese selbst aktiv zu benennen.

- Allerdings muss auch erwähnt werden, dass einige Wissenschaftler bei Fragen nach der persönlichen Bedeutung von Geld/Vergütung tendenziell „unehrliche" Antworten für wahrscheinlich halten. Die Befragten weisen materiellen Anreizen einen systematisch zu tiefen Stellenwert zu, da sie vor sich selbst bzw. den Interviewern nicht als materiell orientiert oder gar „geldgierig" erscheinen wollen. Sie antworten dann so, wie sie es für „sozial erwünscht" halten, und betonen eher immaterielle Aspekte der Arbeit. Sollte diese Theorie zutreffen, dann wäre allerdings die Bedeutung von Zielboni eher noch *unter*zeichnet.

- Eine hohe subjektive Wichtigkeit eines Anreizes sagt noch nichts darüber aus, ob er auch zu einem anderen Leistungsverhalten führt. Interessant wären daher Studien, die Mitarbeiter mit und ohne Zielboni vergleichen. Käme es bei gleichen Zielen und gleichen Arbeitsbedingungen tatsächlich zu einem besseren Leistungsverhalten, wenn Zielboni angeboten werden? Ein solches Forschungsdesign ist allerdings in der betrieblichen Praxis kaum realisierbar. Es blieben dann wieder nur Experimente im Labor unter künstlichen Bedingungen, bei denen die Übertragbarkeit der Ergebnisse in die betriebliche Realität anzweifelbar ist.

- Trotz der starken Bedeutung monetärer Anreize muss man aber auch zur Kenntnis nehmen, dass die intrinsischen Anreize „Unabhängigkeit" (12,6 %), „Mehr Verantwortung" (15,8 %) und „Zufriedenheit" (18 %) in der Addition auf etwa 46 % kommen. Das erhält die Hoffnung, dass man mit einem überzeugend geschnürten intrinsischen Anreizpaket gegen Zielboni nicht chancenlos ist.

13.5 Leistungsgerechtigkeit der Vergütung

Zielboni können einen wichtigen Beitrag zu einer höheren Leistungsgerechtigkeit der Vergütung darstellen. Die doppelte Logik dahinter: Wer seine Ziele vollständig, oder zumindest zum Teil, erreicht, steuert einen wichtigen Beitrag zum Erfolg der Gesamtorganisation zu. Er hat mithin also eine Leistung erbracht, die grundsätzlich prämierungswürdig ist. Und wer seine Ziele in einem höheren Ausmaß erreicht als ein anderer Mitarbeiter, der hat eben eine höhere Leistung erbracht und soll dafür in Relation auch höher vergütet werden. Diese Gerechtigkeitslogik ist relativ gut kommunizierbar und entspricht – zumindest auf den ersten Blick – dem Gerechtigkeitsempfinden vieler Mitarbeiter (siehe dazu auch die Gleichgewichtstheorie von *Adams* in Kapitel 6.5).

Bei Betrachtung der Rückseite der gleichen Medaille heißt die Gerechtigkeitsvorstellung, dass insbesondere „Leistungsunwillige" die Konsequenzen ihres suboptimalen Leistungsverhaltens direkt an ihrem „empfindlichsten Körperteil", und das ist nun einmal die eigene Brieftasche, spüren sollen. Dies ist in Organisationen relativ schnell konsensfähig. Auch Arbeitnehmervertretungen sind dafür zu gewinnen, sofern ein gewisser „Schutz der Schwächeren" gewährleistet ist. Bibelfeste Leser wissen, dass schon der Apostel Paulus in seinem 2. Brief an die Thessalonicher den Satz formuliert hat: *„Wer nicht arbeitet, der soll auch nicht essen."* Diese Idee war wohl so überzeugend, dass auch Lenin ohne Zögern auf sie zurückgegriffen hat, um deutlich zu machen, dass die Ausbeutung des Menschen durch den Menschen auch bei Gemeineigentum aller Produktionsmittel vorkommen kann, nämlich in Form eines nicht zu duldenden Müßiggangs einiger zu Lasten der anderen. Von Paulus bis Lenin – wenn das mal kein breiter gesellschaftlicher Konsens ist ...!

Bei allem nachvollziehbaren Bemühen um eine negative Sanktion von Leistungsunwilligen oder Schwachleistern über das Vergütungssystem sollten aber aus personalwirtschaftlicher Sicht die Fragen nicht aus dem Blick geraten, wer diese Mitarbeiter denn in die Organisation gelassen hat bzw. warum sie so geworden sind, wie sie sind. Die Frage nach dem Versagen von Personalauswahlmechanismen oder nach suboptimaler Führung kann für die künftige Vermeidung solcher Problemfälle viel bedeutender sein als ihre „Bestrafung" über die Vergütung.

13.6 Unternehmerisches Denken und Handeln

Zielboni sorgen dafür, dass sich Mitarbeiter in ihrem Leistungsverhalten schon aus Eigeninteresse strikt danach ausrichten, was der Organisation nützt. Sie betrachten ihre Stelle und die auf ihr zu verrichtenden Aufgaben stärker durch die Brille eines Unternehmers. Über die Herstellung von Interessenidentität wird der Widerspruch zwischen Arbeitnehmerrolle und Unternehmerrolle ein Stück weit eingeebnet. Insofern ist die Bezahlung nach Zielerreichung ein langfristig angelegtes Personalentwicklungsprogramm, das das unternehmerische Denken und Handeln bei den Mitarbeitern fördert.

Spontan kann man allerdings einwenden, dass diese unternehmerische Orientierung auch über eine strikte Mitarbeiterführung nach dem Zielkaskadierungsprinzip erreicht werden kann. Die Ausrichtung jeglichen Leistungshandelns der Mitarbeiter auf die Spitzenziele der Organisation bedarf von der Logik her nicht zwangsläufig der Bezahlung nach Zielerreichung. Was allerdings als Argument bleibt, ist ein verstärktes Bewusstsein für den Zusammenhang zwischen Organisationserfolg und persönlicher Vergütung.

13.7 Führungsunterstützung

Die Möglichkeit, Zielboni zu gewähren oder eben nicht zu gewähren, gibt den Führungskräften der einzelnen Organisationsbereiche größere Gestaltungsfreiräume bei der Entgeltfindung. Sie erhalten damit über das Vergütungssystem eine zusätzliche Möglichkeit der Verhaltenssteuerung der Mitarbeiter und damit ein zusätzliches Führungsinstrument.

Die lerntheoretische Logik dahinter: Erwünschte Verhaltensmuster der Mitarbeiter werden zu Zielerreichung führen und können dann über Zielboni positiv verstärkt werden. Positive Verstärkungen führen zu einer Stabilisierung des gezeigten Verhaltens, erhöhen also die Wahrscheinlichkeit, dass es vom Mitarbeiter wiederholt gezeigt wird. Unerwünschte Verhaltensmuster dagegen führen zu Zielverfehlungen und werden durch das Ausbleiben von Zusatzvergütungen negativ sanktioniert. Dies wirkt tendenziell verhaltensunterdrückend.

13.8 Rekrutierungsunterstützung

Alle Organisationen stehen in Arbeitsmarktkonkurrenz um die besten Mitarbeiter. Wem es gelingt, die qualifiziertesten und motiviertesten Mitarbeiter für sich zu gewinnen, der hat sich zunächst einmal einen potenziellen Wettbewerbsvorteil gesichert. Nicht umsonst sind daher der Aufbau einer starken Arbeitgebermarke mit einem positiven Arbeitgeberimage und die Gestaltung leistungsfähiger Rekrutierungskanäle zentrale Bausteine eines professionellen Personalmanagements.

Was konkret soll aber nun Bewerbern gegenüber kommuniziert werden? Was bewegt einen Bewerber final zum Eintritt in eine Organisation? Es ist davon auszugehen, dass in der Entscheidungsphase für oder gegen eine Organisation eher „harte Faktoren" ausschlaggebend sind, also solche, die der Bewerber für sich mit hinreichender Sicherheit überprüfen kann. Dazu zählen Arbeitszeiten, Fortbildungsangebote, Sozialleistungen und eben Vergütungssysteme mit den beiden Parametern *Höhe des Grundgehalts* und *leistungsorientierte Steigerungsmöglichkeiten*.

Die eher „weichen Faktoren" wie Betriebsklima, partizipative Führungsmuster, abwechslungsreiche und kreative Arbeitsaufgaben etc. können vom Bewerber aber in dieser Phase nicht mit hinreichender Sicherheit überprüft werden. Sie haben daher bei der Eintrittsmotivation eher dann eine höhere Bedeutung, wenn sich die zur Auswahl stehenden potenziellen Arbeitgeber hinsichtlich der harten Faktoren nicht allzu sehr unterscheiden. Die große Stunde der weichen Faktoren dürfte eher im Rahmen der Bleibemotivation gekommen sein. Denn nach einer gewissen Betriebszugehörigkeitsdauer ist besser greifbar, was man bei einem Arbeitgeberwechsel alles aufgeben würde.

Ob man also die Unterschrift eines sehr leistungsorientierten und ehrgeizigen Bewerbers unter den Arbeitsvertrag bekommt oder nicht, kann damit entscheidend davon abhängen, ob man grundsätzlich für ein Tätigkeitsfeld einen Zielbonus in attraktiver Höhe bieten kann oder nicht. Bewegt man sich in einem Wettbewerbsumfeld am Arbeitsmarkt, in dem leistungsbezogene Vergütungselemente üblich sind, dann wird man – ob man von ihrer Wirkung überzeugt ist oder nicht – nicht umhin können, sie ebenfalls anzubieten. „Heulen mit den Wölfen" nennt man das wohl. Jedenfalls kann man nicht akzeptieren, immer nur die zweite Garde an Verkäufern oder Investmentbankern für sich gewinnen zu können oder gar die Abwanderung ganzer Teams zu Wettbewerbern zu riskieren. Attraktive Zielboni können also eine wettbewerbspolitische Notwendigkeit auf dem Arbeitsmarkt sein.

Dummerweise ist das hergestellte Wettbewerbsgleichgewicht aber sehr fragil. Sobald einer der Wettbewerber beginnt, seine Arbeitgeberattraktivität mittels der Auslobung deutlich höherer Zielboni steigern zu wollen, ist die nächste Runde in einer dynamischen Erhöhungsspirale eröffnet. Und für die Personalabteilungen bewahrheitet sich dann wieder die alte Weisheit: *„Wer für Geld kommt, der geht auch wieder für Geld."*

Ein besonders exzessives Beispiel mit völlig aus den Fugen geratenen Boni – und zwar sowohl absolut als auch relativ zu anderen Beschäftigtengruppen – konnte in den letzten Jahren im Bankensektor bewundert werden. Hier hilft wirklich nur, dass man branchenkollektiv in den Personalbereichen zur Vernunft kommt und zumindest – wenn man schon den Geist nicht komplett in der Flasche lassen möchte – sich über seine maximale Größe verständigt. Sonst übernimmt irgendwann der Gesetzgeber diese Arbeit. Und der produziert ja bekanntlich manchmal Lösungen, mit denen dann keiner mehr glücklich ist.

13.9 Implementierungshilfe für Zielvereinbarungen

Wenn sich *Vergütungs*bestandteile an der Zielerreichung orientieren, dann kommen Vorgesetzte und Mitarbeiter an dem *Führungs*instrument „Zielvereinbarung" nicht mehr vorbei. Sie nehmen es möglicherweise ernster. Insofern werten Zielboni das Führungsinstrument auf, sind damit ein Beitrag zu seiner nachhaltigen Implementierung in der Organisation und damit letztlich ein wichtiger Umsetzungshebel für die Gesamtziele der Organisation.

Allerdings ist es ein sehr aufwändiger und kostenintensiver Umsetzungshebel. Wenn tatsächlich die Hauptfunktion eines Zielbonus darin bestehen sollte, quasi als „positiver Brandbeschleuniger" für die Ziele zu wirken, liegt die Frage nahe, ob es nicht andere, billigere Möglichkeiten gibt, die „Flamme am Lodern" zu halten, sprich die Organisationsziele in den zentralen Aufmerksamkeitsfokus der Mitarbeiter zu rücken und dort zu halten.

13.10 Empirische Ergebnisse

Eine große Zahl empirischer Studien aus vielen Jahren und unterschiedlichen Bereichen konnte aufzeigen, dass finanzielle Anreize grundsätzlich einen leistungsfähigen Motivator darstellen. In etwa zwei Dritteln der Organisationen, die in irgendeiner Form leistungsorientierte Bezahlungssysteme einsetzen, konnte tatsächlich ein Leistungsanstieg der Mitarbeiter nachgewiesen werden (*Beer/Cannon 2004 und die zit. Lit.*). Allerdings bleibt bei solchen Studien in aller Regel die Rückseite der Medaille unbeleuchtet, nämlich mit welchem administrativen Aufwand und mit welchen negativen Begleiterscheinungen (z. B. sinkende Kooperationsbereitschaft, Bereichsegoismen) diese Leistungssteigerungen „erkauft" wurden. Bei einer vollständigen Betrachtung müssten dem Nutzen (hier: Leistungssteigerung) konsequenterweise auch die Kosten gegenübergestellt werden.

Schlechte Erfahrungen mit zielbasierten Vergütungssystemen scheinen eher rar gesät zu sein. Zumindest legt eine Befragung von 241 Unternehmen, die schon seit Längerem Zielvereinbarungssysteme praktizieren, diesen Schluss nahe. Denn immerhin 91 % würden, wenn sie noch einmal vor der Wahl stünden, die Erreichung von Zielen an Geld koppeln *(Brück 2006)*. Leider wird nicht berichtet, wer in den Unternehmen konkret die Fragebögen ausgefüllt hat. Wenn es – wie zu vermuten ist – überwiegend Vertreter der Personalabteilungen waren, dann handelt es sich dabei um die Architekten und Administratoren der Systeme. Und diese werden eine eher geringe Tendenz haben, die eigenen Konzepte und Tätigkeiten abzuwerten. Insofern ist nicht auszuschließen, dass es sich bei der hohen Zustimmungsquote um ein Methodenartefakt handelt. Die positive Sicht auf Zielboni wäre somit überzeichnet. Es gilt die alte Weisheit, dass man nicht unbedingt die Frösche fragen sollte, wenn man die Sümpfe trockenlegen möchte.

14 Contra: Risiken und Probleme

„Das Geld, das man besitzt, ist das Mittel zur Freiheit, dasjenige, dem man nachjagt, das Mittel zur Knechtschaft".

(Jean-Jacques Rousseau, franz. Philosoph)

Kommen wir zur Passiv-Seite unserer Argumente-Bilanz. Welche Argumente sprechen gegen Zielboni? Insgesamt siebzehn sind es geworden.

14.1 Zeit- und Geldverschwendung

Schon die reine Existenz von Zielen in einer Organisation sorgt für eine Verbesserung von Motivation und Leistung. Die ausführlichen Erläuterungen zu den höchst wirksamen psychologischen Mechanismen in Teil II sollten das nachdrücklich belegt haben. Im Grundsatz ist es also unnötig, im ökonomischen Sinne sogar Geldverschwendung, zusätzlich für Zielerreichung Prämien auszuloben. Ziele entfalten auch isoliert ihre Wirkung!

Warum sollte eine Organisation also zusätzlich Geld einsetzen und den mit der Verteilung dieses Geldes verbundenen konfliktbehafteten administrativen Aufwand betreiben, wenn die positiven Effekte auch billiger und vor allem einfacher zu erlangen sind? Man staunt mitunter, welch großer Aufwand in manchen Organisationen betrieben wird, um am Ende einen bescheiden kleinen Betrag an leistungsorientierten Entgeltbestandteilen auszuschütten. Hat dort wirklich mal jemand den Aufwand über die gesamte Prozesskette für Beurteilungen, Gespräche, rechtssichere Dokumentationen, Konfliktregelungen, Vergütungsneuberechnungen etc. gegengerechnet? Die Bilanz wäre vermutlich in manchen Fällen verheerend.

Sparen wir uns also den gesamten Aufwand für die höchst umfängliche Administration von zielorientierten Entgeltbestandteilen! Lassen wir die psychologischen Mechanismen der Ziele für sich wirken und lenken die Aufmerksamkeit der Mitarbeiter nicht unnötig auf die Kategorie „Geld"!

Noch etwas radikaler argumentiert *Pfläging (2008)* und macht dabei auch auf falsche Menschenbilder im Zusammenhang mit Bonussystemen aufmerksam:

> *„Vergütung motiviert nicht ... und das braucht sie auch nicht. Denn Motivation von Mitgliedern einer Organisation ist nicht Sache von Gehalt und Bonus, sondern von Identifikation mit dem Unternehmen, mit Vision und Marke, mit Produkten, Kundenbedürfnissen und Arbeitsinhalten. (...) Jeder Mensch ist von Natur aus Träger von Motivation. Motivation ist uns gegeben. Es ist völlig überflüssig, Mitarbeiter in Unternehmen auf künstliche Weise motivieren zu wollen. Es reicht vielmehr aus, die natürliche Motivation des Menschen in unseren Organisationen freizusetzen und sie nicht zu unterwandern. Schon haben wir motivierte Mitarbeiter. (...)*

> *Die Praxis heutiger Anreiz- oder Bonussysteme beruht auf einem Paradigma menschlichen Verhaltens, das Mitarbeitern per se mangelnde Fähigkeit und Leistungsbereitschaft unterstellt. Steuerungs- und Bonussysteme gehen nämlich zunächst einmal davon aus, dass Mitarbeiter dazu neigen, ihren Organisationen einen Teil ihrer tatsächlichen Arbeitsleistung aufgrund fehlender Anreize (...) vorzuenthalten."* *(Pfläging 2008, S. 178 f.)*

14.2 Abnehmender Grenznutzen von Geld

Jeder Wirtschaftsstudent im ersten Semester lernt diesen Zusammenhang: Der subjektiv empfundene Wertzuwachs, der einem Wirtschaftsgut bei steigender Menge durch einen Menschen zugemessen wird, wird tendenziell immer geringer. Ökonomen sprechen in ihrer Fachsprache auch vom „abnehmenden Grenznutzen" eines Gutes. Und natürlich gilt dieser Zusammenhang auch für die Vergütung. Je höher sie ist, umso geringer wird der Nutzenzuwachs, den zusätzliche Beträge auslösen. 1000 Euro Zielbonus stiften bei einem Jahresgrundgehalt von 20.000 Euro einen höheren Nutzen als bei einem Jahresgrundgehalt von 100.000 Euro.

Transferiert man diesen urökonomischen Zusammenhang in die Denk- und Sprachwelt der Psychologen, dann reden wir hier über nichts anderes als über die in Kapitel 10.2 schon vorgestellte „Valenz" (= Wertigkeit) eines Anreizes. Und die ist eine wichtige Komponente bei der Motivation von Mitarbeitern. Wenn ein Anreiz aber keinen signifikant höheren Nutzen stiftet (= deutlich höhere Valenz hat), ist er auch nicht geeignet, eine höhere Motivation auszulösen und damit das Leistungsverhalten von Mitarbeitern wirksam zu steuern. Die Motivationskraft von Geld zehrt sich mit ansteigender Vergütung quasi immer stärker selbst auf.

Gegensteuern könnte man theoretisch mit Zielboni, die deutlich überproportional ansteigen. Eine solche Dynamisierung der Personalkosten trifft aber zum einen schnell auf ihre ökonomischen Grenzen. Zum anderen wäre sie auf die Motivation vermutlich trotzdem wirkungslos, da bei Bedürfnisbefriedigungen auch absolute Sättigungsgrenzen wirken. Im Ergebnis wird ab einem gewissen Einkommensniveau kein Mitarbeiter seine Arbeit um einen Deut anders verrichten, wenn man ihm über Zielboni mehr Geld anbietet. Er wird es mitnehmen, mehr aber nicht.

Unter diesem Blickwinkel hätten Zielboni ihre größte Motivationskraft in den unteren Vergütungsgruppen. Dort aber werden sie in der Praxis eher nicht eingesetzt. In den höheren Vergütungsgruppen werden sie dagegen eingesetzt, sind aber tendenziell wirkungslos. Denn dort haben längst andere Motive die Handlungssteuerung übernommen. Die Anerkennung aus dem sozialen Umfeld oder der Anspruch an die eigene Arbeitsperfektion sind wichtiger, stiften also im ökonomischen Sinne einen höheren Grenznutzen. Vermutlich würde kein Investmentbanker ohne Zielboni mehr richtige oder falsche Wertpapiere kaufen, kein Konstrukteur andere Entwürfe anfertigen und kein Fertigungsleiter seinen Produktionsbereich anders managen.

Allerdings muss man auch anmerken, dass diese Argumentation nicht mehr trägt, „wenn Geld aufgehört hat, nur noch Geld zu sein", sondern die Mitarbeiter ihm eine erweiterte Symbolkraft beimessen. Geld wäre bei dieser Lesart ein Indikator für die Erreichung anderer persönlicher Ziele. Wenn also ein hoher Zielbonus primär Symbol für Erfolg oder eine hohe Statusposition innerhalb einer Organisation ist, dann stiftet er in dieser abgeleiteten Funktion für die Mitarbeiter einen hohen Nutzen. Man sollte allerdings intensiv überlegen, ob es nicht andere und für die Organisation kostengünstigere Wege gibt, diese symbolische Funktion von Geld abzudecken.

14.3 Schaffung innerer Unruhe

Solange noch potenziell mehr Geld zu erzielen ist, werden viele Mitarbeiter von einer inneren Unruhe ergriffen. Den inneren Frieden findet man erst, wenn man sicher ist, alle seine finanziellen Optionen tatsächlich auch ausgeschöpft zu haben. Das ist der Homo oeconomicus, der in den meisten von uns schlummert. Mitunter ist es aber besser, schlafende Hunde erst gar nicht zu wecken. Wenn eine finanzielle Zusatzoption gar nicht erst existiert, dann haben Mitarbeiter an dieser Stelle ihren inneren Frieden gefunden. Sie wissen, ein Kampf ist nicht nötig; er ist nicht einmal möglich. Energie und Aufmerksamkeit müssen sie in dieses Thema nicht investieren. Sie können sich voll und ganz auf ihre eigentliche Aufgabe konzentrieren.

Nun werden Verfechter von leistungsorientierten Vergütungssystemen natürlich einwenden, dass durch das Angebot von Zielboni ja nun genau diese innere Unruhe beim Mitarbeiter erzeugt werden soll. Das Angebot von „mehr Geld" soll zu höherer Leistung animieren. Dahinter steht die naive Vorstellung, dass sich die Unruhe des Mitarbeiters eindimensional in einem höheren Engagement für die Ziele niederschlägt. Man bietet der Maus im Käfig einen Käsewürfel an und dann wird sie sich im Laufrad schon schneller bewegen. Genau das funktioniert aber vielfach nicht! Denn Mitarbeiter funktionieren nicht wie weiße Mäuse in biologischen Versuchslaboren. Sie sind, gottlob, vernunftbegabte Wesen. Durch das Angebot von „mehr Geld" wird zunächst einmal nur ein Anreiz gesetzt, sich dieses Geld zu holen – nicht mehr! Ein tatsächlich höheres Engagement für die Ziele wäre *ein* möglicher Weg dorthin. Aber eben nur einer. Viele Wege führen ja bekanntlich nach Rom. Ein anderer, vielleicht direkterer und weniger anstrengender Weg führt über die Beeinflussung von Zielen und Zielerreichungsgraden. Die durch das Angebot von „mehr Geld" ausgelöste innere Unruhe kann sich also auch in völlig unerwünschter Weise niederschlagen, nämlich in der Erarbeitung von Umgehungsstrategien. Welche unerwünschten Aktivitäten der Homo oeconomicus nach dem Weckruf ergreifen könnte, wird in den weiteren Contra-Argumenten noch detaillierter dargestellt.

14.4 Anreiz zur Leistungszurückhaltung

Über das Angebot eines Zielbonus wird für einen rational handelnden Mitarbeiter ein überaus starker Anreiz gesetzt, sich zu überlegen, wie er die Wahrscheinlichkeit maximieren kann, den Bonus tatsächlich auch in voller Höhe zu erhalten. Und dies am besten nicht nur im laufenden Jahr, sondern auch in den nächsten Zielerfüllungsperioden. Der naheliegende Weg führt über die Rationalität *„Sorge dafür, dass die vereinbarten Ziele nicht zu hoch ausfallen"*. Dies sichert eine Zielerreichung auch bei ungünstigeren Rahmenbedingungen ab und lässt im Hinblick auf künftige Perioden noch Raum für Steigerungen des Zielniveaus. Denn da möchte man möglichst auch noch „den vollen Bonus abgraben". Und der kluge Mann baut ja bekanntlich vor! Ein völlig rationales Verhaltensmuster wäre also, mit sehr zurückhaltenden Vorschlägen zu den Zielniveaus in die Zielvereinbarungsgespräche mit den Vorgesetzten zu gehen und/oder die sich dort abzeichnenden Zielniveaus nach unten zu verhandeln. Und fertig ist der orientalische Basar! Das Spiel des Tarnens und Täuschens kann beginnen.

Die Mitarbeiter betreiben also eine taktische Leistungszurückhaltung. Es wird mitunter auch von „Pufferbildung" gesprochen. Das Anlegen von Puffern gelingt Mitarbeitern besonders gut, wenn sie über Spezialistenwissen auf ihrer Stelle verfügen. Das fachliche Kompetenzgefälle zwischen Mitarbeiter und Vorgesetztem ist dann besonders hoch. Die Führungskraft hat in diesem Fall kaum Chancen, die Leistungszurückhaltung zu enttarnen. Es existiert hier eine klassische Prinzipal-Agenten-Situation (siehe Kapitel 13.2) mit ausgeprägter Informationsasymmetrie.

Recht nüchtern muss man aber auch feststellen, dass erst eine partizipative Zielfestlegung solche Taktiken der Mitarbeiter möglich macht. Bei einer strikt autoritären Zielvorgabe bleibt für solche Pufferbildungen weniger Raum. Insofern besteht also durchaus ein Zielkonflikt zwischen dem eigentlich wünschenswerten Ansatz der partizipativen Ziel*vereinbarung* und der vollen Ausschöpfung aller Leistungspotenziale der Mitarbeiter. Dieser Konflikt entsteht aber primär deswegen, weil über das Angebot von Zielboni ein System geschaffen wurde, dem sich die Mitarbeiter mit ihrem Verhalten anpassen. Die Bezahlung nach Zielerreichung steht also tendenziell dem Vorhaben entgegen, Führung mit Zielen in einer modernen, partizipativen Form zu betreiben.

Am Rande sei aber auch erwähnt, dass die völlige Unterbindung der Bildung von Zielpuffern nicht funktional ist. Zielpuffer befriedigen auch Sicherheitsbedürfnisse bei den Mitarbeitern und leisten damit einen Beitrag zu psychisch gesunden Arbeitsbedingungen. Es würde zu einem inakzeptablen Stressniveau führen, wenn Beschäftigte permanent das Gefühl hätten, dass jedes ungeplante Ereignis oder jede kleinere Leistungsschwäche sofort die Erreichung der eigenen Ziele bedroht. Ein akzeptables Maß an Reservehaltung sollte man Mitarbeitern daher also zugestehen.

14.5 Anreiz zur Leistungsbeschönigung

Es geht für den Mitarbeiter um Geld. Sofern er die Möglichkeiten dazu hat, wird er alles tun, um seinen Zielerreichungsgrad in möglichst positivem Licht erscheinen zu lassen. Es entsteht ein starker Anreiz, eigene Leistungen über Gebühr aufzuwerten, Misserfolge und Fehler tunlichst aber nicht sichtbar werden zu lassen. Im milden Fall sind Mitarbeiter mehr mit der positiven Außenvermarktung ihrer Leistungen beschäftigt als mit der Leistungserstellung selbst. Die Leistungsfassade wird wichtiger als der Leistungskern. Im ungünstigen Fall werden Fehlleistungen vertuscht, anderen in die Schuhe geschoben oder gar Daten und Berichte „frisiert". Streng ökonomisch betrachtet unterliegen auch solche unredlichen Strategien einem Kosten-Nutzen-Kalkül. Gibt es in Form eines hohen Zielbonus viel zu gewinnen oder zu verlieren, dann steigt tendenziell auch der mögliche Nutzen von unredlichen Strategien bzw. die gefühlten Kosten ihrer möglichen Aufdeckung relativieren sich – zumindest bei Mitarbeitern, deren ethisches Koordinatensystem nicht ganz so fest verankert ist.

Es scheint nur allzu menschlich zu sein, Leistungsbeschönigungschancen, die Systeme gewähren, auch de facto für sich zu nutzen. Ein alljährlich an den Börsen zum Jahreswechsel zu bewunderndes Schauspiel ist das etwas verniedlichend benannte „Window Dressing". Es ist zum festen Ritual geworden, alle Finanzmedien greifen es auf, keiner denkt sich mehr etwas Böses dabei – offensichtlich nicht einmal die Wertpapieraufsichtsbehörden. Die Frankfurter Allgemeine Zeitung (FAZ) berichtet:

> *„An den Ölbörsen ist zum Jahresende ein geringes Handelsvolumen festzustellen. ‚Es ist aber zu erkennen, dass am Ende eines Jahres die Ölpreise gerne nach oben frisiert werden.' So hätten Banken und Ölzertifikate-Anbieter ein Interesse daran, dass sie im Ölgeschäft zum Jahresende gut dastehen – also die Ölpreise eher hoch als niedrig sind. (…) Dieses ‚Window Dressing' ist auch an den Aktienbörsen üblich. Investoren betreiben Bilanzkosmetik und weisen nur noch die erfolgreichen Aktienwerte in ihren Büchern aus, indem sie die nicht erfolgreichen Werte verkaufen."* *(o.V.: Rohölpreis steigt auf Vierwochenhoch, FAZ vom 30.12.2009, S. 20)*

Zugegeben, dieses Beispiel zu Kursmanipulationen und Mogelpackungen – nichts anderes ist das nämlich – passt nicht ganz exakt auf Zielvereinbarungsprozesse in Organisationen. Es zeigt aber andererseits sehr viel über die Selbstverständlichkeit, mit der zu solchen Mechanismen gegriffen wird und wie sie unwidersprochen in einem System Einzug halten. Man akzeptiert sie einfach unkritisch und blendet die Negativeffekte aus.

In Zielerreichungsgesprächen mit dem Vorgesetzten wird sich die Tendenz zur Leistungsbeschönigung dergestalt niederschlagen, dass verbissen um die Attestierung der Zielerreichung diskutiert und gefeilscht wird. Und wenn schon das Ziel verfehlt wurde, dann soll zumindest eine Teilzielerreichung gegenüber dem Vorgesetzten erreicht werden. Ein Skalenpunkt mehr bringt ja schließlich auch Geld. Und wieder ist ein orientalischer Basar eröffnet. Statt des gemeinsamen nüchternen Blicks auf das tatsächliche Zielerreichungsniveau und der ehrlichen Analyse von Gründen für Zielverfehlungen dominieren Rechtfertigungsstrategien und versuchte Schönfärbereien das Gespräch. Mitarbeiter mutieren zu Abweichungsbegründungsspezialisten.

Besonders brisant wird das Szenario, wenn ein durchsetzungsstarker, rhetorisch geschickter Mitarbeiter auf einen eher „schwachen" und konfliktscheuen Vorgesetzten trifft. Die Wahrscheinlichkeit, dass der Vorgesetzte wider besserer Überzeugung dem Drängen nachgibt, „umfällt" und zumindest eine Teilzielerreichung bescheinigt, ist hoch. Und da kein Vorgesetzter vor sich und anderen so recht zugeben mag, dass seine Einschätzung der Zielerreichung des Mitarbeiters eigentlich zu positiv ist, wird an einer gemeinsamen Rechtfertigungsstrategie gebastelt. Praktiziert man das lange genug, dann sind Mitarbeiter und Vorgesetzter zu Lasten der Gesamtorganisation im gemeinsamen Realitätsverlust vereint.

Konsequente und konfliktstarke Vorgesetzte werden dagegen dem Druck des Mitarbeiters eher nicht nachgeben, insbesondere wenn dieser nicht ganz so geschickt und durchsetzungsstark agiert. Das heißt aber, dass die Gewährung oder Nichtgewährung von Zielboni im Extremfall stärker von der Frage abhängt, welchen Vorgesetzten man hat, als von der Frage, inwieweit Ziele tatsächlich erreicht wurden. Mit Leistungsgerechtigkeit der Vergütung hat das dann nur noch wenig zu tun. Überhaupt lohnt dieses Stichwort einen zweiten Blick.

14.6 Pseudogerechtigkeit der Vergütung

Die Behauptung einer höheren Leistungsgerechtigkeit der Vergütung durch Zielboni (siehe Pro-Argument Nr. 2) hält einer näheren kritischen Betrachtung nur bedingt stand. Die hohe Abhängigkeit von der Beurteilungsstringenz und -vergleichbarkeit der Vorgesetzten wurde bereits oben angedeutet. Sie sind damit die eigentlichen „Herren über die Vergütungsgerechtigkeit", dieser Rolle aber vielfach nicht gewachsen.

Jeder kennt diesen eigentlich unbefriedigenden Zustand schon aus seinen Schul-, Ausbildungs- oder Studiumszeiten. Und danach setzt er sich im Berufsleben in Form von Leistungsbeurteilungsverfahren fort. Manche Lehrer oder Dozenten bewerten härter, andere deutlich weicher. Und einige wechseln im Zeitablauf auch noch ihren eigenen Bewertungsansatz. Im Ergebnis ist dann von einem objektiven Standpunkt aus gesehen die Note „gut" des einen Beurteilers nicht gleichzusetzen mit der Note „gut" des anderen. Und im Extremfall ist beim gleichen Beurteiler die Note „befriedigend" im Monat April nicht deckungsgleich mit der Note „befriedigend" im Monat Juli.

Eine mögliche Ursache für solche Bewertungsunschärfen bilden Kontrasteffekte: Wer als Beurteiler zuvor eine weit überdurchschnittliche Leistung gesehen hat, tendiert dazu, eine nachfolgende durchschnittliche Leistung in den unterdurchschnittlichen Bereich abzuwerten und umgekehrt. Das Leistungsumfeld führt also zu einer Verschiebung der Bewertungsskala. Wissenschaftlich ausgedrückt existiert keine stabile, personenübergreifende Verankerung der Bewertungsskala. Nichts spricht dafür, dass – in Bewertungsfragen in der Regel eher ungeschulte – Führungskräfte diese Prozesse objektiver bewältigen als speziell ausgebildete Pädagogen.

Nun könnte man achselzuckend anmerken, dass Bewertungsprozesse im Leben nun mal immer subjektiv sind. Das ist wohl auch so und nur bedingt zu ändern. Dann aber sollte man sich sehr genau überlegen, ob man diesen pseudogerechten Prozess in Organisationen wirklich zur Verteilung von Geld einsetzen möchte.

Eine zweite Gerechtigkeitsfalle lauert bei der Frage der abteilungsübergreifenden Vergleichbarkeit der Ziele. Wenn bei gleichem Grundgehalt der Sachbearbeiter im Vertrieb für die Neukonzeption eines Internetauftritts einen Zielbonus von 5000 Euro bekommt und der Meister in der Fertigung den gleichen Betrag für die Verbesserung der Durchlaufzeiten um 3 %, dann setzt das unter Gerechtigkeitsaspekten eigentlich voraus, dass die Ziele gleich schwierig waren. Dieses Beispiel macht hinreichend deutlich, dass ein abteilungsübergreifender Zielvergleich unter Gerechtigkeitsaspekten oft schlichtweg unmöglich ist.

Im Fazit ist festzuhalten, dass weder Zielschwierigkeiten noch Beurteilungsprozesse hinreichend vergleichbar sind. Auf einem solch wackeligen Fundament eine leistungsgerechte Vergütung bauen zu wollen, ist wohl eher Wunschdenken. Viel wahrscheinlicher ist, dass man sich eine Quelle ständiger Unzufriedenheit geschaffen hat, wenn Mitarbeiter auf diese Unwuchten im System aufmerksam werden.

14.7 Pseudoflexibilität der Vergütung

Das Pro-Argument Nr. 7, dass Führungskräfte über die Möglichkeit, Zielboni zu vergeben, einen größeren Freiraum bei der Entgeltgestaltung ihrer Mitarbeiter erhalten, stimmt zwar theoretisch. In der Praxis werden die de facto vorhandenen Flexibilisierungsspielräume aber oftmals nicht genutzt.

In vielen Organisationen existieren schon seit Längerem Verfahren der Leistungsbeurteilung, mit deren Hilfe Leistungszulagen auf die Mitarbeiter verteilt werden können. Vielfach schreiben Tarifverträge den Einsatz solcher Verfahren auch vor. Der Verfasser konnte Anfang der 90er Jahre bei etwa 2000 Angestellten in einem Produktionswerk der Automobilindustrie die konkrete Handhabung der Leistungsbeurteilung durch die Vorgesetzten untersuchen (*Watzka 1995*). Etliche Experteninterviews mit Vertretern der Personalabteilungen anderer Unternehmen in den Folgejahren bestätigten die damals gewonnenen Erkenntnisse. Zwei Ergebnisse sind hier von besonderem Interesse:

1. Die Vorgesetzten praktizieren bei der Beurteilung eine extreme „Flucht in die Mitte". Von 11 vorhandenen Skalenpunkten werden ganz überwiegend nur die mittleren 5 genutzt. Die Vorgesetzten vermeiden also sowohl ausgeprägt gute, als auch ausgeprägt schlechte Bewertungen ihrer Mitarbeiter. Damit wird die Möglichkeit verschenkt, eindeutig zwischen leistungsstärkeren und leistungsschwächeren Mitarbeitern zu unterscheiden und die Leistungsunterschiede auch in einer deutlichen Entgeltdifferenzierung zum Ausdruck zu bringen. Stattdessen ist ein gewisser Hang zur Gleichmacherei zu erkennen.

2. Von der Möglichkeit, einen Mitarbeiter in der Leistungsbeurteilung gegenüber dem Vorjahr abzustufen, wurde so gut wie nie Gebrauch gemacht. Dem standen eine hohe Anzahl von Hochstufungen gegenüber. Leistungsbeurteilungen stellen also offensichtlich eine Einbahnstraße nach oben dar. Eine einmal erreichte Leistungsbeurteilungsnote samt der damit verbundenen Leistungszulage gehen quasi in den Besitzstand des Mitarbeiters über. Die Leistungsrealität in einem großen Produktionswerk bildet das nicht ab. Leistungsverschlechterungen bei einzelnen Mitarbeitern aus den verschiedensten Gründen (Gesundheit, private Probleme, neue Aufgaben, stärkere Akzentuierung des Privatlebens) sind Normalität, zeigen sich aber nicht in der Leistungsbeurteilung.

Eine zentrale Ursache für dieses verbreitete Beurteilungsverhalten der Vorgesetzten dürfte eine mangelnde Konfliktfähigkeit und/oder Konfliktbereitschaft sein. Schlechte Beurteilungen oder gar Herabstufungen müssen dem Mitarbeiter, gegebenenfalls auch dem eigenen Vorgesetzten und dem Betriebsrat gegenüber vertreten werden. Vorgesetzte ahnen, dass sie sich damit eine Menge unangenehmer Gespräche und Zusatzarbeit aufladen könnten. Naheliegenderweise wählen sie den Weg des geringsten Widerstands, wollen niemandem „weh tun" und verteilen auch an schwächere Mitarbeiter bevorzugt Bewertungen in der Nähe des Skalenmittelpunkts. Natürlich würden sie gerne ihren leistungsstarken Mitarbeitern eine deutlich bessere Leistungsbeurteilungsnote samt zugehöriger Leistungszulage zukommen lassen. Das aber verhindern in aller Regel die Konstruktionsprinzipien von Leistungszulagensystemen, die aus Gründen der Personalkostenkontrolle in irgendeiner Form eine Deckelung des gesamten Zulagentopfs vorsehen. Häufig passiert diese Deckelung über die Vorgabe, dass über alle Beschäftigte hinweg der Durchschnittswert der Beurteilungsskala nicht nennenswert überschritten werden darf. Wenn nun die leistungsschwächeren Mitarbeiter aus oben dargelegten Gründen zu gut beurteilt wurden, dann fehlen der Führungskraft systembedingt die Spielräume nach oben für eine bessere Leistungsbeurteilungsnote bei den leistungsstarken Mitarbeitern. Im Ergebnis finden sich alle weitgehend in der Nähe des Durchschnitts wieder.

Errechnet man einmal über einen „wirklich ehrlichen" Prozesskostenansatz, wie viel in einer Organisation die Durchführung einer einzigen Leistungsbeurteilung und ihre administrative Handhabung im Rahmen der Personalaktenführung und der Lohn- und Gehaltsabrechnung kosten, dann wird man vermutlich überrascht sein. Unter Berücksichtigung der gebundenen Arbeitszeiten aller Beteiligten hat der Verfasser in oben angesprochener Untersuchung einen Kostensatz von ca. 350 Euro je Leistungsbeurteilung errechnet. Bei 2000 Angestellten wären das ca. 700.000 Euro. Ziemlich viel Geld für ein reines Gerechtigkeitsritual! Oder?

Angesichts der geschilderten empirischen Befunde zur Handhabung von Leistungsbeurteilungen besteht wenig Anlass zur Hoffnung, dass Vorgesetzte sich bei der Entscheidung über Zielboni fundamental anders verhalten werden. Insbesondere wenn der gesamte Bonustopf eine fest definierte finanzielle Obergrenze hat und die Ziele Interpretationsspielräume zulassen, wird eine starke Tendenz entstehen, möglichst niemanden ganz leer ausgehen zu lassen. Die Bescheinigung einer *„teilweisen Zielerreichung"* ist die Flucht in die Mitte mit anderen Mitteln.

Die Wahrscheinlichkeit solcher Verhaltenstendenzen beim Vorgesetzten in Kombination mit Besitzstandsdenken bei den Mitarbeitern belegen auch Erkenntnisse auf Basis der Kienbaum-Vergütungsstudie (*von Hören 2004*):

> *„Auch die in vielen Unternehmen nach wie vor praktizierte Ermessenstantieme ist oft wenig volatil. Reduktionen sind selten und meist nicht sehr ausgeprägt. Erwartungsbildender Vergleichsmaßstab für den Mitarbeiter ist dabei immer das Vorjahr, nicht aber die eigene Leistung im Verhältnis zu den jeweiligen Jahreszielen." (von Hören 2004, S. 16)*

Natürlich kann man Vorgesetzte durch die Systemgestaltung „zwingen", eine ausgeprägte Differenzierung zwischen leistungsstarken und leistungsschwachen Mitarbeitern vorzunehmen. Dies geschieht in aller Regel über Zwangsverteilungen, also über die Vorgabe, dass jede Beurteilungsstufe mit einem Mindestprozentsatz von Mitarbeitern besetzt sein muss. Die Vorgesetzten müssen dann auch tatsächlich z. B. ihre 10 % leistungsschwächsten Mitarbeiter in die unterste Beurteilungsstufe einordnen und im Gegenzug auch die (maximal) 20 % Leistungsstärksten in die oberste Stufe. Jeder Personaler kennt auch die Argumente, mit denen sich die Vorgesetzten aus diesen Daumenschrauben herauswinden wollen: *„Geht bei mir nicht; meine Mitarbeiter sind alle relativ ausgeglichen gut; meine Schwächsten sind immer noch besser als die Luschen, die in der Nachbarabteilung in die höchste Beurteilungsstufe kommen – das ist doch schreiende Ungerechtigkeit!"*

Und natürlich könnte man argumentieren, dass Führungskräfte schließlich Führungskräfte seien und gut dafür bezahlt werden, unangenehme Entscheidungen gegenüber den Mitarbeitern zu vertreten. Das Unternehmen ist ja schließlich kein Ponyhof! So wird denn auch argumentiert. Und im Grundsatz ist das Argument ja auch richtig. Aber trotzdem lohnt gerade bei der Frage der Verteilung von Geld über Leistungsbeurteilungsnoten oder Zielboni ein zweiter, tieferer Blick: Was mutet man Führungskräften mit solchen Systemen eigentlich zu? In welche Gefechte schickt man sie permanent? Lohnen diese Gefechte wirklich die produzierten Kollateralschäden?

Arbeiten wir einmal die Handlungssituation der Führungskraft pointiert heraus: Es ist selbstverständlich eine persönlich höchst belastende Situation, wenn man vor der Aufgabe steht, einem Mitarbeiter Geld vorzuenthalten oder im Vergleich zum Vorjahr sogar Geld wegzunehmen. Vielleicht hat sich der Vorgesetzte tatsächlich – ganz im Sinne des eventuell vorhandenen Führungsleitbilds – das ganze Jahr über bemüht, mit dem Mitarbeiter eine partizipative und vertrauensvolle (!) Führungsbeziehung aufzubauen. Jetzt soll er in einem Beurteilungsgespräch den Dolch aus dem Gewande holen. In einem einzigen Gespräch werden dann im Zweifelsfall die Früchte dieser Führungsarbeit vernichtet. *„Mit dem Hintern das umstoßen, was man mit den Händen aufgebaut hat"* – sagt der Volksmund dazu. Diese beiden Führungsaktivitäten – Vertrauensaufbau und entgeltorientierte Beurteilungen – passen schlicht nicht zueinander!

Die Situation ist für den Vorgesetzten auch deswegen schwierig, weil der Mitarbeiter in aller Regel – schon aus Gründen des persönlichen Selbstwertschutzes – sein eigenes Leistungsniveau höher einschätzen wird. Der Vorgesetzte muss mit seiner Beurteilung (= Fremdbild) das Selbstbild des Unterstellten „von Amts wegen" dominieren. Der Mitarbeiter wird aus seiner Perspektive das Ergebnis und den gesamten Prozess als Demütigung und Kränkung erleben. Und natürlich ahnt jeder halbwegs mit der Qualifikation der Empathie gesegnete Vorgesetzte, wie der Mitarbeiter sich in seiner Haut fühlt – und leidet mit.

Von dem dergestalt „finanziell abgewatschten" und persönlich gedemütigten Mitarbeiter wird erwartet, dass er am nächsten Tag fröhlich pfeifend durch die Fabrik zieht und mit höchster Motivation Bäume ausreißt. Und wenn es nicht so ist, dann hat eben der Vorgesetzte mit seinen Motivationskünsten versagt. Gelingt es der Führungskraft tatsächlich, den frustrierten Mitarbeiter motivatorisch wieder einzufangen, droht am Horizont schon der nächste Termin für die Verteilung von Geld.

Wundert es da wirklich, wenn ein Vorgesetzter durch konfliktvermeidendes Beurteilungsverhalten solchen persönlichen Belastungen schon im Vorfeld aus dem Weg geht oder sich *„so etwas einmal, aber kein zweites Mal antut"*? Kann dieses Spiel von Motivationszerstörung via Kränkung und nachfolgendem Motivationsneuaufbau gegenüber dem Mitarbeiter wirklich auf Dauer funktionieren? Ist es wirklich rational, dass Führungskräfte ihre Zeit, Nerven und Energien im Namen der Leistungsgerechtigkeit und Vergütungsflexibilität in solchen Prozessen verschleißen, die am Ende häufig nur Pseudogerechtigkeit und Pseudoflexibilität produzieren? Ist es da nicht ökonomisch rationaler, mit einigen Leistungs*un*gerechtigkeiten schlicht zu leben, aber eben in dem Bewusstsein, sie sehr kostengünstig produziert zu haben? Für viele höchst aufwändig gestaltete Beurteilungsverfahren zur Herstellung von Leistungsgerechtigkeit muss wohl die Steigerung gelten: gescheit – gescheiter – am gescheitertsten!

14.8 Herstellung von Zielstarrheit

Es gibt die alte Weisheit der Dakota-Indianer: *„Wenn du ein totes Pferd reitest, steig ab!"* Im übertragenen Sinn gilt das auch für Ziele. Von unsinnigen, veralteten oder nicht mehr zweckmäßigen Zielen sollte man sich schleunigst trennen. Es konnte theoretisch und empirisch aufgezeigt werden, dass dieser Trennungsprozess für Menschen mental sehr schwierig ist (*Brandstätter* 2003). Sobald Zeit und Energie in ein Ziel geflossen sind, haben Menschen trotz ungünstiger Handlungsverläufe grundsätzlich Probleme, wieder loszulassen. Das Aufgeben von Zielen ist dann nämlich psychologisch mit Kosten verbunden. Man hat ja schon so viel investiert. Zudem muss man sich eingestehen, dass alle vorherigen Aktivitäten Fehlinvestitionen waren. Diese psychologische Kostenrechnung wird noch ungünstiger, wenn man mit der Aufgabe des Ziels nicht nur die bislang getätigten persönlichen Investitionen „auf Null abschreiben muss", sondern sich darüber hinaus auch noch von der mit dem Ziel verbundenen potenziellen Zuverdienstchance verabschieden muss.

Ausgelobte Zielboni legen die mentale Hürde für das Aufgeben von Zielen also noch höher und können so auf sehr subtile Weise dazu beitragen, dass in der Organisation eigentlich nicht mehr zweckmäßige Ziele weiter verfolgt werden. Statt von dem toten Pferd abzusteigen, redet man sich ein, dass es noch lebt, oder man ändert einfach die Kriterien, wann ein Pferd tot ist. Spätestens dann schlagen die eigentlich positiv zu wertende Ausdauer und Nachhaltigkeit bei der Zielverfolgung ins Negative um.

14.9 Bedrohung des Betriebsklimas

Auch wenn man – der reinen Lehre folgend – unter dem Kriterium „Beeinflussbarkeit von Zielen" bei der Vereinbarung streng darauf achtet, dass die Zielerreichung möglichst eindeutig vom einzelnen Mitarbeiter abhängt, so wird man Abhängigkeiten von anderen Beschäftigten nie ganz vermeiden können. Organisationen sind nun einmal arbeitsteilige Systeme. Auch individuelle Ziele sind oft nur im Abhängigkeitsgeflecht mit Kollegen zu erreichen. Die Qualität ihrer Vorarbeiten, die Inhalte ihrer Entscheidungen oder schlicht ihre Bereitschaft, mit Rat und Tat auch einmal zu helfen, bestimmt über Erfolg und Misserfolg mit.

So wird z. B. der Verkäufer im Außendienst – eigentlich der Prototyp des einsamen Kämpfers – seine Vertriebsziele nur erreichen, wenn das Back-Office in der Zentrale seine Termine gut managt, freundlich mit Kunden umgeht, wenn die Werbeabteilung ihm rechtzeitig professionelle Kataloge zur Verfügung stellt und wenn die Kollegen in der Fertigung ihre Liefertermine halten. Aber man weiß ja: *„Veeler sint mänschlich!"* Was, wenn aufgrund eines Terminversehens der neue Katalog nicht rechtzeitig in den Druck gegangen ist? *„Ärgerlich; dumm gelaufen, aber nicht mehr zu ändern; darf kein zweites Mal passieren"* – so könnten Kommentare lauten. Was aber sagt der Verkäufer, der aufgrund dieses Fehlers einige Abschlüsse nicht tätigen kann und deswegen seinen Zielbonus in substanzieller Höhe nicht bekommt?

Vorwürfe und Aggressionen mit all ihren negativen Folgen für die persönlichen Beziehungen sind wohl zu erwarten. Sobald ein persönlicher Verlust über Geld – und damit sehr präzise berechenbar – ins Spiel kommt, dürfte die Toleranz für Fehler von Kollegen deutlich abnehmen. Gleiches gilt für die Bereitschaft zur gemeinsamen Fehleraufarbeitung auf sachlicher und kollegialer Basis. Der Prozess wird eher mit negativen Emotionen aufgeladen sein. Dies stellt dann eine gravierende Bedrohung für das Betriebsklima dar.

14.10 Verstärkung des Scheuklappenblicks

Eine wichtige Systemschwäche des MbO wurde bereits thematisiert: Die Vereinbarung von Zielen kann dazu führen, dass Mitarbeiter zu stark auf diese Ziele fokussieren und alle nicht mit Zielen untersetzten Aufgaben vernachlässigt werden. Dieser Effekt ist höchst unerwünscht. Daher sollen ja auch die Vorgesetzten im Rahmen ihrer täglichen Führungsarbeit genau an diesem Punkt gegensteuern.

Man sollte sich im Klaren darüber sein, dass der eigentlich unerwünschte Scheuklappeneffekt noch verstärkt wird, wenn die vereinbarten Ziele zusätzlich mit Zielboni untersetzt werden. Der Zielbonus wirkt als Fehlanreiz in der Verhaltenssteuerung!

14.11 Förderung von Einzelkämpfermentalität

Ähnliches passiert auf der Ebene der Kooperation. *Individuelle* Stellenziele und Zielboni sind ein gefährliches Gemisch. Sie verstärken die Neigung, sich in Einzelkämpfermanier bevorzugt nur noch um seine eigene Zielerreichung zu kümmern. Kooperation und Unterstützung von Kollegen bleiben auf der Strecke. Diese Aktivitäten werden als nicht förderlich für die eigene Zielerreichung gesehen. Sie werden eher als zeitfressend und als Ablenkung von der eigenen Zielverfolgung eingestuft.

Ganz kritisch wird es, wenn die Mitarbeiter um einen Topf von Zielboni in fixierter Höhe konkurrieren. So wie es bei einem Lotto-Jackpot für jeden Spieler mit 6 Richtigen schädlich ist, wenn viele andere Mitspieler ebenfalls 6 Richtige haben, so verkleinert sich bei einem fixierten Bonustopf der individuelle Bonus, wenn viele andere Mitarbeiter auch ihre Ziele erreichen. Die ökonomische Rationalität lautet dann: *„Sorge dafür, dass du deine Ziele erreichst und möglichst viele andere ihre Ziele nicht erreichen."* Ein Giftcocktail direkt in die Kooperationsadern der Organisation! Wer Kooperation will, der muss – zumindest zu einem fühlbaren Anteil – statt *individuellem* Erfolg *gemeinsamen* Erfolg belohnen. Teamziele und Teamboni könnten ein wirksames Gegengift sein.

Diese Konkurrenzsituation um Zielboni wird mitunter auch plakativ als „Turniere und Rattenrennen" beschrieben. Als weitere unerwünschte Nebenwirkungen ergeben sich noch Anbiederungsverhalten beim Vorgesetzten und Koalitionsbildungen. Das nachfolgende Zitat fasst die vorgetragenen negativen Effekte zusammen:

> *„Wenn ein Anreizsystem so gestaltet ist, dass nicht alle Mitarbeiter die in Aussicht gestellte Prämie erhalten können, sondern nur die erfolgreichsten unter ihnen, entsteht eine Turniersituation. (...) Die Motivationswirkung in einer solchen Turniersituation führt zu einem sogenannten ‚Rattenrennen'. Die konkurrierenden Mitarbeiter werden als rational handelnde Akteure ihre Anstrengungen so erhöhen, dass ihre Konkurrenten davon möglichst wenig, die Schiedsrichter ((...) = Vorgesetzten) jedoch möglichst viel erfahren. Auch wenn ‚Rattenrennen' aus Sicht des Unternehmens auf den ersten Blick positiv zu beurteilen sind, weil sie einen hohen Leistungsanreiz darstellen, besteht hier die Gefahr ungeplanter Nebeneffekte: Der Wettbewerbsdruck verleitet die Konkurrenten entweder zu Absprachen (Kollusionseffekt) oder zu einem Konkurrenzverhalten, indem sich jeder auch auf Kosten anderer durchsetzt, wodurch Kooperation bestraft und Synergieeffekte unterbunden werden."* (Gmür/Thommen 2006, S. 120 f.)

14.12 Fehlkonditionierungen

Es besteht überhaupt kein Einwand dagegen, dass in einer Organisation das Prinzip von Leistung und Gegenleistung herrscht. Allerdings kann man dieses Prinzip auch übersteuern. Die Übersteuerung tritt ein, wenn jegliche zusätzliche Leistungsabgabe nur noch auf Basis einer klar definierten zusätzlichen Gegenleistung erfolgt. Ungewollt hat dann eine Konditionierung des Mitarbeiters stattgefunden – zynischer könnte man auch von einem

„Dressurakt" sprechen. Dieser läuft darauf hinaus, dass die Organisation zunächst einmal ein Angebot zu machen hat, wenn sie eine zusätzliche Leistung möchte. Genau diese Gefahr birgt das Angebot von Zielboni. Sie senden ein Fehlsignal an die Mitarbeiter. Diese gehen davon aus, dass in der Organisation die Regel herrscht, dass stets eine direkte und enge Verkettung zwischen einer Leistung und einer Gegenleistung vorhanden sein muss. Reflexartig werden dann erhöhte oder veränderte Leistungserwartungen der Organisation mehr oder weniger offen mit der Frage *„Und was bringt mir das?"* beantwortet.

Hat diese Konditionierung erst einmal gegriffen, dann ist eine Abhängigkeit von der fortlaufenden Belohnung entstanden. Was nicht mehr belohnt wird, wird auch nicht mehr gemacht. Was nicht zusätzlich belohnt wird, wird auch nicht zusätzlich gemacht. Auf längere Sicht gesehen macht dies die Organisation entweder unflexibel oder teuer, wenn sie sich den Erhalt der Flexibilität mit ansteigenden Personalkosten erkauft. Das einer modernen Organisation und mündigen Mitarbeitern eigentlich angemessene Leistungs-Gegenleistungs-Prinzip heißt: *„Optimale Leistung gegen eine faire Vergütung und gute Arbeitsbedingungen"*. Genau dieser informelle Vertrag wird aber außer Kraft gesetzt und möglicherweise ersetzt durch eine *„Mechanik von Bestechung und Erpressung" (Pfläging 2008, S. 180)*.

14.13 Verdrängung intrinsischer Motivation

Als „Korrumpierungseffekt" wird in der motivationstheoretischen Literatur bezeichnet, wenn die Ankündigung und/oder Gewährung von Belohnungen (= extrinsische Anreize) die Freude an einer Tätigkeit (= intrinsische Belohnung) und nachfolgend auch das Interesse an ihr senkt.

In deutlich über 100 Experimenten, bevorzugt mit Kindern und Studierenden, konnte die grundsätzliche Wirksamkeit dieses Effekts nachgewiesen werden. Der typische Aufbau dieser Experimente sieht zwei Phasen vor. Zunächst bringt man in Erfahrung, was Personen gerne tun bzw. interessant finden, und lässt sie in einer ersten Phase diese Tätigkeit ohne Belohnung verrichten. In einer zweiten Phase werden sie für die Tätigkeit belohnt. In den Pausen zwischen den Phasen werden die Personen ohne ihr Wissen beobachtet. Man möchte feststellen, ob und wie lange sich die Personen auch in den Pausen – wenn sie sich also unbeobachtet fühlen – mit der Tätigkeit beschäftigen. Alternativ kann man auch mit dem gleichen Untersuchungsziel in einer dritten Phase die Belohnungen wieder entfallen lassen. Die Ergebnisse deuten stark darauf hin, dass die Belohnungen dazu führten, dass sich die untersuchten Personen weniger und kürzer mit der Tätigkeit beschäftigten und sie auf Befragen auch *„weniger interessant"* fanden. Daraus kann der Schluss gezogen werden, dass die anfänglich vorhandene intrinsische Motivation durch eine extrinsische Motivation verdrängt wird *(Kunz 2005)*.

Als Erklärung für dieses Phänomen wird insbesondere angeführt, dass

- sich durch die Belohnung die Aufmerksamkeit der Person von der Tätigkeit weg und zur Belohnung hin verlagert,

- Personen in der Selbstbeobachtung immer Gründe für ihr eigenes Verhalten suchen (= Attributionsprozesse) und aufgrund der Belohnung zu dem Schluss kommen, dass die Tätigkeit wohl doch nicht so attraktiv sei, wenn sie separat belohnt werden muss. Sie nehmen daher eine Neuattribution ihres eigenen aufgabenbezogenen Engagements vor und erklären dieses dann für sich nicht mehr mit der Attraktivität der Aufgabe, sondern mit den Belohnungen.

Das Angebot von Zielboni beinhaltet also grundsätzlich das Risiko, diesem Korrumpierungseffekt Vorschub zu leisten. Leider sind die Ergebnisse der Experimente aber nicht so eindeutig, dass man ohne Wenn und Aber den Verzicht auf Zielboni empfehlen könnte. Die Dinge liegen mal wieder komplizierter. Auf Basis vertiefter kritischer Analysen werden die Entstehungsbedingungen und die konkrete Ausprägung der Verdrängung der intrinsischen Motivation in einigen ausgewählten Punkten etwas differenzierter beleuchtet *(Kunz 2005, Rheinberg 2006)*:

- Kritisch hinterfragt werden muss zunächst einmal die Forschungsmethodik bei den Experimenten. Zum einen kann von einer direkten Übertragbarkeit der Experimentalbefunde mit Kindern, Schülern und Studierenden im Labor auf Beschäftigte in realen Organisationen nicht zwangsläufig ausgegangen werden. Zum anderen wurden immer nur kurzfristige Reaktionen der Probanden auf Belohnungen untersucht. Langzeiteffekte auf das Verhalten blieben unberücksichtigt, so dass auch diesbezüglich die Übertragung auf Wirtschaftsorganisationen sehr hypothetisch bleibt. Zum Dritten ist kritisch anzumerken, dass in den Experimenten eigentlich überflüssige Belohnungen verabreicht wurden, da die Probanden die Tätigkeit ja gern ausführten. Daher stellt *Rheinberg* die Frage, *„wie häufig so etwas außerhalb psychologischer Experimente vorkommt"*. Aber halt! Jetzt kommt die Kritik an der Kritik: Genau das könnte nämlich in Organisationen passieren, wenn man für Mitarbeiter eigentlich interessante Tätigkeiten mit Zielboni verknüpft.
- Es muss unterschieden werden, ob Mitarbeiter eine Belohnung eher als *kontrollierend* empfinden oder eher als *Information über ihre Kompetenz*. Kommen sie zu der Einschätzung, dass über Belohnungen primär ihr Verhalten kontrolliert und damit ihre Autonomie beschränkt werden soll, dann kommt es eher zu Korrumpierungseffekten. Interpretieren sie die Belohnung aber eher als Feedbackinformation und damit auch als symbolische Anerkennung ihrer Kompetenzen, dann bleiben die negativen Anreizwirkungen eher aus. Es scheint also entscheidend darauf anzukommen, wie ein Zielbonus kommunikativ verpackt wird. Die Kompetenzinformation könnte man Mitarbeitern in Organisationen allerdings auch zukommen lassen, ohne „Geld in die Hand zu nehmen". Das leitet über zum nächsten Aspekt.
- Es muss einerseits unterschieden werden, ob *verbale* oder *materielle* Belohnungen gewährt werden. Und andererseits ist relevant, ob eine Tätigkeit grundsätzlich als *langweilig* oder *interessant* empfunden wird. Und weiter muss differenziert werden, ob die Verdrängung der intrinsischen Motivation eher auf der *konkreten Verhaltensebene* des Engagements für eine Aufgabe (E) – gemessen über die Beschäftigungsdauer mit ihr – oder eher auf der *kognitiven Ebene* des nachlassenden Interesses für eine Aufgabe (INT) stattfindet. **Abbildung 14.1** zeigt die Ergebnistendenzen auf Basis von zwei Metaanalysen im Überblick:

Abbildung 14.1: Verdrängung intrinsischer Motivation in Abhängigkeit von Aufgaben- und Belohnungstyp (E = Engagement, INT = Interesse)

		BELOHNUNG	
		verbal	materiell
AUFGABE	langweilig	• E ↑ • INT ↑	• E ↑ • INT →
	interessant	• E ↑ • INT ↑	• E ↓ • INT ↓

Verbale Belohnungen (Lob, positives Feedback) scheinen also relativ durchgängig positive Effekte zu zeitigen. *Materielle Belohnungen* (z. B. Zielboni) wirken günstig bei eher langweiligen Aufgaben. Sie helfen Mitarbeitern offensichtlich, ihre Abneigungsschwelle zu überspringen. Die problematischste Konstellation scheinen materielle Belohnungen bei interessanten Aufgaben zu sein. Hier ist die Wahrscheinlichkeit für eine Verdrängung der intrinsischen Motivation besonders hoch.

Also muss das Zwischenfazit bis zu dieser Stelle lauten, Zielboni eher auf unteren Hierarchieebenen einzusetzen, weil dort ein höherer Anteil uninteressanterer Aufgaben vermutet werden kann. Auf den höheren Hierarchieebenen wäre wegen des Korrumpierungsrisikos eher darauf zu verzichten. In der Praxis findet man aber eher die gegenteilige und damit falsche Handhabung! Erinnern Sie sich? Zu dieser Erkenntnis kamen wir schon einmal, nämlich bei den Darlegungen zum abnehmenden Grenznutzen von Geld (Contra-Argument 2).

- Das Risiko von Korrumpierungseffekten scheint auch bei interessanten Aufgaben eher nicht gegeben zu sein, wenn für materielle Belohnungen klare Leistungsstandards formuliert wurden. Die Handhabung von Zielvereinbarungen streng nach der SMART-Regel scheint also eine recht gute Prophylaxe gegen das Auftreten von negativen Anreizeffekten in Form von Korrumpierungseffekten zu sein.

Und nun? Wie lautet das Fazit über alle Aspekte bei dieser doch recht unübersichtlichen Gemengelage? Zunächst einmal scheint der Korrumpierungseffekt nicht mit dieser Wahrscheinlichkeit und Relevanz für Wirtschaftsorganisationen nachgewiesen zu sein, mit der er mitunter beschworen wird. Soweit die gute Nachricht. Diese Entwarnung heißt aber nur, dass Zielboni auf die intrinsische Motivation nicht gesetzmäßig negativ wirken. Sie heißt aber nicht, dass man sie im positiven Sinn unbedingt auch benötigt. Viel interessanter scheinen die Erkenntnisse, die man im Umkehrschluss, also indirekt, aus den kritischen Analysen der Experimente gewinnen kann. Die Botschaft lautet hier nämlich folgendermaßen:

Wenn es gelingt,

- Arbeitsaufgaben interessant zu gestalten,
- klare Ziele mit klaren Erfüllungskriterien zu formulieren,
- im Rahmen der Mitarbeiterführung geschickt mit verbalen Belohnungen zu agieren,
- Kompetenzsignale an die Mitarbeiter via qualifikationsgerechtem Einsatz in Verbindung mit Personalentwicklungsmaßnahmen zu senden,

dann sind zusätzliche Zielboni unnötig. Professionelles Personalmanagement und gute Mitarbeiterführung können materielle Anreize – in Grenzen – substituieren!

Was das Lob anbelangt, so sieht das allerdings *Sprenger* (*2006*) gründlich anders. Und der Stringenz seiner Argumente kann man sich nur schwer ganz entziehen. *„Mit Lob bringt man die Freiheit um"* – lautet einer seiner provozierenden Schlüsselsätze, mit der er die undifferenzierte und zu positive Sicht auf Lob kritisiert. Er plädiert für eine lobfreie Organisation, da Lob als Führungsinstrument

- hinter einer freundlichen Maske – und damit kaum zurückweisbar – eine reine Manipulation und Fremdsteuerung verbirgt, die den Mitarbeiter dazu bringen soll, etwas zu tun, das dem Lobenden nützt und damit den Mitarbeiter in die Rolle eines „entsubjektivierten" Produktivfaktors drängt,
- ein Interpretationsmonopol der Führungskraft über „gut und schlecht" beansprucht,
- die Hierarchieunterschiede betont und zementiert; gelobt wird von oben nach unten,
- eine Abhängigkeit vom Vorgesetzten schafft, die der Selbstverantwortung und einer echten Leistungspartnerschaft im Weg steht,
- eine manipulative Kompensationsstrategie für zu geringe materielle Anreize sein kann,
- von Arbeitnehmern in Mitarbeiterbefragungen zwar vermeintlich immer wieder vermehrt eingefordert wird, sie aber tatsächlich eher Aufmerksamkeit und Interesse seitens der Führungskraft meinen,
- besonders den „sozialallergischen" Vorgesetzten ermöglicht, die Mitarbeiter auf Distanz zu halten und sich hinter einem Instrument zu verstecken, statt authentische Kontakte auf Augenhöhe einzugehen.

Grundsätzlich trifft diese Kritik auf alle Formen der Anreizgestaltung zu. Wie sieht *Sprengers* Gegenentwurf aus? In Stichworten: Wertschätzung, Zugewandtheit, Aufmerksamkeit, menschlich warmer Umgang, Zusammenarbeit auf Augenhöhe, Leistungspartnerschaften mit viel Kontakt.

Die Frage bleibt allerdings, ob Führungskräfte all das tatsächlich auch leisten können. Zumindest wird man sie über Personalentwicklungsmaßnahmen beim Aufbau dieser Sozialkompetenzen unterstützen müssen.

14.14 Überzogener Leistungsdruck

Die Existenz von Zielen allein löst bei den Mitarbeitern Leistungsdruck aus. Das soll sie auch! Die zusätzliche Verknüpfung mit Zielboni erweitert diesen gewollten Leistungsdruck um die Komponente der persönlichen Verlustängste. Es ist ein bekanntes psychologisches Phänomen, dass Menschen einen möglichen Einkommensverlust persönlich bedeutsamer finden als einen möglichen Zugewinn in gleicher Höhe. Möglicherweise sind diese Verlustängste dann neben den schon seit Jahren laufenden und auch notwendigen Prozessen der permanenten Leistungsverdichtung und Effizienzsteigerung der berühmte Tropfen, der das Fass zum Überlaufen bringt. Aus einem „noch gesunden" Leistungsdruck wird krankmachender Leistungsdruck.

Nicht vergessen sollte man am Rande, dass an der Frage der Gewährung oder Nichtgewährung von Zielboni auch das verfügbare Einkommen und damit die Absicherung des materiellen Lebensniveaus ganzer Familien hängt. Ist das Haushaltsbudget „auf Kante genäht", dann empfinden speziell Arbeitnehmer in der Rolle von Familienverdienern die Unkalkulierbarkeit des Einkommens zusätzlich als belastend.

Phänomene wie Stress oder Burnout mit all ihren negativen Folgewirkungen auch auf der ökonomischen Ebene (z. B. Fehlzeiten, innere Kündigung) sind die Konsequenzen dieser Belastungskomplexe. Es lohnt schon, einmal darüber nachzudenken, warum es psychische Erkrankungen der Mitarbeiter nach Skelett-/Muskelerkrankungen mittlerweile auf Rang 2 der „Bestenliste" der Fehlzeitenursachen geschafft haben. Es gibt nicht nur Grenzen des Wachstums, sondern auch Grenzen der Leistungsverdichtung!

14.15 Fehlmedikation

Eine interessante neue Perspektive bringen zwei amerikanische Wissenschaftler ins Spiel, indem sie den Blick nicht auf die Mitarbeiter richten, sondern stärker auf die Führungskräfte, die die Einführung von leistungsorientierten Vergütungssystemen (Pay-for-Performance-Plans) beschließen. Sie untersuchten in einer intensiven Interviewstudie insgesamt 12 unterschiedliche Pay-for-Performance-Plans, die beim US-amerikanischen Technologiekonzern Hewlett-Packard (HP) eingeführt und zum größten Teil wieder eingestellt wurden. Warum war das so?

Die Autoren betonen, dass leistungsorientierte Vergütungssysteme nicht nur eine zwangsläufige Reaktion auf Erfordernisse aus der externen Organisationsumwelt sind (z. B. Wettbewerb auf dem Arbeitsmarkt), sondern dass Führungskräfte bei ihrer Einführung und

Modifikation eine zentrale Rolle spielen. Ihr Denken war nicht getrieben von einer tiefen Überzeugung von der Notwendigkeit und Richtigkeit einer leistungsorientierten Vergütung, sondern schlicht von der Intention, die Leistung in der Organisation zu steigern. Pay-for-Performance-Plans waren lediglich *ein* Management-Werkzeug unter vielen, von dem sie hofften, dass es auf einfache und kostengünstige Weise die im Unternehmen existierenden Probleme lösen würde. Dabei *unter*schätzten sie systematisch den Einführungs- und Administrationsaufwand und *über*schätzten systematisch die positiven Wirkungen dieser Systeme *(Beer/Cannon 2004).*

Was ist die Lektion aus dieser Studie? Es besteht die Gefahr, dass der Griff zum Geld vorschnell erfolgt. Kopfschmerzen? Unwohlsein? Da werfen wir zur Sicherheit doch schnell mal ein Aspirin ein! Irgendetwas läuft in der Organisation „nicht rund", das Leistungsniveau ist unbefriedigend? Die Hoffnung könnte dann sein: *„Biete den Mitarbeitern mehr Geld, das wird die Probleme schon irgendwie lösen"*. Es ist der vermeintlich einfachste Weg. Mitunter zeigt er Naivität, mangelnde Kreativität oder auch Faulheit. Er enthebt der Notwendigkeit, eine vertiefte Problemanalyse vorzunehmen. Immer dann, wenn man zu einer genauen Diagnostik der Probleme in der Organisation nicht fähig oder willens ist, greift man zum „Allheilmittel Geld". Manchmal hilft es, manchmal bekämpft es eine Zeit lang wenigstens die Symptome. Mitunter stellt es sich aber auch als komplette Fehlmedikation heraus, die an den wahren Krankheitsursachen vorbeigeht. Ein schlechtes Betriebsklima lässt sich nicht durch Geld kurieren, allenfalls macht es die Schmerzen ein wenig erträglicher. Geldgewährung darf nicht zum Ersatzmechanismus für gute Führung werden! Die leichte Verfügbarkeit einer vermeintlich hilfreichen Medizin vernebelt möglicherweise den Blick für die wahren Ursachen unzureichender Leistungsniveaus.

In die gleiche Kerbe schlägt auch eine Befragung von 251 Führungskräften aus 200 Unternehmen in Deutschland, Österreich und der Schweiz *(Küpers/Wunderer 2000).* Es wurden insgesamt 17 Motivationsbarrieren untersucht (z. B. fehlende Anerkennung, gestörtes Verhältnis zum direkten Vorgesetzten, schlechte Arbeitskoordination, unzureichende Ressourcenausstattung), die nach Schätzungen der Befragten zu einer Beeinträchtigung bei Produktivität und Arbeitsleistung von durchschnittlich 23 % führen. Die Autoren bemängeln, dass in der betrieblichen Praxis seit geraumer Zeit immer intensiver, immer differenziertere monetäre Anreizsysteme entwickelt werden, um so die Leistungsbereitschaft der Mitarbeiter zu sichern und zu erhöhen.

Diese Strategien des ständigen *„aktiven Motivierens"* verstellen den Blick für die Faktoren, die die Motivation zerstören. Statt weiterer Motivierung kommt es vielmehr auf die Vermeidung und den Abbau von Motivationsbarrieren an. Diese zerstören nämlich das Engagement der Mitarbeiter. Demotivation ist dabei nicht die einfache Umkehrung von Motivation im Sinne von „keiner Motivation". Sie wirkt viel destruktiver! Mitarbeiter entwickeln ein Engagement in die falsche Richtung, indem sie rollen*in*konformes Verhalten zeigen, Kollegen durch negative Kommentare über die Arbeit oder die Organisation ebenfalls mit dem „Demotivationsvirus" infizieren oder sich in Fehlzeiten oder gar Fluktuation flüchten. Wenn solche Mechanismen wirken, dann kann Geld – hier: Zielboni – keinen Ausgleich schaffen.

Das Fazit aus all diesen Überlegungen? Für die Führungskräfte kann die Einführung von Zielboni im Einzelfall das „süße Gift der Selbstberuhigung“ sein: „*Wir tun damit ja etwas für die Motivation!*“. Die entscheidende Frage bleibt aber, ob damit tatsächlich die „richtige Krankheit“ mit der „richtigen Medizin“ bekämpft wird.

14.16 Widerstand von Arbeitnehmervertretungen

Wie werden Vergütungen auf der Basis von Zielen eigentlich von den Arbeitnehmervertretungen, also Gewerkschaften und Betriebs- bzw. Personalräten, gesehen? Sie werden durch dieses Instrument vermutlich in einen fast unauflöslichen Interessenkonflikt gestürzt. Hölle und Himmel werden gleichzeitig geboten!

Einerseits entsteht durch den Ansatz, dass im Extremfall jeder Mitarbeiter auf seiner Stelle eigene und damit andere Ziele hat, die Situation, dass ein einheitliches Vergütungssystem in der Organisation streng genommen nicht mehr existiert. Jeder Mitarbeiter verhandelt seine Ziele individuell. Und folgerichtig hat damit auch jeder Mitarbeiter andere Kriterien, an denen seine Leistung festgemacht wird. Das ist eine radikale Abkehr von klassischen Leistungsbeurteilungsverfahren, bei denen zur Ermittlung des leistungsorientierten Vergütungsanteils jeder Mitarbeiter nach dem *gleichen* Kriterienkatalog beurteilt wird. Dahinter steht die Idee eines allgemein verbindlichen Leistungsstandards bzw. einer Normalleistung auf ganz unterschiedlichen Stellen. Diese Idee wird deutlich zurückgedrängt.

Bei Zielvereinbarungen übernehmen Mitarbeiter eine größere Eigenverantwortung für die Struktur ihrer Vergütung. Sie müssen die eigene Leistungsfähigkeit und die Leistungsbedingungen an ihrem Arbeitsplatz selbst einschätzen und in bilateralen Verhandlungsprozessen mit den Vorgesetzten ihre Interessen wahren. Es findet also eine Entstandardisierung der Vergütung statt. Leistungsstandards werden dereguliert, Tarifverträge in ihrer kollektiven Bedeutung geschwächt. Darüber können Arbeitnehmervertreter eigentlich nicht so recht glücklich sein. Ihrem Selbstverständnis entspricht es nämlich, dass sie einen kollektiven und möglichst einheitlichen Vertretungsanspruch für alle Mitarbeiter gegenüber den Arbeitgebern wahrnehmen können. Möglichst einheitliche Vergütungsansätze

- erleichtern deren detaillierte Regelung und Kontrolle über Tarifverträge und Betriebsvereinbarungen,
- erleichtern wegen ihrer transparenten Kommunizierbarkeit die Mobilisierung der Belegschaften im Falle von Arbeitskämpfen,
- gestatten einen besseren Schutz der Schwächeren – ein Ziel, das zum Kulturkern jeder Arbeitnehmervertretung gehört.

Die durch zielbasierte Vergütungssysteme zwangsläufig entstehende „buntere und vielfältigere Vergütungswelt“ entzieht dem kollektiven Regelungsinteresse ein Stück weit den Boden. Von der Idee einer lückenlosen und stringenten Regelung der Vergütung, einheitlich für alle Beschäftigten, müssen sich Betriebs-/Personalräte und Gewerkschaften damit verabschieden. Auch der Schutz einzelner Mitarbeiter, die mit der Individualisierung der Entgeltprozesse und der damit verbundenen Eigenverantwortung überfordert sein könnten und von daher kollektiver Schutzmechanismen bedürfen, wird in den Augen der Arbeitnehmervertretungen erschwert. All dies zusammen wird wohl als Bedrohung der eigenen Machtposition wahrgenommen werden.

Andererseits sind Arbeitnehmervertreter aber „von Amts wegen" und aus ideologischen Gründen schon geradezu dazu verpflichtet, höhere Selbstbestimmungsrechte von Mitarbeitern begrüßen zu müssen. Schließlich bieten Zielvereinbarungssysteme die Chance auf individuelle Mitspracherechte bei der Definition des eigenen Leistungsvolumens und schaffen zudem hohe Freiräume bei der Ausführung der Arbeitsaufgabe.

Zwei den Gewerkschaften nahestehende Sozialwissenschaftler bringen in ihren Analysen den Zielkonflikt, dem sich Arbeitnehmervertretungen ausgesetzt sehen, folgendermaßen auf den Punkt:

> *„Denn wenn die Leistungsziele individuell vereinbart werden, müssen nolens volens auch individuelle, **nur für diese Ziele geltende** Kriterien definiert werden, an denen der Erfolg, also Leistung zu beurteilen ist. (...) Wenn in einem Unternehmen das Instrument Zielvereinbarungen zur Leistungsbeurteilung eingeführt wird, impliziert dies notwendig eine Vervielfältigung der Leistungsmaßstäbe: Es gibt genauso viele Maßstäbe wie Ziele, die vereinbart worden sind."*
> *(Bender 2000, S. 164)*
>
> *„Zielvereinbarungssysteme erschweren den Schutz der Schwächeren und die Stabilisierung betrieblicher Leistungsnormen (...). In dem Ausmaß, in dem Zielvereinbarungssysteme entgeltrelevant werden, entgleitet Betriebsräten wie Gewerkschaften das Wissen über das faktische Verhältnis von Leistung und Entlohnung und deren Entwicklung, das doch Voraussetzung zielgenauer Mobilisierungspolitiken und Regelungsstrategien wäre." (Drexel 2002, S. 345)*
>
> *„Zielvereinbarungen sind vielleicht kein demokratisches, wohl aber ein partizipatorisches Führungsinstrument, weil sie darauf zielen, in der Subjektivität der einzelnen Arbeitskraft liegende Potenziale zur Produktivitätssteigerung zu mobilisieren. Das macht sie zumindest im Prinzip ‚anschlussfähig' an die Forderungen, die zum Traditionsbestand der Arbeiterbewegung gehören, nämlich die nach einem höheren Maß an individueller Selbstbestimmung im Arbeitsprozess."*
> *(Bender 2000, S. 176)*

Die Rationalität der Arbeitnehmervertretungen in dieser Dilemmasituation dürfte wohl heißen: *„Realisiere Himmel, vermeide Hölle"*. Oder etwas seriöser ausgedrückt: Für Vereinbarungen, die Zielvereinbarungssysteme als *Führungs*mechanismus sehen, wird man Arbeitnehmervertretungen recht gut als Partner gewinnen können. Bei einer geplanten *Vergütung nach Zielerreichungsgraden* hat man wohl im milden Fall zunächst in langwierigen Verhandlungsprozessen etliche Widerstände und Bedenken auszuräumen. Im härteren Fall hat man sich eine neue Frontlinie mit den Arbeitnehmervertretungen aufgebaut.

Aus einer explorativen Studie in Betrieben der Metallindustrie in Bayern und Baden-Württemberg wird im Übrigen berichtet, dass einige Betriebsräte ganz bewusst den Abschluss von Betriebsvereinbarungen verweigern, um durch diese „Strategie der Regelungsabstinenz" zielorientierte Vergütungen nicht zu legitimieren und ihre Ausbreitung zu unterstützen. Sie wollen damit auch die für sie unangenehme und politisch kaum durchzustehende Situation vermeiden, dass sie gegen die *von einem Arbeitnehmer vereinbarte* überhöhte Leistungsverpflichtung vorgehen müssten (*Drexel 2002*).

Selbst wenn die Arbeitgeberseite final ein System nach ihren Wünschen durchsetzen kann, ist es nicht unwahrscheinlich, dass es eine Quelle dauernder Auseinandersetzung im Einzelfall wird. Es ist nämlich nur allzu menschlich, dass Arbeitnehmervertretungen vor dem Hintergrund der oben geschilderten Befindlichkeitslage „ein waches Auge" auf mögliche Fehlentwicklungen und Ungerechtigkeiten in der Handhabung haben und diese als willkommene Bestätigung ihrer Bedenken konsequent thematisieren. Und dann kann es anstrengend werden. Es will also wohlüberlegt sein, ob man sich diesem permanenten Konfliktrisiko aussetzen will. Letztlich kann diese Frage jeder Betrieb vor dem Hintergrund der konkreten Personen in den Arbeitnehmervertretungen und der gewachsenen Zusammenarbeit mit ihnen nur individuell entscheiden.

Sinnvoll ist aber in jedem Fall, vorab ein wenig Empathie walten zu lassen und sich in die Denkwelt und Handlungsmotive von Arbeitnehmervertretern hineinzuversetzen. Es gilt das alte kanadische Sprichwort: *„Wer den Bären jagen will, muss lernen wie der Bär zu denken!"*. Aber vielleicht ist es ja auch viel sinnvoller, den Bären gar nicht zu jagen, sondern mit ihm gemeinsam Honig und Beeren sammeln zu gehen ...

14.17 Empirische Befunde

Dass eine Verbesserung des Organisationserfolgs auch ohne zusätzliche finanzielle Anreize für die Zielerreichung nicht nur frommes Wunschdenken ist, konnte in einer empirischen Fallstudie bei einer Behörde der US-amerikanischen Arbeitsgerichtsbarkeit, die für Streitigkeiten zwischen Gewerkschaften und Arbeitgebern zuständig ist, schlüssig nachgewiesen werden (*Schneider 2007*).

Die dort tätigen Richter erhielten 1995 zwecks Effizienzsteigerung des Justizsystems zwei Ziel*vorgaben*: Zum einen sollte die Zahl der Gerichtsverfahren gesenkt werden, indem die Richter die Streitparteien vermehrt zu vorprozesslichen Vergleichen bewegen sollten. Zum anderen – falls Vergleiche nicht möglich waren – sollten die Gerichtsverfahren nach einer festgelegten Anzahl von Tagen mit einer schriftlichen Entscheidung beendet sein. Beide Zielvorgaben wurden erfüllt. Die Vergleichsquote bei den Streitigkeiten stieg von 42,8 % im Analysezeitraum 1974 bis 1994 auf 60 % im Analysezeitraum 1995 bis 2001. Die durchschnittliche Bearbeitungszeit der Prozesse sank in den gleichen Zeiträumen von 144 auf 135 Tage.

Dieses Ergebnis ist in mehrerlei Hinsicht interessant.

Zum einen wurde die Effizienzsteigerung erreicht, obwohl

- die Ziele autoritär *vorgegeben* und *nicht vereinbart* wurden,
- die Ziele zum Teil unspezifisch (= unoperational) formuliert waren, da für die Zahl der anzustrebenden Vergleiche keine konkrete Zielgröße benannt war.

Trotz dieser beiden „Verstöße" gegen „richtiges" Führen mit Zielen kam es zu Leistungssteigerungen. Dies spricht dafür, dass Ziele auch ohne Zielerreichungsprämien einen robusten positiven Einfluss auf die Leistung ausüben können.

Zum anderen kann gerade in dieser Fallstudie die Leistungssteigerung eindeutig dem Zielmechanismus zugerechnet werden, da

1. die Richter keinerlei materielle Belohnungen für die Zielerreichung erhielten,
2. die Richter eine extrem unabhängige Position haben, somit keinerlei negative Konsequenzen bei unverändertem Arbeitsverhalten, also bei Zielverfehlung, zu befürchten hatten,
3. alle Richter die Endstufe ihrer Laufbahn erreicht hatten, sich also durch hohe Zielerfüllung auch keine neuen Karriereperspektiven mehr erarbeiten konnten,
4. an den sonstigen Arbeitsbedingungen im Zuge der Zielvorgaben keinerlei Veränderungen vorgenommen wurden.

Mit anderen Worten: Alle potenziell „ergebnisverschmutzenden Effekte" können in dieser Studie ausgeschlossen werden.

Die Leistungssteigerungen durch Ziele erklärt der Autor in diesem Fall insbesondere durch die beiden Einflussgrößen

- *Verinnerlichtes Sendungsbewusstsein*

  (im Sinne einer tiefen Überzeugung als Arbeitsrichter, durch die Verhinderung unfairer Praktiken zwischen Arbeitgebern und Gewerkschaften eine wichtige öffentliche Aufgabe wahrzunehmen),
- *Kollegiale Kontrolle*

  (im Sinne eines durch die Richter empfundenen Leistungsdrucks aufgrund der Wahrnehmung, dass Kollegen das Niveau ihrer Arbeit gut einschätzen können).

Beide Einflussfaktoren führen dazu, dass eine hohe Bindung an die Ziele entsteht. Vorzufinden sind solche Randbedingungen insbesondere bei professionalisierten Berufsgruppen (z. B. Ärzte, Wissenschaftler, Ingenieure, höhere Verwaltungs- und Managementfunktionen). Eine längere Berufstätigkeit innerhalb einer Organisation führt zur Verinnerlichung einer spezifischen Berufsstandskultur und zur Übernahme einer gemeinsamen Organisationskultur. Und letztlich führt es auch zur Befähigung, recht gut beurteilen zu können, wie erfolgreich und gewissenhaft Kollegen arbeiten. Wird begleitend dafür gesorgt, dass der Erfolg der Gesamtorganisation und auch die individuelle Leistung regelmäßig gemessen und organisationsweit transparent gemacht wird, dann entsteht gleichzeitig ein Feedbackmechanismus für die eigene Leistung und ein Leistungsanreiz über die Gefahr eines Reputationsverlustes.

Inwieweit diese Mechanismen auch auf andere Berufsgruppen übertragbar sind, müssen weitere empirische Studien klären. Zumindest für professionalisierte Berufe ist jedenfalls folgender Schluss zu ziehen:

> *„Offensichtlich wird die Bedeutung materieller Anreize, die an exakten Erfolgszielen anknüpfen, in der Literatur wie in der Praxis tendenziell überschätzt (…).“* *(Schneider 2007, S. 633)*

15 Zwischenfazit: Vergütung ohne Zielboni

„Da steh ich nun, ich armer Tor, und bin so klug als wie zuvor.“ (Faust)

(Johann Wolfgang von Goethe, deutscher Dichter)

Was nun? Lässt man die Argumentebilanz auf sich wirken, dann kommt man zur Einschätzung, dass Zielboni etliche Vorteile haben, aber noch mehr Nachteile. Die Formulierung dieser Aussage spiegelt schon die persönliche Position des Verfassers wider. Die Empfehlung lautet: Finger weg! – wenn es mit Blick auf Wettbewerber am Arbeitsmarkt möglich ist. Die Abwanderung von wichtigen Fachkräften zur Konkurrenz in großer Zahl aufgrund fehlender Zielboni im Vergütungssystem kann natürlich nicht hingenommen werden. Was aber die Förderung von Leistung und Motivation anbelangt, überwiegen die potenziellen Risiken und Probleme die Chancen und den Nutzen deutlich. Dies gilt tendenziell im Übrigen für andere Formen leistungsorientierter Vergütungselemente analog.

Das aber ist die subjektive Bilanzbewertung des Verfassers. Wie das bei Bilanzen aber so ist: Verändert man die Wertansätze einzelner Bilanzpositionen, dann kann aus einem Verlust ein Gewinn werden und umgekehrt.

Final muss jede Organisation für sich, unter Berücksichtigung ihrer spezifischen inneren und äußeren Rahmenbedingungen, der persönlichen Reifegrade und der Werthaltungen und Überzeugungen der handelnden Personen, eine Entscheidung über die Einführung von Zielboni treffen. Allerdings darf diese erst in Kenntnis und nach einer gründlichen Abwägung aller Pros und Cons fallen. Genau dazu bietet die vorgestellte Argumente-Bilanz eine Hilfe. Nach der Lektüre gilt die Ausrede *„Das haben wir nicht geahnt!“* jedenfalls nicht mehr.

Gnadenlose Personalkostenminimierer sollten sich jetzt aber nicht zu früh freuen. Um nach der eindeutigen Positionierung gegen Zielboni nun nicht Beifall von der falschen Seite zu bekommen, sei eindeutig festgestellt:

Das war kein Aufruf zur finanziellen Ausbeutung der Mitarbeiter. Eher schon zur radikal vereinfachten, transparenteren und konfliktfreieren Gestaltung von Vergütungssystemen. Zum Nulltarif gibt es die motivations- und leistungssteigernden Effekte von Zielen nämlich auch nicht. Ein begleitender Vergütungsansatz sollte zwei wesentliche Eckpunkte erfüllen. Diese gelten unterschiedslos für alle Hierarchieebenen in der Organisation. Von derzeit noch existierenden tariflichen Zwängen wird bei der Argumentation bewusst abstrahiert.

15.1 Angemessene Grundvergütung

Die Mitarbeiter müssen in einem ersten Eckpunkt das Gefühl haben, für ihre Arbeit eine angemessene Vergütung zu erhalten und nicht ausgebeutet zu werden. Dies wäre sicher zu stellen über eine marktadäquate Grundvergütung, bei der alle Mitarbeiter gemäß ihrer Aufgabenschwierigkeit – je nach Größe der Organisation und Verschiedenartigkeit der Aufgabenbilder – in vier bis maximal (!) sieben Vergütungsgruppen eingeteilt sind. Die Einstufungskriterien müssen möglichst objektiv und nachvollziehbar sein. Grauzonen für Diskussionen sollten tunlichst nicht auftreten. Entscheidungen hätte die Organisation also zu treffen über

- Anzahl der Vergütungsgruppen,
- Absolute Vergütungshöhe in Gruppe 1 (= Basisgruppe),
- Prozentuale Mehrvergütungen in den höheren Gruppen.

Wie weit eine Vergütungsspreizung (= *relative Vergütungshöhen*) zwischen den einzelnen Gruppen gehen soll, insbesondere wie weit die unterste und die oberste Gruppe auseinanderliegen sollen und dürfen, ist eine Frage von höchstem ideologischen Gehalt. Sie ist werthaltungsabhängig nur in jeder Organisation individuell zu beantworten.

Die jeweiligen *absoluten Vergütungshöhen* in den einzelnen Gruppen müssen sich primär an der Wirtschaftlichkeit der Beschäftigten orientieren, also an ihrer Produktivität und an dem, was der Markt bereit ist, für den hergestellten Output zu bezahlen. Muss man es gesondert betonen? Vergütungsniveaus, die durch das Produktivitätsniveau nicht abgedeckt sind, führen zu Arbeitslosigkeit. Und Vergütungsniveaus, die zwar durch das Produktivitätsniveau, nicht aber durch das erzielbare Preisniveau am Markt abgedeckt sind, haben die gleiche Wirkung.

Eine höhere Anzahl an Vergütungsgruppen als die vorgeschlagenen vier bis sieben, wie sie in vielen Tarifverträgen und Einstufungssystemen zu finden sind, schafft höchstens Pseudogenauigkeit und Einstufungskonflikte. Sobald Mitarbeiter eine Chance sehen, durch geschickte Argumentation bei der Darstellung ihrer „immer komplexer und schwieriger werdenden Aufgaben" den Sprung in die nächsthöhere Vergütungsgruppe zu realisieren, werden sie es natürlich auch versuchen (bei sinkenden Schwierigkeits- und Komplexitätsgraden „schweigt naturgemäß des Sängers Höflichkeit!"). Eine zu hohe Zahl an Vergütungsgruppen, die nicht mehr hinreichend scharf gegeneinander abgegrenzt werden können, schafft genau den Anreiz dafür, „es ja zumindest mal probieren zu können". Und dann ist bei den Mitarbeitern auf der *Anforderungs*seite der Vergütung genau die „innere Unruhe" induziert worden, wie sie oben bei den Zielboni, also auf der *Leistungs*seite, beschrieben wurde. Das Spiel des „Tarnens, Tricksens und Täuschens" kann damit auch hier beginnen und zieht Aufmerksamkeit und Energie von der eigentlichen Arbeitsaufgabe ab. Daher sollte dieses Spielbrett erst gar nicht auf den Tisch gestellt werden.

Tarifverträge und daran angelehnte Vergütungssysteme haben sich hier nach Dafürhalten des Verfassers in Deutschland über viele Jahre in die falsche Richtung entwickelt. Im Namen der Anforderungsgerechtigkeit der Vergütung – und damit sicherlich gut gemeint – wurden oft zu viele Vergütungsstufen geschaffen. Dies ist eine schöne Gerechtigkeitsfiktion, die in der Praxis aber kaum mit der gebotenen Messpräzision einlösbar ist. Im Ergebnis existieren überkomplexe Systeme, die einen entsprechenden Administrationsaufwand (Zeit, Personal) nach sich ziehen. Der übliche Teufelskreislauf eben! Erst lässt man den Geist aus der Flasche, und dann bekommt man ihn nicht wieder hinein. Heerscharen von Personalreferenten, die zwecks Überprüfung der Eingruppierung von einzelnen Mitarbeitern mit hohem Aufwand Arbeitsplatzuntersuchungen durchführen müssen, könnten ein Lied davon singen. Lehnt der Personaler eine beantragte Höhergruppierung wegen nicht gestiegener Arbeitsplatzanforderungen ab, so folgen – oft unter Einbeziehung des Betriebs- oder Personalrats – höchst konfliktbeladene Gespräche. Setzt sich die Position des Personalers auch dort durch, dann bleibt ein frustrierter Mitarbeiter in einer Verliererposition als Ergebnis des Prozesses übrig. Kippt der Personaler wider bessere Überzeugung um und lenkt „um des lieben Friedens willen" ein, dann ergibt sich eine Personalkostensteigerung, die als Einzelfall vielleicht relativ unerheblich ist, sich aber zu einem handfesten Personalkostenschub auswachsen kann, wenn in der Organisation noch viele ähnliche Stellen vorhanden sind. Die Anträge der darauf tätigen Mitarbeiter auf Höhergruppierung werden nicht lange auf sich warten lassen. Stuft man eine Abteilungsleitersekretärin nach oben, so ist es nur eine Frage der Zeit, wann sich alle anderen auch in der höheren Vergütungsgruppe wiederfinden.

In Summe war das jetzt ein Plädoyer für einen Zeitlohn mit einer sehr begrenzten Anzahl anforderungsorientierter Entgeltstufen. Er eliminiert aufgrund einer einfachen und transparenten Struktur den Anreiz für permanente „Vergütungsverhandlungsspiele" und ist einfach und kostengünstig zu administrieren. Auch bei Personalsystemen müssen wir wieder begreifen, dass Komplexitäten Geld kosten und es sich bei fein ziselierten Regelwerken vielfach nicht um gut investiertes Geld handelt.

In die gleiche Kerbe schlägt das nachfolgende Zitat, in dem ein wissenschaftlich orientierter Psychologe mit Praxiserfahrung und ein Geschäftsführer eines Multimedia-Unternehmens mit 30 Beschäftigten, das seit etwa 20 Jahren erfolgreich eine Einheitsvergütung für alle Mitarbeiter praktiziert, zu Wort kommen:

> *„Früher arbeitete Hossiep für die Deutsche Bank, heute forscht er an der Ruhr-Universität Bochum (...). Was er kritisiert, sind die ausgeklügelten Bonussysteme, die manche Unternehmen im Laufe der Jahre entwickelt haben. ‚Management by Mohrrübe' nennt er das in Anspielung auf das Bild des Esels, der nur dann zum Laufen zu bewegen ist, wenn man ihm eine Belohnung vor die Nase hält. Zum Teil hätten die Vergütungsvereinbarungen in Unternehmen mehr als fünfzig Seiten, akribisch würden darin Umsatz-, Gewinn-, Rendite-, Kundenzufriedenheits- und Mitarbeiterfluktuationsziele festgelegt und die Berechnungsformeln, wann es wie viel Bonus gibt, in welcher Form, mit welchen Rückforderungsklauseln und so weiter. ‚Das hat Steuererklärungscharakter', sagt Hossiep, mit den bekannten Folgen: ‚Die Leute holen aus diesen Systemen raus, was sie kriegen können.' (...)*

> *Gernot Pflüger hält von derlei berechnenden Überlegungen wenig. (...) Seine Einheitsgehälter würden ihm und seinen Mitarbeitern viel Zeit und Nerven ersparen – und die Konzentration auf die Arbeit lenken, sagt er. ‚Diese vielen arbeitsfernen Hierarchie-Spielchen, Ideen der Kollegen als die eigenen ausgeben, jeden Handgriff aufschreiben, die eigenen Leistungen immer wieder beim Vorgesetzten anpreisen, das alles bringt ein Unternehmen nicht weiter.'" (Löhr 2010, S. C1)*

Sicherlich ist die extreme Variante der Einheitsvergütung in einem eher kleinen Unternehmen mit einer ausgeglichenen Qualifikationsstruktur der Belegschaft praktizierbar. In einem größeren, produzierenden Unternehmen, bei dem die Qualifikationsstruktur vom Ungelernten bis zu akademischen Qualifikationen auf höheren Hierarchieebenen spreizt, muss es schon bei den vorgeschlagenen vier bis sieben Vergütungsgruppen bleiben.

Ein zweiter Eckpunkt im Vergütungssystem muss jetzt aber noch zwingend hinzukommen.

15.2 Erfolgsbeteiligung

In einem zweiten Eckpunkt müssen Mitarbeiter das Gefühl haben, am gemeinsam erarbeiteten Organisationserfolg auch angemessen beteiligt zu sein. Dies ist jetzt ein klares Plädoyer für die Einführung von Erfolgsbeteiligungssystemen, insbesondere in der Form von Gewinnbeteiligungssystemen.

Gewinnbeteiligungen haben gegenüber Zielboni den entscheidenden Vorteil, dass ein Erfolg zunächst erzeugt wird und dann erst zur Verteilung kommt. Der Bär wird also erst erlegt, und dann wird das Fell verteilt. Bei Zielboni dagegen kann die unangenehme Situation auftreten, dass ein Mitarbeiter auf seiner Stelle zwar seine Ziele erreicht und damit einen Anspruch auf einen persönlichen Zielbonus hat, aber die Gesamtorganisation tief in der Verlustzone operiert. Hier wird das Fell eines Bären verteilt, der überhaupt nicht existiert. Der Zielbonus wird aus der Substanz gezahlt. Ökonomisch gesund ist das nicht!

Natürlich könnte man die Gewährung der individuellen Zielboni an die Bedingung knüpfen, dass in der Gesamtorganisation ein Gewinn in einer bestimmten Größenordnung entstanden ist. Das aber ist psychologisch eine arge Zumutung für den Mitarbeiter. Sein Blick ist wegen des *individuellen* Zielbonus primär auf seine *eigene* Stelle gerichtet. In seiner Wahrnehmung wird ihm durch die Gesamtorganisation etwas genommen, was ihm aufgrund persönlicher Zielerreichung eigentlich zusteht. Das ist kaum überzeugend kommunizierbar! Die Gewährung einer Zusatzvergütung dagegen von Anfang an vom Erfolg der Gesamtorganisation abhängig zu machen, ist da viel geschickter. Enttäuschte Erwartungen sind deutlich unwahrscheinlicher.

Bei der Gestaltung eines Erfolgsbeteiligungssystems hat eine Organisation Entscheidungen zu etlichen Einzelfragen zu treffen. **Abbildung 15.1** listet in modularer Form die einzelnen Entscheidungsbausteine auf.

Abbildung 15.1: Entscheidungsbausteine für Erfolgsbeteiligungssysteme

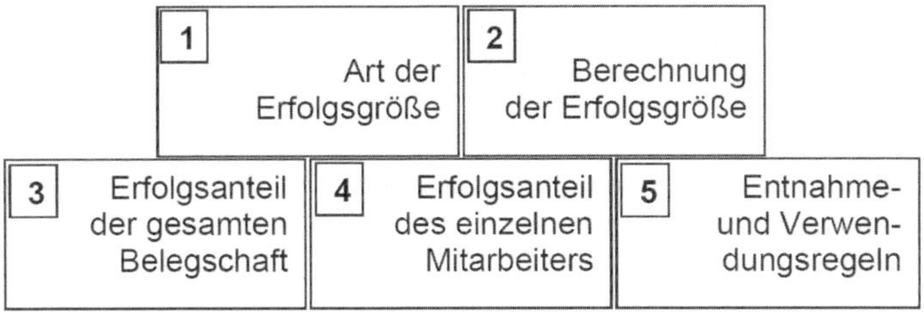

Baustein 1:

Zunächst wäre festzulegen, an welcher Erfolgsgröße die Mitarbeiter beteiligt werden sollen. In gewinnorientierten Wirtschaftsunternehmen wird sich in aller Regel der Gewinn anbieten. In Non-Profit-Organisationen wird man dazu – bei allen Unschärfen im Detail – den Mut haben müssen, zu Jahresbeginn die zentralen Organisationsziele in Geldeinheiten auszudrücken. Ein Krankenhaus könnte z. B. eine angestrebte Steigerung der Bettenbelegungsquote um 2,8 % mit einem Geldwert von 1,3 Mio. Euro versehen. Wird das Ziel erreicht, dann erhält die Belegschaft in Gesamtheit einen vorab definierten und auch bilanziell rückgestellten Anteil von x % von dieser Summe.

Ähnlich müsste ein gewinnorientiertes Unternehmen verfahren, wenn es andere Größen zum zentralen Erfolgsmaßstab machen will. So ist durchaus vorstellbar, dass aus strategischen Gründen in einem Jahr die Senkung der Kosten, die Steigerung des Marktanteils, die Verbesserung der Kundenzufriedenheit oder die zeitliche Beschleunigung aller Prozessabläufe wichtiger ist als die Gewinnerzielung. Erfolgsbeteiligungssysteme sind also grundsätzlich offen für verschiedene Erfolgskategorien. Kann man Kostensenkungsziele für Vergütungszwecke unter der Annahme konstanter Verkaufspreise vielleicht noch mit hinreichender Plausibilität in der Relation 1:1 in Gewinne umrechnen, so wird es bei den anderen genannten Erfolgsgrößen schon deutlich schwieriger. Trotzdem sollte man diesen rechnerischen Transfer vornehmen. Ein Zwang zur Umrechnung dieser Erfolgsgrößen in monetäre Gewinnäquivalente und die Diskussion darüber schaffen nämlich ein kritischeres Bewusstsein für deren tatsächlichen ökonomischen Wert. Nur durch Größenwahn getriebene Umsatzsteigerungen und Wachstumsfantasien verlieren dann vielleicht auch schneller ihren Zauber.

Baustein 2:

Für jede Erfolgsgröße muss präzise festgelegt sein, über welche Rechenformel sie ermittelt wird. Zweifellos handelt es sich hier um die Achillesferse jedes Erfolgsbeteiligungssystems. Jedem ist klar, dass z. B. der Unternehmensgewinn auf höchst unterschiedliche Art berechnet werden kann, ohne dass ein Ergebnis richtig, das andere falsch wäre. Unterschiedliche Ergebnisse entstehen durch Einbeziehen, Weglassen oder Korrigieren einzelner Positionen in der GuV bzw. der Bilanz. Wie geht man bei der Gewinnermittlung also z. B.

mit Abschreibungen, mit Rückstellungen oder auch Gewinn- und Investitionsrücklagen um? Vielfach ist die konkrete Dotierung solcher Bilanzpositionen auch steuerlich motiviert. Das macht die Sache nicht einfacher.

Ohne Zweifel muss eine Organisation aus den erzielten Gewinnen auch Zukunftsvorsorge betreiben und über Investitionen die Grundlage für nachhaltige künftige Gewinne legen. Dieser Anteil des derzeitigen Gewinns darf dann nicht zum „Verfrühstücken" durch irgendeine Anspruchsgruppe zur Verfügung stehen. Wie hoch soll dieser Anteil aber sein, den man beispielsweise in Forschung und Entwicklung investiert? Jeder Euro mehr schmälert in der Gegenwart den verteilungsfähigen Gewinn und kann damit konfliktär diskutiert werden.

Zudem wird sich auch die Frage stellen, ob ein einziges Geschäftsjahr für die Gewinnermittlung zu Vergütungszwecken wirklich den richtigen Bezugszeitraum darstellt. Was, wenn ein üppiger Gewinn im aktuellen Jahr durch schmerzhafte Verluste im Folgejahr wieder atomisiert wird? Wäre als Basis für die Gewinnbeteiligung nicht ein Zeitraum von drei oder gar fünf Jahren sinnvoller, da er eher den nachhaltigen Gewinn zeigt?

Nirgends steht geschrieben, dass das Geschäftsjahr als Zeitraum für die bilanzielle Gewinnermittlung deckungsgleich sein muss mit dem Zeitraum für Gewinnbeteiligungszwecke. Insofern spricht also grundsätzlich nichts dagegen, für die Mitarbeiter jeweils ein Gewinnbeteiligungskonto zu führen, auf dem in fortlaufender Rechnung die jährlichen, anteiligen Gewinn- bzw. Verlustanteile zu- bzw. abgebucht werden. Zu tatsächlichen Auszahlungen kommt es dann in fester Rhythmik erst nach Ende des festgelegten, mehrjährigen Gewinnbeteiligungszeitraums.

Ein zentrales Gegenargument gegen eine solche Verfahrensweise kommt eher aus der motivationstheoretischen Perspektive: Der Zeitraum zwischen Leistungserbringung des Mitarbeiters und tatsächlicher Belohnungsgewährung wird zu lang. Insofern könnte sich auch eine Mischlösung anbieten, bei der z. B. 50 % des entstandenen individuellen Gewinnanspruchs jährlich ausgeschüttet wird und die anderen 50 % in das oben skizzierte Kontenmodell eingebracht werden.

Die Komplexität der Fragen in Baustein 2 konnte hier nur angedeutet werden. Die Spezialliteratur diskutiert alle diese Probleme ausführlich und facettenreich – ohne zu einer einheitlichen Empfehlung zu kommen. Final wird also wieder jede Organisation den auf sie passenden Rechenansatz finden müssen. Wichtig ist, dass er im Sinne der geforderten Unternehmenskultur mit den Werten „Ehrlichkeit, Vertrauen und Partnerschaftlichkeit" getragen ist von den Kriterien:

- Transparenz,
- Nachvollziehbarkeit,
- Freiheit von Manipulationsabsicht.

Die starke Bedeutung genau dieses Aspekts bestätigen zwei aktuelle psychologische Experimente *(Hennig-Schmidt/Rockenbach/Sadrieh 2010)*. In einem Feldexperiment hatten N = 103

Studierende eine reale, marktadäquat entlohnte Aufgabe zu erbringen. Sie mussten Zusammenfassungen wissenschaftlicher Studien in elektronische Datenbanken eingeben. Dies war in zwei Arbeitseinheiten mit einem Monat Abstand zueinander zu erledigen. Nach der ersten Arbeitseinheit erhielt ein Teil der Studierenden die unerwartete Ankündigung einer Vergütungserhöhung um 10 % bzw. 40 % für die noch ausstehende zweite Arbeitseinheit. Einem Teil dieser Gruppe teilte man zusätzlich mit, ob ihre Vergütung geringer oder stärker erhöht wurde als die von anderen Studierenden mit der gleichen Tätigkeit. Es wurde also die Möglichkeit zu interpersonalen Vergütungsvergleichen geschaffen. Das Ergebnis war überraschend. Alle Studierenden zeigten in der zweiten Arbeitseinheit die gleiche Arbeitsquantität (= Menge der eingegebenen Daten) und Arbeitsqualität (= Zahl der Fehleingaben). Weder die Veränderung der Vergütungshöhe noch die Schaffung von Transparenz zu den Kollegenvergütungen löste irgendwelche Leistungsveränderungen aus.

In einem nachgeschalteten Laborexperiment mit N = 59 Teilnehmern gingen die Forscher diesem Befund mit einem neuen Untersuchungsdesign näher nach. Die Probanden hatten gegen eine Vergütung – wieder in zwei separaten Arbeitseinheiten – Briefe zu kuvertieren. Zusätzlich zu den gleichen Eingriffen zwischen den Arbeitseinheiten wie im ersten Experiment (Vergütungserhöhung, Information über Kollegenverdienste) sorgten die Testleiter dafür, dass Teile der Studierenden genaue Informationen über die Gewinne hatten, die der Auftraggeber aus ihrer Tätigkeit zog. Und genau dieser Probandenkreis reagierte jetzt mit einer starken Leistungssteigerung auf die Anhebung der Vergütung. Bei allen Studierenden, die keine Informationen über die Gewinnspannen des Auftraggebers hatten, blieben die Leistungen dagegen unverändert.

Die Forscher ziehen aus den Befunden den Schluss, dass Vergütungserhöhungen insbesondere in Kombination mit einer hohen Transparenz über den Gesamtgewinn des Arbeitgebers leistungssteigernde Wirkungen entfalten. Mitarbeiter, die diese Information nicht haben, beantworten Vergütungssteigerungen eher nicht mit Leistungssteigerungen. Bei aller Vorsicht bei der Übertragung solcher Experimentalbefunde in die Praxis ergibt sich aber doch ein Indiz dafür, dass Zusatzvergütungen, die über den Weg einer transparent und nachvollziehbar aufgebauten Erfolgsbeteiligung realisiert werden, ein erfolgversprechender Weg zu mehr Leistung der Mitarbeiter sein können. Er induziert bei den Mitarbeitern das Gefühl, fair behandelt zu werden. Allerdings wäre dann auch noch die Frage näher empirisch zu klären, wie hoch ein Gewinnanteil mindestens sein müsste, damit der Effekt erhalten bleibt oder nicht gar ins Gegenteil umschlägt, weil die Mitarbeiter der Meinung sind, „mit Brosamen abgespeist zu werden". Dies leitet zu Baustein 3 über.

Baustein 3:

Es muss hier eine Entscheidung getroffen werden, welcher prozentuale Anteil der unter Baustein 2 ermittelten Erfolgsgröße zur Verteilung an die Belegschaft in Gesamtheit zur Verfügung gestellt werden soll. Abzuwägen sind hier einerseits die Ansprüche der Arbeitnehmer gegen die Ansprüche weiterer Anspruchsgruppen, insbesondere natürlich die Renditeerwartungen der Kapitaleigner. Andererseits spielen, wie oben bereits angesprochen, wieder die für die Zukunftssicherung der Organisation benötigten Finanzmittel eine wichtige Rolle.

Baustein 4:

Es muss festgelegt werden, auf welchem Weg eine Aufteilung des Gesamtbetrages auf die einzelnen Mitarbeiter erfolgen soll. Die üblichen Wege, nämlich die Verteilung des Gesamttopfes über die Gewährung individueller Zielboni oder über individuelle Leistungsbeurteilungen, werden wegen des damit verbundenen administrativen Aufwands, insbesondere aber wegen der dargestellten Fehlsteuerungspotenziale für das Mitarbeiterverhalten abgelehnt. Hinzu kommt die hohe Subjektivität und damit mangelnde Gerechtigkeit bei der Beurteilung der Zielerreichung und bei der Vergabe von Leistungsbeurteilungswerten. Vom Subjektivitätsproblem wird man auch bei anderen Vergütungsansätzen an den unterschiedlichsten Stellen immer wieder eingeholt. Aber wenn man schon hinnehmen muss, dass die Zuweisung von erfolgs- oder leistungsorientierten Komponenten immer subjektiv und damit auch ein Stück weit ungerecht ist, dann muss man diesen Akt nicht auch noch administrativ höchst aufwändig gestalten. Ungerechtigkeiten kann man auch einfacher produzieren.

Vorgeschlagen wird daher, dass die Verteilung der gesamten Gewinnbeteiligung an die einzelnen Mitarbeiter aus Transparenzgründen und wegen der leichten Kommunizierbarkeit in der gleichen prozentualen Abstufung erfolgen soll, wie sie schon bei der finanziellen Definition der Vergütungsgruppen zugrunde gelegt wurde. Wenn also z. B. in Vergütungsgruppe 3 ein um 17 % höheres Grundgehalt als in Vergütungsgruppe 2 gezahlt wird, dann sollte ein Mitarbeiter der Gruppe 3 auch einen um 17 % höheren persönlichen Anteil am Gesamtgewinn erhalten. Die allgemeine Formel für diese Gewinnverteilung lautet:

$$IGA_M = \frac{LS_{VGx}}{LS_{insg}} \; x \; G \; x \; \frac{1}{N_{VGx}}$$

wobei:

IGA_M = Individueller Gewinnanteil eines Mitarbeiters M

LS_{VGx} = Lohnsumme in einer Vergütungsgruppe x, der der Mitarbeiter M angehört

LS_{insg} = Lohnsumme der Gesamtorganisation

G = Verteilbarer Gewinn insgesamt

N_{VGx} = Anzahl der Mitarbeiter in der Vergütungsgruppe x

Ein konkretes und einfaches Zahlenbeispiel soll die Anwendung nochmals verdeutlichen. Folgende Ausgangsdaten werden angenommen:

- In einer Organisation arbeiten 1000 Mitarbeiter.
- Es existieren drei Vergütungsgruppen.
- In Vergütungsgruppe 1 sind N = 500 Mitarbeiter beschäftigt.
- In Vergütungsgruppe 1 wird eine Vergütung von 1.000 Euro gezahlt.
- In Vergütungsgruppe 2 sind N = 300 Mitarbeiter beschäftigt.

- In Vergütungsgruppe 2 wird eine Vergütung von 2.000 Euro gezahlt.
- In Vergütungsgruppe 3 sind N = 200 Mitarbeiter beschäftigt.
- In Vergütungsgruppe 3 wird eine Vergütung von 5.000 Euro gezahlt.
- Es soll ein Gesamtgewinn von 1.000.000 Euro verteilt werden.

Als Lohnsummen in den einzelnen Vergütungsgruppen ergeben sich:

- *VG 1:* (500 x 1.000 €) = 500.000 €
- *VG 2:* (300 x 2.000 €) = 600.000 €
- *VG 3:* (200 x 5.000 €) = 1.000.000 €

Als gesamte Lohnsumme in der Organisation ergibt sich durch Addition der Lohnsummen der drei Vergütungsgruppen: **2.100.000 €**

Der Gewinnanteil eines Mitarbeiters M in der Vergütungsgruppe 1 ergibt sich dann durch Einsetzen in die Formel wie folgt:

$$\frac{500.000\ €}{2.100.000\ €}\ x\ 1.000.000\ €\ x\ \frac{1}{500} = \mathbf{476\ €}$$

Ersichtlich ist hier auch, dass in diesem Zahlenbeispiel alle Mitarbeiter der Vergütungsgruppe 1, die zusammen einen Belegschaftsanteil von 50 % ausmachen, einen Anteil von 23,8 % der gesamten verteilbaren Gewinnsumme erhalten (500.000 € : 2.100.000 €).

Alternative Optionen:
Statt die Gewinnbeteiligung an einzelne Mitarbeiter auszuschütten, könnte auch geprüft werden, ob sich für Teile oder gar den Gesamtbetrag folgende Ideen anbieten:

- Es könnten Investitionen in mitarbeiterbezogene Infrastrukturprojekte getätigt werden oder zusätzliche Anreizpakete offeriert werden, die allen Mitarbeitern kostenfrei offenstehen. Denkbar wäre hier vieles, angefangen von der Errichtung eines organisationseigenen Fitnesszentrums oder der Neumöblierung von Aufenthaltsräumen über die kostenlose Nutzung einer geleasten Fahrzeugflotte bis hin zu Massageangeboten, Sprachkursen, Reiseangeboten oder regelmäßigen Kulturevents innerhalb der Organisation. Sinnvoll ist, was gefällt. Die Entscheidung hinsichtlich der konkreten Mittelverwendung könnte über ein gemischt besetztes Gremium oder ganz basisdemokratisch per Abstimmung über frei vorschlagbare Alternativen herbeigeführt werden. Die Erfahrung, durch gemeinsame Anstrengungen ein zusätzliches Angebot für alle Mitarbeiter ermöglicht zu haben, sollte positive Effekte auf Betriebsklima und Gemeinschaftsgefühl haben.
- Im Rahmen eines „Goal-Award" könnten einzelne Mitarbeiter, die sich für die Zielerreichung der Organisation besonders engagiert haben, einen persönlichen Zielbonus erhalten. Das Nominierungs- und Wahlrecht für diese Prämierung hat ausschließlich die Belegschaft. Die Zahl der zu prämierenden Mitarbeiter, die Abgrenzung der „Wahlbezirke" und die Höhe der Prämie wären zentrale Gestaltungsparameter in einem solchen Modell. So könnte moderne Kollegenbeurteilung in Zeiten von Casting-Shows aussehen.

- Gewinnbeteiligungen könnten als Spende an wohltätige oder soziale Organisationen weitergereicht werden. Die Entscheidung über den Spendenempfänger obliegt der Belegschaft. Wenn die Spendenübergabe in stark ritualisierter Form erfolgt und parallel über Kommunikationsaktivitäten auch für hohe öffentliche Aufmerksamkeit gesorgt wird, dann ist für die Mitarbeiter ein Ereignis von hohem Sinn- und Identifikationspotenzial geschaffen worden. Daher sollten auch möglichst alle Mitarbeiter an solchen Zeremonien teilnehmen können. Durch die gemeinsam erbrachte Leistung den Bau einer Krankenstation in Afrika, die Grundrenovierung eines Kindergartens oder eine Ferienfreizeit für benachteiligte Kinder ermöglicht zu haben, schafft individuellen und kollektiven Stolz, ist im Familien- und Bekanntenkreis positiv kommunizierbar und stärkt die Bindung an die Organisation, die solche Erlebnisqualitäten ermöglicht. Die Organisation selbst erfährt durch die positive mediale Berichterstattung eine Verbesserung des Arbeitgeberimages. Die Übernahme gesellschaftlicher Verantwortung wird greifbar demonstriert. Kunden, Geschäftspartner und öffentliche Entscheidungsträger sind beeindruckt. Eine positive Rückwirkung auf die Geschäftstätigkeit ist nicht ausgeschlossen.

Baustein 5:

Letztlich wäre noch zu entscheiden, auf welchem Wege die Mitarbeiter über den auf sie entfallenden Gewinnanteil verfügen können. Denkbar sind jährliche Auszahlungen ebenso wie Kontenmodelle, bei denen Gewinne über mehrjährige Zeiträume angesammelt werden und erst nach längeren, definierten Zeiträumen Auszahlungen zugelassen sind. Zu entscheiden wäre in diesem Zusammenhang auch, ob anteilige Verluste die aufgelaufenen Gewinne auf dem Konto schmälern sollen oder nicht. Erkennbar ergibt sich dabei eine Überschneidung zu der unter Baustein 2 diskutierten Frage des „richtigen" Berechnungszeitraums für die Gewinnermittlung. Mehrjährige Berechnungszeiträume müssen zwangsläufig auch zu einer Berücksichtigung von Verlusten führen, die während dieser Zeitperiode anfallen.

Die Verzinsungsfrage stellt sich bei mehrjährigen Zeiträumen ebenfalls, da der Mitarbeiter der Organisation de facto dann Fremdkapital zur Verfügung stellt. Soll überhaupt verzinst werden? Wie hoch ist ein angemessener Zins?

Denkbar wäre auch, keine freie Verwendung für die Gewinnbeteiligung zuzulassen, sondern beispielsweise eine zusätzliche Alterssicherung für den Mitarbeiter daraus zu dotieren.

Geht man den Weg, die Gewinnanteile in Unternehmensbeteiligungen umzuwandeln (z. B. Aktien, GmbH-Anteile, Stille Einlagen), dann wäre der Übergang von einer Erfolgsbeteiligung zu einer Kapitalbeteiligung vollzogen. Der Mitarbeiter wird Eigenkapitalgeber der Organisation. Die Spezialliteratur thematisiert eine Fülle solcher Modelle samt ihrer jeweiligen Vor- und Nachteile. Sie können hier wegen der Komplexität im Detail nicht Gegenstand näherer Betrachtungen sein.

Noch ein offenes und höchst subjektives Wort am Ende dieses Kapitels: Nach der groben Skizzierung dieser Vergütungskonzeption ohne Zielboni klingeln mir die Ohren. Ich kann die vorwurfsvollen Rufe schon hören: „Gleichmacherei!“, „Sozialismus!“, „Wo bleibt die Individualität der Vergütung?“ Mag ja alles sein. Vielleicht bin ich da ein wenig altmodisch veranlagt. Denn ich halte viel von der Idee der guten alten Betriebsgemeinschaft. Oder, moderner ausgedrückt, vom Team, das gemeinsam gewinnt und gemeinsam verliert und bei dem der Stärkere auch einmal bereit ist, den Schwächeren zu unterstützen. Ich halte weiterhin viel vom Einsatz professioneller Instrumente des Personalmanagements, mit denen in der Personalbeschaffung und Personalauswahl sichergestellt wird, dass nur leistungsbereite Mitarbeiter in die Organisation gelangen. Ich halte zudem viel von Ansätzen der Personalentwicklung und der Mitarbeiterführung, mit denen eine hohe Leistungsbereitschaft und -fähigkeit aufgebaut und erhalten wird. Gelingt all dies, dann verfügen Organisationen über eine effiziente und relativ ausgeglichene Leistungsgemeinschaft.

Ich halte dagegen eher weniger von gerissenen Einzelkämpfern oder noch schlimmer von Selbstbedienungskoalitionen, denen es gelingt, ein hohes Erpressungspotenzial gegenüber der Organisation aufzubauen oder es ihr mit dem Hinweis auf Experten- oder Managergehälter in anderen Organisationen oder Staaten vorzugaukeln, um sich so einen tiefen Griff in die Vereinskasse zu Lasten aller anderen Anspruchsgruppen der Organisation zu genehmigen. Marktwirtschaft hin oder her, alles hat seine Anstandsgrenzen. Spätestens ab dem Gehaltsmultiplikator 50 – gemessen an der untersten Vergütungsgruppe – fängt es an, mächtig unangenehm zu riechen. „Elite“ heißt nicht, restlos alles mitzunehmen, was man bekommen kann, sondern gegen eine weit überdurchschnittliche Vergütung dann auch ohne weitere Spekulation auf finanziellen Nachschlag alle seine Leistungspotenziale zur Verfügung zu stellen. Diese Perspektive muss man nicht teilen. Sie ist auch höchst werturteilsbehaftet. Aber sie musste mal raus.

16 Konzepte mit Zielboni

„Wenn man kein Geld hat, denkt man immer an Geld. Wenn man Geld hat, denkt man nur noch an Geld."

(Jean Paul Getty, amerikanischer Unternehmer und Milliardär)

Gut möglich, dass es viele Leser gibt, die dem im vorhergehenden Kapitel umrissenen Vergütungsansatz, der explizit auf Zielboni verzichtet, skeptisch gegenüberstehen. Und es wird etliche geben, die trotz der vorgetragenen Contra-Argumente von der grundsätzlichen Wirksamkeit zielbasierter Vergütungssysteme überzeugt sind. Dieser Leserkreis soll nun im vorliegenden Kapitel bedient werden. Ihm werden konkrete Konzeptvorschläge für die Ausgestaltung eines Vergütungssystems angeboten, das explizit die Gewährung von Zielboni vorsieht. Ohne solche Modelle wäre ein Buch über zielorientierte Führung – völlig unabhängig von der persönlichen Position des Verfassers – ja auch unvollständig.

16.1 Überblick

Die nachfolgenden Ausführungen sind entscheidungsorientiert aufbereitet. Das heißt, es wird Schritt für Schritt durch die relevanten Fragen geführt, die beim Aufbau eines Zielbonussystems zu überdenken sind und über die Entscheidungen zu treffen sind. Es werden dabei jeweils alternative Optionen der Ausgestaltung samt wichtiger Vor- und Nachteile aufgezeigt. Über diesen Weg werden auch gleichzeitig die einzelnen Bausteine eines zielorientierten Vergütungssystems deutlich. Sie sind in **Abbildung 16.1** im Überblick dargestellt. Die gewählte entscheidungsorientierte Vorgehensweise hat zudem den Vorzug, dass die aufgeworfenen Entscheidungsfragen im Grundsatz auf alle Zielgruppen des Vergütungssystems anwendbar sind.

Die Darstellung eines komplexer aufgebauten, geschlossenen Anwendungsbeispiels rundet die Ausführungen ab.

Abbildung 16.1: Entscheidungsbausteine für zielorientierte Vergütungssysteme

16.2 Metaentscheidungen

Am Beginn aller Gestaltungsüberlegungen sollte man sich verdeutlichen, dass es ein unauflösbares Spannungsverhältnis zwischen vier Gestaltungspolen gibt – eine echte Quadrilemma-Situation!

> *„Einfache Systeme sind nicht genau, genaue Systeme sind nicht einfach, allgemeingültige Systeme sind zwar leicht administrierbar, aber wenig spezifisch."*
>
> *(in Anlehnung an Conrad/Manke 2002, S. 28)*

Diese Aussage dürfte tendenziell für alle Managementsysteme Gültigkeit haben. Man wird sich in einer Art „Metaentscheidung" grundsätzlich positionieren müssen, wie viel von dem einen Gestaltungspol zu Lasten anderer Pole realisiert werden soll. Im Ergebnis ergibt sich eine Steuerungsraute für zielorientierte Vergütungssysteme mit partiell konfliktären Zielen (**Abbildung 16.2**).

Abbildung 16.2: Steuerungsraute für die Gestaltung von Vergütungssystemen

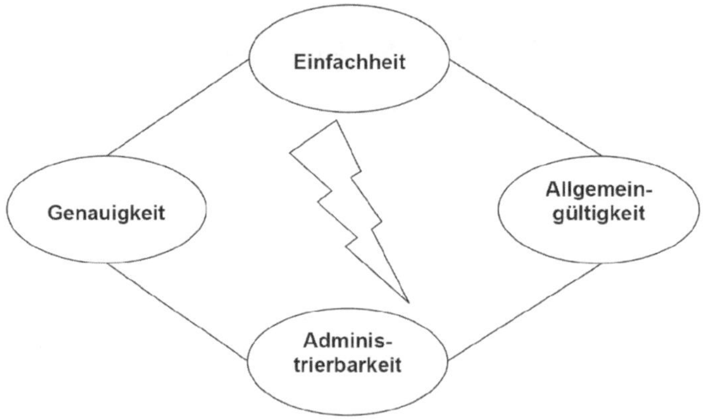

Man kann versuchen, Systeme zu konzipieren, die auf die möglichst genaue Erfassung von Unterschieden bei den Zielschwierigkeiten und den Zielerreichungsgraden abzielen, dabei möglichst viele Sonderfälle abbilden können und das Ganze dann sehr differenziert – und damit „leistungsgerecht" – in Geldgrößen transferieren. Solche Systeme sind zwangsläufig komplex. Vielleicht werden sie von allen Beteiligten tatsächlich als „gerechter" empfunden. Sicher ist das aber keineswegs. Denn komplexere Regelwerke bieten auch mehr Ansatzpunkte zur Hinterfragung durch die Mitarbeiter. Auf alle Fälle hat man sich aber durch ein *genaueres* gegen ein *einfacheres* System und damit für eine größere Erklärungsbedürftigkeit, mehr Aufwand beim Anwendungstraining und mehr Aufwand bei der Administration entschieden.

Ähnliches gilt für die Frage der *Allgemeingültigkeit*. Ein einziges System, das in unveränderter Form in der gesamten Organisation und für alle Zielgruppen eingesetzt wird, kann zwar spezifische Besonderheiten einzelner Bereiche oder Mitarbeitergruppen nicht abbilden, ist dafür aber kostengünstig zu administrieren.

Ein wenig bleibt es immer die „Wahl zwischen Pest und Cholera". Ein Krankheitsbild handelt man sich immer ein. Letztlich wird jede Organisation auf Basis ihrer gewachsenen Organisationskulturen die Justierung zwischen den vier Gestaltungspolen vornehmen müssen. Sie sollte mit hoher Bewusstheit vorgenommen werden. Zu viel „Differenzierungseuphorie" in der Konzeptionsphase eines Systems könnte sich bei dessen späterer täglichen Handhabung sonst nämlich bitter rächen.

16.3 Basisentscheidungen

Über folgende grundsätzliche Fragen muss entschieden werden:

- *Welche Mitarbeitergruppen sollen in die zielorientierte Vergütung einbezogen werden, welche nicht?*

Die Basisvoraussetzung für ein Einbeziehen ist, dass die Art der Aufgabe der Mitarbeiter eine Vorgabe oder Vereinbarung sinnhafter Ziele auf Dauer überhaupt möglich macht. Gleichbleibende Routineaufgaben ohne nennenswerte Beeinflussungsmöglichkeiten des Ergebnisses durch die Mitarbeiter sind definitiv ungeeignet. Ein kritischer Blick sollte auch der Frage gelten, ob man in allen Bereichen tatsächlich über die Führungskräfte verfügt, die die Zielformulierungs- und Zielbeurteilungsprozesse kompetent handhaben können. Fehlt eine der beiden Voraussetzungen, dann kann nicht zielorientiert vergütet werden!

- *Soll die Einführung für alle einzubeziehenden Gruppen zum gleichen Zeitpunkt erfolgen oder nach einem Stufenkonzept?*

Häufig wird es sich anbieten, zunächst mit der Gruppe der leitenden Führungskräfte und den außertariflichen Mitarbeitern zu beginnen. Zum einen hat man hier größere arbeitsvertragliche Gestaltungsspielräume als bei tariflichen Mitarbeitern. Zum anderen kann die Vorbildfunktion von Führungskräften ein wichtiges Motiv sein. Erwägenswert ist auch, in ausgewählten „Pilotbereichen" zu starten. Das eröffnet die Möglichkeit, zunächst Erfahrungen zu sammeln und nötigenfalls Veränderungen am System vorzunehmen, ehe es für die gesamte Organisation „scharf geschaltet" wird.

Einer näheren Prüfung wert ist auch die Frage, wie die Einstellung einzelner Mitarbeiter zu Risikokomponenten in der Vergütung ist und wie intensiv zu erwartende Widerstände seitens der Mitarbeiter und Belegschaftsvertretungen sind. Zwar gilt auch hier grundsätzlich der schon erwähnte Spruch, *„dass man nicht die Frösche fragen darf, wenn man den Sumpf trockenlegen will"*. Aber es kann im Sinne einer konfliktarmen Einführung auch klug sein, das System zunächst nur in den Organisationsbereichen einzuführen, die den dafür notwendigen Reife- und Offenheitsgrad aufweisen. Das neue Vergütungssystem wird dann nicht schon zu Beginn durch eine Negativstimmung belastet.

Ein Argument gegen eine solch differenzierte Vorgehensweise jedoch lautet: Sie führt dazu, dass in der Organisation mehrere Vergütungssysteme parallel existieren und damit auch verwaltet werden müssen – was die Sache kompliziert macht. Unter diesem Blickwinkel wäre natürlich die Einführung für möglichst alle Mitarbeiter zu einem einheitlichen Starttermin am sinnvollsten.

- *Welche sensiblen Geschäftsdaten wollen die Eigentümer der Organisation offenlegen, welche nicht?*

Sollen mit einzelnen Mitarbeitern, Teams oder gar ganzen Bereichen Ziele mit Bezug zu Gewinngrößen, Umsatz, Marktanteil, Kostenstrukturen etc. vereinbart werden, dann ist die Konsequenz, dass über diese Erfolgsgrößen in der Organisation auch eine höhere Transparenz entsteht. Diese muss auch unbedingt gegeben sein, wenn der gesamte zielorientierte Vergütungsprozess mit hoher Glaubwürdigkeit für die Mitarbeiter ablaufen soll.

Wer Gewinnziele vereinbart, muss auch zurückmelden, ob sie erreicht wurden. Es ist daher im Vorfeld mit den Eigentümern zu klären, wie weit sie den Schleier über einzelnen Geschäftsdaten lüften wollen. Falls es Tabuzonen gibt, dann können möglicherweise zu einzelnen Erfolgsgrößen nur eingeschränkt Ziele vereinbart werden.

- *Wie hoch soll und darf prozentual der zielbasierte Anteil an der Gesamtvergütung der Mitarbeiter sein?*

Es geht hier um die Frage, welcher Vergütungsanteil aus Sicht der Mitarbeiter „ins Risiko gestellt" werden soll. Was ist hier Organisationsphilosophie? Was akzeptieren die Mitarbeiter? Was lassen die Tarifverträge zu? Einer Variabilisierung grundsätzlich nicht zugänglich ist bei Tarifmitarbeitern das Grundentgelt.

Sinnvollerweise wird man diese Frage in der Regel nicht organisationseinheitlich beantworten wollen, sondern nach Hierarchieebenen und/oder Organisationsbereichen differenzieren. Wer eine höhere Gesamtvergütung und/oder einen höheren Einfluss auf die Erreichung wichtiger Organisationsziele hat, der kann und muss einen höheren Risikoanteil akzeptieren. In der Hierarchiespitze geht der Anteil zielabhängiger Vergütungsbestandteile im Extrem auch bis zu 60 % oder 70 %. Im unteren Hierarchiebereich muss er deutlich niedriger sein. Zielorientierte Vergütung darf allerdings auch dort nicht zur reinen „Pseudoveranstaltung" verkommen.

Ein zielabhängiger Vergütungsbestandteil sollte im absoluten Minimum (!) bei einem Monatsentgelt liegen. Das entspräche etwa 8 bis 10 % an der Gesamtvergütung. Mehr wäre besser, denn schließlich wird dafür einerseits ein aufwändiges System eingeführt und laufend administriert. Die Frage nach dem Aufwand-Nutzen-Verhältnis stellt sich damit nachdrücklich! Und andererseits hat die Vergütungskomponente keine Aufmerksamkeits- und Motivationswirkung, wenn die absoluten Beträge zu klein werden. Leistungsabhängige Vergütungsbestandteile in Höhe von 1 %, wie in der Einführungsphase des Tarifvertrags des öffentlichen Dienstes (TVöD) vorgesehen, sind jedenfalls reine Selbstbeschäftigungstherapien und Verschwendung von Steuergeldern!

- *Wie soll die konkrete Chancen-Risiko-Adjustierung für die Mitarbeiter aussehen?*

Es geht hier um die Frage, wie viel die Mitarbeiter durch das System maximal verlieren und gewinnen können. Aus der Psychologie ist bekannt, dass viele Menschen das *Risiko eines Verlustes* für sich als bedeutsamer einschätzen als die *Chance auf einen Gewinn* in gleicher Höhe. Eine sichere feste Vergütung als „Spatz in der Hand" wird als wertvoller empfunden als „die Taube auf dem Dach" in Form eines möglichen Mehrverdienstes in Kombination mit einem Verlustrisiko (*Femppel* 2005).

Es sollte also ein Chancen-Risiko-Profil definiert werden, bei dem Mitarbeiter im besten Fall mehr dazugewinnen können, als sie im schlechtesten Fall verlieren können. Ausgangspunkt für die *Chancen-Risiko-Adjustierung* muss immer der Skalenmittelpunkt der zugrunde gelegten Beurteilungsskala sein und nicht etwa der Wert für eine vollständige Zielerreichung (= 100 %). Bei einer angenommenen Normalverteilung der Zielerreichungsgrade aller Mitarbeiter stellt der mittlere Skalenpunkt den wahrscheinlichsten und damit häufigsten Wert dar.

Beispiel: Legt man zur Zielerreichungsbewertung eine Skala von 0 bis 6 zugrunde, so ergeben sich 7 Skalenpunkte. Der Wert 3 stellt damit die Mitte der Skala dar. Ist dieser Skalenpunkt für den Mitarbeiter mit einem Zielbonus von 5.000 Euro verbunden, dann ergibt sich bei einem gewollten Chancen-Risiko-Profil von z. B. 3:1 für den Skalenpunkt 6 ein Betrag von 15.000 Euro. Im besten Fall kann also der Mitarbeiter diesen Betrag erreichen. Im schlechtesten Fall der vollständigen Zielverfehlung erhält er einen Zielbonus von 0 Euro. Ausgehend vom Mittelwert der Skala steht also ein maximales Verlustrisiko in Höhe von 5000 Euro einer Zugewinnchance von 10.000 Euro gegenüber.

In der Praxis nicht ganz unproblematisch ist allerdings die oben dargelegte Ausgangsannahme, dass sich eine Normalverteilung der Zielerreichungsgrade ergibt und der mittlere Skalenpunkt damit der wahrscheinlichste ist. Werden Ziele – wie in der SMART-Formel gefordert – tatsächlich „realistisch" vereinbart, dann sollte der 100-Prozent-Wert (= vollständige Zielerreichung) der wahrscheinlichste Wert sein. Vor dem Hintergrund dieser Überlegung müsste der 100-Prozent-Wert auch den Skalenmittelpunkt bilden. Das aber würde dazu führen, dass die Skala relativ viele Skalenpunkte für eine Ziel*über*erfüllung aufweisen müsste. Und dies setzt dann möglicherweise auch wieder einen zu starken und ungewollten Anreiz für den Mitarbeiter, die Ziele im Vereinbarungsprozess nach unten zu verhandeln.

Solche relativierenden Überlegungen machen dem Leser die Gestaltung des Zielbonussystems wahrlich nicht einfacher – ich weiß. Aber es handelt sich nun einmal um die beiden Seiten der gleichen Medaille. Und man sollte die Realität auch nicht einfacher machen, als sie tatsächlich ist. Zumindest gilt es, solche Mechanismen im Vorfeld zu durchdenken.

- *Sollen zur Systemeinführung den Mitarbeitern „Besitzstandsgarantien" für ihre Vergütung gegeben werden?*

Die Frage stellt sich nur, wenn ein bereits existierendes Vergütungssystem in ein zielorientiertes System übergeleitet werden soll.

Gegenstand solcher Besitzstandsregelungen sind Vereinbarungen, dass die Mitarbeiter bei Einführung eines neuen Vergütungssystems

- dauerhaft oder nur für einen bestimmten Zeitraum,
- überhaupt nicht oder nur um einen bestimmten Höchstbetrag

unter ihr bislang erreichtes *nominales* Vergütungsniveau fallen können.

Arbeitnehmervertretungen werden solche Besitzstandsregelungen häufig fordern und ihre Zustimmung zum neuen System vom Umfang der gegebenen Vergütungsgarantien abhängig machen. Vor dem Hintergrund der oben dargelegten grundsätzlichen Risikoaversion vieler Mitarbeiter lässt sich natürlich die Bereitschaft, eine zielorientierte Vergütung zu akzeptieren, deutlich steigern, wenn man die Einführung mit der Botschaft verbindet, dass „kein Mitarbeiter einen (größeren) Verlust bei seiner bislang erreichten *nominalen* Vergütung befürchten muss".

Damit kann eine Organisation zumindest in Zeiten allgemeiner Vergütungserhöhungen recht gut leben. Denn die *künftigen Anhebungen* der nominalen Basisentgelte sorgen dafür, dass die *aus der Vergangenheit garantierte* nominale Vergütung in einer absehbaren Zahl von Jahren von den neuen Basisentgelten eingeholt wird. Es setzt also ein „Aufzehrungseffekt" für die notwendigen Aufstockungsbeträge ein. Das sind durchaus gewichtige Argumente!

Beispiel: Wandelt man 10 % eines festen Entgelts von 3.000 Euro in Zielboni um, dann besteht das neue Entgelt aus 2.700 Euro *Fixvergütung* und 300 Euro *variabler Vergütung*. Garantiert man den Mitarbeitern gleichzeitig, dass ihr Gesamtentgelt nicht unter die einmal erreichte Nominalvergütung von 3.000 Euro sinkt, dann genügen weniger als vier Vergütungserhöhungen zu 3 %, damit die neue garantierte Fixvergütung von 2.700 Euro das garantierte Niveau von 3.000 Euro erreicht hat.

Gegen solche Besitzstandsregelungen sprechen zwei Aspekte. Zum einen schmälern Besitzstandszahlungen das Geldvolumen, das für Zielboni zur Verfügung steht. Zum anderen senden sie die Botschaft, dass zwar jetzt leistungsorientiert vergütet wird, *„das Ganze aber doch nicht so ganz ernst gemeint ist"*. Ehe das zielorientierte Vergütungssystem überhaupt stabil implementiert ist, durchlaufen die Mitarbeiter diesen eher kontraproduktiven Erkenntnisprozess.

- *Wie exakt sollen die durch Zielboni ausgelösten Personalkosten begrenzt werden?*

Es geht dabei um die Entscheidung zwischen den Modellen *Zielbonustopf* einerseits und *Offener Zielbonus* andererseits *(Fratschner 2005)*.

Zielbonustöpfe zeichnen sich dadurch aus, dass die Organisationsleitung zu Beginn der Zielperiode, im Sinne eines Budgets, einen Betrag festlegt, der für die Ausschüttung von Zielboni maximal zur Verfügung steht. Sinnvollerweise sollte sich die Dotierung des Bonustopfs an einem realistischen Erwartungswert zu den durchschnittlichen Zielerreichungsgraden über alle Mitarbeitergruppen hinweg orientieren. Mitunter werden aber auch ökonomische Zwänge auf Basis der Frage *„Was können oder wollen wir uns leisten?"* die Dotierungshöhe steuern. Zu entscheiden wäre ferner, ob der Bonustopf auf alle Fälle in voller Höhe zur Ausschüttung kommt oder nur in reduzierter Form, wenn die Mitarbeiter die Ziele nicht in erwartetem Umfang erreichen.

Der *Vorteil* dieser Vorgehensweise liegt in der guten Planbarkeit der anfallenden Personalkosten. Das maximale Personalkostenrisiko, das aus dem Zielbonussystem resultiert, ist exakt zu beziffern.

Die *Nachteile* von Zielbonustöpfen finden sich eher auf der motivationalen Seite:

1. Je mehr Mitarbeiter ihre Ziele erreichen oder gar übererfüllen, umso kleiner wird der relative Anteil des einzelnen Mitarbeiters am gesamten Bonustopf. Diese Situation ist aus Sicht der Mitarbeiter höchst unbefriedigend.
2. Erst nach endgültiger Berechnung aller Zielboni kennt der Mitarbeiter den Betrag für seinen Bonus.

Die grundsätzliche Wirkungsweise des ersten Nachteils soll an einem stark vereinfachten Zahlenbeispiel demonstriert werden (*in Anlehnung an Fratschner 2005*):

Ausgangsdaten:

- Dotierung Bonustopf: 100.000 Euro
- Zahl der Mitarbeiter: 5
- Ziele je Mitarbeiter: 4

Periode 1:

Der Mitarbeiter E hat für seine 4 Ziele folgende Erfüllungsgrade realisiert:

Ziel 1	Ziel 2	Ziel 3	Ziel 4	Durchschnitt
130 % (1,3)	110 % (1,1)	80 % (0,8)	140 % (1,4)	115 % (1,15)

Die Durchschnitte aller 5 Mitarbeiter A bis E stellen sich wie folgt dar:

A	B	C	D	E	Σ
1,1	0,8	1,0	1,3	1,15	5,35

Der Zielbonus von Mitarbeiter E errechnet sich nun wie folgt:

1. Schritt: 100.000 € : 5,35 = 18.692 €

2. Schritt: 18.692 € x 1,15 = **21.496 €**

Periode 2:

Im Folgejahr erreicht Mitarbeiter E wieder einen Zielerfüllungsgrad von 115 %. Allen anderen Mitarbeitern gelingt eine Steigerung ihres Zielerfüllungsgrades um jeweils 10 %.

A	B	C	D	E	Σ
1,2	0,9	1,1	1,4	1,15	5,75

Als neuer Zielbonus für E errechnet sich nun folgender Betrag:

1. Schritt: 100.000 € : 5,75 = 17.391 €

2. Schritt: 17.391 € x 1,15 = **20.000 €**

Obwohl die absolute Leistung von E gleich geblieben ist, erhält er einen fühlbar geringeren Bonus. Dies dürfte ihm nur schwer zu vermitteln sein.

Offene Zielbonussysteme honorieren dagegen ohne Einschränkung den Zielerfüllungsgrad jedes einzelnen Mitarbeiters bis zum oberen Begrenzungspunkt der zugrunde gelegten Skala. Eine Abhängigkeit der individuellen Bonushöhe von den Zielerreichungsgraden anderer Beschäftigter gibt es nicht. Jeder Mitarbeiter wird isoliert betrachtet.

Die *Vorteile* liegen in der starken Anreizwirkung für materiell motivierbare Mitarbeiter. Die oben beim Bonustopfsystem beschriebenen Wirkmechanismen mit ihren negativen Effekten auf die Motivation treten hier nicht auf. Es gibt für den Mitarbeiter eine eineindeutige Verbindung zwischen seinem persönlichen Zielerfüllungsgrad und seinem persönlichen Zielbonus.

Der *Nachteil* dieses Systems liegt in der geringen Planbarkeit der Personalkosten für die Organisation. Wenn entgegen vorheriger Erwartungen viele Mitarbeiter ihre Ziele erreichen oder gar übererfüllen, dann kommt es zu einem gravierenden Personalkostenschub. Das wäre nicht problematisch, wenn die hohen Zielerreichungsgrade mit sofortiger Wirkung über verbesserte Organisationsergebnisse refinanziert würden. Davon ist aber nicht auszugehen. Denn manche Ziele schlagen sich nur begrenzt und/oder zeitverzögert in verbesserten Geschäftsergebnissen nieder.

- *Über welchen Weg sollen die Zielboni finanziert werden?*

Grundsätzlich sind vier Wege vorstellbar *(Eyer/Haussmann 2009)*. Diese lassen sich in einer Matrix mit den Beschreibungsdimensionen *Personalkostenrisiko* und *arbeitsrechtliche Hürden* wie in **Abbildung 16.3** platzieren:

Abbildung 16.3: Finanzierungsoptionen für Zielboni

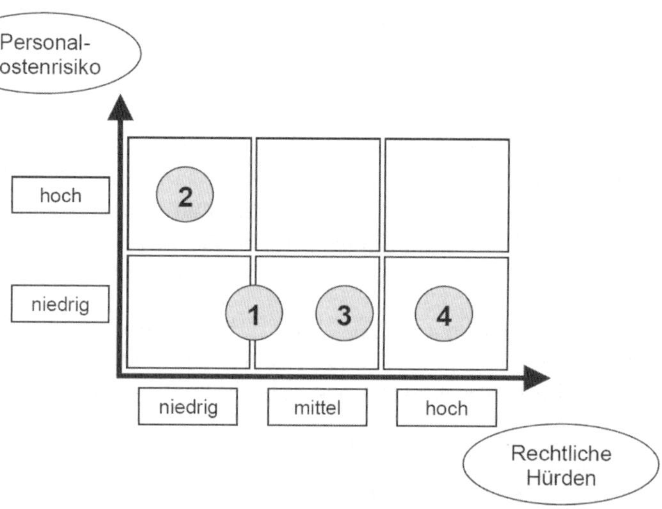

(1) Umwidmung bereits existierender variabler Vergütungsbestandteile: Möglicherweise existieren in der Organisation bereits variable Vergütungsbestandteile, wie z. B. ein vergütungswirksames Leistungsbeurteilungssystem oder eine Prämienentlohnung. Diese variablen Bestandteile können zu Gunsten eines Umbaus in ein Zielbonussystem aufgelöst werden. Nutzt man die freiwerdenden Geldbeträge zur Dotierung eines Zielbonustopfs, dann handelt es sich um einen kostenneutralen Umbau des Vergütungssystems.

Wurden die bisherigen variablen Vergütungsbestandteile rein auf freiwilliger Basis gewährt und existiert ein wirksamer Freiwilligkeits- oder Widerrufsvorbehalt, dann ist der Umbau ohne größere arbeitsrechtliche Risiken möglich. Der Arbeitgeber kann über die Mittelverwendung autonom entscheiden. Schwieriger wird es, wenn die bisherigen variablen Bestandteile auf Basis von Arbeitsverträgen, Tarifverträgen oder Betriebsvereinbarungen gewährt werden. Zähe Verhandlungen zum Umbau des Vergütungssystems sind dann nicht zu vermeiden. Hilfreich ist dabei auf alle Fälle das Argument, dass es für die Gesamtheit aller Mitarbeiter nicht zur Ausschüttung einer geringeren variablen Vergütungssumme als in den Vorjahren kommen wird. Der Arbeitgeber sollte glaubhaft kommunizieren, dass es ihm um eine höhere Steuerungswirkung der variablen Vergütung und nicht um eine „verkappte Sparaktion" bei den Personalkosten zu Lasten der Belegschaft geht.

(2) Zusatzbudget mit Selbstfinanzierungseffekt: Es wird hier für die Zielerreichung ein Zusatzbudget zur Verfügung gestellt. Dahinter steht die Erwartung, dass sich die zusätzlich ausgeschütteten Zielboni zumindest mittelfristig über Mehrleistungen der Mitarbeiter und verbesserte Geschäftsergebnisse im Minimum selbst refinanzieren, idealerweise eine positive Rendite abwerfen. Arbeitsrechtliche Risiken existieren nicht. Mitarbeiter und Betriebsräte werden sich kaum gegen eine zusätzliche Möglichkeit zur Erhöhung der Vergütung sperren. Die Organisation trägt allerdings das betriebswirtschaftliche Risiko einer Personalkostenerhöhung, ohne dass es zu einer kompensierenden Verbesserung von Geschäftsergebnissen kommt.

(3) Umwidmung von Vergütungserhöhungen: Über einen mehrjährigen Zeitraum werden Vergütungserhöhungen nicht an die Mitarbeiter ausgezahlt, sondern die Beträge werden vollständig oder auch nur zum Teil genutzt, um einen Zielbonustopf zu dotieren. Die Mitarbeiter müssen damit keine Reduktionen bei den Nominalbeträgen ihrer fixen Vergütungen hinnehmen. Trotzdem wird auf diese Weise schrittweise ein fixes Vergütungssystem durch einen variablen Bestandteil erweitert.

Die *Vorteile* dieser Verfahrensweise liegen zum einen in der Kostenneutralität im Hinblick auf die anfallenden Personalkosten und zum anderen in dem relativ „behutsamen" Umbau des Vergütungssystems hin zu höherer Variabilität.

In dem zweiten Vorteil liegt aber zugleich auch ein möglicher Nachteil. Der Umbauprozess zieht sich über mehrere Jahre hin. Diesen Zeitraum wird man veranschlagen müssen, bis über die Umwidmung von Vergütungserhöhungen der Bonustopf mit einer hinreichend großen Budgetsumme dotiert ist. Eine zu lange Ausdehnung von Veränderungsprozessen ist immer mit der Gefahr verbunden, dass die Mitarbeiter ihnen keine Aufmerksamkeit mehr entgegenbringen und sie damit auch nur noch begrenzte Motivationseffekte haben.

Unter arbeitsrechtlichen Aspekten bietet sich diese Verfahrensweise bevorzugt für nicht tarifgebundene Organisationen oder für die Mitarbeitergruppe der *außertariflich Angestellten* an. Nur dort bestehen wegen des tendenziellen Freiwilligkeitscharakters von Vergütungserhöhungen die notwendigen Freiräume für ihre Umwidmung in einen Zielbonus. In tarifgebundenen Organisationen werden die Gewerkschaften auf einer ungekürzten Auszahlung von Vergütungserhöhungen an die Mitarbeiter bestehen. Verhandlungsbereitschaft darüber wird man wohl nur induzieren können, wenn man als Arbeitgeber zusätzlich noch ein weiteres Budget für Zielboni (siehe oben unter Punkt 2) in Aussicht stellt.

(4) Umwandlung von fixen Zusatzleistungen in variable Vergütungsbestandteile: In nahezu jeder Organisation existieren in mehr oder weniger großem Umfang fixe Zusatzleistungen/Sozialleistungen, die ergänzend zur monatlichen Vergütung gewährt werden. Dies beginnt bei einer freiwilligen übertariflichen Bezahlung, erstreckt sich weiter über das 13./14. Monatsgehalt und das Urlaubsgeld bis hin zu verbilligten Werkswohnungen, Zuschüssen zur Alterssicherung, Essens-/Fahrgeldzuschüssen oder kollektiven Leistungen wie Sportangeboten oder gar Werksbibliotheken. Ohne Frage sind viele dieser Sozialleistungen sinnvoll und können auch motivationale Kraft entfalten. Andererseits ist aber gerade in älteren Organisationen vielfach im Laufe der Zeit ein Wildwuchs von Sozialleistungen entstanden, die zwar zu Kosten führen, aber nicht mehr zeitgemäß sind oder kaum zu Motivationseffekten führen. An einer Einzelbeurteilung jeder Zusatzleistung im Hinblick auf ihre Sinnhaftigkeit wird man nicht vorbeikommen. Nur – man muss es eben auch tun.

Sofern keine rechtliche Verpflichtung zur Gewährung besteht, kann die Umwandlung in ein Budget für Zielboni erfolgen. Damit steht wieder eine personalkostenneutrale Finanzierungsquelle zur Verfügung. Man kann damit auch eine Chance nutzen, das im Laufe der Zeit entstandene und verwaltungsintensive Sammelsurium an Zusatz- und Sozialleistungen wieder einzusammeln, betragsmäßig zu bündeln und eher leistungsorientiert neu auszurichten. Fixe Vergütungsbestandteile würden damit variabilisiert.

Viele dieser Zusatzleistungen werden aber in der Praxis einer rechtlichen Gewährungspflicht unterliegen, so dass die rechtlichen Hürden für eine Umwandlung recht hoch sind. Aber selbst wenn das nicht der Fall ist, sollte der Widerstand der Belegschaft nicht unterschätzt werden. Denn durch diese Systemänderung werden auf der materiellen Ebene etliche Gewinner, aber eben auch etliche Verlierer entstehen. Insofern steht wieder die Überlegung im Raum, ob nicht die zusätzliche Bereitstellung eines Budgets für Zielboni die Akzeptanz für diese Veränderung steigern könnte. Auf alle Fälle würde die Organisation damit eindeutig demonstrieren, dass es nicht darum geht, „den Mitarbeitern etwas wegzunehmen", sondern um eine leistungsorientierte Neuausrichtung der Vergütung.

- *Soll eine Kopplung mit einem klassischen Leistungsbeurteilungsverfahren erfolgen?*

Viele Organisationen machen den variablen Vergütungsanteil nur zu einem bestimmten Prozentsatz von der *Zielerreichungsbeurteilung* abhängig. Der komplementäre Prozentsatz zu 100 % ergibt sich aus einer Beurteilung des *Leistungsverhaltens*. Dazu werden klassische Leistungsbeurteilungsverfahren eingesetzt. Der Mitarbeiter wird dann im Hinblick auf typische Arbeitsverhaltenskriterien wie z. B. Zuverlässigkeit, Arbeitspräzision, Kommunikationsverhalten, Kundenorientierung, Innovationsaktivitäten etc. beurteilt.

Die Logik dahinter: Es ist vorstellbar, dass der Mitarbeiter trotz guten Arbeitsverhaltens seine Ziele nicht in vollem Umfang erreicht bzw. seinen möglichen Zielbonus mit Abstand nicht ausschöpft. Das kann z. B. daran liegen, dass ungünstige Rahmenbedingungen herrschen oder dass er mit seinem Zielbonus auch von der Erreichung von Teamzielen und/oder Organisationszielen abhängt und diese nicht realisiert werden konnten. Zudem wird über Ziele immer nur ein Teil des Arbeitsgebietes abgedeckt. Der andere Teil bleibt ohne Urteil. Für solche Defizite oder ungünstigen Entwicklungen kann mit einem zusätzlichen Leistungsbeurteilungsverfahren ein Gegengewicht gesetzt werden.

Zwar sind diese Argumente durchaus nachvollziehbar. Trotzdem wird dringend von einem Parallelbetrieb von Zielbonussystem und vergütungswirksamer Leistungsbeurteilung abgeraten. Es werden damit zwei Beurteilungsverfahren nebeneinander eingesetzt. Das ist vom zeitlichen und administrativen Aufwand her kaum zu rechtfertigen. Für den Mitarbeiter werden sich die beiden Beurteilungsgespräche eher verwirrend, weil inhaltlich überlappend, darstellen. Vorgesetzte werden zudem versucht sein, schwache Ergebnisse bei der Zielerfüllung durch gute Beurteilungen bei der Leistungsbeurteilung zu kompensieren, um dem Mitarbeiter einen akzeptablen variablen Vergütungsbestandteil zukommen zu lassen. Und damit würde wieder eine neue Variante der „Flucht in die Mitte“ praktiziert werden.

16.4 Detailentscheidungen

Über die nachfolgend dargestellten Fragen müssen zur „Feinjustierung“ des Systems Entscheidungen getroffen werden.

- *Wie hoch soll der maximal erzielbare Zielbonus bei jedem einzelnen Mitarbeiter sein?*

In einer weiteren Präzisierung der bereits oben angestellten Überlegungen zur Frage, welcher Vergütungsanteil generell „ins Risiko gestellt“ werden sollte, muss nun für jeden einzelnen Mitarbeiter konkret festgelegt werden, wie hoch der variable Vergütungsanteil sein soll. Gedanklicher Ausgangspunkt ist dabei immer die Höhe der fixen Vergütung. Welcher Geldbetrag soll nun für den einzelnen Mitarbeiter über Zielboni maximal zusätzlich realisierbar sein, wenn er in der Zielerreichungsbewertung den höchsten möglichen Punkt auf der Bewertungsskala erreicht?

Grundsätzlich kann dieser Wert entweder über einen *prozentualen Aufschlag* auf die Fixvergütung oder als *Absolutbetrag* definiert werden. Der Weg über prozentuale Aufschläge hat den Vorzug, dass bei einer Veränderung der fixen Vergütung – etwa bei Tariferhöhungen – in der Gesamtvergütung des Mitarbeiters die Relation zwischen Fixvergütung und Zielbonus immer gleich bleibt. Dies führt andererseits aber auch sofort zu Personalkostenschüben bei den *variablen Entgelten,* sobald sich die *Fixentgelte* erhöhen. Diese Parallelität kann durchaus sinnvoll sein, wenn der Auslöser für die Entgelterhöhung ein gewollter Inflationsausgleich ist. Er sollte dann beide Vergütungsbestandteile gleichermaßen betreffen.

Will man aber – aus welchem Grund auch immer – diese enge Kopplung zwischen fixer und variabler Vergütung vermeiden, dann muss man den maximalen Zielbonus als *absoluten Betrag* definieren. Entscheidungen über seine gewollte Höhe können in der Folge eher losgelöst von der Entwicklung der Fixvergütungen getroffen werden. Zudem ist es auch leichter möglich, verschiedenen Mitarbeitern – trotz unterschiedlicher Fixvergütungen – Zielboni in identischer Höhe anzubieten.

In einer pragmatischen Vorgehensweise sollte man zwecks Festlegung der maximalen Bonushöhe die Mitarbeiter in Gruppen einteilen. Ein naheliegendes *erstes Einteilungskriterium* ist die *Hierarchieebene,* auf der ein Mitarbeiter angesiedelt ist. Tendenziell wird mit steigender Hierarchieebene sowohl der relative Anteil des Zielbonus an der Gesamtvergütung als auch seine absolute Höhe ansteigen. Man unterstellt dabei, dass Mitarbeiter auf höheren Hierarchieebenen zum einen eine höhere Gesamtvergütung haben und daher einen höheren variablen Anteil tolerieren müssen und können. Und zum anderen haben ihre Arbeitsergebnisse einen stärkeren Einfluss auf den Erfolg der Gesamtorganisation.

Von diesem grundsätzlichen Zusammenhang gibt es aber auch Ausnahmen. So ist beispielsweise vorstellbar, dass ein hochspezialisierter Einkäufer auf Sachbearbeiterebene arbeitsmarktbedingt eine deutlich höhere Gesamtvergütung und auch einen höheren Zielbonus erhalten muss als Führungskräfte auf den unteren Hierarchieebenen. Und zudem wird er mit seinen Aktivitäten auch das Organisationsergebnis unmittelbarer und stärker als diese beeinflussen können. Es ist daher sinnvoll, die Mitarbeiter zusätzlich zur *Hierarchieebene* auch noch nach einem *zweiten* und *dritten Einteilungskriterium* zu gruppieren:

- *Bedeutung der Zielerreichung für den Organisationserfolg*
- *Arbeitsmarktinduzierte Notwendigkeit von Zielboni*

Die beiden letztgenannten Kriterien können nun (beispielsweise) auf einer Fünfer-Skala eingeschätzt werden:

1 = sehr gering; **2** = eher gering; **3** = mittel; **4** = eher hoch; **5** = sehr hoch

Um den gesamten Gruppierungsansatz nun nicht zu komplex werden zu lassen, könnten die in den *Kriterien 2* und *3* erzielten Punktwerte additiv zu einem Indexwert zusammengefasst werden.

Als Ergebnis der vorgetragenen Gruppierungsüberlegungen lassen sich alle Mitarbeiter in einer Matrix eingruppieren, aus der die maximale Höhe des Zielbonus abzulesen ist. **Tabelle 16.1** zeigt ein Beispiel.

Die Kopfzeile mit der Bezeichnung „Indexpunkte" vereinigt additiv die Bewertungen für die Kriterien *„Bedeutung der Zielerreichung für den Organisationserfolg" und „Arbeitsmarktinduzierte Notwendigkeit von Zielboni".*

Tabelle 16.1: Gruppierungsmatrix für maximale Zielboni

Indexpunkte →	**2 - 3**	**4 - 5**	**6 - 7**	**8 -10**
Hierarchieebene ↓				
Sachbearbeiter-ebene	3.000 €	4.500 €	7.000 €	10.000 €
Höhere Sach-bearbeiterebene	4.500 €	7.000 €	10.000 €	15.000 €
1. Führungsebene	8.000 €	12.000 €	16.000 €	20.000 €
2. Führungsebene	15.000 €	20.000 €	25.000 €	30.000 €
3. Führungsebene	30.000 €	40.000 €	50.000 €	60.000 €
Geschäftsleitung	80.000 €	100.000 €	120.000 €	150.000 €

■ *An welchen Zieltypen soll die Gewährung von Zielboni festgemacht werden (= Bezugsgrößen)?*

Soll in der Organisation nur die Erreichung von *individuellen Zielen* einzelner Mitarbeiter honoriert werden oder soll auch parallel dazu die Erreichung von *Gruppen-/Teamzielen* oder/und die Erreichung von *Gesamtorganisationszielen* durch Boni untersetzt werden? Dies ist die Frage nach den Bezugsgrößen für Zielboni.

Es muss auch nicht zwangsläufig bei diesen drei genannten Bezugsgrößen bleiben. Ein Zielbonus kann grundsätzlich an der Zielerreichung jeder übergeordneten organisatorischen Einheit festgemacht werden, der ein Mitarbeiter angehört (z. B. Abteilung, Hauptabteilung, Direktionsbereich, Werksstandort, Division). Um jedoch die Komplexität des Systems nicht zu groß werden zu lassen und die Transparenz für den Mitarbeiter zu erhalten, empfiehlt sich eine Begrenzung auf maximal drei Bezugsgrößen. Sinnvollerweise sind sie organisationsindividuell nach der Frage festzulegen, auf welchen Ausschnitt der Aufbauorganisation man das Leistungsverhalten der Mitarbeiter besonders ausrichten möchte.

Insbesondere zwei Argumente sprechen für das Einbeziehen mehrerer Bezugsgrößen:

1. Werden Zielboni nur an der Erreichung von Individualzielen festgemacht, dann besteht die Gefahr, dass sich Mitarbeiter nur auf die Erreichung der eigenen Stellenziele

konzentrieren und darüber die Belange der übergeordneten organisatorischen Einheiten völlig aus dem Blick verlieren. Im Extremfall könnte eine Optimierung der individuellen Ziele zu Lasten der Abteilungsziele oder der Gesamtorganisation stattfinden – klassisches „ressortegoistisches Denken" eben. Zusätzliche Bezugsgrößen schieben dagegen auch die Optimierung von Abläufen und Ergebnissen in übergeordneten organisatorischen Einheiten in den Aufmerksamkeitsfokus des Mitarbeiters.

2. Mehrere Bezugsgrößen können die Funktion von „automatischen Stabilisatoren" übernehmen. Erreicht der Mitarbeiter auf seiner Stelle wegen ungünstiger Rahmenbedingungen seine Ziele nicht, dann kann er zumindest noch von der Erreichung der Ziele übergeordneter Einheiten profitieren. Es ergibt sich dadurch möglicherweise eine *motivationsstabilisierende Wirkung*. Umgekehrt ergibt sich eine *kostenstabilisierende Wirkung*, wenn der Mitarbeiter zwar seine Stellenziele erreicht, aber die übergeordnete organisatorische Einheit oder die Gesamtorganisation ihre Ziele verfehlt. Die in diesem Fall anfallenden Personalkosten würden begrenzt werden.

Gegen mehrere Bezugsgrößen für Zielboni sprechen folgende Argumente:

1. Die Erreichung der Ziele einer höher angesiedelten Organisationseinheit kann der einzelne Mitarbeiter durch sein Handeln oft nur sehr begrenzt beeinflussen. Ein unmittelbarer Zusammenhang zwischen eigenem Verhalten und Anreizgewährung ist damit nur bedingt gegeben. Das Bonussystem wird handlungsferner.

2. Das Bonussystem wird komplexer, damit administrativ aufwändiger und für den Mitarbeiter intransparenter. Von den Ergebnissen her ist es kommunikativ schwerer vermittelbar.

Die Einbeziehung von Gruppenzielen wird wegen der hohen praktischen Relevanz in Kapitel 17 nochmals separat thematisiert.

- *Wie soll der Gesamtbonus auf die einzelnen Bezugsgrößen verteilt werden (= Bezugsgrößengewichtung)?*

Entscheidet man sich für mehrere Bezugsgrößen, dann stellt sich zusätzlich die Frage nach deren relativem Gewicht. Wie viel Prozent seines maximal erzielbaren Gesamtbonus soll der Mitarbeiter also auf Basis der Erreichung seiner individuellen Stellenziele, wie viel durch die Erreichung von Gruppen-/Teamzielen oder Organisationszielen erhalten können? **Abbildung 16.4** stellt ein Beispiel dar.

Abbildung 16.4: Bezugsgrößengewichtung bei Zielboni

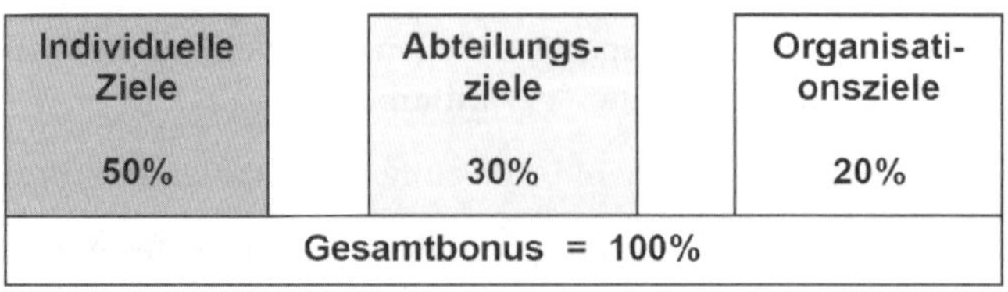

Je höher das relative Gewicht der Organisationsziele ausfällt, desto stärker bewegt sich das System weg von einem individuellen Vergütungsansatz hin zu einem Erfolgsbeteiligungssystem. Dies gilt umso mehr, je stringenter die Organisationsziele in Form von klassischen Erfolgszielen formuliert sind (Bilanzgewinn, EBIT, Umsatz, Cash Flow etc.). Bei entsprechender Ausgestaltung kann also ein Zielbonussystem auch die Funktionen eines Erfolgsbeteiligungssystems mit abdecken.

- *Wie sollen die Bezugsgrößen miteinander verknüpft werden?*

Entscheidet man sich für mehrere Bezugsgrößen, dann stellt sich im Gefolge noch die Frage, wie die Bezugsgrößen miteinander verknüpft werden sollen.

Grundsätzlich ist eine *additive* oder eine *multiplikative* Verknüpfung möglich (*Eyer/ Haussmann 2009*). Beide Varianten werden vorgestellt. Zusätzlich ist auch eine Kombination beider Ansätze denkbar.

Additive Verknüpfung: Bei diesem Ansatz werden die Bezugsgrößen völlig getrennt voneinander geführt. Je Bezugsgröße wird vorab ein erreichbarer Zielbonus für eine Zielerreichung von 100 % festgelegt. Nach der Zielverfolgungsperiode wird jeweils separat festgestellt, inwieweit die Ziele innerhalb der einzelnen Bezugsgrößen erreicht wurden. Der Gesamtbonus eines Mitarbeiters ergibt sich dann durch einfache Addition der Boni aus den unterschiedlichen Bezugsgrößen.

Das Beispiel in **Tabelle 16.2** verdeutlicht an einem Zahlenbeispiel nochmals selbsterklärend den Funktionsmechanismus.

Tabelle 16.2: Additive Verknüpfung von Bezugsgrößen - Zahlenbeispiel

	Individualziele	Teamziele	Organisationsziele
Zielbonus je Bezugsgröße für 100 % Zielerreichung	5.000 €	2.000 €	2.000 €
Zielerreichungsgrad	110 %	120 %	80 %
Zielbonus je Bezugsgröße	5.500 €	2.400 €	1.600 €
Gesamter Zielbonus	**9.500 €**		

Die Vorteile der additiven Verknüpfung liegen in der einfachen, leicht verständlichen und damit auch gut kommunizierbaren Struktur. Zwischen den Bezugsgrößen existieren keinerlei Beeinflussungsbeziehungen. Das ist Vorteil und Nachteil zugleich. Denn die Zahlung von Boni aufgrund individueller Zielerreichungen wird in voller Höhe möglich, obwohl das gesamte Team oder die Abteilung oder die Gesamtorganisation ihre Ziele verfehlt haben. Die individuelle Zielbonifizierung ist zwar ein Motivator für leistungsstarke Mitarbeiter, aber aus Sicht der Organisation ergibt sich ein ökonomisch fragwürdiges Ergebnis. Trotz Nichterreichung von Zielen auf den höheren Organisationsebenen fallen nämlich ungeschmälerte finanzielle Belastungen durch individuelle Zielboni an.

Multiplikative Verknüpfung: Bei diesem Ansatz werden bewusst wechselseitige Beeinflussungsbeziehungen zwischen den Bezugsgrößen hergestellt. Das Ergebnis einer Bezugsgröße kann durch die Ergebnisse der anderen Bezugsgrößen im Sinne einer Verstärkung oder Abschwächung korrigiert werden. Rechentechnischer Ausgangspunkt ist dabei der Gesamtbonus, den der Mitarbeiter erhalten kann, wenn er bei allen Bezugsgrößen einen Zielerreichungsgrad von 100 % realisiert (**Abbildung 16.5**).

Abbildung 16.5: Multiplikative Verknüpfung von Bezugsgrößen

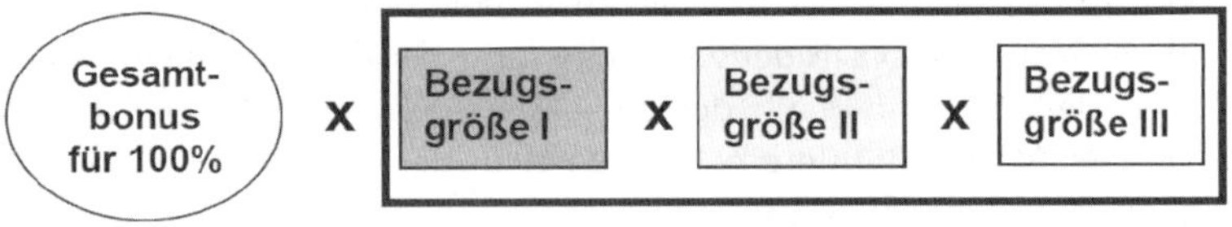

Greift man das Zahlenbeispiel aus **Tabelle 16.2** nochmals auf und wendet eine multiplikative Verknüpfungslogik an, dann ergibt sich bei dieser Zahlenkonstellation das nahezu gleiche Ergebnis wie bei der additiven Verknüpfung (**Tabelle 16.3**).

Tabelle 16.3: Multiplikative Verknüpfung von Bezugsgrößen - Zahlenbeispiel

	Individualziele	**Teamziele**	**Organisationsziele**
Zielbonus je Bezugsgröße für 100 % Zielerreichung	5.000 €	2.000 €	2.000 €
Gesamter Zielbonus bei 100 % Zielerreichung	9.000 €		
Zielerreichungsgrad	110 % (= 1,1)	120 % (= 1,2)	80 % (= 0,8)
Verknüpfungsrechnung	9.000 € x 1,1 x 1,2 x 0,8 =		
Gesamter Zielbonus	**9.504 €**		

Die Ergebnisse driften jedoch deutlich auseinander, wenn man unterstellt, dass die Organisationsziele nur zu 60 % erreicht werden. Bei der *additiven Verknüpfung* reduziert sich der Gesamtbonus des Mitarbeiters dadurch nur um 400 Euro auf 9100 Euro, da sich der Teilbonus für die Organisationsziele von 1.600 Euro (für 80 %) auf 1.200 Euro (für 60 %) reduziert. Bei der *multiplikativen Verknüpfung* ergibt sich folgendes Ergebnis:

$$9.000\,€ \times 1{,}1 \times 1{,}2 \times 0{,}6 = \mathbf{7.128\,€}$$

Aufgrund der nur sehr eingeschränkten Erreichung der Organisationsziele kommt es zu einer viel deutlicheren Reduzierung des Gesamtbonus. Das Ergebnis zeigt einen grundsätzlichen Mechanismus der multiplikativen Verknüpfung: Je stärker sich die Zielerreichungsgrade von 100 % wegbewegen, desto stärker werden auch die einsetzenden Korrekturwirkungen. Das Verfahren produziert also über den Multiplikationsmechanismus bei sehr niedrigen oder sehr hohen Zielerreichunsgraden extreme Ergebnisse.

Im Extremfall sorgt eine komplette Zielverfehlung bei einer Bezugsgröße dafür, dass der Mitarbeiter einen Zielerreichungsgrad von 0 % hat. Rechentechnisch wird damit bei einer multiplikativen Verknüpfung das gesamte Produkt gleich „Null", wenn einer der Faktoren den Wert „Null" annimmt. Der Mitarbeiter erhält dann überhaupt keinen Zielbonus, selbst wenn er bei den anderen Bezugsgrößen Zielerfüllungsgrade weit über 100 % aufweisen sollte.

Diesen extremen Mechanismus kann man sich bei einer kompletten Verfehlung der Organisationsziele vorstellen. Die Organisation soll dann davor geschützt werden, Zielboni für die Erreichung von Stellen- und Teamzielen ausschütten zu müssen, obwohl die Zahlen für wichtige Erfolgsgrößen „tiefrot" sind. Für diese Logik wird die Belegschaft wahrscheinlich Verständnis aufbringen.

Andere Kombinationen sind dem Mitarbeiter dagegen kaum vermittelbar. Den Gesamtbonus auf null zu setzen, wenn zwar individuelle Stellenziele und auch Organisationsziele in hohem Umfang erreicht wurden, jedoch Abteilungsziele komplett verfehlt wurden, wird kaum auf Akzeptanz stoßen. Es ist schon problematisch genug, einem Mitarbeiter eröffnen zu müssen, dass zwar auf Stellen- und Abteilungsebene die Ziele erreicht wurden, aber aufgrund der Nichterreichung der Organisationsziele die Bonuszahlung entfällt. Abmildern könnte man diese Extremsituation, indem rechentechnisch auch bei einer vollständigen Zielverfehlung bei einer Bezugsgröße ein bestimmter Basismultiplikator, z. B. 0,3, festgelegt wird, der nicht unterschritten werden kann. Auch bei einer Komplettverfehlung der Gesamtorganisationsziele bleibt dadurch aus motivationalen Gründen für die Mitarbeiter eine Gewährungschance zumindest für einen kleinen Bonus erhalten.

Ein gravierendes Manko der multiplikativen Verknüpfung darf nicht übersehen werden. Eine Gewichtung der Bezugsgrößen ist nicht möglich! Zwar kann man den „Gesamtbonus für 100 %" (siehe **Abbildung 16.5**) aus unterschiedlich hohen Beträgen für die einzelnen Bezugsgrößen speisen. Durch das multiplikative Zusammenwirken der Zielerreichungsgrade wird diese anfängliche Gewichtung aber wieder aufgelöst.

Der Vollständigkeit halber sei noch erwähnt, dass man gerade bei der multiplikativen Verknüpfung das Zielbonussystem leicht einem Erfolgsbeteiligungssystem annähern kann. Bei der Verfehlung zentraler Erfolgsziele auf der Gesamtorganisationsebene drückt einerseits der Korrektureffekt den Zielbonus deutlich nach unten; im Extremfall bis auf null. Wenn man andererseits rechentechnisch aber auch hohe Zielerfüllungsgrade bei den Organisationszielen zulässt – z. B. 200 % oder gar 300 % –, dann wirkt dieser Gestaltungsparameter als kräftiger Multiplikator auf die Zielboni aus den anderen Bezugsgrößen.

Kombinationen: Additive und multiplikative Verknüpfungsregel können auch in Kombination eingesetzt werden. Man kann dadurch gezielt die Unabhängigkeit einzelner Bezugsgrößen wahren oder eben gezielt Wechselwirkungen zwischen ihnen zulassen. Besonders sinnhaft sind folgende Kombinationen:

Variante 1: (Individualziel + Abteilungsziel) x Organisationsziel

Die Erreichung von Stellenzielen und Abteilungszielen sollen getrennt honoriert werden. Die tatsächlich ausgeschüttete Bonussumme soll aber stark vom Erfolg der Gesamtorganisation abhängig gemacht werden. Der Erfolgsbeteiligungsgedanke nimmt hier einen breiten Raum ein. Von der Vergütungsphilosophie her wird dem Gesamterfolg der Organisation das Primat eingeräumt.

Variante 2: (Organisationsziel + Abteilungsziel) x Individualziel

Die Mitarbeiter partizipieren zwar am Erfolg der übergeordneten Einheiten. In welchem Umfang dies geschieht, soll aber bei dieser Vergütungsphilosophie stark von der individuellen Leistung abhängig gemacht werden.

In Gesamtschau können multiplikative Verknüpfungen und Kombinationsmodelle eine differenziertere Steuerungswirkung auf das Leistungsverhalten der Mitarbeiter entfalten. Sie sind aber andererseits schwerer kommunizierbar und auch potenziell konfliktträchtiger.

■ *Wie kann die Skala zur Messung der Zielerreichungsgrade aussehen?*

Egal, welche und wie viele Bezugsgrößen für die Ziele in der Organisation eingesetzt werden, auf alle Fälle muss am Ende der Zielverfolgungsperiode eine abgestufte Messung des Zielerreichungsgrads möglich sein und ein Zielbonus muss konkret berechnet werden können. Dazu ist zunächst einmal die Definition einer Messskala nötig.

Grundsätzliche Überlegungen zur Länge der Skala und zur Definition der Skalenpunkte wurden samt einem konkreten Skalierungsvorschlag mit fünf Skalenpunkten bereits in Kapitel 10.4 vorgetragen. Es ging dabei im Kern um das Spannungsverhältnis zwischen Leistungsgerechtigkeit einerseits (diese erfordert eher eine längere Skala) und einer möglichen Überforderung des Differenzierungsvermögens der Beurteiler, was dann wieder für eher kürzere Skalen spricht. Auf diese Ausführungen sei hier explizit verwiesen. Der Skalenvorschlag ist in **Abbildung 16.6** nochmals dargestellt.

Abbildung 16.6: Skalenvorschlag zur Messung der Zielerreichung

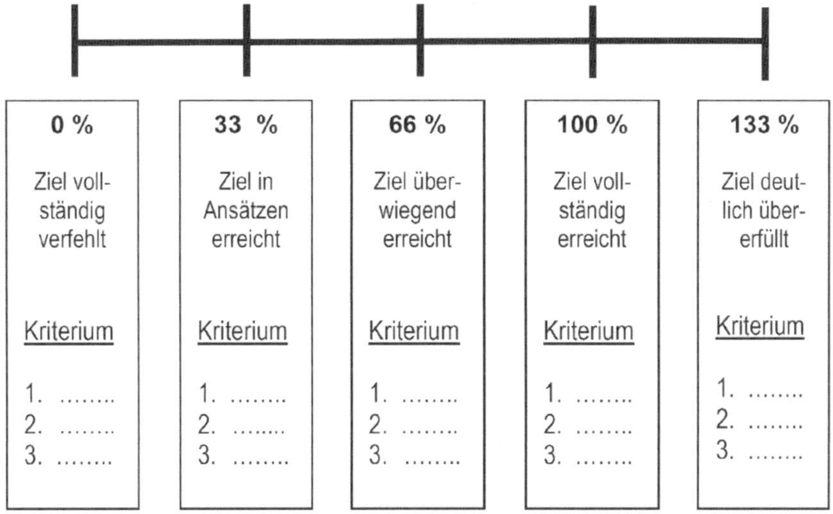

- *Wie kann die Skala zur Messung der Zielerreichungsgrade in monetäre Größen transferiert werden?*

Zur konkreten Berechnung des Zielbonus eines Mitarbeiters muss eine Verknüpfung zwischen der Beurteilungsskala und Geldgrößen hergestellt werden. Wie kann nun der Weg von der Zielerreichungsbeurteilung zur Bonusermittlung gestaltet werden? Es ist ein *direkter Transfer* oder ein *indirekter Transfer* denkbar.

Direkter Transfer: Jede Skala, die – wie obiger Vorschlag – die Zielerreichungsgrade nicht nur verbal beschreibt, sondern auch in Prozentwerten ausweist, kann für einen direkten Transfer in Geldgrößen genutzt werden. Dazu muss lediglich der Skalenpunkt für 100 % mit einem konkreten Geldbetrag untersetzt werden. Er bildet dann den Ausgangspunkt für die Errechnung der Zielboni bei den anderen Skalenpunkten. **Tabelle 16.4** zeigt ein Beispiel mit Zahlenwerten für die oben dargestellte Skala.

Tabelle 16.4: Direkter Transfermechanismus zwischen Zielerreichungsbeurteilung und Bonusermittlung

Zielerreichungsgrad	0 %	33 %	66 %	100 %	133 %
Zielbonus in €	0	3.300	6.600	10.000	13.330

Diese einfache Struktur ist dann eher ungeeignet, wenn man

- bei einer *multiplikativen Verknüpfung* mehrerer Zielgrößen vermeiden möchte, dass es bei einer vollständigen Zielverfehlung bei einer Bezugsgröße (= Zielerreichungsgrad 0 %) für den Mitarbeiter zu einem Totalausfall des Zielbonus kommt,
- zwischen Zielerreichungsgrad und Bonushöhe keinen proportionalen (= linearen) Zusammenhang konstruieren möchte (näher zu alternativen Zusammenhängen später),
- innerhalb einer Bezugsgröße (z. B. Teamziele) mehrere Einzelziele subsumieren möchte und kein Durchschnitt über die Zielerreichungsgrade der Einzelziele gebildet werden soll. Der Grund für den Verzicht auf eine Durchschnittsbildung könnte sein, dass sich dadurch ein Wert ergibt, der nicht exakt den Skalenpunkten entspricht. Damit nun dieser Durchschnittswert wieder kompatibel mit der Beurteilungsskala ist, müsste er im Einzelfall auf- oder abgerundet werden. Das aber ist dem Mitarbeiter eventuell nur schwer kommunizierbar.

In all diesen Fällen müssen Zielerreichungsbeurteilung und Bonusermittlung entkoppelt werden. Dies gelingt mit einem indirekten Transfermodell.

Indirekter Transfer: Bei diesem Vorgehen wird der Zielerreichungsgrad je Einzelziel auf einer weiteren Skala zunächst in einen Punktwert umgesetzt. Alle Einzelpunktwerte werden summiert. Die Summierung führt zu einer Punkteklasse, der wiederum ein Bezugsfaktor für den 100 %-Bonus zugeordnet ist. Was sich zunächst etwas kompliziert anhört, wird mit Hilfe des Zahlenbeispiels in **Tabelle 16.5** schnell deutlich.

In diesem Beispiel wird bei der *grundsätzlichen Konstruktion* des indirekten Transfermechanismus dafür gesorgt, dass

- der Mitarbeiter auch bei einer kompletten Zielverfehlung einen Minimalbonus erhält,
- bis zur vollständigen Zielerreichung (100 %) die absoluten Bonushöhen progressiv ansteigen,
- bei Zielübererfüllungen (> 100 %) der Zusatzbonus nur noch moderat ausfällt.

Die *konkrete Anwendung* auf einen einzelnen Mitarbeiter geht in **Tabelle 16.5** aus den eingekreisten Zahlenwerten hervor. Aufgrund seiner Zielerreichungsgrade bei den 5 Einzelzielen kann der Mitarbeiter einen Punktwert von 45 realisieren und erhält über einen Bezugsfaktor von 0,6 einen Zielbonus in Höhe von 6000 Euro.

Das indirekte Transfermodell eröffnet also deutlich mehr Gestaltungsoptionen hinsichtlich der konkreten Verlaufskurve der Zielboni. Andererseits erfordert es aber auch mehr Einzelentscheidungen: Skala für die Punktwerte, Gruppenbildung für die Punktwerte, Verknüpfung der Punktwerte mit den Bezugsfaktoren, Verlaufskurve für die Bezugsfaktoren.

Jede dieser Einzelentscheidungen ist erklärungsbedürftig, hinterfragbar und diskutierbar. Das indirekte Transfermodell ist für die Mitarbeiter damit intransparenter. Wie sich seine Erreichungsgrade bei einzelnen Zielen schlussendlich in der Vergütung niederschlagen, ist nicht auf den ersten Blick ersichtlich. Im Hinblick auf eine Einigung mit dem Betriebsrat ist diese Vorgehenssystematik wohl auch konfliktträchtiger, zumindest verhandlungsaufwändiger.

Tabelle 16.5: Indirekter Transfermechanismus zwischen Zielerreichungsbeurteilung und Bonusermittlung

Zielerreichungsgrad	0 %	33 %	66 %	100 %	133 %
Punktwert Ziel 1	0	5	10	15	20
Punktwert Ziel 2	0	5	10	15	20
Punktwert Ziel 3	0	5	10	15	20
Punktwert Ziel 4	0	5	10	15	20
Punktwert Ziel 5	0	5	10	15	20
Summe Punktwerte	0-20	21-40	41-60	61-80	81-100
Bezugsfaktor	0,1	0,25	0,6	1,0	1,2
Zielbonus in €	1.000	2.500	6.000	10.000	12.000

■ *Wie viele unterschiedliche Skalen können Verwendung finden?*

Es ist grundsätzlich möglich, je eingesetzter Bezugsgröße eine eigene Skala einzusetzen. So wäre beispielsweise denkbar, die Erreichung individueller Stellenziele und Abteilungsziele – wie oben vorgeschlagen – auf einer 5er-Skala von 0 % bis 133 % zu messen und für die Erreichung der Organisationsziele eine deutlich feiner abgestufte Skala zu wählen. Speziell, wenn sich die Organisationsziele aus klassischen betriebswirtschaftlichen Erfolgsgrößen zusammensetzen, die an die Bilanz, GuV-Rechnung oder an die Kostenrechnungssysteme anknüpfen und der Zielerreichungsgrad damit hinreichend präzise bestimmbar ist, kann auch die Beteiligung der Mitarbeiter an diesen Erfolgen in kleiner definierten Stufen erfolgen. Gegen eine 10er-Skala wäre dann wenig einzuwenden.

Allerdings sollte man bei Verwendung unterschiedlich langer Skalen für unterschiedliche Bezugsgrößen darauf achten, dass – trotz einer feineren Abstufung der Zielerreichungsgrade – Anfangspunkt (z. B. 0 %) und Endpunkt (z. B. 133 %) identisch sind. Man vermeidet dadurch unnötige rechentechnische Komplexitäten, die dem Mitarbeiter gegenüber nur schwer transparent und nachvollziehbar kommunizierbar sind. Dieser Aspekt ist es dann auch, der wieder grundsätzlich gegen eine Verwendung unterschiedlich langer Skalen für unterschiedliche Bezugsgrößen spricht. Der Mechanismus „Viele Ziele – eine Skala" ist eben leichter handhabbar und vermittelbar. *„One size fits all"* hat durchaus seinen eigenen Charme – nicht nur beim Kleidungskauf.

■ *Welche alternativen Vergütungsverläufe können über die Skalenkonstruktion abgebildet werden?*

Welche Einzelentscheidungen im Zusammenhang mit der Skalenkonstruktion neben der *Skalenlänge*, dem *Transfermechanismus* und der *Skalenanzahl* nun weiter zu treffen sind, wird im Folgenden näher erläutert. Im Kern geht es dabei um die Abbildung alternativer Vergütungsverläufe.

Ausgangspunkt der Überlegungen ist dabei die Grafik in **Abbildung 16.7** (*in Anlehnung an Stock-Homburg 2008, S. 343*). Sie zeigt die Grundkonstruktion aller leistungsorientierten Vergütungssysteme und wurde hier auf den speziellen Fall von Zielboni umgesetzt. Die einzelnen Bestandteile der Grafik spiegeln Entscheidungsbedarfe wider. Sie werden nachfolgend näher erläutert.

Abbildung 16.7: Grundkonstruktion von Zielbonussystemen

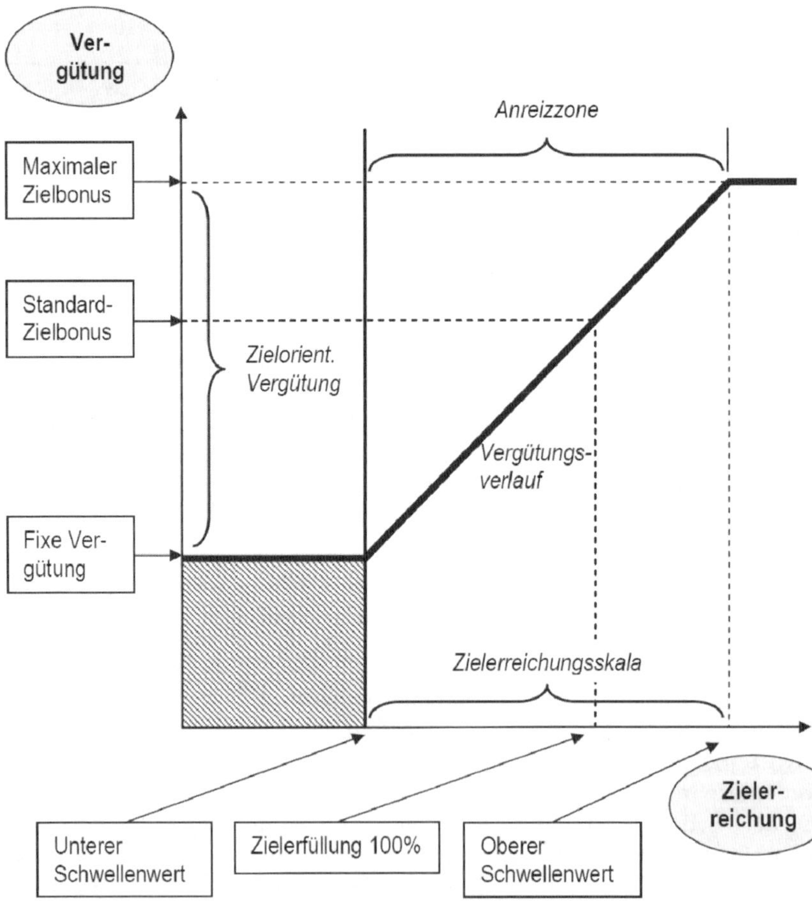

1. *Fixe Vergütung/Unterer Schwellenwert:* Im Rahmen dieser beiden Parameter ist zum einen eine Entscheidung über die Höhe der Vergütung zu treffen, die der Mitarbeiter ohne Gewährungsrisiko erhalten soll. Zum anderen wird dabei auch implizit festgelegt, welches Zielerreichungsniveau des Mitarbeiters *nicht* zusätzlich über Zielboni honoriert werden soll.

   In der Grafik wird dieser Bereich von der schraffierten Fläche symbolisiert.

   Es werden dort keine zusätzlichen Anreize gesetzt, da man voraussetzt, dass dieses Leistungsniveau in der fixen Vergütung bereits „eingepreist" ist. Die schraffierte Fläche stellt grafisch sozusagen die Negativabgrenzung zur zielorientierten Vergütung dar. Der untere Schwellenwert symbolisiert gleichzeitig den oberen Rand der von der Organisation erwarteten Regelleistung und den Beginn der Anreizzone, ab der zusätzliche Leistungen gesondert honoriert werden sollen. In der Zielerreichungsskala ist der untere Schwellenwert identisch mit dem 0 %-Wert (= vollständige Zielverfehlung).

2. *Unterer Schwellenwert/Oberer Schwellenwert:* Diese beiden Parameter bilden den Anfangspunkt und den Endpunkt der Zielerreichungsskala. Sie markieren die Spannweite der möglichen, vergütungswirksamen Zielerreichungsgrade und bilden damit gleichzeitig die *Anreizzone* ab. Bei Zielerreichungsgraden über dem oberen Schwellenwert erfolgt keine zusätzliche Honorierung mehr über Zielboni („Deckelung").

   Zwischen den beiden extremen Schwellenwerten ist der Skalenpunkt für die *vollständige Zielerfüllung* (100 %) anzusiedeln. Denkbar wäre allerdings auch, dass dieser Skalenpunkt mit dem Oberen Schwellenwert identisch ist. Zielübererfüllungen wären dann überhaupt nicht mehr vergütungsrelevant. Zu empfehlen wäre eine solche Verfahrensweise aber nicht. Denn im Falle einer zu wenig anspruchsvollen Zielvereinbarung – nichts anderes als ein Führungsfehler – existiert kein „Reparaturmechanismus" mehr für diesen Fehler. Ein materieller Anreiz für Zielübererfüllungen kann diesen Reparaturautomatismus bereitstellen.

   Insofern sollten also im Grundsatz Skalenpunkte jenseits der 100 % vorgesehen werden. Die zentrale Entscheidungsfrage ist, wie weit man dabei gehen möchte. Eine „dramatische" Zielübererfüllung, etwa jenseits von 150 %, wirft immer die Frage auf, ob das Ziel nicht von Anfang an zu tief gesetzt war oder während der Zielverfolgungsperiode als Reaktion auf Umfeldverbesserungen nicht oder nicht stark genug nach oben angepasst wurde. Zudem setzt – wie oben bereits angedeutet – die Aussicht auf eine materielle Honorierung von deutlichen Zielüberschreitungen einen starken Anreiz, die Ziele zunächst nach unten zu verhandeln, um sie dann in hohem Maße übertreffen zu können. Bei individuellen Stellenzielen und Team- oder Abteilungszielen sollten aus diesen Erwägungen heraus Zielboni für Zielerfüllungsgrade jenseits der 150 % nicht mehr vorgesehen werden.

   Am ehesten ist eine deutlich größere Spannweite der Zielerreichungsskala noch bei den Gesamtorganisationszielen denkbar, sofern sie sich aus klassischen betriebswirtschaftlichen Erfolgsgrößen zusammensetzen und die Mitarbeiter am Erfolg partizipieren sollen. In dieser Konstellation finanzieren sich die zusätzlich ausgeschütteten Zielboni auf direktem Weg selbst. Wenn das tatsächlich erzielte EBIT das Dreifache der ursprünglichen Planungen erreicht hat, dann wäre auch nichts gegen eine Skala einzuwenden, die einen 300 %-Wert verarbeiten kann. Die Frage nach der Realistik der ursprünglichen Zielplanung steht aber dann trotzdem im Raum.

3. *Vergütungsverlauf*: Bei diesem Gestaltungsparameter geht es um die Verknüpfung der Zielerreichungsgrade mit den monetären Größen (Zielboni). Es muss also entschieden werden, um welchen Betrag sich der Zielbonus steigert, wenn der Mitarbeiter den nächsthöheren Skalenpunkt erreicht. In **Abbildung 16.7** ist beispielsweise ein einfacher linearer Zusammenhang abgebildet. Höhere Zielerreichungsgrade führen hier zu proportionalen Steigerungen bei der Höhe der Zielboni.

   Die Verknüpfung kann aber auch auf andere Weise geschehen. Denkbar sind progressive, degressive, S-förmige, stufenförmige Verknüpfungen oder auch Kombinationen zwischen diesen Formen. Die verschiedenen Verknüpfungsformen führen zu unterschiedlichen Effekten auf die Motivation und die anfallenden Personalkosten. In **Tabelle 16.6** sind die wichtigsten Gestaltungsprinzipien und ihre Wirkungen auf Personalkosten und Motivation im Überblick zusammengefasst (*in Anlehnung an Stock-Homburg 2008*).

Tabelle 16.6: Alternative Verlaufsformen für Zielboni

Lineares Verknüpfungsmodell	
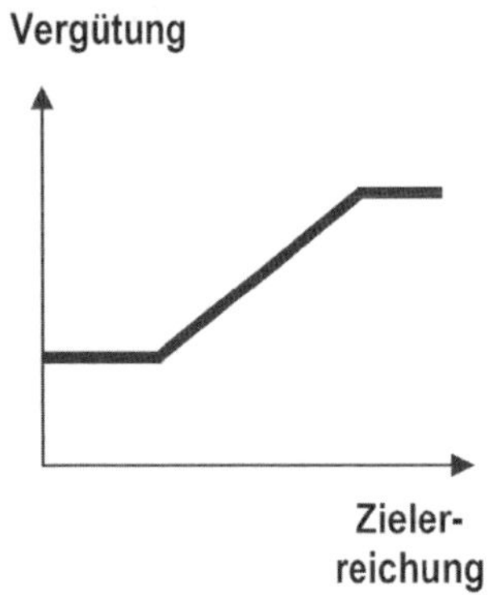 	– Höhere Zielerreichungsgrade führen zu einem proportionalen Anstieg des Zielbonus. – Festgelegt werden muss ein Absolutbetrag x in Euro, mit dem der Zielbonus von Skalenpunkt zu Skalenpunkt steigt. ⊕ Gleichbleibende Wirkung des Zielbonus auf die Personalkosten über den gesamten Anreizbereich. ⊖ Abnehmender Grenznutzen des Zielbonus für den Mitarbeiter; bei höheren Skalenpunkten damit möglicherweise nachlassende Anreizwirkung.

Progressives Verknüpfungsmodell

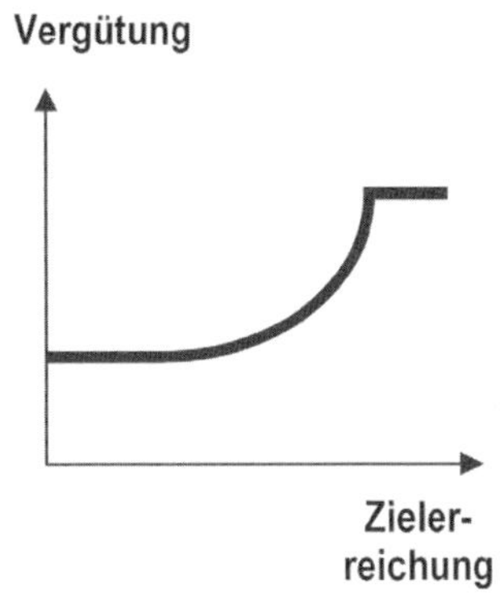

- Höhere Zielerreichungsgrade führen zu einem *über*proportionalen Anstieg des Zielbonus.
- Festgelegt werden müssen Absolutbeträge x in Euro, mit denen der Zielbonus von Skalenpunkt zu Skalenpunkt mit immer *größer werdenden* Zusatzbeträgen ansteigt.

  Alternativ könnte auch ein Steigerungsfaktor x in %, definiert werden (z. B. + 10 %), mit dem der Zielbonus von Skalenpunkt zu Skalenpunkt steigt. Der vorherige Skalenpunkt bildet dabei immer die Berechnungsbasis für den nächsten. Beispiel:

  1000 € + 10 % = 1100 €,
  1100 € + 10 % = 1210 €,
  1210 € + 10 % = 1331 €,
  1331 € + 10 % = 1464 €.

  Diese Vorgehensweise stellt einen Spezialfall der obigen, allgemeinen Methodik dar.

⊕ Starke Anreizwirkung auf leistungsstärkere Mitarbeiter zur weiteren Leistungssteigerung.

⊖ Stark ansteigende Personalkosten innerhalb des Anreizbereichs.

Degressives Verknüpfungsmodell

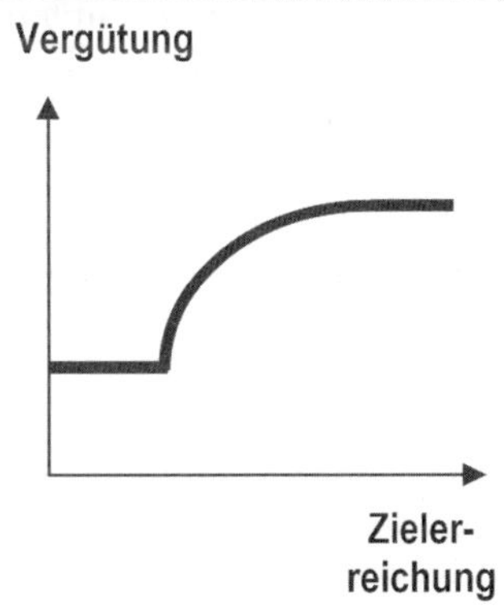

- Höhere Zielerreichungsgrade führen zu einem *unter*proportionalen Anstieg des Zielbonus.
- Festgelegt werden müssen Absolutbeträge x in Euro, mit denen der Zielbonus von Skalenpunkt zu Skalenpunkt mit immer *kleiner werdenden* Zusatzbeträgen steigt.

⊕ Personalkostendämpfung im höheren Leistungsbereich.

⊖ Wenig Anreizwirkung für leistungsstärkere Mitarbeiter zur weiteren Leistungssteigerung.

S-förmiges Verknüpfungsmodell	
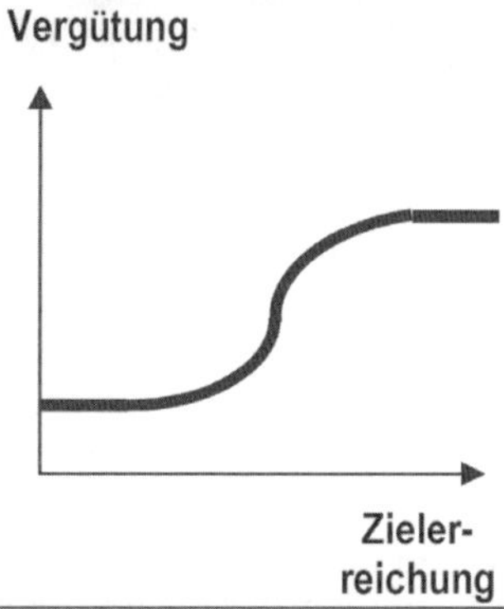	– Kombination von progressivem Modell im unteren Anreizbereich und degressivem Modell im oberen Anreizbereich. – Alternativ kann auch zuerst ein degressiver Anstieg und danach ein progressiver Anstieg modelliert werden. – Vor- und Nachteile ergeben sich in den relevanten Abschnitten analog zu den Basismodellen.
Stufenförmiges Verknüpfungsmodell	
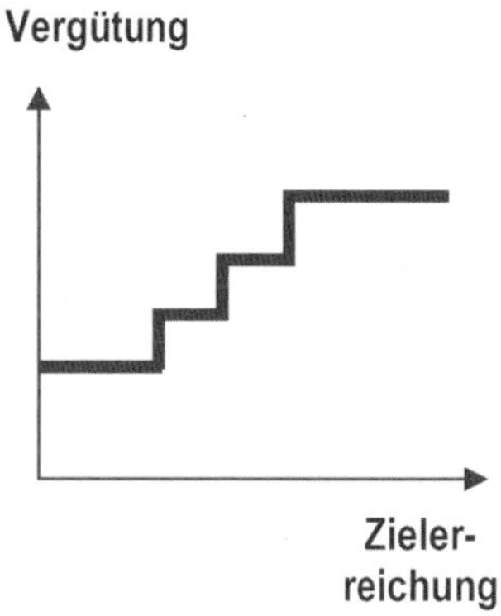	– Mehrere Skalenpunkte auf der Zielerreichungsskala werden zu einer Zielbonusgruppe zusammengefasst und führen zum identischen Zielbonus (z. B. alle Mitarbeiter mit 70 % bis 90 % Erreichungsgrad erhalten einen Zielbonus von 1000 Euro). Die Zusatzbeträge auf der Treppenfunktion können entweder jeweils die gleiche Betragshöhe aufweisen oder aber von Treppenstufe zu Treppenstufe auch unterschiedliche Höhen haben. ⊕ Geeignet für Führungssituationen, in denen unterschiedliche Zielerreichungsgrade zwar ausgewiesen werden sollen, aber nur in Grenzen zu unterschiedlichen Vergütungshöhen führen sollen. ⊕ Geringerer Administrationsaufwand bei der Vergütungsabrechnung. ⊖ Eingeschränkte Leistungsgerechtigkeit der Vergütung mit möglicherweise dysfunktionalen Rückwirkungen auf die Leistungsmotivation.

In **Tabelle 16.7** sind die verschiedenen Verlaufsformen beispielhaft mit Zahlenwerten unterlegt. Es wurden dabei eine fixe Vergütung des Mitarbeiters in Höhe von 30.000 Euro p.a. und eine 8-stufige Zielerreichungsskala mit einer Spannweite von 0 % bis 140 % unterstellt.

Tabelle 16.7 Alternative Verlaufsformen für Zielboni - Zahlenbeispiel

	Linear	Progressiv	Degressiv	S-förmig	Stufen
Fixvergütung	**30.000**	**30.000**	**30.000**	**30.000**	**30.000**
0 %	30.000 *(+2 000)*	30.000 *(+ 900)*	30.000 *(+ 3.600)*	30.000 *(+ 1.600)*	30.000 *(+ 3.500)*
20 %	32.000 *(+2.000)*	30.900 *(+ 1.100)*	33.600 *(+ 2.900)*	31.600 *(+ 1.800)*	33.500
40 %	34.000 *(+ 2.000)*	32.000 *(+ 1.400)*	36.500 *(+ 2.300)*	33.400 *(+ 2.200)*	33.500 *(+ 3.500)*
60 %	36.000 *(+ 2.000)*	33.400 *(+ 1.800)*	38.800 *(+ 1.800)*	35.600 *(+ 2.800)*	37.000
80 %	38.000 *(+2.000)*	35.200 *(+ 2.300)*	40.600 *(+ 1.400)*	38.400 *(+ 2.200)*	37.000 *(+ 3.500)*
100 %	40.000 *(+ 2.000)*	37.500 *(+ 2.900)*	42.000 *(+ 1.100)*	40.600 *(+ 1.800)*	40.500
120 %	42.000 *(+ 2.000)*	40.400 *(+ 3.600)*	43.100 *(+ 900)*	42.400 *(+ 1.600)*	40.500 *(+ 3.500)*
140 %	**44.000**	**44.000**	**44.000**	**44.000**	**44.000**

■ *Welche Optionen zur Auszahlung von Zielboni stehen zur Verfügung?*

Denkbar ist unter dem *zeitlichen Aspekt* die Ausschüttung des Zielbonus als *Einmalbetrag*, als *ratierlicher monatlicher Zuschlag* oder über *mehrere Jahrestranchen*. Diese Grundmodelle können auch *kombiniert* werden.

Einmalbetrag: Der übliche Weg besteht in der Ermittlung des Zielbonus – z. B. im ersten Quartal des Folgejahres – und seiner zeitnahen Ausschüttung an die Mitarbeiter in einem einzigen Betrag. Die *Organisation* hat dabei in einem engen Zeitfenster einen größeren Liquiditätsabfluss. Es ist daher die entsprechende Bildung von Rückstellungen und eine rechtzeitige Berücksichtigung im Rahmen der Liquiditätsplanung notwendig.

Auf Seiten des *Mitarbeiters* ergibt sich bei dieser Verfahrensweise vermutlich der größte Motivationseffekt. Denn ein größerer Einmalbetrag führt zu einer hohen Aufmerksamkeitswirkung. Durch eine möglichst zeitnahe Auszahlung nach der Zielverfolgungsperiode wird sichergestellt, dass der Mitarbeiter mental auch eine hinreichend enge Verbindung zwischen seinem Engagement für die Ziele und dem gewährten Anreiz sieht.

Getrübt wird die Freude beim Mitarbeiter sicherlich durch die Tatsache, dass auf den Zielbonus Lohnsteuer- und Sozialversicherungsbeiträge anfallen. Es handelt sich hier um Einmalzahlungen, für die im Lohnsteuer- und Sozialversicherungsrecht das sogenannte „Zuflussprinzip" vorgesehen ist. Danach sind diese Zahlungen stets in dem Zeitpunkt mit Steuern und Beiträgen zu belasten, in dem sie dem Arbeitnehmer zugeflossen sind. Allerdings wird in der Lohnsteuerberechnung über eine Anwendung der Jahreslohnsteuertabelle mit Blick auf den „voraussichtlichen gesamten Jahresarbeitslohn" sichergestellt, dass der Mitarbeiter nicht nach diesem einmaligen Spitzeneinkommen der Lohnsteuer unterworfen wird. Eine ähnliche – eher am monatlichen Durchschnittseinkommen orientierte – Berechnungsweise verhindert in der Sozialversicherung aber andererseits auch – im Sinne der Sozialversicherungsträger –, dass der Mitarbeiter mit Teilen seines Zielbonus die Beitragsbemessungsgrenzen überschreitet und für diesen Teil nicht mehr beitragspflichtig ist (näher: *Haufe Verlag (Hrsg.) 2009*).

Ratierlicher monatlicher Zuschlag: Der Zielbonus wird hier nicht in einem Betrag ausgeschüttet, sondern z. B. auf die nächsten 12 Monate umgelegt und dort ratierlich als zusätzliche Leistungsvergütung für den Mitarbeiter zahlungswirksam. In aller Regel werden die Organisationen gleichbleibende Beträge über alle Monate hinweg wählen. Denkbar ist aber ebenfalls eine kostenneutrale Aufteilung des Zielbonus dergestalt, dass die Auszahlungsbeträge über die Monate hinweg kleiner oder größer werden. Solche naheliegenden Gestaltungvarianten werden oftmals überhaupt nicht geprüft. Gerade ansteigende monatliche Zahlungen generieren einen höheren Aufmerksamkeitseffekt und verhindern, dass das Zusatzentgelt mental zum Besitzstand wird, nicht mehr wahrgenommen wird und damit auch keine motivationale Kraft entfaltet.

Eine ratierliche Auszahlung senkt erheblich die Liquiditätsbelastung der Organisation. Aus motivationaler Sicht ist sie sicher nur die zweitbeste Lösung. Die Monatsbeträge sind unter Umständen so gering, dass sie nicht mehr hinreichend im Aufmerksamkeitsfokus des Mitarbeiters sind. Die Regelmäßigkeit der Zahlung tut ein Übriges, damit der Mitarbeiter sie in seiner Wahrnehmung als Besitzstand definiert. Nennenswerte Motivationsimpulse sind dann nicht mehr zu erwarten. Ein wirksames Gegengewicht könnte die oben angesprochene Variante von monatlich steigenden Auszahlungsbeträgen darstellen. Sie erhalten beim Mitarbeiter einen gewissen „Spannungsbogen“. Zudem demonstrieren sie ihm gerade in der Endphase der aktuellen Zielverfolgungsperiode deutlich, dass sich Engagement für die vereinbarten Ziele auch materiell lohnt und geben so nochmals einen Anreiz für einen „Endspurt“. Und so ganz nebenher ist dieses Zahlmodell auch dasjenige, das für die Organisation zum günstigsten Verlauf bei der Liquiditätsbelastung führt.

Mehrere Jahrestranchen: Hier wird der Zielbonus z. B. in drei gleichen Jahresraten ausgezahlt. Die Vor- und Nachteile dieser zeitlichen Streckung ergeben sich im Grundsatz analog zu Einmalzahlungen vs. ratierlichen Auszahlungen.

Das besondere optionale Gestaltungselement ist bei dieser Variante, dass für den Mitarbeiter ein Zielbonuskonto geführt wird. Damit entsteht auch die grundsätzliche Möglichkeit, den einmal entstandenen Bonusanspruch in den Folgejahren noch nach oben oder unten zu korrigieren (Bonus-Malus-Regelung). Die Organisation erhält sich damit für einen bestimmten Zeitraum z. B. die Möglichkeit, auf unvorhergesehene Veränderungen im wirtschaftlichen Umfeld durch eine Variation der Personalkosten reagieren zu können. Die Eingriffsgründe müssen allerdings sehr präzise definiert sein. Eine solche Verfahrensweise wird tendenziell aber nur für ranghohe Führungskräfte mit entsprechend hohem Einkommensniveau in Frage kommen.

Ein weiterer Anwendungszweck solcher Bonus-Malus-Regelungen ergibt sich aber auch im Hinblick auf Ziele, deren nachhaltige Erreichung eventuell nach der Zielverfolgungsperiode noch nicht vollständig sicher beurteilt werden kann. Die Organisation hält sich hier eine zeitlich befristete Korrekturoption offen. Zu denken wäre im negativen Fall beispielsweise an die Konstellation, dass ein Verkäufer in einem Jahr X die Gewinne und Umsätze stark gesteigert hat, dies aber zu Lasten zukünftiger Gewinne und Umsätze getan hat, etwa weil er das Preisniveau der Produkte durch überzogene Rabattaktionen dauerhaft nach unten gedrückt hat oder durch nicht haltbare Versprechungen mit vielen Kunden zwar „Einmalgeschäfte“ getätigt hat, aber dadurch massive Kundenabwanderungen provoziert und dem Organisationsimage Schaden zugefügt hat. Schlimmstenfalls hat dieser Verkäufer die Organisation aber bereits verlassen, den Zielbonus in voller Höhe mitgenommen und einen „Scherbenhaufen“ hinterlassen. Die Organisation hätte dann für eine vermeintlich gute Leistung „gutes Geld gezahlt“, in Wahrheit aber für viel Geld eine schlechte Leistung bekommen. Für ausgewählte Ziele könnte also ein „nachsorgender Beobachtungszeitraum“, in dem man einmal getroffene Bonusentscheidungen noch in Grenzen korrigieren kann, sinnvoll sein.

Eindeutig zu regeln wäre dann noch eine Verfahrensweise für den Fall, dass ein Mitarbeiter die Organisation während dieses Beobachtungszeitraums endgültig verlässt.

Kombinationslösungen: Alle drei vorgestellten Auszahlungsoptionen sind grundsätzlich miteinander kombinierbar. Das wäre der Versuch, die Vorteile der jeweils reinen Form auszuschöpfen und dabei tendenziell ihre Nachteile abzumildern. So wäre durchaus vorstellbar, dass ein Drittel des Zielbonus sofort nach der Zielerreichungsfeststellung als Einmalbetrag ausgezahlt wird, ein weiteres Drittel in Monatsbeträgen über das nächste Jahr verteilt wird und das letzte Drittel in einem Kontenmodell noch zwei Jahre „unter Beobachtung gestellt" wird. Erlaubt ist also, was gefällt, oder besser noch, was in der jeweiligen Organisation Zusatznutzen stiftet.

Unter dem *Verwendungsaspekt* wäre festzulegen, ob der gesamte Zielbonus dem Mitarbeiter als Vergütungsbestandteil zur völlig freien Verwendung zufließt oder ob nicht zumindest Teile für andere Verwendungen genutzt werden sollen. Zu denken wäre dabei insbesondere an die Dotierung einer Alterssicherung oder eines Vermögensaufbaukonzepts (z. B. Kapitallebensversicherung, Wertpapierfonds, Bausparverträge), an die Umwandlung in Beteiligungen an der Organisation (Belegschaftsaktien, GmbH-Anteile, Stille Einlagen, Genussrechte o.Ä.) oder in Fremdkapitalbausteine für die Organisation (Unternehmensanleihen, Wandelanleihen). Solche alternativen Verwendungsoptionen wurden bereits in Kapitel 15.2 und auch im Rahmen des Cafeteria-Ansatzes (siehe Kapitel 10.10) thematisiert.

- *Welche weiteren Fragen müssen im Zusammenhang mit der Implementierung eines Zielbonussystems entschieden bzw. berücksichtigt werden?*

Tabelle 16.8 listet ohne vertiefte Ausführungen einige wichtige Aspekte auf, die bei der Konzeption und Einführung eines Zielbonussystems noch bedacht werden müssen.

Tabelle 16.8: Weitere Entscheidungsfragen bei der Implementierung eines Zielbonussystems

ASPEKT	ERLÄUTERUNG
Projektgruppe	Die Entwicklung eines Zielbonussystems wird in aller Regel in einer Projektgruppe stattfinden. Es ist über die Zusammensetzung dieser Gruppe zu entscheiden. Neben der Sicherstellung einer hohen Fachexpertise in Vergütungsfragen ist darauf zu achten, dass zur Steigerung der Ergebnisakzeptanz und zur späteren Widerstandsvermeidung auch Vertreter aller Betroffenengruppen adäquat einbezogen werden. Als potenzielle Mitglieder bieten sich an: ■ Vertreter der Organisationsleitung ■ Vergütungsexperten aus dem Personalbereich ■ Mitarbeitervertreter (Betriebs-/Personalrat) ■ externe Experten

ASPEKT	ERLÄUTERUNG
Informations-konzept	Während und insbesondere nach der Entwicklung des neuen Vergütungskonzepts sind die Mitarbeiter aus Akzeptanz- und Transparenzgründen umfassend zu informieren. Alle betroffenen Mitarbeiter müssen das Vergütungssystem in allen seinen Bestandteilen und Funktionsmechanismen samt der Gründe, die gerade zu dieser Ausgestaltungsform geführt haben, kennen und verstanden haben. Es muss daher ein Informationskonzept entwickelt werden. Im Kern müssen Entscheidungen getroffen werden über: ■ Informationsinhalte *(Was?)*, ■ Informationszeitpunkte *(Wann?)*, ■ Informationsträger *(Wer?)*, ■ Informationsmedien *(Womit?*, z. B. Print, Intranet, mündliche Infoveranstaltungen etc.).
Schatten-rechnungen	In möglichst großer Zahl sind im Vorfeld der endgültigen Einführung reale Fallbeispiele in möglichst vielen Fallkonstellationen zu simulieren. Damit soll die Gefahr gemindert werden, dass das Bonussystem im Echtbetrieb unerwünschte Vergütungsergebnisse produziert.
Visuali-sierung	Die Veröffentlichung von Zielerreichungsgraden während oder nach der Zielverfolgungsperiode kann die Wettbewerbsorientierung der Mitarbeiter anregen und damit ein wichtiger Motivationsstimulus sein. Zu diskutieren ist, ■ ob überhaupt, ■ für welche Bezugsgrößen und Einzelziele, ■ in welcher Form, ■ mit welchen Kennzahlen, ein solcher Visualisierungsansatz verfolgt werden soll. Veröffentlichungen auf der aggregierten Ebene der Gesamtorganisation oder von Abteilungen/Teams sind – abgesehen von Geheimhaltungserwägungen – relativ unproblematisch (z. B. Umsatzverläufe). Auf der Ebene von Individualzielen sind Datenschutzaspekte zu berücksichtigen (näher Kap. 23.4).

16.5 Anwendungsbeispiel

Nachfolgend wird in Anlehnung an *Eyer (2009)* ein komplexes Anwendungsbeispiel vorgestellt. Es soll das Zusammenspiel der bislang einzeln vorgestellten Gestaltungsmodule gesamtheitlich demonstrieren und als Anregung für eigenständige Systemkonzeptionen dienen. Das Beispiel zeigt ein Zielbonussystem für *außertarifliche Angestellte (AT) mit Führungsverantwortung im Vertrieb*. Folgende Vorgaben existierten:

1. Neben individuellen Zielen sollen auch gleichgewichtig Teamziele und Gesamtunternehmensziele berücksichtigt werden.
2. Die Bezugsgrößen sollen multiplikativ verknüpft werden.
3. Der komplette Wegfall eines Zielbonus für die Mitarbeiter soll ausgeschlossen sein.
4. Der Transfer zwischen Zielerreichungsgrad und Zielbonus soll indirekt konzipiert sein, um je Bezugsgröße eine unterschiedliche Verbindung zwischen Zielerreichungsgrad und Zielbonus herstellen zu können.

1. Schritt - Festlegung eines Basisbonus:

Im Unternehmen werden in Abhängigkeit von ihrem Einfluss auf die Unternehmensergebnisse drei Gruppen von AT-Mitarbeitern unterschieden. Ihnen sind unterschiedliche Basisboni für eine Zielerreichung von 100 % zugeordnet (**Tabelle 16.9**). Die AT-Angestellten im Vertrieb gehören der Gruppe 2 an, für die ein Basisbonus von 30.000 Euro vorgesehen ist.

Tabelle 16.9: Basisbonus für unterschiedliche Mitarbeitergruppen - Beispiel

Gruppe	Geschäftsleitung	Abteilungsleiter	Stabsstellen
Basisbonus	50.000 €	30.000 €	20.000 €

2. Schritt - Konzeption der Individualziele:

Zentrale Ziele bestehen in der Sicherung eines *stabilen Preisniveaus für zwei Produktgruppen*, in der Realisierung eines *hohen Umsatzniveaus* und in der Sicherstellung der möglichst *kurzfristigen Anfertigung von Besuchsberichten* durch die unterstellten Außendienstler.

Tabelle 16.10 zeigt für den Mitarbeiter X die Gegenüberstellung der vereinbarten Ziele (= SOLL) und die am Jahresende tatsächlich erreichten IST-Niveaus (grau unterlegt), die dann auf einer Skala zwischen 0 und 20 Punkten zu einem entsprechenden Punktwert führen.

Tabelle 16.10: Erreichung der Individualziele durch Mitarbeiter X - Beispiel

ZIELE	SOLL/IST	ZIELERREICHUNGSGRAD				
		0 %	33 %	66 %	100 %	133 %
Preis/Einheit in € (Produkt-gruppe 1)	**SOLL:** 1,50 €	< 1,40 0	1,40-1,43 5	1,44-1,47 10	1,48-1,52 15	> 1,52 20
	IST: 1,41 €		**X** **5**			
Preis/Einheit in € (Produkt-gruppe 2)	**SOLL:** 5,40 €	< 5,15 0	5,16-5,25 5	5,26-5,35 10	5,36-5,45 15	> 5,45 20
	IST: 5,42 €				**X** **15**	
Umsatz in Mio. €	**SOLL:** 7,8	< 7 0	7,1-7,3 5	7,4-7,6 10	7,7-7,9 15	> 7,9 20
	IST: 7,4			**X** **10**		
Erledigungs-zeit in Arbeits-tagen (AT) für Anfertigung Besuchsbe-richte	**SOLL:** 9 AT	> 15 0	14-12 5	11-10 10	9-8 15	< 8 20
	IST: 11 AT			**X** **10**		

Punktesummen	0-14	15-29	**30-44**	45-59	60-80
Bezugsfaktor	0,2	0,4	**0,7**	1,0	1,4

Aufgrund des Erreichungsgrads bei seinen vier individuellen Stellenzielen sammelt der Mitarbeiter insgesamt *40 Punkte* (5 + 15 + 10 + 10), realisiert damit in Gesamtschau einen *Zielerreichungsgrad von 66 %*, was letztlich einem *Bezugsfaktor von 0,7* entspricht.

3. Schritt - Konzeption der Teamziele:

Es soll sichergestellt werden, dass die einzelnen Vertriebsbereiche sich im Markt nicht gegenseitig kannibalisieren und auch eng und kooperativ bei der Außendarstellung aller Produkte des Unternehmens zusammenarbeiten. Daher werden über alle Vertriebsbereiche hinweg gemeinsame *Umsatzziele* geplant und zudem die *Realisierung gemeinsamer Messeauftritte* durch Ziele untersetzt. **Tabelle 16.11** zeigt wieder die Zielerreichungsgrade von Mitarbeiter X.

Tabelle 16.11: Erreichung der Teamziele - Beispiel

ZIELE	SOLL/IST	ZIELERREICHUNGSGRAD				
		0 %	33 %	66 %	100 %	133 %
Umsatz in Mio. € über alle Vertriebsteams	**SOLL:** 68	< 59 0	59-62 5	63-65 10	66-70 15	> 70 20
	IST: 72					**X 20**
Anzahl gemeinsamer, internationaler Messeauftritte	**SOLL:** 15	< 8 0	8-11 5	12-13 10	14-15 15	> 15 20
	IST: 12			**X 10**		

Punktesummen	0-7	8-15	16-23	**24-31**	32-40
Bezugsfaktor	0,1	0,3	0,6	**1,0**	1,2

Auf der Ebene der beiden Teamziele werden dem Mitarbeiter X also 30 Punkte und damit ein Bezugsfaktor von 1,0 zugerechnet.

4. Schritt - Konzeption der Unternehmensziele:

Die Unternehmensziele sollen nicht nur klassische Ertragsziele beinhalten, sondern auch auf langfristig wirkende Erfolgstreiber fokussieren. Neben dem *EBITDA* und dem *wertmäßigen Marktanteil* sollen daher auch die Ziele *Kundenzufriedenheit, Mitarbeiterqualifikation* und *Qualität der Produkte/Beratung* Berücksichtigung finden. Das Unternehmen entschließt sich, die drei letztgenannten Ziele jeweils über einen Index abzubilden, der auf 100 Punkte normiert ist und in den verschiedene Kennzahlen mit unterschiedlichem Gewicht Eingang finden.

Tabelle 16.12 deutet die grundsätzliche Vorgehensweise bei der Konstruktion der drei Indices an. Dabei wird deutlich, dass hier ein relativ aufwändiger Weg für die Feststellung der Zielerreichung gewählt wurde. Andererseits zeigt dieses Beispiel aber auch sehr gut die strategischen Steuerungspotenziale, die mit Hilfe von zielbasierten Vergütungssystemen realisierbar sind.

Tabelle 16.12: Indices und Kennzahlen für den Unternehmenserfolg

INDEX	KENNZAHLEN
Kundenzufriedenheitsindex	– Zufriedenheitsbefragung (50 %) – Rate der Wiederholungskäufer (30 %) – Anzahl Weiterempfehlungen (20 %)
Qualifikationsindex	– Qualifikationsmatrix (40 %) – Positive Potenzialaussagen (30 %) – Anzahl Fortbildungstage je Mitarbeiter (30 %)
Qualitätsindex	– Anzahl Rücksendungen (50 %) – Anzahl Auftragsstornierungen (30 %) – Beschwerderate (20 %)

Tabelle 16.13 zeigt nun das Tableau für die Erreichung der Unternehmensziele mit Bezug auf Mitarbeiter X.

Tabelle 16.13: Erreichung der Unternehmensziele - Beispiel

ZIELE	SOLL/ IST	ZIELERREICHUNGSGRAD				
		0 %	33 %	66 %	100 %	133 %
EBITDA in Mio. €	**SOLL:** 8,5	< 4 0	4-5 5	6-7 10	8-12 15	> 12 20
	IST: 9,2				**X** **15**	
Wert-mäßiger Markt-anteil in %	**SOLL:** 24 %	< 20 0	20-21 5	22-23 10	24-27 15	> 27 20
	IST: 28 %					**X** **20**
Kunden-zufrieden-heitsindex (100 Punk-te)	**SOLL:** 85	< 70 0	70-74 5	75-79 10	80-90 15	> 90 20
	IST: 91					**X** **20**
Qualifika-tionsindex (100 Punk-te)	**SOLL:** 87	< 70 0	70-74 5	75-79 10	80-90 15	> 90 20
	IST: 81				**X** **15**	
Qualitäts-index (100 Punkte)	**SOLL:** 95	< 86 0	86-87 5	88-89 10	90-95 15	> 95 20
	IST: 93				**X** **15**	

Punktesummen	0-20	21-40	41-60	61-80	**81-100**
Bezugsfaktor	0,2	0,4	0,7	1,0	**1,3**

Über die Erreichungsgrade der 5 Unternehmensziele wird Mitarbeiter X also eine Punktesumme von 85 zugerechnet. Das entspricht final einem Bezugsfaktor von 1,3.

5. Schritt - Errechnung des Zielbonus:

Der gesamte Zielbonus für den Mitarbeiter X errechnet sich nun durch folgende Formel:

Basisbonus x Bezugsfaktor Individualziele x Bezugsfaktor Teamziele x Bezugsfaktor Unternehmensziele

Der Mitarbeiter erhält damit eine Zielbonuszahlung in Höhe von 27.300 Euro:

30.000 € x 0,7 x 1,0 x 1,3 = **27.300 €**

Teil V: Spezielle Aspekte von Zielvereinbarungen

17 Gruppenziele

„Mit einer Hand lässt sich kein Knoten knüpfen."

(Mongolisches Sprichwort)

17.1 Gestaltungshinweise

Die potenziellen Vorteile der Arbeit in Gruppen oder Teams sind unbestritten und auch hinreichend bekannt. Sie sollen hier daher nicht aufgegriffen werden. Für Zielvereinbarungen sollte allerdings die Grundregel gelten, dass sie – wenn irgend möglich – am einzelnen Mitarbeiter festzumachen sind. Individualzielen ist also der grundsätzliche Vorzug vor Gruppenzielen zu geben. Denn die in Teil II beschriebenen Prozesse der Motivations- und Leistungssteigerung sind überwiegend individualpsychologischer Natur. Sie wirken bei individuellen Zielen unverfälschter. Hohe Identifikation mit einem Ziel ist bei einem Mitarbeiter deutlich wahrscheinlicher, wenn klar ist, dass er für seine Erreichung exklusiv verantwortlich ist.

Bei der Vereinbarung von Gruppenzielen können sozialpsychologische Mechanismen auftreten, von denen die individualpsychologischen Effekte beeinflusst oder gar überlagert werden. Insbesondere die folgenden drei gruppendynamischen Prozesse sollten beachtet werden:

- Gruppenziele bergen immer die Gefahr, dass ein Effekt der Verantwortungsdiffusion eintritt. Keiner gibt mehr den letzten Blutstropfen an Einsatz, denn jeder andere in der Gruppe könnte sich ja auch engagieren. Das ist das bekannte Phänomen des „Trittbrettfahrens" (= *Free-Riding-Effekt*). Praktiker übersetzen TEAM dann gerne als *„**T**oll, **e**in **A**nderer **m**acht's"*.
- Weiterhin ist es bei Gruppenzielen im Erfolgsfall schwerer, die erzielten Erfolge der eigenen Person zuzuschreiben und daraus Leistungsstolz zu ziehen. Und wenn es doch gemacht wird, dann verstößt dies eigentlich gegen die Philosophie der Teamarbeit, die von der Erstellung einer gemeinsamen Leistung der Gruppe ausgeht, bei der die Reklamierung individueller Leistungsbeiträge eher verpönt ist.
- Im Misserfolgsfall zeigt sich Verantwortungsdiffusion daran, dass sich niemand den Misserfolg individuell zurechnen muss. In der eigenen Bewertung kann man ihn sogar mehr oder weniger explizit anderen Teammitgliedern „in die Schuhe schieben". Dies mag für das einzelne Gruppenmitglied psychisch entlastend wirken, aber für die Einleitung von Verbesserungsprozessen ist es Gift. *„Der Erfolg hat viele Väter, der Misserfolg ist ein Waisenknabe"* – so bringt man gern die asymmetrischen Zuschreibungstendenzen von Erfolg und Misserfolg auf den Punkt.

Weitere Erschwernisse für die Formulierung von Gruppenzielen liegen in den unterschiedlichen Ausprägungen des Leistungsmotivs, unterschiedlichen Interessenlagen (z. B. hinsichtlich einer angemessenen Work-Life-Balance) und unterschiedlichen Fähigkeitsniveaus der Teammitglieder. All dies zusammen macht die Vereinbarung von Zielen, die alle Teammitglieder als angemessen empfinden, zu einer höchst anspruchsvollen Führungsaufgabe.

Die grundsätzliche Vorziehenswürdigkeit von Individualzielen bestätigt auch eine Befragung, die in den Jahren 2005 und 2006 bei 320 Mitarbeitern in 8 Großunternehmen vorgenommen wurde *(Pleier 2008)*. In dieser Studie gaben 52 % der Befragten an, dass für sie Individualziele motivierender sind als Gruppenziele. Nur 7 % stuften Gruppenziele als motivierender ein und 37 % sahen in etwa gleiche Motivationswirkungen beider Zieltypen. Nicht verschwiegen werden soll allerdings ein Alterseffekt: Mitarbeiter mittleren Alters (40-49) sehen Gruppenziele deutlich positiver als Jüngere (30-39). Der Befund ist über ein nachlassendes Wettbewerbs- und Karrierestreben in der höheren Altersklasse aber recht gut erklärbar.

Natürlich ist andererseits aber die Arbeit in Teams in vielen Organisationen aus guten Gründen gewollte Realität in den Aufbaustrukturen. Dies kann und soll nicht ausgeblendet werden. Jedes Führungsinstrument muss mit solchen Organisationsstrukturentscheidungen mindestens kompatibel sein, besser noch, sie aktiv unterstützen. Dies kann im Falle von Zielvereinbarungssystemen über drei Wege geschehen.

Der *erste Weg* führt über Individualziele. Einen naheliegenden Ansatzpunkt bildet die Formulierung von *Verhaltenszielen* für jedes einzelne Teammitglied, die auf eine Stärkung der Kooperationsprozesse hinauslaufen. Zum Beispiel könnten explizit Ziele zur gegenseitigen Einarbeitung, zur wechselseitigen Hilfeleistung, zum Informationsaustausch, zum systematischen Arbeitsplatzwechsel (Job Rotation) etc. vereinbart werden. Über individuelle *Personalentwicklungsziele* (z. B. Verbesserung von Kommunikations- oder Konfliktfähigkeit) kann ebenfalls ein wichtiger Beitrag zu einer gut funktionierenden Teamarbeit geleistet werden.

Ein *zweiter Weg* wäre, in einem Kombinationsansatz zwar grundsätzlich auf Individualziele zu setzen, aber bedarfsorientiert einzelne Aufgaben-, Leistungs-, Ressourcen- oder Innovationsziele als Gruppenziele beizumischen.

Den *dritten Weg* bilden reine Gruppenziele. Sie bieten sich insbesondere vor dem Hintergrund der folgenden Rahmenbedingungen bzw. Gestaltungsmotive an:

1. Bei der Aufgabenerfüllung sind das gegenseitige Abhängigkeitsgeflecht und die Wechselwirkungen so intensiv, dass ein Arbeitsergebnis nur durch enge Kooperationsprozesse erzielbar ist. Die Leistungsbeiträge der Teammitglieder sind kaum trennbar. Die Gesamtleistung der Gruppe ist mehr als die Summe der Einzelleistungen. Zu denken wäre beispielsweise an Montageleistungen, bei denen immer gleichzeitig mehrere Mitarbeiter „Hand anlegen" müssen und bei denen es auf engste Abstimmung ankommt. Weitere Beispiele wären Teams im Bereich Forschung und Entwicklung oder auch die Arbeit in projekthaften Strukturen. Starke Abhängigkeitsbeziehungen können im Übrigen auch dadurch entstehen, dass Mitarbeiter umfänglich auf den gleichen Ressourcenpool angewiesen sind.

2. Der Teamgedanke soll in der Organisation gezielt gefördert werden. Unabhängig von einer grundsätzlich möglichen Individualisierbarkeit der Leistungsbeiträge sollen die Mitarbeiter auf enge Zusammenarbeit hin orientiert werden. Werthaltungsbasiert soll das gemeinschaftlich erreichte Ergebnis stark in den Wahrnehmungsvordergrund gerückt werden. Gesamtergebnisse von Gruppen sind wichtiger als herausragende Leistungen Einzelner. Jeder soll seine volle Leistungsfähigkeit – so unterschiedlich sie auch im Einzelfall sein mag – vorbehaltlos in den Dienst des gemeinsamen Ziels stellen. Offene Kooperation, gegenseitige Unterstützung und Rücksicht auf leistungsschwächere Mitglieder sollen gefördert werden. *„Das Team gewinnt zusammen und verliert zusammen!"* – könnte die Botschaft sein. Die Formulierung von Gruppenzielen wäre dann ein Unterstützungsinstrument zur Umsetzung solcher Werthaltungen in der Organisation. Über die Verbesserung des Betriebsklimas, die Stärkung der Bindung der Mitarbeiter an die Organisation und reibungsarme Kooperationen kann dieser Ansatz mittelfristig auch ökonomisch höchst rational sein. Das erkannte sehr früh schon der Industrielle *Henry Ford*: *„Zusammenkommen ist ein Beginn, zusammenbleiben ist ein Fortschritt, zusammenarbeiten ist ein Erfolg."*

Zielvereinbarungs- und Feedbackgespräche mit ganzen Arbeitsgruppen stellen für Führungskräfte eine höchst anspruchsvolle Aufgabe dar. Die Probleme aus sowieso schon schwierigen Einzelgesprächen im MbO können sich multiplizieren, insbesondere dann, wenn

- die Gruppe kollektiv gegen die Leistungsvorstellungen der Organisation „mauert",
- die Gruppe eigene Ergebnisse deutlich besser einschätzt als der Vorgesetzte,
- die Führungskraft sich anlässlich von Feedbackgesprächen mit Konflikten innerhalb der Gruppe über ungleiche Leistungsbeiträge der Teammitglieder konfrontiert sieht und sich plötzlich in der Rolle eines Konfliktreglers wiederfindet.

Es könnte in diesen Fällen schnell eine Überforderung der Führungskraft eintreten. *Eyer/Haussmann (2009)* regen den Einsatz eines externen Moderators für die Gespräche an. Dies ist zwar ein grundsätzlich möglicher Weg, aber er ist andererseits auch sehr skeptisch zu sehen. Denn die Führungskraft wird damit ein Stück weit aus ihrer Führungsverantwortung genommen. Führungsbeziehungen leben von der Unmittelbarkeit der Interaktionen zwischen den Akteuren. Genau diese wird durch die Einschaltung einer Drittpartei geschwächt. Allenfalls für den konfliktären Ausnahmefall wäre daher die Einschaltung eines Moderators anzuraten, keinesfalls für den Regelbetrieb.

Wenn man sich in der Organisation für Gruppenziele entscheidet, dann müssen sich die Führungskräfte auch vorbehaltlos diesen anspruchsvollen Gesprächsaufgaben stellen. Man sollte sich aber vorher gründlich überlegen, ob sie die dafür notwendigen Führungskompetenzen haben oder diese im Vorfeld durch Trainings hergestellt werden können. Hat man ernste Zweifel daran, so heißt die Empfehlung, besser auf Gruppenziele zu verzichten. Denn der atmosphärische Flurschaden, der durch aus dem Ruder laufende Gespräche über Gruppenziele oder das Ausmaß ihrer Erreichung entstehen kann, ist durchaus beträchtlich. Steht eine ganze Arbeitsgruppe erst einmal „quer im Stall", dann pflanzt sich die Unruhe möglicherweise schnell in der Organisation fort.

Die beste Präventionsmaßnahme gegen solche Verwerfungen wäre, in einem Organisationsentwicklungsansatz zunächst einmal Arbeitsgruppen zu entwickeln, die in ihrem Innenleben stabil und effizient sind und sich als Gesamtgruppe stark mit den Organisationszielen identifizieren. Die simple Logik: Erst muss die Gruppe gut „funktionieren", dann kann man ihr (und dem Vorgesetzten) Gruppenziele zumuten. Es ist darauf zu achten, dass

- Leistungsunterschiede zwischen den Gruppenmitgliedern nicht zu groß sind,
- die Persönlichkeitsstrukturen der Teammitglieder nur geringes Konfliktpotenzial und/oder eine hohe Konfliktlösungskompetenz erwarten lassen.

Neben den allgemeinen Anforderungen an Ziele gemäß der SMART-, PURE- und CLEAR-Regel ist speziell bei Gruppenzielen besonderes Augenmerk darauf zu richten (*Stock-Homburg 2008*), dass ausnahmslos alle Teammitglieder

- in die Zielformulierung eingebunden sind,
- die Ziele kennen, verstanden haben und für relevant halten,
- Ansatzpunkte finden, um die Gruppenziele in ihr persönliches Handeln zu transferieren und damit die Gruppenziele auch als individuell beeinflussbar erleben,
- hinreichende Möglichkeiten haben, den aktuellen Zwischenstand der Zielerreichung zu erkennen.

Vor dem Feedback zur Zielerreichung sollte durch die Führungskraft festgelegt und auch offen kommuniziert werden, ob lediglich die Zielerreichung der Gesamtgruppe thematisiert wird oder auch auf Leistungsbeiträge einzelner Mitglieder eingegangen wird. Da in funktionierenden Gruppen nicht nur sachorientierte Rollen abzudecken sind, sondern auch soziale Rollen (z. B. Konfliktregler, Stimmungsaufheller, Informationstransporteur, Zuhörer, „Sorgenmülleimer"), könnten in einer noch weitergehenden Differenzierung auch solche Beiträge einzelner Teammitglieder thematisiert werden. Allerdings sollte dies geplant und systematisch und nicht zufallsgesteuert geschehen.

Ohne Zweifel ist für die Führungskraft eine differenzierte Würdigung der Leistungsbeiträge (und sozialen Beiträge) einzelner Teammitglieder – sofern dafür überhaupt eine Beobachtungsbasis existiert – anspruchsvoller und auch risikoreicher im Hinblick auf abweichende Einschätzungen durch die Gruppe. Letztlich ist die Grundfrage, wie weit der Vorgesetzte in Gruppenprozesse eingreifen möchte oder die Gruppe sich eher autonom steuern soll. Im letzteren Fall wäre primär nur das Leistungsergebnis der Gesamtgruppe relevant, nicht aber die Beiträge einzelner Mitglieder.

17.2 Zielboni für Gruppen

Bleibt nun noch ein abschließender Blick auf Zielboni für Gruppenziele. In einem ersten Schritt muss zunächst festgestellt werden, in welchem Umfang die Gesamtgruppe ihr Gruppenziel erreicht hat. Daraus ergibt sich dann der Gesamtbonus, der zur Verteilung zur Verfügung steht. Bis hierhin ergeben sich keine grundsätzlichen Unterschiede zu Individualzielen.

Spezifischer wird es dann in einem zweiten Schritt. Es stellt sich hier nämlich die Frage nach der Verteilung des Gesamtbonus auf die einzelnen Gruppenmitglieder. Die Frage ist alles andere als trivial, wenn man sich vergegenwärtigt, dass sich in der Praxis eine Arbeitsgruppe aus Mitarbeitern zusammensetzen kann, die unterschiedlichen Vergütungsgruppen angehören und die zudem noch unterschiedliche Leistungsniveaus aufweisen können.

Grundsätzlich bieten sich in Anlehnung an *Eyer/Haussmann (2009)* drei Wege zur individuellen Verteilung des gesamten Gruppenbonus an. **Abbildung 17.1** zeigt sie an einem vereinfachten Beispiel auf. Zur Verteilung steht dabei eine Gesamtbonussumme von 1500 Euro, die jeweils in einer Gruppe mit 3 Mitarbeitern aufzuteilen ist. Die Mitarbeiter gehören unterschiedlichen Entgeltgruppen (EG) mit unterschiedlichen Basisentgelten an.

Abbildung 17.1: Verteilungsoptionen für Gruppenboni

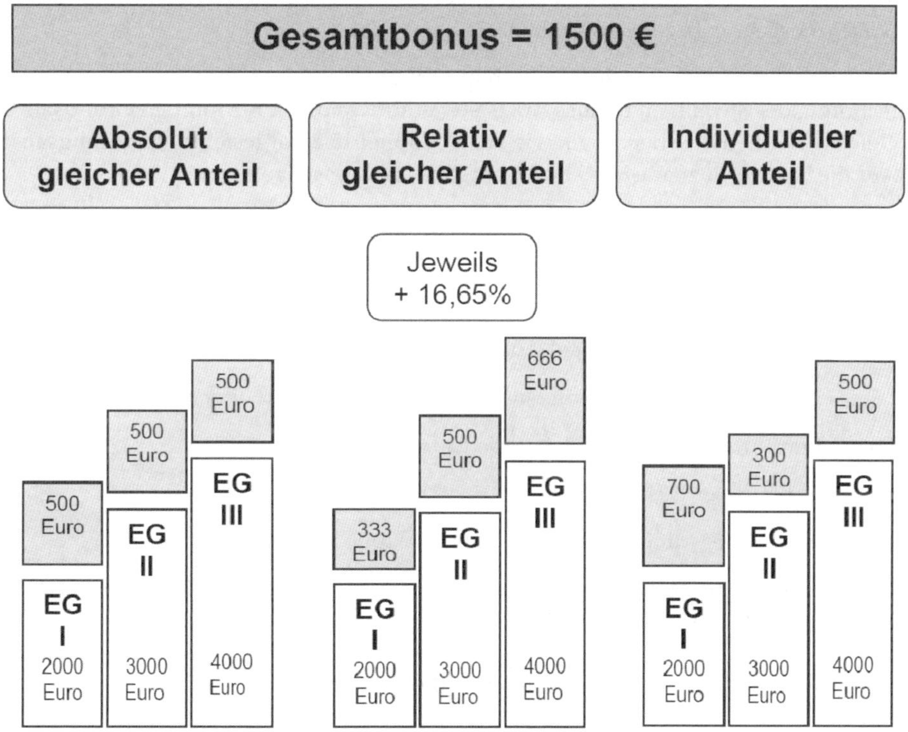

1. *Absolut gleicher Anteil:* Die gesamte Bonussumme von 1500 Euro wird in absolut gleichen Beträgen an die Mitarbeiter verteilt. Völlig unabhängig von der Höhe des Basisentgelts erhält jeder Mitarbeiter 500 Euro. Es wird also eine Verteilung nach Köpfen vorgenommen. Dahinter steht die Vergütungsphilosophie, dass jedes Gruppenmitglied sein Bestes gegeben hat und daher auch einen gleichen materiellen Anteil am Erfolg haben sollte. Unterschiede in den Basisentgelten werden so z.T. wieder eingeebnet.

   Am ehesten wird dieser Ansatz auf Akzeptanz stoßen, wenn die Unterschiede in den Basisentgelten und in den Leistungsniveaus der Mitarbeiter nicht allzu hoch sind. Insbesondere bei deutlichen Leistungsunterschieden wird sich bei den Leistungsstärkeren ein Ungerechtigkeitsgefühl einstellen. Ein Vorteil dieses Ansatzes ist die administrativ einfache Handhabung.

2. *Relativ gleicher Anteil:* Die Aufteilung der gesamten Bonussumme erfolgt hier in Proportion zur Höhe der Basisentgelte, auf die jeweils ein gleicher prozentualer Aufschlag vorgenommen wird – im Beispiel 16,65 %. Mitarbeiter in gleichen Entgeltgruppen – also mit den gleichen Basisentgelten – erhalten identische absolute Bonusbeträge. Insofern steht eine Gleichverteilungsphilosophie hinter dem Ansatz. Gleichzeitig wird aber auch eine „Ungleichverteilungsphilosophie" umgesetzt, die von der Prämisse ausgeht, dass Mitarbeiter in höheren Entgeltgruppen auch per se einen höheren Anteil am Gruppenergebnis zugesteuert haben.

   Diese Prämisse kann natürlich kritisch hinterfragt werden. Administrativ ist die Errechnung des jeweiligen Bonusbetrags etwas aufwändiger. Sie folgt im Grundsatz der gleichen mathematischen Logik wie der in Kapitel 15.2 vorgestellte Vergütungsansatz. Auf die hier vorliegende Verteilungsaufgabe angepasst, lautet die Formel:

   $$IBA_M = \frac{LS_{EGx}}{LS_{insg}} \; x \; B \; x \; \frac{1}{N_{EGx}}$$

   wobei:

   IBA_M= Individueller Bonusanteil eines Mitarbeiters M

   LS_{EGx}= Lohnsumme in einer Entgeltgruppe x, der der Mitarbeiter M angehört

   LS_{insg}= Lohnsumme der gesamten Arbeitsgruppe

   B = Verteilbarer Gesamtbonus

   N_{EGx} = Anzahl der Mitarbeiter in der Entgeltgruppe x

   In dem Beispiel aus **Abbildung 17.1** würde sich also der anteilige Zielbonus des Mitarbeiters in der EG I in Höhe von 333 Euro durch folgende Rechenoperation ergeben:

   $$\frac{2.000 \text{ €}}{9.000 \text{ €}} \; x \; 1.500 \text{ €} \; x \; \frac{1}{1} = \mathbf{333 \text{ €}}$$

3. *Individueller Anteil:* Die gesamte Bonussumme wird hier gemäß des Leistungsbeitrags des einzelnen Mitarbeiters verteilt. Die Zugehörigkeit zu einer bestimmten Entgeltgruppe spielt überhaupt keine Rolle. Damit kann im Extremfall die Situation entstehen,

dass ein Mitarbeiter der niedrigsten Entgeltgruppe einen absolut deutlich höheren Zielbonus erhält als ein Mitarbeiter in der höchsten Entgeltgruppe. Dahinter steht eine leistungsorientierte Vergütungsphilosophie der Ungleichheit. Sie kann in starker Form Vergütungsunterschiede egalisieren, die sich durch unterschiedliche Basisentgelte in den einzelnen Entgeltgruppen ergeben. Erkennbar benötigt man zur Umsetzung dieses Verteilungsprinzips ein Leistungsbeurteilungsverfahren, mit dessen Hilfe die Mitarbeiter einen individuellen Leistungspunktwert (z. B. 12 Punkte) innerhalb einer maximal möglichen Anzahl an Leistungspunkten (z. B. 15 Punkte) erhalten. Der individuelle Bonusanteil errechnet sich dann nach folgender Formel:

$$IBA_M = \frac{B \ x \ LB_{Ind}}{LB_{Insg}}$$

wobei:

IBA_M = Individueller Bonusanteil eines Mitarbeiters M

B = Verteilbarer Gesamtbonus

LB_{Ind} = Individueller Leistungspunktwert

LB_{Insg} = Summe der Leistungspunktwerte aller Mitarbeiter

Beispiel: In einer Arbeitsgruppe arbeiten drei Mitarbeiter A, B, C. Das eingesetzte Leistungsbeurteilungsverfahren sieht als Maximalwert 12 Punkte vor. Die Beurteilungen der drei Mitarbeiter führen zu folgenden Einzelwerten: A = 7 Punkte, B = 11 Punkte, C = 8 Punkte. Insgesamt ergeben sich damit also 7 + 11 + 8 = 26 vergebene Leistungspunkte. Wenn die gesamte verteilbare Bonussumme 5.000 Euro beträgt, dann errechnet sich nach obiger Formel der Bonusanteil z. B. von Mitarbeiter A wie folgt:

$$IBA_A = \frac{5.000 \text{ €} \ x \ 7}{26} = \mathbf{1.346 \text{ €}}$$

Administrativ ist dieses Verteilungsverfahren insbesondere wegen der notwendigen Leistungsbeurteilungen höchst aufwändig. Zudem holt man sich alle Probleme ins Haus, die – wie bereits dargestellt – mit Leistungsbeurteilungen verbunden sind. Mit viel Aufwand wird vermutlich nur eine relativ geringe Differenzierung zwischen den Mitarbeitern – und damit nur Pseudogerechtigkeit – hergestellt. Der entscheidende Punkt ist aber: Wenn ein Vorgesetzter den Leistungsbeitrag eines einzelnen Mitarbeiters tatsächlich so trennscharf erfassen kann, dann könnte er mit ihm auch Individualziele vereinbaren. Die Formulierung von Gruppenzielen ist somit zumindest unter dem Aspekt der Vernetztheit von Aufgaben nicht nötig.

Grundsätzlich wäre es auch möglich, die Vergabe der Leistungspunktwerte nicht durch den Vorgesetzten, sondern durch die Gruppe selbst vornehmen zu lassen. Theoretisch bestechend an diesem Ansatz der „Kollegenbeurteilung“ ist, dass die Gruppe sicherlich häufig einen viel besseren Einblick in die tatsächlichen Leistungsbeiträge der einzelnen Mitglieder hat. Keine Führungskraft kennt die Fähigkeiten und Defizite, die wirklichen Eignungen und Auslastungen der einzelnen Mitglieder so gut wie die Gruppe selbst.

In der praktischen Umsetzung werden aber wohl nur sehr wenige Gruppen dieser Beurteilungsaufgabe gewachsen sein. Das Risiko des Aufbrechens von Konflikten, die dann das Kooperationsklima und die reale Zusammenarbeit belasten, ist sehr hoch. Es bedarf eines extrem hohen persönlichen Reifegrads aller Gruppenmitglieder und eines extrem belastbaren Gruppenzusammenhalts, damit dieser Ansatz funktionieren kann. Im Regelfall wird es nur eine schöne theoretische Idee sein, die die benötigte Realität dazu nicht finden kann. Kollegenbeurteilungen können als gegenseitiges offenes Feedback im Hinblick auf die Weiterentwicklung der Zusammenarbeit innerhalb der Gruppe höchst sinnvoll sein. Aber im Zusammenhang mit der Verteilung von Geld werden sie in aller Regel sehr kontraproduktiv wirken.

Alle drei dargestellten Verteilungsansätze sind natürlich auch miteinander kombinierbar. Auf diese Weise können mehrere Vergütungsphilosophien parallel Anwendung finden. So ist z. B. vorstellbar, dass jeder Mitarbeiter in einem ersten Schritt aus dem Zielbonustopf einen einheitlichen Betrag von X Euro erhält. Der Rest wird dann in einem zweiten Schritt proportional zu den Entgeltgruppen (= Verfahren 2) oder über ein Leistungsbeurteilungssystem (= Verfahren 3) aufgeteilt.

18 Verhältnis zu anderen Managementinstrumenten

„Vielfalt, die sich nicht zur Einheit ordnet, ist Verwirrung. Einheit, die sich nicht in Vielfalt gliedert, ist Tyrannei."

(Blaise Pascal, französischer Mathematiker und Physiker)

Managementinstrumente dürfen nicht isoliert betrachtet werden. Sie entfalten ihre Steuerungsfunktion für das Verhalten von Mitarbeitern stets im Verbund mit allen anderen, in der Organisation eingesetzten Führungssystemen. Gegenseitige Wirkungsverstärkungen sind dabei ebenso denkbar wie kontraproduktive Effekte, indem sich die Instrumente gegenseitig beeinträchtigen oder in ihrer Gesamtheit die Mitarbeiter und Führungskräfte überfordern. Im milderen Fall sind einzelne Managementinstrumente schlicht überflüssig.

Vor diesem Hintergrund lohnt sich ein näherer, kritisch reflektierender Blick auf das Gesamtportfolio von Führungssystemen, das sich derzeit in Organisationen breit zu machen scheint. Denn es drängt sich der Eindruck auf, dass einige Organisationen „unter die Messies gefallen" sind.

18.1 Zielvereinbarung und Balanced Scorecard

Ein Führungsinstrument hat in den letzten Jahren in vielen Organisationen eine steile Karriere gemacht: Die Balanced Scorecard (BSC) der beiden amerikanischen Wissenschaftler *Kaplan* und *Norton (1997)*. Die drei zentralen Grundideen der BSC lassen sich wie folgt zusammenfassen:

1. Da herkömmliche Konzepte der Unternehmenssteuerung zu einseitig auf die Optimierung quantitativer finanzwirtschaftlicher Größen ausgerichtet sind, werden andere wichtige Erfolgsgrößen stark vernachlässigt. Die BSC sieht daher eine ausbalancierte Berücksichtigung von mehreren Perspektiven unter Berücksichtigung auch von qualitativen Zielgrößen vor. In der ursprünglichen Variante sind diese vier Perspektiven (siehe auch **Abbildung 18.1**):

   - Finanzperspektive

     (Was tun wir für unsere Kapitalgeber?)

   - Markt-/Kundenperspektive

     (Welche Kundenerwartungen müssen wir erfüllen?)

   - Geschäftsprozessperspektive

     (Was sind die erfolgskritischen Kernprozesse in der Organisation und welche können/müssen wir optimieren?)

– Mitarbeiter-/Lernperspektive

(Wie bleiben wir – insbesondere über die Qualifikationen der Mitarbeiter – veränderungs- und verbesserungsfähig?)

Die ausbalancierte Berücksichtigung aller Perspektiven soll auch verhindern, dass langfristig sinnvolle Investitionen (z. B. in Mitarbeiterqualifikationen, in Forschung und Entwicklung) zu Gunsten von kurzfristigen finanzwirtschaftlichen Ergebnisverbesserungen vernachlässigt werden.

Abbildung 18.1: Perspektiven der BSC

2. Da finanzwirtschaftliche Steuerungsgrößen (z. B. Rentabilität) oftmals zu vergangenheitsorientiert, zu aggregiert und (inhaltlich und begrifflich) zu weit vom operativen Tagesgeschäft der Mitarbeiter entfernt sind, taucht die Frage auf, wovon konkret finanzwirtschaftlicher Erfolg abhängt. Die Antwort wird bei der BSC über den Aufbau von „Ursache-Wirkungs-Ketten" gegeben. Ursachenfaktoren werden auch als „Leistungstreiber" oder „vorlaufende Indikatoren" bezeichnet. So könnte beispielsweise eine typische Ursache-Wirkungs-Kette wie folgt aussehen:

   Mitarbeiterqualifikationen (= Entwicklungsperspektive) ➔
   schnellere und qualitativ hochwertigere Fertigungsabläufe (= Prozessperspektive) ➔
   kürzere Lieferzeiten, die zu höherer Kundenzufriedenheit führen (= Kundenperspektive) ➔
   Gewinnsteigerung (= Finanzperspektive).

   Auf diese Weise entsteht dann auch zwischen den einzelnen Perspektiven der BSC eine Ursache-Wirkungs-Verkettung.

3. Die Steuerung der gesamten Organisation weist häufig zwei Lücken auf. Zum einen ist die inhaltliche Lücke zwischen den strategischen Organisationszielen und der operati-

ven Handlungsebene der Mitarbeiter im Arbeitsalltag zu groß. Strategische Ziele enthalten aus Sicht der Mitarbeiter oft zu wenig konkrete Ansatzpunkte zur Zielerreichung. Zum anderen haben in einer zweiten Lücke die Strategien der verschiedenen Organisationsbereiche oft zu wenig Bezug zueinander und zu wenig Bezug zur Organisationsgesamtstrategie. Die Schließung dieser beiden Lücken soll erfolgen, indem konkrete Messgrößen (Kennzahlen) definiert werden, an denen sich erfolgreiches Handeln im Sinne der Strategie zeigt und auch Maßnahmenfelder definiert werden, auf denen strategieerreichende Aktivitäten stattfinden sollen. Die BSC ist also von ihrem Anspruch her vor allem ein Ansatz zur Umsetzung von Organisationsstrategien. **Tabelle 18.1** zeigt an einem einfachen Beispiel diese Konkretisierung von Strategien.

Tabelle 18.1: Konkretisierung von Strategien über Messgrößen und Maßnahmenfelder

	Strategische Ziele	Messgrößen	Maßnahmen
Finanzen	Profitabelstes Unternehmen	– ROCE (= Return on Capital Employed) – Stückkosten	– Senkung der Kapitalbindung – Weltweiter Einkauf
Kunden	Höchste Liefergeschwindigkeit	– Zeit zwischen Auftragseingang bis zur Auslieferung in Tagen	– Aufbau eines Call-Centers im 24-Stunden-Betrieb
Interne Geschäftsprozesse	Null-Fehler-Prinzip	– Zahl der Kundenreklamationen – Nacharbeitsquote	– Einführung einer Qualitätszertifizierung
Lernen und Entwicklung	Innovationsführerschaft	– Zahl der Patente – Zahl der Verbesserungsvorschläge	– Steigerung der Mitarbeiterqualifikationen – Einführung Wissensmanagement

Die vier Perspektiven und ihre Beziehungen zueinander sind nicht festgelegt. Sie können unternehmensindividuell angepasst werden. So könnte z. B. auch eine „Lieferantenperspektive" oder eine Perspektive „Öffentlichkeit" aufgenommen werden, wenn die Qualität und Verfügbarkeit der Zulieferer oder die Beziehungen zu politischen Entscheidungsträgern ein zentraler strategischer Erfolgsfaktor ist.

Es stellt sich nun die Frage, was die Balanced Scorecard als Führungsinstrument besser kann als Zielvereinbarungssysteme. Die Antwort lautet schlicht: nichts! Als Führungsinstrument ist sie damit komplett überflüssig. Alle inhaltlichen Ideen und Bausteine des BSC-Konzepts sind zutreffend und auch wichtig. Aber sie sind nicht neu. Es gibt keine Elemente, die nicht auch in einem systematisch aufgebauten Zielvereinbarungssystem enthalten wären oder zumindest integrierbar wären. Nur Organisationen, die ein MbO bislang überhaupt noch nicht, falsch oder lückenhaft praktizieren, können an der BSC neues Gedankengut erkennen. Sie fasst eigentlich nur betriebswirtschaftliche Selbstverständlichkeiten zusammen. Das soll an vier Punkten verdeutlicht werden.

1. Es ist klar, dass sich die Ziele einzelner Mitarbeiter aus der übergeordneten Strategie (bzw. Vision und Unternehmenspolitik) abzuleiten haben. Die Logik der Zielkaskadierung (s. Kapitel 3.3) beinhaltet genau dies. Und damit hat man das notwendige Unterstützungsinstrument für die konsequente Umsetzung der Organisationsstrategie schon seit langem. Es muss eben nur konsequent eingesetzt werden. Weil genau das aber in vielen Organisationen vermutlich nicht geschieht oder zu mühevoll erscheint, stürzt man sich begierig auf das nächste angebotene Instrument – das ist in diesem Fall die BSC – und erhofft sich davon Heilswirkung.

   Das neue Instrument löst aber in vielen Fällen kein einziges Problem. Das liegt nämlich woanders: in der mangelnden Fähigkeit und Bereitschaft, ein Instrument tiefgründig in der Organisation zu implementieren, es in allen notwendigen Teilschritten zu praktizieren und dies auch dauerhaft zu tun. Auf der Basis dieses Grundmankos wird auch das nächste Instrument binnen kürzester Frist ruiniert. Dann wandert eben die BSC auf den organisationsinternen Müllhaufen und man wartet auf das nächste Instrument, das mit wohlgesetzten Begriffen und auf schicken Präsentationsfolien eine nachhaltige Umsetzung der Strategie verspricht. Das erinnert doch alles sehr an einen Bastler, der bei einer Reparatur nicht bereit ist, sich mit dem richtigen Gebrauch eines Werkzeugs zu befassen, und sich stattdessen lieber ein anderes Werkzeug aus dem Werkzeugkasten greift.

2. Es ist nicht neu, dass sich langfristig erfolgreiche Unternehmensführung nicht eindimensional auf die Optimierung finanzwirtschaftlicher Kenngrößen reduzieren lässt, sondern auch das Interessenspektrum aller anderen Anspruchsgruppen in einem ausbalancierten Verhältnis berücksichtigt werden muss. Management war schon immer die Kunst des Interessenausgleichs.

   Speziell die zentrale Bedeutung der Kundenorientierung ist ja nun wahrlich kein Neuland. Sie gehört zu den betriebswirtschaftlichen Axiomen. Seit Jahrzenten kündet die Marketingliteratur meterweise in den Buchregalen von diesem Credo. Und eigentlich wusste der gute Kaufmann ja schon immer, *„dass der Kunde König ist"*. Ist es eigentlich wirklich nötig, dass diese Selbstverständlichkeiten immer und immer wieder neu verpackt und verkündet werden müssen – diesmal als BSC-Perspektive „Kunde"? Und dass Organisationen auf die Ideen und die Qualifikationen ihrer Mitarbeiter angewiesen sind, weiß man auch seit der Erfindung der Aussage *„Mitarbeiter sind unser wertvollstes Kapital"*.

   Ob Kunden- und Mitarbeiterorientierung dann auch wirklich im Organisationsalltag konsequent gelebt werden, steht auf einem ganz anderen Blatt. Klar ist aber, dass die ganze Vielfalt der in einer Organisation notwendigen Handlungsziele auch ganz traditionell über einen entsprechend differenzierten Zielkatalog innerhalb eines MbO abgebildet werden kann. Einer BSC bedarf es dazu nicht.

3. Natürlich müssen Mitarbeiter und Vorgesetzte intensiv darüber nachdenken, welche Stellschrauben zwecks Zielerreichung zu betätigen sind, also auf welchem Weg, mit welchen Instrumenten und Mitteln die Ziele erreicht werden sollen. Dazu gehört dann selbstverständlich auch die Überlegung, welche kurzfristigen Ziele die Hebel für die Erreichung der längerfristigen Ziele sind. Um nichts anderes geht es nämlich bei den „Treibern" und den „Ursache-Wirkungs-Verkettungen" im Konzept der BSC. Aber die herkömmlichen Begriffe „Wege, Mittel, Instrumente, Meilensteine" waren vielleicht zu profan und nicht „geschwollen" genug.
4. Die Erreichung von Zielen und Zwischenzielen muss möglichst präzise gemessen werden. Donnerwetter aber auch! Gut, dass uns das nach jahrzehntelangem Bemühen der Controllingtheorie und -praxis einmal jemand gesagt hat! Allenfalls für die Theologie-, Kunst- und Philosophiestudenten, die via Erbgang ungeplant und kurzfristig auf dem Chefsessel des elterlichen Betriebes Platz nehmen müssen, mag die Forderung nach konsequentem Einsatz von Kennzahlen in der BSC-Konzeption eine neue Erkenntnis in der Managementlehre darstellen. Das „M" (für „messbar") in der SMART-Formel hätte es aber vermutlich auch getan.

Insofern wird mit der BSC wieder einmal – wie so oft in der Managementliteratur – alter Wein in neuen Schläuchen serviert. Die „Mutter aller Steuerungsinstrumente" ist und bleibt damit das MbO. Die Balanced Scorecard ist zwar sehr eingängig und elegant in der Darstellung, wirklich Neues bietet sie inhaltlich nicht. Sie ist allenfalls auf der optisch-darstellenden Ebene eine graduelle Weiterentwicklung von zielbasierten Führungssystemen. Ein neues Führungsinstrument ist keinesfalls entstanden. In der Automobilbranche würde man so etwas ein „Facelifting" nennen.

Andererseits sollte man die neuen Schläuche für den alten Wein auch nicht zu gering schätzen. Jeder Marketingexperte weiß, dass mitunter eine neue Verpackung und eine Auffrischung des Markenzeichens für ein altbekanntes Produkt höchst sinnvoll sein können. Wenn sie beim Kunden neue Aufmerksamkeit und Begeisterung erzeugen, dann haben sie ihre Aufgabe erfüllt. Analoges mag bis zu einem gewissen Grad auch für Managementinstrumente gelten. Wenn neue Begriffe und Darstellungsformen zu einer vertieften Auseinandersetzung und im Gefolge zu einer besseren Anwendung von altbewährten Prinzipien führen, dann ist das akzeptabel. Die Balanced Scorecard mag den Blick für die zentralen Funktionsmechanismen der zielorientierten Organisationssteuerung weiter geschärft haben. Dies ist ihr Verdienst, der ihr auch nicht abgesprochen werden soll. Und eine ästhetisch ansprechende Integration altbekannter Elemente ist ihr ja auch gelungen.

Unseriös und unsinnig wird das Spiel mit den neuen Verpackungen und Begriffen allerdings dann, wenn dem Nutzer vorgegaukelt wird, dass er ein neues Instrument erhält. Teile der Beraterzunft mögen ganz gut davon leben. Aber den beratenen Unternehmen nützt es jedenfalls nicht. Ganz im Gegenteil! Von Managementinstrumenten sind in aller Regel immer die Mitarbeiter direkt betroffen. Und diese werden überfordert oder frustriert, wenn in kürzesten Abständen ständig eine neue Methode – gewandet in die neueste Managementmodewelle – durch die Organisation getrieben wird. Häufig ist es immer die gleiche Methode, die nur hinter der Bühne die Klamotten gewechselt hat. Heute machen wir „Total Quality Management", morgen jubeln wir dem „Kontinuierlichen Verbesserungsprozess" zu und übermorgen ist dann das „EFQM-Modell" der letzte Chic. Um jetzt nicht falsch verstanden zu werden: Jeder dieser Ansätze mag sinnvoll sein, aber nicht alle auf einmal, zudem in wenig trennscharfer Form oder zu kurz hintereinander.

Mitarbeiter werden anfangs noch nach besten Kräften versuchen, die propagierten neuen Konzepte umzusetzen, aber relativ schnell merken, dass sie sich in Wahrheit kaum unterscheiden oder/und ihre konsequente und nachhaltige Praktizierung überhaupt nicht erfolgt. *Nach* dem Change-Prozess ist *vor* dem Change-Prozess! Das Verfallsdatum des derzeit eingesetzten Managementkonzepts reicht exakt bis zu dem Zeitpunkt, zu dem die populärwissenschaftliche Managementliteratur oder die Beraterszene den Raum mit neuen, anglizistisch verbrämten Seifenblasen füllt.

Die Mitarbeiter spielen das Spiel an der Oberfläche gezwungenermaßen mit, lassen sich aber nicht tiefgründig auf neue Managementkonzepte ein. Denn sie wissen ja: Die nächste Welle kommt bestimmt. Und da ist es nicht verkehrt, ein wenig Zeit und Energie zurückzuhalten, um auch auf ihr noch elegant mitsurfen zu können. Wenn man Mitarbeiter wirklich für ein Managementsystem gewinnen will, dann muss man ihnen in Wort und Tat auch den verlässlichen Eindruck vermitteln, dass sie es hier mit etwas zu tun haben, was sie bei ihrem Handeln über einen längeren Zeitraum intensiv begleiten wird. Das ist vermutlich viel zu selten der Fall. Mitunter wird man in Organisationen weniger ein *Instrumentedefizit*, sondern eher ein *Umsetzungsdefizit* finden.

Was in Organisationen also benötigt wird, ist ein klarer Blick dafür, welche Instrumente zum einen wirklich benötigt werden und welche zum anderen wirklich Neues bieten. Totale Verweigerungshaltung gegenüber theoriebasierten Managementmethoden wäre sicherlich ebenso verkehrt wie die oben geschilderte undifferenzierte und unkritische Übernahme jeder Modewelle. Weder kann und muss die Managementlehre alle paar Jahre vollkommen neu erfunden werden, noch müssen sich Organisationen die Hektik antun, auf jeden vorbeifahrenden Zug sofort aufzuspringen, um sich einen (pseudo)modernen Anstrich zu geben. Bewährte Managementkonzepte konsequent zu praktizieren und ihre Anwendung in der Organisation schrittweise zu verbessern, ist vermutlich der bessere Ansatz. Der Fußballtrainer *Otto Rehhagel* hat auf die anhaltende Kritik an seinem Spielsystem („veraltet", „defensiv") trocken gekontert: *„Gewinnen ist immer modern!"*. Und weil schon so viel von Mode die Rede war: Es gibt einige Managementklassiker, mit denen man immer gut gekleidet ist. MbO gehört sicher dazu.

Nach diesen etwas allgemeineren Betrachtungen nochmals zurück zum Verhältnis zwischen MbO und BSC. Eine friedliche Koexistenz gibt es nicht! Beide Konzepte in einer Organisation parallel einzusetzen, ist schlicht nicht vorstellbar. Bei zwei zielbasierten Führungssystemen ist eines schlicht überflüssig und blanke Ressourcenverschwendung, falls diese mit den gleichen Zielkoordinaten programmiert sind. Falls sie – was noch viel schlimmer wäre – mit graduell unterschiedlichen Zielkoordinaten programmiert sind, dann stiften sie bei den Mitarbeitern ein Höchstmaß an Verwirrung. Es käme ja auch kein vernünftiger Mensch auf die Idee, mit zwei Navis, die auf unterschiedliche Zielorte programmiert sind, Autofahren zu wollen.

Vorstellbar ist allenfalls, dass das MbO als Basissystem genutzt wird und die BSC zu seiner weiteren Ausdifferenzierung dient. Konkret könnte der in Kapitel 5 vorgeschlagene Zielkatalog ersetzt werden durch verschiedene Scorecard-Perspektiven. Für die Mitarbeiter ergibt sich dann eine plakative Visualisierung von allen möglichen und nötigen Handlungsfeldern, zu denen sie Ziele mit ihrem Vorgesetzten vereinbaren sollten. Die BSC-Perspektiven haben damit einerseits die Rolle eines gedankenanregenden Kommunikationshilfsmittels und andererseits Checklisten-Charakter. Die jeweiligen Treiber, Ursache-Wirkungs-Ketten und Kennziffern könnten als Bestandteile in Zielvereinbarungs- und Feedbackgespräche integriert werden.

Organisationen, die bislang noch keinerlei Zielvereinbarungssystem betreiben, könnten auch direkt eine BSC einführen, müssten dann aber dafür sorgen, dass parallel alle Mechanismen für Zielvereinbarungs- und Feedbackgespräche implementiert werden. Im Ergebnis hat man dann ein Zielvereinbarungssystem, das „Balanced Scorecard" heißt. Aber Begriffe sind Schall und Rauch. Allein die wirksame Abdeckung einer wichtigen Steuerungsfunktion zählt.

Mittlerweile gibt es auch etliche empirische Ergebnisse zur Anwendungswirklichkeit der BSC in Organisationen. Eine Langzeitstudie in den Jahren 2000 bis 2007 – mittels Befragung von 644 Führungskräften zu Einführungsmotiven und Nutzen der BSC – zeigt eher ernüchternde Ergebnisse und bestätigt die vorgetragene Skepsis *(Stöger 2007)*. So sehen zum Nutzen der BSC auf dem ersten und zweiten Rangplatz 76 % der Befragten in der BSC vor allem ein *„gut einsetzbares Kommunikationsinstrument"* und 65 % ein *„einfaches Management-Cockpit"*. Die Balanced Scorecard wird also vor allem als Darstellungstechnik und weniger als Führungsansatz genutzt. Endgültig entlarvend sind dann aber die Einführungsmotive, die zeigen, dass die BSC häufig undurchdacht eingeführt wird. Zwei Drittel aller Befragten äußern nämlich systemfremde Motive:

- *„Wir hatten keine Strategie und darum eine BSC eingeführt"* (24 %). Die BSC ist zur Strategieumsetzung da und nicht als Strategieersatz!
- *„Die BSC sollte unterschiedliche Reports zusammenführen"* (18 %). Auch hier zeigt sich, dass die BSC nicht primär als Führungssystem eingesetzt wird.
- *„Andere Unternehmen haben auch eine BSC"* (11 %), *„Der Grund für die Einführung ist mir nicht bekannt"* (6 %). Muss man das näher kommentieren?

In die gleiche Richtung deuten die Ergebnisse von *Schäffer* und *Matlachowsky (2008)* auf Basis von Literaturauswertungen und eigenen Fallstudien zum Implementierungsstand der BSC. Es zeigte sich, dass die Mehrheit der Unternehmen die BSC lediglich als multidimensionales Kennzahlensystem nutzt, in dem quantitative und qualitative Kennzahlen kombiniert werden. Eine Definition von Ursache-Wirkungs-Ketten oder gar eine Strategieimplementierung über die Definition von Zielwerten und Maßnahmen – wie von *Kaplan* und *Norton* eigentlich angestrebt – findet wenig bis gar nicht statt. In den Fallstudien konnten sogar Rückentwicklungen beobachtet werden, indem in einem Unternehmen die vorhandenen Ursache-Wirkungs-Ketten wieder abgeschafft und in zwei weiteren Unternehmen sogar die gesamte BSC wieder „entsorgt" wurde.

So viel also zu den Umsetzungsrealitäten. *„Als Tiger springen und als Bettvorleger landen"*, sagt man dazu dann wohl. Auch wenn die Befunde nicht repräsentativ sein mögen, sie bestätigen die oben dargelegte Skepsis gegenüber der Implementierung von zu vielen Steuerungsinstrumenten. Und daher nochmals das Fazit in einfachsten Worten: Lieber weniger machen, das aber dafür richtig, konsequent und dauerhaft. Das wäre dann ein wirklicher Beitrag zur – auch wenn das jetzt wieder 5 Euro fürs Phrasenschwein kostet – „nachhaltigen Unternehmensführung".

18.2 Zielvereinbarung und Mitarbeitergespräche

Nach diesem kritischen Blick auf den Stellenwert der BSC und ihr Verhältnis zum MbO ist nun noch ein zweiter kritischer Blick auf das Verhältnis zwischen dem MbO und anderen personalwirtschaftlichen Instrumenten nötig, die in vielen Organisationen weit verbreitet sind. Zu denken ist dabei insbesondere an Leistungsbeurteilungen und die zugehörigen Gespräche, die oftmals auf tarifvertraglicher Basis zur Verteilung von Leistungszulagen stattfinden müssen. Hinzu kommen dann noch – durchaus gut gemeint – gegebenenfalls Entwicklungs- und oder Potenzialanalysegespräche, in denen mit dem Mitarbeiter über seine weiteren Perspektiven in der Organisation und über Fördermaßnahmen gesprochen wird. Daneben wird dann noch zu Zielvereinbarungs- und Feedbackgesprächen gebeten und, wenn es ganz schlimm kommt, zusätzlich ein Termin zu einer persönlichen Balanced Scorecard anberaumt. Aus der Perspektive des Mitarbeiters sieht das Gesprächsprogramm im Ergebnis wie in **Abbildung 18.2** aus.

Abbildung 18.2: Typen von Mitarbeitergesprächen

Beim Mitarbeiter wird sich das Gefühl einstellen, dass es bei diesen Gesprächen – bei allen Unterschieden im Detail – immer um Ähnliches geht. Irgendwie steht immer seine Leistung, sein Leistungsverhalten und das, *„was er künftig auf seiner Stelle umsetzen soll"*, im Fokus. Daneben geht es „irgendwie immer auch" um seine Qualifikationen, seine Stärken und Schwächen, wie man Stärken intensiver nutzen, Schwächen abbauen könnte und darum, *„wie er sich die weitere Zukunft in der Organisation denn so vorstellt"*. Im Zweifelsfall werden dazu jeweils noch Formulare ausgefüllt, irgendwelche Punktwerte vergeben und Vereinbarungen getroffen. Eine gewisse Konfusion beim Mitarbeiter, vielleicht auch Genervtheit ob der vielen Termine, sind die Folge. Das grundsätzliche Gefühl, dass hier etwas Wichtiges und Nützliches für ihn geschieht, vermischt sich mit dem Gefühl, dass das Ganze „irgendwie ein großer Brei ist", den man nicht so recht fassen kann und dessen Bedeutung für die eigene Zukunft auch immer etwas im Unverbindlichen stecken bleibt. Es ist der berühmte Pudding, der an die Wand genagelt wird. Für große Teile der Gespräche gilt vielleicht die Aussage *„Schön, dass wir einmal darüber gesprochen haben!"*. Das einzig eindeutig Fassbare ist der Leistungsbeurteilungspunktwert, der sich unmittelbar in der Vergütungshöhe niederschlägt.

Auf Seiten der Vorgesetzten stellt sich eine ähnliche Gefühlslage ein. Neben dem Stöhnen über die vielen Gesprächstermine und die vielen Formulare, die ihm aus seiner Sicht von der Personalabteilung aufgezwungen werden, stellt sich vielleicht auch eine gewisse Rat- und Hilflosigkeit ein. *„Was soll ich denn mit meinem Mitarbeiter da alles besprechen?", „Das haben wir doch alles schon im letzten Gespräch durchgehechelt!"*. So lauten typische Reaktionen.

Das alles sind zwangsläufige Folgen, wenn

- zu viele personalwirtschaftliche Instrumente parallel eingesetzt werden,
- diese zu unterschiedlichen Zeitpunkten entwickelt,
- von unterschiedlichen Abteilungen/Personen konzipiert (Personalabteilung, Bildungsbereich, externe Berater) und
- nicht hinreichend harmonisiert und aufeinander abgestimmt wurden.

In den Personen von Mitarbeitern und Vorgesetzten laufen sie aber zusammen. Und dann schwemmen alle sprachlichen Ungereimtheiten *(„Sind ‚Qualifikationen' und ‚Kompetenzen' eigentlich das Gleiche?")*, alle inhaltlichen Ungereimtheiten *(„Inwieweit müssen wir die Erreichung persönlicher Entwicklungsziele des Mitarbeiters in der Leistungsbeurteilung berücksichtigen? Es gibt doch gar kein eigenes Kriterium dafür!")* und alle Redundanzen und Überlappungen *(„Warum müssen wir in zwei verschiedenen Formularen Aussagen zu den Stärken und Schwächen des Mitarbeiters machen?")* gnadenlos nach oben und sorgen für Verwirrung, Fehlhandhabung und Verärgerung. Bei aller Qualität der Einzelinstrumente wird mitunter eine konsequente Analyse ihrer Wechselwirkungen, also ein „Kompatibilitätscheck", vernachlässigt.

Alle oben angesprochenen Gesprächsthemen sind selbstverständlich wichtig und unverzichtbar. Aber braucht man dafür wirklich immer separate Instrumente? Sie sind in vielen Personalabteilungen sicherlich in der guten Absicht entwickelt worden, personalpolitische Ziele administrativ und instrumentell abzusichern. Und so führen dann Leistungsbeurteilungen, Zielvereinbarungen, Potenzialanalysen und vieles mehr ein lustiges Leben nebeneinander her, aber nicht miteinander. Mit einer „Personalarbeit aus einem Guss" hat das eher weniger zu tun.

Die Diagnose lautet also: Vielfach existieren zu viele personalwirtschaftliche Instrumente, die zudem nicht hinreichend aufeinander abgestimmt sind. Es ist definitiv keine gute Idee – wie mitunter praktiziert und in Kapitel 16.3 auch schon kritisch kommentiert –, die Ausschüttungshöhe einer leistungsorientierten Vergütungskomponente zum Teil von der Zielerreichung und zum Teil vom Ergebnis einer Beurteilung des Arbeitsverhaltens im Rahmen eines klassischen Leistungsbeurteilungsverfahrens abhängig zu machen. Zwei Beurteilungsakte muss der Mitarbeiter über sich ergehen lassen, die zudem noch etwas künstlich trennen, was eigentlich zusammengehört, nämlich Arbeitsverhalten und Zielerreichung. Und schlimmstenfalls findet diese „Instrumentenorgie" dann auch noch statt, um einen vergleichsweise kleinen leistungsorientierten Vergütungsbetrag zu rechtfertigen. *„Berge kreißen, um ein Mäuslein zu gebären"* – sagt der Volksmund dazu.

Diese Überkomplexitäten kosten Effizienz und belasten Führungskräfte und Mitarbeiter unnötig. Personalwirtschaftliche Instrumente dürfen nicht entwickelt werden, damit der Personalleiter vor dem Vorstand oder auf dem Personalerkongress glänzen kann, sondern müssen sich an der Gretchenfrage orientieren *„Cui bono?" (Wem nützt es?)*.

Die Therapie für Wildwuchs aus der Vergangenheit lautet daher: Abschaffen! Rückbau! Wo immer es möglich ist, sollten Instrumente zusammengelegt, vereinfacht, mitunter auch entsorgt werden. Organisationen funktionieren oft nicht anders als private Haushalte. Neues wird gekauft, Altes aber nicht weggeworfen. Mit der Zeit müllt dann die Behausung zu. Ebenso wird das Spektrum personalwirtschaftlicher Instrumente im Laufe der Zeit ausgebaut, ohne dass parallel konsequent geprüft wird, von welchen Altbeständen man sich ohne Schaden trennen kann. Es ist ja auch emotional schwer, denn irgendwann hat immer jemand viel Arbeit in die Entwicklung eines Instruments investiert. Irgendjemandem ist es immer ans Herz gewachsen, vielleicht auch weil er seine Daseinsberechtigung in der Organisation aus der Existenz und Verwaltung dieses Instruments zieht. Daher wird er es verteidigen wie eine Löwenmutter ihr Junges. All das darf den Blick aber nicht dafür verstellen, dass auch in der Personalarbeit die Regel gelten muss: *Funktionen* müssen abgedeckt werden! Und das ist nicht gleichbedeutend mit der Existenz isolierter *Instrumente*.

Eine geringere Anzahl personalwirtschaftlicher Instrumente bedeutet, dass

- die Personalabteilung den Nutzen und die Anwendungsregeln des Instruments leichter kommunizieren kann und damit auf Aufmerksamkeit und nicht auf Übersättigung bei den Führungskräften trifft,
- gezielte und intensive Handhabungstrainings konzipiert und mit den Führungskräften durchgeführt werden können und eine korrekte Anwendung damit weniger Zufälligkeiten ausgesetzt ist,
- ein konsequentes Handhabungscontrolling durch die Personalabteilung stattfinden kann und auf diesem Wege die korrekte Anwendung des Führungsinstruments sichergestellt werden kann, statt es einfach seinem Schicksal im Praxisbetrieb zu überlassen,
- sich die Aufmerksamkeit der Führungskräfte eher auf das einzelne Instrument fokussieren kann und dadurch deren Bereitschaft steigt, es auch konsequent anzuwenden.

Wie formulierte sehr lebensklug ein indischer Philosoph?

> *„Weisheit führt zur Einheit, Unwissenheit zur Vielfalt."*
> *(Shri Ramakrishna, indischer Asket, Reformer und Philosoph)*

Zurück zum MbO. Was bedeuten diese Überlegungen nun konkret? Es wird hier der Vorschlag gemacht, nur noch einen einzigen Gesprächstyp einzusetzen: Zielgespräche. Sie stellen konsequent den einzigen Grund, warum Organisationen überhaupt existieren – nämlich die Definition und Erreichung von Zielen –, ins Zentrum der Aufmerksamkeit. Alle anderen wichtigen Themen, die mit dem Mitarbeiter besprochen werden müssen, leiten sich daraus ab und lassen sich folglich sehr organisch unter diesem Überthema eingruppieren. Dies betrifft insbesondere die Frage,

- wie die Leistung des Mitarbeiters in der Organisation gesehen wird (Leistungsbeurteilung!),
- was unternommen werden kann, um sie weiter zu steigern (Personalentwicklungsmaßnahmen!),
- wie seine weitere Laufbahn in der Organisation aussehen kann (Potenzialanalyse und Karriereplanung!).

Idealerweise führt dieser Ansatz zur Auflösung von separat existierenden Leistungsbeurteilungssystemen, Potenzialanalysesystemen und Fördergesprächen. Sollte noch eine Balanced Scorecard existieren, dann lassen sich deren differenzierte Perspektivenbetrachtungen auch mühelos in ein solches Zielgespräch integrieren (siehe **Abbildung 18.3**).

Abbildung 18.3: Zielgespräche als integrierter Gesprächsansatz

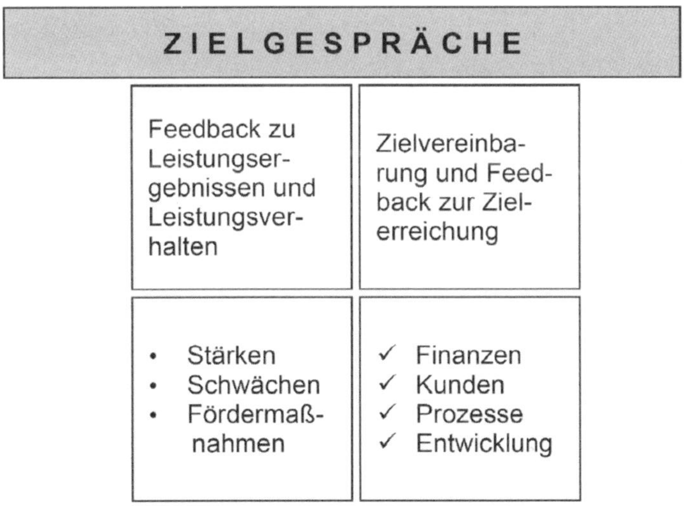

In den Augen der Mitarbeiter entsteht eine starke inhaltliche Vernetzung der Themengebiete. Und sie werden nachvollziehbar in den Dienst des einzigen Daseinszwecks von Organisationen gestellt: Zielerreichung! Und genau darüber finden primär die Dialoge zwischen Führungskräften und Mitarbeitern statt. Es wächst also unter einem gemeinsamen Dach zusammen, was zusammengehört. Im Ergebnis wäre dann nur ein einziges Führungsinstrument zu handhaben, das aber in sich so viel Flexibilität birgt, dass es sehr individuell auf die konkrete Führungsherausforderung in jeder einzelnen Führungsbeziehung justiert werden kann.

Und jetzt lohnt es sich vielleicht, zum Abschluss dieses Kapitels, nochmals das Zitat am Kapitelanfang zu lesen und auf sich wirken zu lassen …

Teil VI: Arbeitsrechtliche Aspekte

19 Vorbemerkungen

„Eine friedliche und einträchtige Welt ist der geheime Alptraum von Offizieren und Advokaten."

(Norman Mailer, amerikanischer Schriftsteller)

Direkte gesetzliche Grundlagen zu Zielvereinbarungssystemen sucht man vergeblich. Konkrete Regelungen finden sich erst auf der Ebene von Tarifverträgen und Betriebs-/Dienstvereinbarungen. Grundsätzliche Rechtsfragen müssen daher in analoger oder auslegender Anwendung existierender Regelungen, insbesondere aus dem allgemeinen Schuldrecht des Bürgerlichen Gesetzbuches (BGB) beantwortet werden. Aufgrund des mittlerweile doch recht verbreiteten Einsatzes von Zielvereinbarungssystemen konnte es nicht ausbleiben, dass etliche Rechtsfragen auch streitig geworden und vor die Arbeitsgerichte getragen worden sind. Vereinzelt existiert auch schon höchstrichterliche Rechtsprechung des Bundesarbeitsgerichts (BAG). Wie an vielen Stellen im Arbeitsrecht erfolgt die Rechtsfortbildung bei der Anwendung von Zielvereinbarungssystemen also sehr stark über die Arbeitsgerichtsbarkeit. Streitig werden bevorzugt „Fragen um das liebe Geld", also ob und in welcher Höhe unter bestimmten Bedingungen Ansprüche auf die Gewährung von Zielboni entstehen.

Nachfolgend werden nun die wichtigsten Rechtsfragen thematisiert. Sie sind gliederungstechnisch nach einer zeitlichen Logik vier Phasen zugeordnet – siehe **Abbildung 19.1**:

Abbildung 19.1: Rechtliche Fragenkreise beim MbO

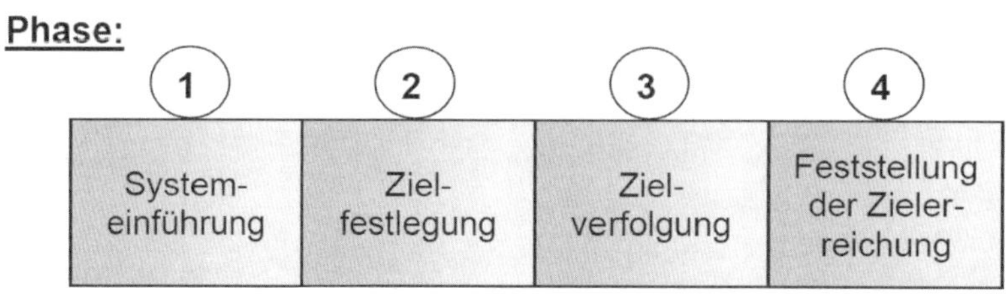

Die Aufbereitung erfolgt nach pragmatischen Gesichtspunkten, indem den Ausführungen jeweils die Fragen vorangestellt werden, die den Gestalter und Anwender eines Zielvereinbarungssystems in der Praxis entweder besonders interessieren oder bei denen das Fehlerrisiko besonders hoch ist. Zusammengetragen werden also primär die wichtigsten einschlägigen gesetzlichen Vorschriften, die Leitlinien und Tendenzen der Rechtsprechung und die wichtigsten juristischen Gestaltungsempfehlungen. Rechtswissenschaftliche Expertendiskussionen bei umstrittenen Fragen mit ihrem „einerseits und andererseits" können hier nicht detailliert nachgezeichnet werden.

Aus Gründen der leichteren Lesbarkeit des Textes wird auch von Verweisen auf einzelne Urteile nur spärlich Gebrauch gemacht. Der interessierte Leser wird diesbezüglich auf die Übersichtsartikel, die als Basis für diese Zusammenstellung dienten, verwiesen. Sie sind im Literaturverzeichnis unter einer eigenen Rubrik „Juristische Quellen" aufgeführt.

Sofern Mitwirkungsrechte der Belegschaftsvertreter angesprochen werden, erfolgt eine Beschränkung auf privatwirtschaftliche Arbeitgeber und damit auf das Betriebsverfassungsgesetz (BetrVG). Es ist jedoch davon auszugehen, dass sich die Mitwirkungsrechte bei öffentlichen Arbeitgebern nach dem Bundespersonalvertretungsgesetz (BPersVG) und den daraus abgeleiteten jeweiligen Personalvertretungsgesetzen in den Bundesländern weitgehend analog darstellen.

Nach diesen Vorbemerkungen nun zur ersten Phase: Systemeinführung.

20 Systemeinführung

„Wer das erste Knopfloch verfehlt,
kommt mit dem Zuknöpfen nicht zu Rande."

(Johann Wolfgang von Goethe, dt. Dichter)

20.1 Verbindlichkeit für den Arbeitnehmer

„Kann sich der Arbeitnehmer einer Teilnahme am Zielvereinbarungssystem entziehen?"

Es steht dem Arbeitgeber im Rahmen seiner unternehmerischen Dispositionsfreiheit offen, sich für ein Managementsystem zu entscheiden, mit dem er seinen Betrieb organisieren und führen möchte. Mit Hilfe seines Direktionsrechts kann er für alle Arbeitnehmer die verbindliche Teilnahme an diesem System verfügen. Korrespondierend hat auch der Arbeitnehmer im Rahmen seiner Treuepflicht die Verpflichtung, den Arbeitgeber bei der Organisation und Führung seines Betriebes nach dessen Vorstellungen zu unterstützen. Im Fazit besteht also eine grundsätzliche Teilnahmepflicht für die Arbeitnehmer, sofern die Teilnahme nicht über einen Tarifvertrag oder eine Betriebsvereinbarung explizit als „freiwillig" vorgesehen ist *(Köppen 2002)*.

Davon zu trennen ist die Frage, welche Ziele der Arbeitnehmer akzeptieren muss und welche nicht; mehr dazu im Kapitel 21.

20.2 Mitbestimmung des Betriebsrats

„Welche Mitbestimmungsrechte hat der Betriebsrat bei der Einführung von Zielvereinbarungssystemen?"

Grundsätzlich kann es nur ein Mitbestimmungsrecht des Betriebsrats geben, wenn ein MbO für einen Mitarbeiterkreis eingeführt wird, der unter den personellen Geltungsbereich des BetrVG fällt. In der Hauptsache sind das nach § 5 BetrVG alle Arbeitnehmer, die nicht den Status eines leitenden Angestellten haben. Für den Kreis der Leitenden Angestellten kann ein MbO also mitbestimmungsfrei eingeführt werden.

Es ist dann zu unterscheiden, ob das MbO lediglich als Führungssystem eingeführt wird (Fall 1) oder ob es auch Vergütungsrelevanz hat (Fall 2).

Fall 1:

Über ein Zielvereinbarungssystem wird für einen größeren Mitarbeiterkreis – also kollektiv – ein bestimmtes Verhaltensmuster im Betrieb vorgegeben (z. B. Erarbeitung von Zielvorschlägen, regelmäßige Gesprächstermine mit dem Vorgesetzten). Diese kollektive Festlegung von Verhaltensmustern löst eine Mitbestimmung des Betriebsrats nach § 87 Abs. 1 Nr. 1 BetrVG aus, in dem *„Fragen der Ordnung des Betriebs und das Verhalten der Arbeitnehmer im Betrieb"* als Beteiligungstatbestand festgelegt sind.

Zwar kann der Unternehmer die grundsätzliche Entscheidung zur Einführung eines Zielvereinbarungssystems im Rahmen seiner unternehmerischen Dispositionsfreiheit noch mitbestimmungsfrei treffen. Dies betrifft auch die Frage, welche unternehmerischen Ziele er damit unterstützen möchte und für welche Mitarbeitergruppen es gelten soll. Aber sobald es an die konkrete Ausgestaltung des Systems geht, setzt die Mitbestimmungspflicht ein. De facto führt das dazu, dass jede Einführung oder Veränderung eines Zielvereinbarungssystems damit mitbestimmungspflichtig wird.

Dies betrifft aber immer nur die *grundsätzlichen Konstruktionsprinzipien* dieses Führungssystems, also z. B. die Zahl der mindestens/höchstens zu vereinbarenden Ziele, die Skala für die Zielerreichungsbeurteilung, die Ablauf- und Terminregeln für die Mitarbeitergespräche. Die *konkreten Zielinhalte* sind dagegen immer mitbestimmungsfrei, da sie erstens Teil der unternehmerischen Dispositionsfreiheit sind und zweitens keinen *kollektiven* Bezug haben, sondern die *individuelle* Arbeitspflicht eines einzelnen Mitarbeiters konkretisieren.

Da sich die Feststellung der Zielerreichung – häufig formulargestützt – nach bestimmten Regeln vollzieht, erlässt man im Unternehmen damit *Beurteilungsgrundsätze.* Und diese sind mitbestimmungspflichtig nach § 94 Abs. 2 BetrVG. Jede schriftliche Dokumentation der Zielerreichung hat zudem den Charakter eines *Personalfragebogens* und löst damit eine Mitbestimmung nach § 94 Abs. 1 BetrVG aus.

Nach § 87 Abs. 1 Nr. 6 BetrVG unterliegen auch *„technische Einrichtungen, die dazu bestimmt sind, das Verhalten oder die Leistung der Arbeitnehmer zu überwachen"* der Mitbestimmung. Dieser Tatbestand wird erfüllt, wenn Daten über Ziele in ein EDV-System zum Zwecke der Speicherung, Verarbeitung und Auswertung eingegeben werden. Unerheblich ist, ob die Daten tatsächlich auch zur Leistungsüberwachung genutzt werden. Die Existenz der Möglichkeit dazu ist ausreichend. Damit ist jeder Einsatz einer Software, die die Administration von Zielvereinbarungssystemen unterstützt und dabei einen nachvollziehbaren Bezug zu einem konkreten Mitarbeiter herstellt, mitbestimmungspflichtig.

Vorstellbar wäre auch, dass Zielerfüllungsdaten direkt durch eine technische Einrichtung erfasst werden – z. B. durch eine Zählapparatur oder ein automatisiertes Zeitmessverfahren. Ein solcher Mechanismus würde ebenfalls unter den Schutzzweck von § 87 Abs. 1 Nr. 6 BetrVG fallen. Denn Zweck dieser Bestimmung ist es, die Arbeitnehmer vor einem überstarken Eingriff in ihre Persönlichkeitsrechte durch anonyme Kontrolleinrichtungen zu schützen.

Fall 2:

Soll auch noch nach Zielerreichung vergütet werden, dann kommen zu den obigen Mitbestimmungstatbeständen noch § 87 Abs. 1 Nr. 10 und Nr. 11 BetrVG hinzu. Nach Nr. 10 sind *„Fragen der betrieblichen Lohngestaltung, insbesondere die Aufstellung von Entlohnungs-*

grundsätzen und die Einführung und Anwendung von neuen Entlohnungsmethoden und deren Änderung" mitbestimmungspflichtig. Die Konsequenz aus dieser Regelung ist recht klar: Ohne Zustimmung des Betriebsrats geht gar nichts! Der Mitbestimmung unterliegen also u.a. folgende wichtige Entscheidungen:

- grundsätzliche Einführung von Zielboni,
- Relation zwischen Fixvergütung und zielbasierter variabler Vergütung,
- Verknüpfung zwischen Zielerreichungsgraden und Entgeltstufen,
- grundsätzliche Anforderungen an die Ziele,
- Verfahren zur Messung der Zielerreichung.

Einzig hinsichtlich des Gesamtbetrags, den der Arbeitgeber für Zielboni zur Verfügung stellen möchte, ist er – sofern er nicht durch tarifliche Vorschriften gebunden ist – im Rahmen seiner unternehmerischen Dispositionsfreiheit mitbestimmungsfrei.

Aber auch diese Mitbestimmungsfreiheit könnte verloren gehen, wenn der Tatbestand des § 87 Abs. 1 Nr. 11 BetrVG erfüllt ist. Danach darf der Betriebsrat bei der *„Festsetzung der Akkord- und Prämiensätze und vergleichbarer leistungsbezogener Entgelte"* mitbestimmen. Diese Regelung gewährt im Grundsatz eine Mitbestimmung bei der Entgelthöhe. Die Schlüsselfrage dafür ist allerdings, ob die Zielboni „vergleichbar" mit Akkord- und Prämiensätzen konstruiert sind. Das Bundesarbeitsgericht bejaht eine Vergleichbarkeit, wenn

- der Arbeitnehmer die Vergütungshöhe durch seine Leistung selbst beeinflussen kann *und*
- sich die Höhe der Vergütung ohne eine zwischengeschaltete Bewertung durch den Arbeitgeber direkt durch einen Vergleich mit einer definierten Normalleistung ergibt.

Würde man also bei Verkäufern den Verkauf von „100 Stück pro Monat" zur langfristig gültigen Normalleistung erklären und für jedes mehr verkaufte Stück einen definierten Betrag als Zielbonus einführen wollen, dann würden beide Bedingungen erfüllt sein und die Höhe des Bonus der Mitbestimmung des Betriebsrats unterliegen.

Die zweite Bedingung wäre nicht erfüllt und damit auch eine Mitbestimmung zur Bonushöhe nicht gegeben, wenn

- die Entgelte von den Leistungen in einer früheren Periode abhängen sollen (und nicht von einer Normalleistung),
- der Arbeitgeber nennenswerte Beurteilungsspielräume hinsichtlich des Ausmaßes der Zielerreichung hat.

Diese insgesamt recht weitgehenden Mitbestimmungsregeln verdeutlichen, wie wichtig es ist, den Betriebsrat schon im Vorfeld von der grundsätzlichen Notwendigkeit von Zielvereinbarungssystemen zu überzeugen und über deren sachgerechte Konstruktion zu informieren. Zwar bleibt bei fehlender Betriebsratszustimmung immer noch der Weg über die Einigungsstelle (§ 76 BetrVG), deren Spruch dann die fehlende Einigung ersetzt. Aber selbst wenn dieser im Sinne des Arbeitgebers ausfällt, so ist die Einführung von MbO bei Betriebsrat und Belegschaft zunächst einmal emotional negativ belastet. Im Sinne einer hohen Wirksamkeit und einer Akzeptanz dieses Führungsinstruments wäre eine solche Situation höchst kontraproduktiv.

20.3 Weitere Rechte und Pflichten des Betriebsrats

> *„Welche Informations- und Überprüfungsrechte und welche Geheimhaltungsverpflichtungen hat der Betriebsrat?"*

Schon bei der Einführung eines Zielvereinbarungssystems sollte man sich darüber im Klaren sein, dass der Betriebsrat im Dauerbetrieb umfängliche Informations- und Kontrollrechte hat. Dies folgt aus den allgemeinen Aufgaben, die ihm § 80 BetrVG auferlegt. Dazu gehört insbesondere die Überwachung, dass die zugunsten der Arbeitnehmer geltenden Rechte gewahrt werden.

Vor diesem Hintergrund muss der Betriebsrat die ordnungsgemäße Anwendung des Zielvereinbarungssystems kontrollieren können und der Arbeitgeber ihn dazu in die Lage versetzen. Zusätzliche personalwirtschaftliche Instrumente führen eben auch zu neuen Informationsbeziehungen zum Betriebsrat. Diese verursachen Administrationskosten und unterstreichen nochmals die in Kapitel 18.2 erhobene Forderung nach einer Ausdünnung des „personalwirtschaftlichen Instrumentekoffers".

In einem Beschluss des Bundesarbeitsgerichts vom 21.10.2003 (1 ABR 39/02) sind u.a. folgende *Überprüfungsrechte* aufgeführt *(Olbert 2006)*:

- Vereinbarkeit der getroffenen Zielvereinbarungen mit Gesetzen und Tarifverträgen,
- Wahrung des Gleichbehandlungsgrundsatzes,
- klare Zuordenbarkeit der Ziele zum einzelnen Mitarbeiter,
- Beeinflussbarkeit von Zielen durch den einzelnen Mitarbeiter.

Vor diesem Hintergrund hat der Betriebsrat gegenüber dem Arbeitgeber folgende *Informationsrechte*:

- geplante Oberziele (hier: Umsatz), die den Zielvereinbarungen zugrunde liegen,
- bei den einzelnen Arbeitnehmern angesetzte Basisgröße (= 100 %) für die Zielvereinbarung,
- mit den einzelnen Arbeitnehmern vereinbarte Tätigkeitsziele (nicht persönliche Entwicklungsziele!),
- Grad der Zielerreichung der einzelnen Arbeitnehmer,
- Art und Umfang der Berücksichtigung von Fehlzeiten des Arbeitnehmers bei der Bestimmung seines Zielerreichungsniveaus.

Weiterhin sollte man sich darüber im Klaren sein, dass über ein Zielbonussystem Informationen über Vergütungen in die Betriebsöffentlichkeit – und damit auch schnell in die weitere Öffentlichkeit – gelangen können, die man aus Wettbewerbsgründen dort nicht sehen möchte. Zwar unterliegt der Betriebsrat nach § 79 BetrVG hinsichtlich Betriebs- und Geschäftsgeheimnissen einer Geheimhaltungspflicht. Aber im Einzelfall kann durchaus strittig sein, bei welchen Vergütungsdetails es sich um solche Geheimnisse handelt. In einem rechtskräftigen Beschluss vom 06.02.2007 hat das Arbeitsgericht Mannheim (BVGa 1/07) – gegen den Widerstand des Arbeitgebers, der diese Informationen ausdrücklich als geheimhaltungsbedürftig deklariert hat – dem Betriebsrat gestattet, im Intranet des Unternehmens über das geltende Zielvereinbarungssystem folgende Informationen zu publizieren:

- Orientierungswerte für Gehaltsgruppen
- Prozentuale Höhe des variablen Anteils an der Gesamtvergütung in jeder Gehaltsgruppe

Das Gericht stufte die Informationen nicht als Betriebsgeheimnis ein, da sie für die Konkurrenz am Markt zu unergiebig seien.

20.4 Zielvereinbarungen und Arbeitsverträge

„Wie findet das Zielvereinbarungssystem den Weg in die Einzelarbeitsverträge der Mitarbeiter?"

Diese Frage wird sich insbesondere stellen, wenn nach Zielerreichung vergütet werden soll. Eine reine Führung nach Zielen ist üblicherweise kein Regelungsgegenstand in Arbeitsverträgen.

In allen Unternehmen mit Betriebsrat ist zunächst dringend zu empfehlen, alle wichtigen Funktionsprinzipien des Zielvereinbarungssystems und der Bonusgewährung möglichst präzise in einer schriftlichen Betriebsvereinbarung zu dokumentieren und den Mitarbeitern dauerhaft zugänglich zu machen. Im Folgenden ein Vorschlag zu den wichtigsten Regelungspunkten:

- Einbezogene Zielgruppe
- Zu vereinbarende Zielarten (= Zielkatalog)
- Einzelschritte und Initiativpflichten bei der Zielfestlegung
- Verfahren bei Nichteinigung auf Ziele
- Verfahren der Zielfortschrittskontrolle
- Relation zwischen fixem Entgelt und Zielboni
- Maximale Höhe und Verlaufskurven für Zielboni
- Einstufungsskala für Zielerreichung

- Einzelschritte bei der Feststellung der Zielerreichung
- Verknüpfungsregeln zwischen Zielerreichungsgraden und Zielboni
- Regelungsmechanismen für Konflikte um das Ausmaß der Zielerreichung
- Zeitfenster und Terminvorgaben für alle Einzelschritte
- Umgang mit Störungen (z. B. längere Erkrankung des Mitarbeiters, Kündigung des Mitarbeiters, Wegfall von Zielen, deutliche Veränderung von Arbeitsbedingungen)
- Schulungen von Vorgesetzten und Mitarbeitern in der Handhabung des Systems

Bei allen Regelungen mit dem Betriebsrat ist die wichtige Sperre aus § 77 Abs. 3 BetrVG zu beachten: *„Arbeitsentgelte und sonstige Arbeitsbedingungen, die durch Tarifvertrag geregelt sind oder üblicherweise geregelt werden, können nicht Gegenstand einer Betriebsvereinbarung sein."* Tarifliche Regelungen wird man insbesondere zur Frage der Bezahlung nach Zielerreichungsgraden finden. Die reine Mitarbeiterführung nach MbO ist nicht tarifvertragsrelevant. Regelt also bereits ein geltender Tarifvertrag Höhe und Zustandekommen von Zielboni, dann besteht für den Abschluss einer Betriebsvereinbarung kein Raum mehr. Dies gilt nach § 77 Abs. 3 BetrVG nicht, *„wenn ein Tarifvertrag den Abschluss ergänzender Betriebsvereinbarungen ausdrücklich zulässt"* (Öffnungsklausel).

Kann eine Betriebsvereinbarung abgeschlossen werden, dann gelten deren Bestimmungen nach § 77 Abs. 4 BetrVG *„unmittelbar und zwingend"* für jedes einzelne Arbeitsverhältnis. Insofern existiert hier grundsätzlich ein eleganter und effizienter Weg, den Regelungen zur Zielvereinbarung flächendeckend Gültigkeit zu verschaffen. Dies gilt allerdings nur, wenn sie nicht mit den Bestimmungen in den Einzelarbeitsverträgen der Mitarbeiter kollidieren.

Unproblematisch ist eine Kollision dann, wenn die Betriebsvereinbarung für den Arbeitnehmer günstigere Regelungen vorsieht. Das wäre der Fall, wenn er zusätzlich zu seiner bisherigen Vergütung die Möglichkeit erhält, diese über die Erreichung von Zielen und nachfolgenden Zielboni weiter zu steigern. Problematisch wird es jedoch, wenn im Arbeitsvertrag des einzelnen Arbeitnehmers eine für ihn günstigere Regelung besteht. Dann hätte nach dem *Günstigkeitsprinzip* die Regelung im Arbeitsvertrag Vorrang vor der Regelung in der Betriebsvereinbarung. Das wäre z. B. eindeutig anzunehmen, wenn dem Arbeitnehmer arbeitsvertraglich ein Fixgehalt in Höhe von 5000 Euro zugesichert ist und davon nun 20 % im Wege von Zielboni variabilisiert werden sollen und damit einem Gewährungsrisiko ausgesetzt werden.

Bei der Beurteilung der Günstigkeit ist eine Regelung immer in ihrer Gesamtheit zu beurteilen. Bei Zielbonusregelungen wird dies im Einzelfall schwierig, wenn der Mitarbeiter z. B. einerseits die Gelegenheit erhält, über Zielboni seine Vergütung um 30 % zu steigern, aber andererseits über mögliche Zielverfehlungen auch ein Verminderungsrisiko von 10 % hat. Wird streitig, ob dieses Chancen-Risiko-Profil insgesamt für den Arbeitnehmer nun günstiger ist oder nicht, dann dürfte die Einzelfallprüfung vor dem Arbeitsgericht mit beträchtlichen juristischen Risiken für den Arbeitgeber behaftet sein. Dies wird schon daran deutlich, wie die Spezialliteratur den Abwägungsprozess bei solchen sogenannten *kompensatorischen Vereinbarungen* – wenn also Vor- und Nachteile gleichzeitig auftreten – beschreibt:

> *„Die Ermittlung der im Einzelfall günstigeren Regelung ist aufgrund eines (Sachgruppen-) Vergleichs anhand eines objektiven Vergleichsmaßstabs durchzuführen. In diesem Zusammenhang ist darauf abzustellen, wie ein verständiger Arbeitnehmer unter Berücksichtigung der Anschauung seines Berufsstandes, der Verkehrsanschauung und der Grundsätze und Wertungen der Arbeitsrechtsordnung die Bestimmung einschätzen würde. Der subjektiven Einschätzung des betroffenen Arbeitnehmers kommt allerdings eine Indizienwirkung zu."*
> *(Haufe-Verlag (Hrsg.): Günstigkeitsprinzip, in: Das Personalbüro, Gruppe 2/196, Heft 3/2002, S. 1)*

Müssen die Vorteile und Nachteile nach diesen Regeln im Lichte des Günstigkeitsprinzips abgewogen werden, dann ist im Ergebnis *mit* einer Betriebsvereinbarung die gleiche Situation entstanden, vor der ein Arbeitgeber auch *ohne* Betriebsvereinbarung steht, wenn er ein Zielbonussystem einführen möchte, das für die Arbeitnehmer gegenüber ihren geltenden Arbeitsverträgen das Risiko von Vergütungseinbußen enthält. Welche Wege stehen in dieser Situation offen?

Grundsätzlich besteht die Möglichkeit, für alle bestehenden Arbeitsverträge den Weg einer Änderungskündigung nach § 2 Kündigungsschutzgesetz (KSchG) zu beschreiten. Der Arbeitgeber kündigt die bestehenden Arbeitsverträge und bietet gleichzeitig die Fortsetzung des Arbeitsverhältnisses zu geänderten Bedingungen an. Die juristischen Risiken sind beträchtlich, da auch Änderungskündigungen der Überprüfung unterliegen, ob sie *„sozial gerechtfertigt"* im Sinne von § 1 KSchG sind. Als sozialer Rechtfertigungsgrund käme allenfalls eine betriebsbedingte Kündigung in Betracht. Der in § 1 Abs. 2 KSchG geforderte Nachweis der *„dringenden betrieblichen Erfordernisse, die einer Weiterbeschäftigung (...) entgegenstehen"* dürfte aber kaum zu führen sein.

Insofern handelt es sich bei der Änderungskündigung in diesem Fall eher um einen lediglich theoretisch möglichen Weg. Er kommt allenfalls in Betracht, wenn Zielvereinbarungssysteme primär aus Motiven der Personalkostensenkung in Krisensituationen eingeführt werden sollen. Im Normalfall wird man dieses Führungs- und Vergütungsinstrument aber nicht schon bei der Einführung mit gravierenden arbeitsrechtlichen Konflikten belasten wollen.

Damit bietet sich also nur noch an, die erforderlichen Veränderungen der Arbeitsverträge über Einzelabsprachen mit den Arbeitnehmern herbeizuführen. Als Anreize für die Vertragsveränderung bieten sich an:

- Angebot von Einmalzahlungen,
- Garantielösungen, bei denen den Mitarbeitern für einen bestimmten Zeitraum X zugesichert wird, dass sich ihre Gesamtvergütung nicht verändert, auch wenn sie ihre Ziele nicht erreichen und keinen Anspruch auf einen Zielbonus hätten (Bestandsschutz),
- Verknüpfung mit Beförderungsentscheidungen.

Bei der Gewährung solcher Anreize ist darauf zu achten, dass alle Mitarbeiter gleich behandelt werden. Kein Verstoß gegen das Gleichbehandlungsgebot wäre eine zeitliche Befristung des Angebots oder ein sukzessives Abschmelzen des Anreizes im Zeitverlauf.

Der Anreiz hätte dann den Charakter einer „Sprintprämie". Wenn jeder Mitarbeiter gleichermaßen die Möglichkeit hatte, von dem Angebot Kenntnis zu nehmen, dann „bestraft das Leben eben denjenigen, der zu spät kommt".

Eine Verknüpfung zwischen der Zustimmung des Mitarbeiters zur Veränderung seines Arbeitsvertrags und Beförderungsentscheidungen stellt auch keinen Verstoß gegen das Maßregelungsverbot in § 612a BGB dar, nach dem der Arbeitgeber einen Arbeitnehmer, der *„in zulässiger Weise seine Rechte ausübt"*, nicht benachteiligen darf. Unter personalwirtschaftlichen Aspekten wären allerdings Beförderungsentscheidungen, die auf der Zustimmung zu Arbeitsvertragsänderungen basieren, hinsichtlich ihrer Sinnhaftigkeit kritisch zu hinterfragen.

20.5 Zielvereinbarungen und AGB-Recht

„Inwiefern ist das Recht der Allgemeinen Geschäftsbedingungen (AGB) in den §§ 305 ff. BGB relevant für Zielvereinbarungssysteme?"

Das Regelwerk für Zielvereinbarungssysteme und die nachfolgenden Vergütungskonsequenzen werden nicht mit jedem Arbeitnehmer individuell ausgehandelt. Vielmehr wird der Arbeitgeber die Abläufe definieren, eventuell auch nur Vorgaben aus Tarifverträgen oder Betriebsvereinbarungen weiter konkretisieren und sie dann per Verweis/Bezugnahme zum Bestandteil einer größeren Anzahl von Arbeitsverträgen machen. Damit erhält das Regelwerk den Charakter von Allgemeinen Geschäftsbedingungen nach § 305 BGB. Dies hat vier wichtige Konsequenzen:

1. Bei einer Kollision zwischen einer individuellen Abrede und der Einheitsregelung hat ohne Rücksicht auf das Günstigkeitsprinzip immer die Individualabrede Vorrang (§ 305b BGB). Vereinbart also ein Arbeitgeber mit einem einzelnen Arbeitnehmer aus einem wichtigen sachlichen Grund (Gleichbehandlungsgrundsatz beachten!) eine abweichende Verfahrensweise, dann gilt diese.

2. Überraschende Klauseln, mit denen der Arbeitnehmer nicht zu rechnen braucht oder/und die sehr „versteckt" untergebracht sind, haben keine Gültigkeit (§ 305c Abs. 1 BGB). Dies würde beispielsweise sicherlich für den Fall gelten, dass die Gewährung eines Zielbonus davon abhängig gemacht wird, dass *„sich der Mitarbeiter innerhalb einer bestimmten Frist eigeninitiativ um einen Feedbacktermin beim Vorgesetzten bemühen muss, damit der Bonus nicht verfällt"*. Immer dann, wenn man von den üblichen, in der Literatur zu Zielvereinbarungen breit dokumentierten Verfahrensweisen deutlich abweichen möchte, ist es also wichtig, dies im Regelwerk für das MbO klar, ausführlich und an auffälliger Stelle darzustellen.

3. Unklare Klauseln gehen immer zu Lasten des Arbeitgebers (§ 305c Abs. 2 BGB). Wenn also z. B. Berechnungsregeln für Zielboni unscharf formuliert sind, dann gilt die für den Arbeitnehmer günstigere Auslegung. Gleiches würde gelten, wenn nicht klar geregelt ist, wie sich eine längere Erkrankung des Arbeitnehmers auf die Berechnung des

Zielbonus auswirkt. Vor dem Hintergrund dieser Regelung ist also ebenfalls auf eine präzise und ausführliche Beschreibung aller Verfahrensschritte zu achten. Unabhängig von rechtlichen Überlegungen sollte man dies allerdings im Sinne der Handhabbarkeit und Verständlichkeit des Systems für Vorgesetzte und Mitarbeiter sowieso tun.

4. Die einzelnen Bestimmungen unterliegen einer gerichtlichen Inhaltskontrolle gem. § 307 Abs. 1 BGB und sind unwirksam, wenn sie die Arbeitnehmer *„entgegen den Geboten von Treu und Glauben unangemessen benachteiligen"*.

Dies wäre zum Beispiel der Fall, wenn die Gewährung von Zielboni für alle Mitarbeiter an die Klausel geknüpft wäre, dass kein anderer Wettbewerber am Markt bei definierten Erfolgsgrößen (Umsatz, Marktanteil, Produktivität) besser abschneidet. Da die Mitarbeiter zum einen die Erfolgsgrößen von Wettbewerbern nur sehr beschränkt beeinflussen können und zum anderen der Eintritt dieser Bedingung erst festgestellt werden kann, nachdem die Mitarbeiter bereits über längere Zeit intensive Anstrengungen unternommen haben, wäre hier sicherlich eine unangemessene Benachteiligung zu sehen. Ein weiteres Beispiel wäre, wenn der Arbeitgeber, dem Arbeitnehmer die gesamte Beweislast dafür aufbürdet, dass er seine Ziele tatsächlich auch erreicht hat. Ein drittes Beispiel könnte in einer Klausel gesehen werden, die bei einer kompletten Zielverfehlung des Arbeitnehmers eine virtuelle Vertragsstrafe vorsieht, die in zukünftigen Perioden mit entstehenden Bonusansprüchen aufgerechnet wird. Mag dies im Führungskräftebereich vielleicht noch vorstellbar sein, auf der Sachbearbeiterebene wäre es das nicht.

Eine unangemessene Benachteiligung kann nach § 307 Abs. 1 Satz 2 BGB aber auch schon vorliegen, wenn eine *„Bestimmung nicht klar und verständlich ist"*. Insofern spricht auch diese Gesetzesbestimmung für die bereits oben geforderte präzise und vollständige Beschreibung des gesamten Regelwerks von Zielvereinbarungen.

Im Zweifel liegt auch eine unangemessene Benachteiligung vor, wenn von wesentlichen Grundgedanken einer gesetzlichen Regelung abgewichen wird (§ 307 Abs. 2 Nr. 1 BGB). Tarifverträge, Betriebs- und Dienstvereinbarungen gelten dabei explizit auch als *„gesetzliche Regelung"* (§ 310 Abs. 4 BGB). Immer dann, wenn Tarifverträge oder Betriebs- bzw. Dienstvereinbarungen Aussagen zu Zielvereinbarungssystemen machen und der Arbeitgeber in einzelnen Punkten abweichen oder die Regelungen auch nur ergänzen möchte – und sei es zum vermeintlichen Vorteil der Arbeitnehmer – ist besonders sorgfältig zu prüfen, ob mit der Regelung nicht auch Nachteile verbunden sind, die dann zu einer Unwirksamkeit der gesamten Klausel führen.

Dies könnte z. B. der Fall sein, wenn ein Tarifvertrag nur quantitativ messbare Ziele vorsieht, der Arbeitgeber aber den Katalog um qualitative Ziele ergänzt. Eventuell könnte seitens der Arbeitnehmer eingewandt werden, dass damit eine hinreichende Messpräzision bei der Zielerreichung nicht mehr gewährleistet ist, ihre Chancen auf Zielboni somit geringer werden und „der Geist des Tarifvertrags" nicht eingehalten wird.

Der Vollständigkeit halber sei darauf hingewiesen, dass sich alle zu den AGB vorgestellten Regelungen gemäß § 310 Abs. 4 BGB nur auf *Arbeitsverträge*, nicht aber auf *Tarifverträge, Betriebs- und Dienstvereinbarungen* erstrecken. Nur Erstere wollte der Gesetzgeber explizit der gerichtlichen Inhaltskontrolle unterwerfen.

20.6 Verbindlichkeit von Zielbonusangeboten

„Kann das Angebot von Zielboni wieder rückgängig gemacht werden?"

Diese Frage stellt sich grundsätzlich nur, wenn der Arbeitgeber nicht über Arbeits-, Tarifverträge oder Betriebsvereinbarungen vertraglich an die Gewährung von Zielboni gebunden ist, sondern sie freiwillig gewährt. Die Frage wäre dann, ob ein *Freiwilligkeitsvorbehalt* oder auch ein *Widerrufsvorbehalt* möglich ist und die Gewährung von Zielboni damit wieder rückgängig gemacht werden kann. Freiwilligkeitsvorbehalte sollen das Entstehen einer betrieblichen Übung schon *im Vorfeld* verhindern. Widerrufsvorbehalte sollen die Möglichkeit offen lassen, eine entstandene betriebliche Übung *für die Zukunft* zu beseitigen.

Eindeutig zu verneinen ist die Frage nach einem Freiwilligkeitsvorbehalt oder Widerrufsvorbehalt für *vergangene* und *gegenwärtige* Zeiträume. Sobald die Mitarbeiter Leistungen im Vertrauen auf eine mögliche Bonuszahlung erbracht haben, kann der Arbeitgeber nicht mit Hinweis auf einen Freiwilligkeits- oder Widerrufsvorbehalt Zielbonuszahlungen aussetzen.

Umstrittener ist die Frage für *zukünftige* Zeiträume *(Friedrich 2006)*. Die Schlüsselfrage ist, ob die Zielboni eher den Charakter einer *Gratifikation* haben oder aber eine *Sondervergütung mit Entgeltcharakter* darstellen.

Gratifikationen kann der Arbeitgeber aus verschiedenen Anlässen und einseitig gewähren (z. B. 13. Monatsgehalt, Jubiläumszuwendungen). Er kann sie für die Zukunft unter einen Freiwilligkeitsvorbehalt stellen, um zu verhindern, dass über eine mehrmalige vorbehaltlose Gewährung eine „betriebliche Übung" und damit ein dauerhafter Rechtsanspruch der Mitarbeiter entsteht. Oder er formuliert einen Widerrufsvorbehalt, um sich für die Zukunft wieder von dem Rechtsanspruch für die Gratifikationsgewährung (hier: betriebliche Übung) lösen zu können.

Zu beachten hat er bei der Gewährung von Gratifikationen auf alle Fälle den Gleichbehandlungsgrundsatz. Danach bedarf eine Ungleichbehandlung bei der Gewährung der Gratifikation eines sachlichen Grundes. Sollte die Gewährungsaussage in Verbindung mit einem Widerrufsvorbehalt den Charakter einer „Allgemeinen Geschäftsbedingung" nach § 305 BGB haben, also *„für eine Vielzahl von Verträgen vorformulierte Vertragsbedingung"* sein, dann wäre gem. § 308 Nr. 4 BGB auch zu prüfen, ob – unter Berücksichtigung der Interessen des Arbeitgebers – dem Arbeitnehmer die Veränderung *„zumutbar"* ist.

Was heißt das nun alles für Zielboni? Nur wenn Zielboni eindeutig „on-top" zur regulären, vertraglich vereinbarten Vergütung gewährt werden und nicht primär Entgeltcharakter für geleistete Arbeit haben, können sie den Charakter von Gratifikationen annehmen und damit einen Freiwilligkeits- oder Widerrufsvorbehalt möglich machen. Dieser Argumentationsgrat ist für den Arbeitgeber allerdings relativ schmal. Es müsste sich dann schon um Ziele handeln, deren konsequente Verfolgung der Arbeitgeber nicht mit der letzten Ernsthaftigkeit erwartet, sondern die er eher als Angebot an die Mitarbeiter für ein Zusatzentgelt versteht, von dem diese Gebrauch machen können oder eben auch nicht. Bei konsequent aus den Oberzielen der Organisation abgeleiteten Stellenzielen der Mitarbeiter wird man aber unterstellen können, dass der Arbeitgeber ein großes Interesse an der konsequenten Zielverfolgung hat und daher der Zielbonus als Entgelt für de facto zu leistende bzw. geleistete Arbeit zu verstehen ist. Gratifikationscharakter hätte er dann nicht mehr.

Sollte man den Zielboni im Einzelfall Gratifikationscharakter zugestehen, dann wird man für ihre Rücknahme auf Basis eines Widerrufsvorbehalts annehmen müssen, dass zum einen auf Seiten des Arbeitgebers gravierende wirtschaftliche Gründe vorliegen müssen *und* zum anderen der Zielbonus in der Vergangenheit – in Relation zur regulären Vergütung (insb. Tarifentgelt) – im Durchschnitt nicht allzu hoch war. Dies verlangt das Kriterium der „Zumutbarkeit für den Arbeitnehmer". Ein maximal erzielbarer Zielbonus in Höhe von 25 % der Gesamtvergütung sollte mit Blick auf die Rechtsprechung des Bundesarbeitsgerichts unkritisch sein (10 AZR 825/06, 5 AZR 721/05, 5 AZR 364/04). Es muss dann aber sichergestellt sein, dass die verbleibende Vergütung eine eventuell geltende (tarifliche) Mindestentlohnung nicht unterschreitet. Keinesfalls darf es sich um einen Zielbonus handeln, der *monatlich* gewährt wird. Denn er hätte den Charakter einer *laufenden Vergütung,* für die der Arbeitnehmer Vertrauensschutz genießt. Zudem sollte der Arbeitgeber im Vorfeld schon möglichst eindeutig die Bedingungen definieren, unter denen er von seinem Widerruf Gebrauch machen möchte. Für den Mitarbeiter muss möglichst transparent sein, womit er möglicherweise rechnen muss (ähnlich *Mohnke 2008* mit einem Formulierungsvorschlag).

Sobald aber Teile der regulären, vertraglich vereinbarten Vergütung über Zielboni variabilisiert wurden, die Zielboni also *Sondervergütung mit Entgeltcharakter* sind, kommt ein Freiwilligkeits- oder Widerrufsvorbehalt nicht mehr in Betracht. Die tatsächliche Ausübung des Vorbehalts würde dann nämlich zu einer Verschlechterung des Entgelts führen, die den Charakter einer Änderungskündigung hätte. Davor ist der Arbeitnehmer zu schützen.

Ein anderer Weg zur Rückgängigmachung des Zielbonussystems wäre seine *Befristung* von Anfang an. Es handelt sich dabei um den Fall der „Befristung einzelner Arbeitsbedingungen". Analog zur Befristung ganzer Arbeitsverhältnisse hat man in der Rechtsprechung dafür lange Zeit die Existenz eines „sachlichen Grundes" vorausgesetzt. Im Jahr 2005 hat das Bundesarbeitsgericht diese Rechtsprechungspraxis explizit aufgegeben (Az.: 7AZR 486/04). Die Befristung einzelner Arbeitsbedingungen ist nunmehr nach den Vorschriften des Rechts der Allgemeinen Geschäftsbedingungen in den §§ 305 ff. BGB zu prüfen. Im Kern hat nach § 307 BGB eine Einzelfallprüfung stattzufinden, ob die Befristung einer Arbeitsbedingung (hier: das Zielbonussystem als Vergütungsbestandteil) die Arbeitnehmer nicht *„unangemessen benachteiligt"*. Das wäre immer dann der Fall, wenn der Arbeitgeber durch einseitige Vertragsgestaltung missbräuchlich versucht, lediglich seine eigenen Interessen durchzusetzen, und dabei die Interessen der Arbeitnehmer nicht in hinreichender Weise berücksichtigt. Konsequenz wäre, dass die Befristung unwirksam wäre, das Zielbonussystem unbefristete Geltung hätte und nur noch im Wege einer Änderungskündigung zu beseitigen wäre.

Wann stellt nun eine Befristung keine unangemessene Benachteiligung dar? Immer dann, wenn der Arbeitgeber für die Befristung einen sachlichen Grund hat, der zusätzlich auch der Interessenabwägung mit den Interessen der Arbeitnehmer standhält. Beispielsweise gilt das in folgenden Fällen:

- Lediglich eine bestimmte, befristete Aufgabe – z. B. der Aufbau einer neuen Fabrikationsstätte – soll über ein Zielbonussystem unterstützt werden. Nach Erledigung besteht kein Bedarf mehr für die Zusatzanreize.
- Das Zielbonussystem soll zunächst nur probehalber eingeführt werden.
- Zum Zeitpunkt der Befristung ist mit hoher Wahrscheinlichkeit eine Verschlechterung der wirtschaftlichen Lage absehbar.

20.7 Maximalhöhe variabler Entgeltbestandteile

> *„Welcher Anteil der Vergütung kann über zielbasierte Vergütung variabilisiert werden?"*

Grundsätzlich ist eine Komplettvariabilisierung des Entgelts möglich. Kein Gesetz und kein arbeitsrechtlicher Rechtssatz verbietet eine vollständige Leistungsabhängigkeit der Bezahlung. Eine Untergrenze für die Vergütung ergibt sich allerdings über die Frage der Sittenwidrigkeit (§ 138 BGB). Eine Vergütung wäre dann nicht sittenwidrig, wenn ein Arbeitnehmer

- bei normaler Leistung,
- bei einem uneingeschränkten Einfluss auf die Zielerreichung,
- mindestens zwei Drittel der marktüblichen Vergütung

erzielen kann *(Heiden 2006).*

Werden dem Arbeitnehmer Ziele übertragen, bei denen er Unternehmerrisiken ausgesetzt ist (z. B. Marktschwankungen) oder/und deren Erreichungsgrad er aufgrund von Abhängigkeiten von anderen Mitarbeitern nicht vollständig selbst beeinflussen kann, dann entsteht eine sittenwidrige Vergütung, wenn er trotz Normalleistung in Gefahr ist, weniger als die o.a. sittengerechte Mindestvergütung zu erzielen.

21 Zielfestlegung

„Wenn man einem Menschen trauen kann, erübrigt sich ein Vertrag, wenn man ihm nicht trauen kann, ist ein Vertrag nutzlos."

(Jean Paul Getty, amerikanischer Unternehmer und Milliardär)

21.1 Anforderungen an Ziele

„Welche Anforderungen müssen an zulässige Ziele gestellt werden?"

Zunächst einmal gibt es aus arbeitsrechtlicher Sicht keine grundsätzlichen Einschränkungen zur Vereinbarung oder auch Vorgabe von Zielen. Möglich sind quantitative und qualitative Ziele. Es versteht sich von selbst, dass die Ziele grundsätzlich erreichbar sein müssen. Andernfalls käme man in den Regelungsbereich von § 275 Abs. 1 BGB, nach dem der Arbeitnehmer von der Leistungspflicht frei wird, wenn die Leistung *unmöglich* wird. Dies gilt sowohl für die *objektive Unmöglichkeit* (= kein Arbeitnehmer kann diese Leistung erbringen) als auch für die *subjektive Unmöglichkeit* (= ein spezieller Arbeitnehmer kann diese Leistung nicht erbringen). Letzteres wäre beispielsweise der Fall, wenn ein Mitarbeiter ohne weitere Unterstützung im Ausland eine Vertriebsorganisation aufbauen soll, aber über keinerlei Fremdsprachenkenntnisse verfügt. Hat der Arbeitnehmer die Unmöglichkeit nicht zu vertreten, dann behält er gemäß § 326 Abs. 2 BGB einen Anspruch auf einen durchschnittlichen Zielbonus. Zumindest ist das für einen Zielbonus anzunehmen, der nicht zusätzlich zum regulären Entgelt angeboten wurde („on-top"), sondern als variabler Teil der Gesamtvergütung vorgesehen ist.

Es versteht sich weiter von selbst, dass Ziele nicht *sittenwidrig* (§ 138 BGB) sein dürfen und auch nicht gegen *gesetzliche Verbote* verstoßen dürfen (§ 134 BGB). Es würde sich in beiden Fällen um ein von Anfang an nichtiges Rechtsgeschäft handeln. Bei gesetzlichen Verboten ist die Grenze relativ klar. Eine Zielvereinbarung, die z. B. auf die Bestechung von politischen Entscheidungsträgern zum Zwecke der Auftragserlangung, auf die Fälschung von Bilanzen zwecks Krediterhalt oder auf den Abschluss von unerlaubten befristeten Arbeitsverträgen aus Gründen der Personalkostenreduktion abzielt, ist nicht zulässig.

Nicht ganz so klar ist die Grenze bei der Sittenwidrigkeit, da § 138 Abs. 2 BGB explizit auch solche Rechtsgeschäfte als sittenwidrig benennt, bei denen *„jemand unter Ausbeutung der Zwangslage, der Unerfahrenheit, des Mangels an Urteilsvermögen (...) sich Vermögensvorteile (...) gewähren lässt, die in einem auffälligen Missverhältnis zu der Leistung stehen"*.

Im Lichte dieser Bestimmung könnten also Ziele, die

- dem Arbeitnehmer unter massivem Druck, unter Ausnutzung einer schlechten Arbeitsmarktlage, „abgepresst" werden und

- von diesem nur unter Einsatz großer Teile seiner Freizeit ansatzweise erreicht werden können und
- noch dazu mit einem extrem kleinen Bonus verbunden sind,

den Tatbestand der Sittenwidrigkeit erfüllen. Dies würde auch für Ziele gelten, von denen dem Arbeitgeber klar ist, dass der Mitarbeiter aus betrieblichen Gründen gar keine Chance hat, sie zu erreichen und für seinen Einsatz angemessen entschädigt zu werden.

Konsequenz der aus Verstößen gegen die §§ 134, 138 BGB resultierenden Nichtigkeit der Ziele wäre, dass ein Teil der Vergütung durch die Parteien nicht bestimmt ist. Gemäß § 612 Abs. 2 BGB ist dann eine *„übliche Vergütung als vereinbart anzusehen."* Der Arbeitnehmer hätte Anspruch auf einen Zielbonus in durchschnittlicher Höhe.

Hinsichtlich der *Schwierigkeit von Zielen* ist zu sagen, dass Ziele durchaus anspruchsvoll formuliert sein können. Dies darf aber nicht so weit gehen, dass eine Zielerreichung für den Arbeitnehmer innerhalb der normalen Arbeitszeit nicht mehr machbar ist oder in einem krassen Missverhältnis zum ausgelobten Bonus steht. Man kommt dann in den Regelungsbereich von § 275 Abs. 3 BGB, nach dem ein Schuldner eine persönlich zu erbringende Leistung (hier: Dienstvertrag) verweigern kann, wenn *„sie ihm unter Abwägung des seiner Leistung entgegenstehenden Hindernisses mit dem Leistungsinteresse des Gläubigers nicht zugemutet werden kann."* Analog zur Unmöglichkeit (s.o.) würde der Arbeitnehmer nach § 326 Abs. 2 BGB einen Anspruch auf einen durchschnittlichen Zielbonus behalten, wenn er das Missverhältnis nicht zu vertreten hat.

Die Bewertung der Frage, inwieweit ein Arbeitnehmer eine Unmöglichkeit der Zielerfüllung oder ein krasses Missverhältnis mit zu vertreten hat, hängt entscheidend davon ab, ob ihm die Ziele *vorgegeben* wurden oder ob sie *vereinbart* wurden. Bei einer reinen Zielvorgabe wird man in aller Regel nicht davon ausgehen können, dass er die Störungen zu vertreten hat. Dies soll noch etwas näher beleuchtet werden.

21.2 Zielvorgabe vs. Zielvereinbarung

> *„Welche Unterschiede ergeben sich durch Ziel**vorgaben** im Gegensatz zu Ziel**vereinbarungen**?"*

Für die Existenz von Ziel*vereinbarungen* muss man voraussetzen, dass der Arbeitnehmer tatsächlich auch einen Einfluss auf die Zielentstehung hat. Indizien dafür sind Vorschlagsrechte für Ziele und die Existenz von Gesprächsterminen, in denen die möglichen Ziele mit dem Vorgesetzten diskutiert werden. Diese Diskussionsprozesse müssen in nennenswerten Teilen ergebnisoffen sein.

Bei einer Ziel*vorgabe* macht der Arbeitgeber im Rahmen seines Direktionsrechts von einem *einseitigen Leistungsbestimmungsrecht* nach § 315 BGB Gebrauch. Solche einseitigen Leistungsbestimmungen per Erklärung an den Vertragspartner sind immer *„nach billigem Ermessen"* – also unter angemessener Berücksichtigung der berechtigten Interessen beider

Parteien – zu treffen. Zielvorgaben entsprechen also nur dann der Billigkeit, wenn sie den Arbeitnehmer nicht überfordern, in einem fairen Verhältnis zum erzielbaren Zielbonus stehen und eine hinreichende Gleichbehandlung mit anderen Arbeitnehmern aufweisen. Ist die Zielvorgabe „unbillig", dann ist sie für den Arbeitnehmer nicht verbindlich. Einseitige Leistungsbestimmungsrechte unterliegen nach § 315 Abs. 3 BGB einer gerichtlichen Billigkeitskontrolle. Im Zweifel wird die Leistung vom Gericht per Urteil bestimmt.

Bei einer Ziel*vereinbarung* ist eine solche gerichtliche Billigkeitskontrolle nicht möglich. Es dominiert die Vertragsfreiheit. In deren Rahmen konkretisieren die Vertragsparteien die Hauptpflichten aus dem Dienstvertrag: Arbeitsleistung und Vergütung. Das sollen sie völlig autonom in einem Verhandlungsprozess tun können. Macht ein Arbeitnehmer geltend, dass er gar keinen Einfluss auf die Ziele hatte, sie ihm also völlig autoritär vorgegeben wurden, so trifft ihn dafür die Beweislast.

Die unterschiedlichen Vergütungskonsequenzen von Zielvorgaben und Zielvereinbarungen werden an nachfolgendem Beispiel deutlich (in Anlehnung an *Bauer/Diller/Göpfert 2001*).

In einem Unternehmen werden Umsatzsteigerungen mit Zielboni honoriert. Ein Verkäufer erreicht im Jahr X ein deutlich höheres Umsatzziel als seine Kollegen. Er erhält dafür einen Zielbonus. Für das folgende Jahr X+1 vereinbart er mit dem Arbeitgeber auf Basis der Umsatzzahlen des Jahres X eine Umsatzsteigerung in Höhe von Y %, die mit einem Zielbonus verknüpft ist. Das anvisierte Umsatzniveau liegt deutlich über dem seiner Kollegen. Der Verkäufer verfehlt das Ziel und erhält keinen Bonus. Wäre ihm das Umsatzziel *vorgegeben* worden, dann käme das Gericht im Rahmen der Billigkeitskontrolle zu dem Ergebnis, dass der Verkäufer unbilligerweise schlechter gestellt wird als seine Kollegen, und würde ihm einen Zielbonus zusprechen. Bei einer Ziel*vereinbarung* müsste er den ausgefallenen Bonus gegen sich gelten lassen. Er hat dieser Regelung im Rahmen seiner Vertragsfreiheit ja schließlich zugestimmt.

Es soll aber nicht verkannt werden, dass die Abgrenzung zwischen Zielvorgabe und Zielvereinbarung in der Praxis nicht immer einfach ist. Nicht überall, wo „Zielvereinbarung" draufsteht, ist auch Zielvereinbarung drin. Aufgrund seiner hierarchischen Stellung hat der Vorgesetzte nämlich einen Anreiz und auch die Möglichkeit, seine Vorstellungen mit einem deutlich höheren Gewicht in den „Einigungsprozess" einfließen zu lassen.

21.3 Fehlende Zielfestlegungen

> *„Was passiert, wenn in der Gesamtvergütung zwar Zielboni vorgesehen sind, aber eine Zielfestlegung unterblieben ist?"*

In dieser Frage hat eine Entscheidung des Bundesarbeitsgerichts im Jahr 2007 (10 AZR 97/07) für weitgehende Klarheit gesorgt. Der Arbeitgeber ist dem Arbeitnehmer wegen einer Pflichtverletzung zu Schadensersatz nach den §§ 280 ff. BGB verpflichtet, wenn er die Nichtexistenz von Zielen zu vertreten hat. Höchst relevant ist dabei wieder die Unterscheidung in Zielvorgabe und Zielvereinbarung.

Bei einer vorgesehenen Ziel*vorgabe* ist die Rechtslage völlig eindeutig. Der Arbeitgeber kann die Ziele im Rahmen seines Direktionsrechts vorgeben. Er muss folglich ganz allein die Initiative ergreifen. Der Arbeitnehmer muss den Arbeitgeber auch nicht zu einer Definition von Zielen auffordern oder über eine Mahnung in Verzug setzen. Ist der Arbeitgeber untätig, verletzt er seine Pflichten aus dem Arbeitsvertrag und wird schadensersatzpflichtig.

Etwas schwieriger wird der Fall, wenn eine Ziel*vereinbarung* vorgesehen war. Diese bedarf einer Mitwirkung des Arbeitnehmers. Der Arbeitgeber kann die Ziele nicht einseitig festlegen. Daher kommt ein Bonusanspruch oder Schadensersatz auch nicht in Betracht, wenn aus alleinigem Verschulden des Arbeit*nehmers* eine Zielvereinbarung nicht zustande kommt. Dies wäre z. B. der Fall, wenn der Arbeitnehmer zu einem Gespräch nicht bereit ist. Der Arbeitgeber sollte das Angebot eines Gesprächs – am besten über eine schriftliche Einladung – und die Ablehnung durch den Arbeitnehmer aus Beweisgründen dokumentieren.

Von diesem eher seltenen Fall einmal abgesehen, kommt es für die Beurteilung des Schadensersatzanspruchs entscheidend auf die Verteilung der Initiativpflichten an. Wenn in den Rahmenvereinbarungen eindeutig geregelt ist, dass der Arbeitgeber die Gespräche über Ziele initiieren muss, dann ergibt sich die gleiche Situation wie bei Zielvorgaben. Der Arbeitgeber wird schadensersatzpflichtig, wenn er nicht konsequent die Initiative für Zielvereinbarungsgespräche ergreift. In einem neueren Urteil aus dem Jahr 2008 (10 AZR 889/07) stellt das Bundesarbeitsgericht in einem Orientierungssatz dazu aber klar, dass der Arbeitgeber seinen arbeitsvertraglichen Pflichten zum Zustandekommen einer Zielvereinbarung nachgekommen ist, wenn er dem Arbeitnehmer Ziele vorgeschlagen hat, die dieser hätte erreichen können. Relevanter Prognosezeitpunkt für die Erreichbarkeit ist der Zeitpunkt des Zielvorschlags. Die Beweislast für die Erreichbarkeit der Ziele trifft allerdings den Arbeitgeber. Gelingt dieser Nachweis, dann scheidet eine Schadensersatzpflicht aus. Sollten also – aus welchen Gründen auch immer – keine regulären Zielvereinbarungsgespräche stattfinden (können), so empfiehlt sich, dass der Arbeitgeber erreichbare Ziel vorschlägt und diesen Vorschlag auch dokumentiert.

Ist die Initiativpflicht nicht explizit geregelt, kann man keineswegs davon ausgehen, dass sie automatisch allein beim Arbeitgeber liegt. Bei Zielvereinbarungen tragen beide Seiten Verantwortung für deren Zustandekommen. Vom Arbeitnehmer ist zu erwarten, dass er den Arbeitgeber zu Gesprächen über Ziele auffordert, falls dieser nicht tätig wird. Unterlässt der Arbeitnehmer diese Aufforderung, dann trifft ihn ein Mitverschulden am Nichtzustandekommen der Zielvereinbarung, das in Einzelfallwürdigung bei der Bemessung des Schadensersatzanspruches angemessen zu berücksichtigen ist. Konkrete Ziele muss der Arbeitnehmer im Rahmen seiner Mitwirkungspflicht aber nicht vorschlagen.

Wie bemisst sich nun der Schaden, der dem Arbeitnehmer aus nicht existierenden Zielen entstanden ist? Nach § 252 BGB gehört zum Schaden auch der *„entgangene Gewinn"*, der *„nach dem gewöhnlichen Lauf der Dinge (...) mit Wahrscheinlichkeit erwartet werden konnte"*. Im Falle nicht existierender Ziele ist das die mögliche Bonuszahlung für die Zielerreichung. Sie ist Grundlage für die Schadensermittlung. Das BAG betont, dass an die Darlegungslast des Arbeitnehmers keine allzu hohen Anforderungen gestellt werden dürfen und daher grundsätzlich davon auszugehen ist, *„dass ein Arbeitnehmer die vereinbarten Ziele erreicht hätte."* Für Umstände, die dies verhindern oder unwahrscheinlich machen, liegt die Beweislast beim Arbeitgeber. Ein argumentativer Rückgriff auf vergangene Zielperioden, in denen der Mitarbeiter seine Ziele nicht erreicht hat, ist dabei explizit nicht statthaft. Die Vergangenheit hat aus Sicht des BAG hier keine prognostische Kraft für die Zukunft.

Diese Auffassung ist allerdings zu kritisieren. Erreicht ein Arbeitnehmer über viele Jahre hinweg stabil lediglich 60 bis 70 % des vereinbarten Zielniveaus und gibt es keine Anhaltspunkte dafür, dass im aktuellen Jahr eine „Leistungsexplosion" bevorsteht, dann stellt diese Sichtweise eine ungerechtfertigte Stärkung seiner Rechtsposition dar (*Gaul/Rauf 2008*). Es wird stattdessen vorgeschlagen, sich an § 612 Abs. 2 BGB zu orientieren. Dort ist für den Fall, dass *„die Höhe der Vergütung nicht bestimmt"* ist, vorgesehen, dass *„die übliche Vergütung als vereinbart anzusehen"* ist. Diese würde in dem Zielbonus bestehen, den „vergleichbare Arbeitnehmer mit vergleichbaren Aufgaben in der gleichen Zielperiode" erzielt haben. Es erfolgt damit eher eine Orientierung am Bonusdurchschnitt und nicht am Bonusmaximum, wie vom BAG favorisiert. Dies erscheint sachgerechter, da leistungsschwächere Mitarbeiter keine so starke Bevorzugung erfahren. Besonders leistungsstarke Mitarbeiter können dann immer noch Schadensersatz über die Regel des entgangenen Gewinns geltend machen (*Heiden 2009a*).

Im Ergebnis wird es also im Lichte dieser Urteilsbegründung bei einer fehlenden Zielfestlegung in aller Regel zu einem Bonusanspruch des Arbeitnehmers in voller Höhe kommen. Die Frage, ob dies auch eine mögliche Zielübererfüllung mit Bonusanspruch über 100 % einschließt, hat das BAG nicht explizit aufgegriffen.

Um in der Praxis solche Situationen nicht existierender Ziele gar nicht erst entstehen zu lassen, muss ein eindeutiger und verbindlicher Terminplan für die einzelnen Phasen der Zielvereinbarungsgespräche an alle Führungskräfte kommuniziert werden. Und seine Einhaltung muss durch die Unternehmensleitung strikt überwacht werden. In die Situation, dass der Mitarbeiter darauf hinweisen muss, dass es „doch wohl Zeit für Zielgespräche wäre", sollte ein professionell agierender Arbeitgeber gar nicht kommen.

Leider hat sich das BAG nicht mit der Frage beschäftigt, wie der Fall zu würdigen ist, dass sich Arbeitgeber und Arbeitnehmer trotz intensiver Gespräche nicht auf Ziele einigen können. Eine Rechtsauffassung dazu wäre, dass beide Parteien einvernehmlich nicht gewillt waren, den allgemeinen Vertragsrahmen konkret auszufüllen. Der Arbeitnehmer schuldet dann keine Bemühungen zur Zielerreichung, der Arbeitgeber keine Bonuszahlung (*Bauer/Diller/Göpfert 2002*).

Da ein solches Ergebnis aber überhaupt nicht der Intention entspricht, mit der in Organisationen Zielvereinbarungssysteme implementiert werden, wird eher dazu geraten – mit Hinweis auf das „Direktionsrecht als Ultima Ratio" und auf die Unzumutbarkeit eines ziellosen Zustands für den Arbeitgeber – eine Zielvorgabe als einseitige Leistungsbestimmung vorzunehmen. Diese muss dann aber auch einer Billigkeitsprüfung nach § 315 BGB (s.o.) standhalten. Die Zulässigkeit dieser Verfahrensweise wird durch das oben zitierte BAG Urteil (10 AZR 889/07) gestützt, nach dem der Arbeitgeber seinen arbeitsvertraglichen Pflichten gerecht wird, wenn er dem Arbeitnehmer erreichbare Ziele vorschlägt.

Noch besser wäre es allerdings, für den Fall einer Nichteinigung Vorsorge zu treffen und in den Rahmenvorgaben das Recht zu einer Ziel*vorgabe* durch den Arbeitgeber – vertreten durch den Vorgesetzten – festzuschreiben, falls eine Ziel*vereinbarung* nicht möglich ist (ähnlich *Mohnke 2008* mit einem konkreten Formulierungsvorschlag). Ein alternativer und in der Praxis häufig begangener – aber aufwändiger – Weg wäre die Verlagerung der Frage der Zielfestlegung auf eine unabhängige, paritätisch besetzte Kommission.

Am Rande recht interessant ist noch, dass das Bundesarbeitsgericht in seiner Entscheidungsbegründung (10 AZR 97/07) mit einer bemerkenswert betriebswirtschaftlichen und praxisgerechten Argumentation zwei verbreitete Rechtsauffassungen im Zusammenhang mit fehlenden Zielen ablehnt:

1. Bei einer noch nicht abgelaufenen Zielperiode soll die Möglichkeit bestehen, dass in analoger Anwendung von § 315 Abs. 3 BGB die Zielfestlegung „nach billigem Ermessen" durch das Gericht per Urteil erfolgen kann. Nach Auffassung des BAG entspräche dies bei einer Zielvereinbarung weder dem Willen der Parteien, noch wären die Gerichte dazu sachgerecht in der Lage.

2. Vielfach wird in einer fehlenden Zielvereinbarung eine „Bedingungsvereitelung" im Sinne von § 162 BGB gesehen. Der Arbeitgeber verhindert wider Treu und Glauben, dass eine Bedingung eintritt (hier: Ziele existieren), die ihm zum Nachteil gereicht (hier: ein Bonus zu zahlen ist). Das BAG weist darauf hin, dass dieser Fall extrem unwahrscheinlich ist. Zielerfüllungen gereichen dem Arbeitgeber nämlich nicht zum Nachteil, sondern zum Vorteil, auch wenn dadurch ein Bonusanspruch des Arbeitnehmers ausgelöst wird. Chapeau!

Der Vollständigkeit halber sei noch klargestellt, dass eine Schadensersatzpflicht des Arbeitgebers nicht eintritt, wenn er eine Zielvereinbarung im laufenden Zielverfolgungszeitraum noch nachholen kann. Voraussetzung ist, dass dem Arbeitnehmer noch genügend Zeit bleibt, die Zielerreichung durch sein Arbeitsverhalten hinreichend zu beeinflussen. Dies wäre im Einzelfall zu prüfen. So kann also durchaus auch noch z. B. im März eine Zielvereinbarung für das laufende Geschäftsjahr möglich sein. Die Schadensersatzregelung des BAG-Urteils bezieht sich lediglich auf Zielvereinbarungen, die unterblieben sind und nicht mehr sinnvoll nachgeholt werden können (*Gaul/Rauf 2008*).

21.4 Dokumentation von Zielfestlegungen

„In welcher Form sind die festgelegten Ziele zu dokumentieren?"

In § 2 Abs. 1 Nachweisgesetz wird gefordert, dass der Arbeitgeber *„spätestens einen Monat nach dem vereinbarten Beginn des Arbeitsverhältnisses die wesentlichen Vertragsbedingungen schriftlich niederzulegen (…) die Niederschrift zu unterzeichnen und dem Arbeitnehmer auszuhändigen"* hat. § 3 dehnt diese Verpflichtung auch auf alle Veränderungen aus. Als wesentliche Vertragsbedingungen werden unter § 2 Abs. 1 Nr. 5 und 6 explizit genannt:

- *„eine kurze Charakterisierung oder Beschreibung der vom Arbeitnehmer zu leistenden Tätigkeit“,*
- *„die Zusammensetzung und die Höhe des Arbeitsentgelts einschließlich der Zuschläge, der Zulagen, Prämien und Sonderzahlungen sowie anderer Bestandteile des Arbeitsentgelts und deren Fälligkeit“.*

Man könnte nun in eine spitzfindige Diskussion einsteigen, ob die vereinbarten Ziele *„wesentliche Vertragsbedingungen“* im Sinne des Nachweisgesetzes sind oder nicht eher als Teil des Direktionsrechts zu interpretieren sind. Da es aber aus Gründen der Klarheit und Transparenz sowieso sinnvoll ist, die Ziele als gemeinsame Arbeits- und Gesprächsbasis schriftlich zu fixieren, wird empfohlen, sie als Duplikat im Sinne des Nachweisgesetzes auch an den Arbeitnehmer auszuhändigen.

21.5 Zielfestlegung und Direktionsrecht

> *„In welchem Verhältnis stehen Direktionsrecht und Zielfestlegungen?“*

Das Weisungsrecht gehört zum Wesen des Arbeitsvertrags. Mit seiner Hilfe konkretisiert der Arbeitgeber gemäß § 106 Gewerbeordnung die Arbeitspflicht des Arbeitnehmers nach Art, Umfang, Terminierung, erwünschten Verhaltensweisen etc. Über die Vorgabe oder Vereinbarung von Zielen geschieht genau dies. Die Formulierung von Zielen ist damit durch das Direktionsrecht abgedeckt und die Ziele sind für den Arbeitnehmer damit im Grundsatz verbindlich. Dafür muss allerdings vorausgesetzt werden, dass sich die Ziele innerhalb der Grenzen bewegen, die durch den Arbeitsvertrag gesteckt werden (*Köppen 2002*). Insofern ist also zu empfehlen, das Tätigkeitsfeld des Arbeitnehmers in den Arbeitsverträgen möglichst weit gesteckt zu formulieren. Das schafft die notwendigen Freiräume für Zielformulierungen, mit denen flexibel auf Veränderungen im Organisationsumfeld reagiert werden kann.

Werden Ziele *vorgegeben*, die nicht durch das im Arbeitsvertrag abgesteckte Tätigkeitsgebiet abgedeckt sind, dann schuldet der Arbeitnehmer diese Leistung zunächst nicht. Arbeitet er aber trotzdem an ihrer Realisierung, dann wäre zu prüfen, ob eine beidseits gewollte, befristete Veränderung des Arbeitsvertrags durch konkludentes Verhalten vorliegt.

Bei einer Ziel*vereinbarung* außerhalb der inhaltlichen Grenzen des bisherigen Arbeitsvertrags wäre dies aber in jedem Fall anzunehmen. Die Zielvereinbarung wäre dann eine konkludente, befristete Erweiterung der geschuldeten Tätigkeit (*Heiden 2009a*). Der Arbeitnehmer hätte aber auch die Freiheit, eine Zielvereinbarung abzulehnen, also sich der Mitwirkung an dem gesamten System zu entziehen, wenn die Zielinhalte sich nicht innerhalb seines Arbeitsvertrags bewegen und sich damit auch dem Direktionsrecht entziehen (*Köppen 2002*).

22 Zielverfolgung

„Der Mensch verwandelt ein kleines Recht dadurch, dass er es zu eifrig verfolgt, sehr oft in ein großes Unrecht."

(Christian Friedrich Hebbel, dt. Dramatiker und Lyriker)

22.1 Zielverfolgung und Direktionsrecht

„In welchem Verhältnis stehen Direktionsrecht und festgelegte Ziele bei der Zielverfolgung?"

Zwar soll dem Arbeitnehmer über Zielvereinbarungssysteme ein größerer Autonomiespielraum bei der Aufgabenerfüllung eingeräumt werden, aber das führt nicht dazu, dass ein Direktionsrecht des Arbeitgebers verdrängt wird. Im Zweifel hat es immer Vorrang. Durch die Einführung eines zielbasierten Führungssystems will der Arbeitgeber nicht auf sein Direktionsrecht verzichten *(ähnlich Köppen 2002)*. So behält einerseits ein Arbeitgeber die grundsätzliche Möglichkeit, andere Weisungen zu erteilen, wenn er mit der Art der Aufgabenwahrnehmung durch den Mitarbeiter nicht einverstanden ist. Und andererseits kann sich auch ein Arbeitnehmer nicht den Weisungen des Arbeitgebers mit dem Hinweis entziehen, *„gerade mit anderen Aufgaben im Rahmen seiner Ziele beschäftigt zu sein"*.

Sollten die Eingriffe des Arbeitgebers allerdings so massiv sein, dass dem Mitarbeiter dadurch weitestgehend die Möglichkeit genommen wird, seine Ziele zu erreichen, dann liegt möglicherweise eine *objektive* oder *subjektive Unmöglichkeit* nach § 275 BGB oder eine *Störung der Geschäftsgrundlage* nach § 313 BGB vor (siehe dazu näher bei der Frage nach Zielanpassungen). Der Arbeitnehmer muss dann so gestellt werden, als ob er in hinreichendem Umfang an seinen Zielen hätte arbeiten können. Insbesondere führt das dazu, dass ein Zielbonus in einem angemessenen Umfang gewährt werden muss. Alternativ käme auch eine Anpassung der Ziele nach unten in Betracht.

Auch wenn das Direktionsrecht im Grundsatz immer Vorrang hat, so darf der Arbeitgeber aber auch nicht schrankenlos davon Gebrauch machen. Bei Zielvereinbarungssystemen ist gewollter Vertragsbestandteil, dass der Arbeitnehmer gewisse Freiräume bei der Zielverfolgung erhält. Er hat damit auch einen Anspruch auf sie. Regiert der Arbeitgeber „nach Gutsherrenart" unangemessen häufig und unangemessen intensiv in diesen Freiraum hinein, so verhält er sich *„treuwidrig"* (§ 242 BGB) und begeht eine Pflichtverletzung. Der Arbeitnehmer hätte dann einen Unterlassungsanspruch. Im Extremfall betreibt der Arbeitgeber damit eine *Bedingungsvereitelung* nach § 162 BGB, indem er verhindert, dass eine Bedingung (hier: Zielerreichung) überhaupt eintreten kann. In seinem Bonusanspruch wäre der Arbeitnehmer im Ergebnis so zu stellen, als ob die Bedingung (hier: Zielerreichung) eingetreten wäre *(ähnlich Heiden 2009b)*.

22.2 Mitwirkungspflichten des Arbeitgebers

„Welche Pflichten hat der Arbeitgeber im Rahmen der Zielverfolgungsprozesse des Mitarbeiters?"

Ist im Rahmen der Zielvereinbarung die Verfügbarkeit bestimmter Ressourcen abgesprochen (Sachmittel, Personalkapazität, Informationen, Fortbildungsmodule), dann ist der Arbeitgeber zu deren Bereitstellung auch verpflichtet. Denn die Ressourcenausstattung ist Vertragsbestandteil geworden.

Aus der Fürsorgepflicht ergibt sich zudem, dass der Arbeitgeber – auch ohne explizite Vereinbarung – dem Arbeitnehmer die notwendigen Handlungsfreiräume gewähren muss und ihn im Rahmen des unternehmerisch Zumutbaren bei der Zielverfolgung unterstützen muss *(Heiden 2009a)*.

22.3 Beendigung des Arbeitsverhältnisses

„Was passiert, wenn das Arbeitsverhältnis während der Zielverfolgungsperiode endet?"

Es geht hier um den Fall, dass der Arbeitnehmer oder der Arbeitgeber das Arbeitsverhältnis während der laufenden Zielverfolgungsperiode kündigt. Die Frage ist nun, ob der Mitarbeiter einen zeitanteiligen Bonusanspruch hat oder ob der Bonusanspruch mit der Kündigung verfällt. Die Antwort auf diese Frage ist umstritten *(Friedrich 2006)*. Der Schlüssel zur Beantwortung liegt wieder bei der schon unter Kapitel 20.6 diskutierten Frage, ob die Zielboni den Charakter von *Gratifikationen* haben oder *Entgelt für geleistete Arbeit* darstellen.

Haben sie den Charakter von *Gratifikationen*, dann wäre eine Vertragsklausel statthaft, die den Ausschluss einer Bonuszahlung für den Fall vorsieht, dass das Arbeitsverhältnis während der laufenden Zielperiode endet. Das ist über das Argument zu rechtfertigen, dass mit Gratifikationen primär vergangene und künftige Betriebstreue honoriert werden soll.

Nach der Rechtsprechung des Bundesarbeitsgerichts (10 AZR 825/06) sind sogar sogenannte „Stichtagsregelungen" möglich, die die tatsächliche Bonuszahlung an das ungekündigte Fortbestehen des Arbeitsverhältnisses zu einem bestimmten Stichtag knüpfen, der nach dem Ende der Zielerfüllungsperiode liegt. Dies stellt grundsätzlich keine unzulässige Bindung des Arbeitnehmers an das Unternehmen dar, die das in Art. 12 Abs. 1 Grundgesetz (GG) garantierte Recht auf freie Wahl von Beruf und Arbeitsstätte einschränkt. Allerdings müssen zeitliche Grenzwerte eingehalten werden, die eine *„unangemessene Benachteiligung"* des Arbeitnehmers im Sinne von § 307 Abs. 1 BGB ausschließen. Bei der Beurteilung der Grenzwerte kommt es insbesondere auf die Bonushöhe an. Höhere Boni rechtfertigen längere Bindungsdauern. Leider hat das BAG offen gelassen, ob eine Stichtagsregelung auch danach differenzieren muss, ob die Beendingungsgründe für das Arbeitsverhältnis eher in der Sphäre des Arbeitnehmers oder des Arbeitgebers zu suchen sind.

Stellen die Zielboni primär *Entgelt für geleistete Arbeit dar,* dann wäre eine Ausschlussklausel für die Beendigung des Arbeitsverhältnisses während der laufenden Zielerfüllungsperiode oder gar eine Stichtagsregelung nicht möglich. Der Arbeitnehmer hätte einen zeitanteiligen Anspruch auf einen Zielbonus. Dies gilt jedenfalls für den Fall, dass der anteilige Bonus hinreichend sicher zu ermitteln ist. Für viele quantitativ formulierte Ziele ist das mit vertretbarem Aufwand möglich.

Schwierig wird der Fall, wenn es sich um ein Ziel handelt, über dessen Erreichung erst am Ende der Zielperiode eine Aussage zu treffen ist. Das könnte zum Beispiel der Fall sein, wenn ein Mitarbeiter eine Veranstaltung zu organisieren hat, deren Termin aber nach seinem Ausscheidenszeitpunkt liegt. Er hat dann zwar schon Organisationsaufwand betrieben, aber dessen Wirksamkeit ist noch nicht zu beurteilen. In diesem Fall wäre zu prüfen, wer die Ursache für die Beendigung des Arbeitsverhältnisses gesetzt hat. Ist sie eher in der Arbeitnehmersphäre entstanden (Eigenkündigung, personen- oder verhaltensbedingte Kündigung), so wären dem Arbeitnehmer die Lasten eines entfallenden Zielbonus zuzumuten. Liegt die Ursache eher in der Arbeitgebersphäre (betriebsbedingte Kündigung), dann muss dem Arbeitgeber der Aufwand für eine fiktive Berechnung eines zeitanteiligen Zielbonus zugemutet werden.

Empfehlenswert ist generell, den Fall einer vorfristigen Beendigung des Arbeitsverhältnisses hinsichtlich seiner Auswirkungen auf die Zielboni im Vorfeld eindeutig zu regeln.

Der Sonderfall, dass das Arbeitsverhältnis während einer Zielperiode wegen eines altersbedingten Ausscheidens des Mitarbeiters endet, ist unkompliziert. Beide Seiten kennen den Termin. Sie sind damit gehalten, nur noch Ziele zu vereinbaren, deren Erreichen beim Ausscheiden hinreichend sicher zu beurteilen ist.

22.4 Zielanpassungen wegen Umfeldveränderungen

> *„Muss (kann) das Ziel oder die Zielschwierigkeit bei einer Veränderung der Rahmenbedingungen angepasst werden?“*

Aus Managementtheoretischer Sicht wurde diese Frage bereits ausführlich in Kapitel 10.13 unter dem Stichwort „Zielflexibilität bei Umfeldveränderungen“ beleuchtet. Auf diese Ausführungen sei nochmals verwiesen. Tenor der Diskussion war, dass auf ungeplante Umfeldveränderungen selbstverständlich mit Zielanpassungen reagiert werden muss, aber auch nur dann, wenn sie ein gravierendes Ausmaß haben und tatsächlich nicht erwartbar waren. Handeln in Organisationen ist immer mit einem Prognoserisiko verbunden, das im Rahmen der Zielschwierigkeit entsprechend zu berücksichtigen ist.

Hier interessiert die rechtliche Würdigung dieser Situation. Und die ist im Kern nicht weit von der managementorientierten Argumentation entfernt. Belastbare Leitlinien der Rechtsprechung zu dieser Frage gibt es noch nicht. Im Schrifttum wird die Veränderung von Rahmenbedingungen relativ einheitlich als mögliche *„Störung der Geschäftsgrundlage“* nach § 313 BGB interpretiert.

In der Regel hat man dabei immer den Fall im Auge, dass die Ziele für den Mitarbeiter nicht mehr erreichbar sind, weil die Rahmenbedingungen schwieriger geworden sind. Es sei hier daher zunächst darauf hingewiesen, dass Rahmenbedingungen auch günstiger und Zielerreichungen damit leichter werden können. Es können also auch Störungen der Geschäftsgrundlagen auftreten, die zu Lasten des Arbeitgebers wirken.

Liegt eine Störung der Geschäftsgrundlage vor, dann kann nach § 313 Abs. 1 BGB die belastete Partei eine Anpassung des Vertrags (hier: Zielniveau und Zielspektrum) verlangen. Die beiden grundsätzlichen Wege dorthin bestehen zum einen in einer tatsächlichen *Veränderung der Ziele.* Alternativ könnte zum anderen aber auch eine Berücksichtigung der veränderten Rahmenbedingungen bei der abschließenden *Feststellung der Zielerreichung* in Betracht kommen *(Heiden 2009).*

Es sind 3 Fallgruppen bei der Störung von Geschäftsgrundlagen zu unterscheiden *(Klunzinger 2006),* die grundsätzlich auch im Rahmen von Zielvereinbarungen auftreten können:

- *Äquivalenzstörungen:* Das Verhältnis von Leistung und Gegenleistung ist beeinträchtigt.

  Beispiel: Die Zielverfolgung erweist sich als viel komplexer und schwieriger als vom Vorgesetzten und seinem Mitarbeiter im Vorfeld gemeinsam angenommen, so dass der Mitarbeiter viel mehr Zeit für die Zielverfolgung vorsehen müsste als geplant.

- *Leistungserschwernis:* Nach Vertragsschluss treten Bedingungen ein, die die Leistung deutlich erschweren.

  Beispiel 1: Eine neu gewählte Regierung im Land X hebt Zollsätze für alle Einfuhren deutlich an und verteuert damit die Produkte, die ein Verkäufer in diesem Land gemäß seiner Zielvereinbarung mit einer Stückzahl Y absetzen soll.

  Beispiel 2: Ein Mitarbeiter in der eigenen Abteilung wird langzeitkrank und der Arbeitgeber möchte keine Vertretung einstellen, so dass der Abteilungsleiter seine Ziele mit einer fühlbar geringeren Personalkapazität verfolgen muss.

- *Zweckstörungen:* Der angestrebte Leistungszweck wird sinnlos.

  Beispiel: Ein Verkäufer hat das Ziel, in einem Land X den Markteintritt zu organisieren. Aufgrund von politischen Entwicklungen in diesem Land und der politischen Reaktion anderer wichtiger Absatzländer darauf hält es die Unternehmensleitung nicht mehr für opportun, mit dem Land X Geschäftskontakte aufzubauen.

Ob tatsächlich eine Störung der Geschäftsgrundlage vorliegt und eine Partei die Veränderung von Zielen verlangen kann, hängt nach § 313 Abs. 1 BGB von mehreren Bedingungen ab:

- Die in Frage stehenden veränderten Bedingungen müssen eine Grundlage der Vereinbarung sein.
- Die Veränderung muss schwerwiegend sein.

- Die Parteien hätten die Vereinbarung nicht in dieser Form abgeschlossen, wenn sie die Veränderung vorausgesehen hätten.
- Das Festhalten an der Vereinbarung kann einer Seite nicht zugemutet werden.

Angesichts dieses Prüfrasters wird klar, dass die Hürde sehr hoch liegt und nur in Ausnahmefällen ein rechtlicher Anspruch auf eine Zielveränderung entsteht. Es ist zu unterstellen, dass wirtschaftliche Betätigung i.w.S. immer risikobehaftet ist. Es bedarf schon Ereignissen, die keinesfalls erwartbar und auch sehr gravierend sind, also außerhalb der üblichen Lebenserfahrung liegen.

Bei der Beurteilung wäre aber auch zu prüfen, in wessen Sphäre die Störung entstanden ist *(Bauer/Diller/Göpfert 2002)*. Springen bei einem Autohersteller X viele Stammkunden ab, dann ist das das normale Marktrisiko eines Verkäufers. Springen sie aber ab, weil sich in kürzester Zeit weltweit Produkthaftungsfälle mit einer nennenswerten Zahl an Todesopfern (Toyota!) massiv gehäuft haben und das Produktimage dramatisch einbricht, dann kommt ein Rechtsanspruch auf eine Zielveränderung wohl in Betracht.

Der Vollständigkeit halber sei noch angefügt, dass Störungen der Geschäftsgrundlage nur bei Ziel*vereinbarungen* auftreten können. Bei Ziel*vorgaben* als einseitige Leistungsbestimmung wäre wieder die Messlatte der Billigkeitskontrolle nach § 315 BGB anzulegen. Unbillig wäre das Festhalten an Zielen, wenn die Rahmenbedingungen die ursprünglich gewollte Chancen-Risiko-Zuordnung deutlich verschieben. Zu den Obliegenheiten des Arbeitnehmers gehört, den Arbeitgeber darauf aufmerksam zu machen und eine Zielanpassung zu fordern. Tut er dies nicht, dann kann er sich später nicht darauf berufen, dass er bei einem veränderten Ziel einen höheren Bonusanspruch erreicht hätte *(Heiden 2009b)*.

Bei Ziel*vorgaben* muss es tendenziell früher zu Zielrevisionen kommen, da der Arbeitnehmer hier weniger Möglichkeiten hat, auf die Ziele einzuwirken. Bei Ziel*vereinbarungen* wirkt er mit und kann daher auch Risiken aus dem Unternehmensumfeld viel intensiver thematisieren.

Natürlich muss der Arbeitnehmer auch eine „Zielverschärfung" gegen sich gelten lassen, wenn die Rahmenbedingungen günstiger geworden sind. Gesichtspunkte des Vertrauensschutzes stehen dem nicht entgegen. Er kann nicht darauf vertrauen, dass ihm erleichternde Rahmenbedingungen zugute kommen, die der ursprünglich gewollten Chancen-Risiko-Verteilung nicht mehr entsprechen *(Heiden 2009b)*.

Sowohl bei Zielvorgaben als auch bei Zielvereinbarungen ist im Falle von Zielveränderungen zu prüfen, ob eventuell eine Zwischenfeststellung der Zielerreichung auf Basis der alten Ziele notwendig ist, damit eine hinreichend genaue Bonusberechnung – zeitanteilig für alte und neue Ziele – möglich ist. Das ist nur im Einzelfall zu entscheiden.

Abseits jeglicher rechtlicher Ansprüche auf Zielveränderungen sollte man die motivatorische Seite nicht aus den Augen verlieren. Auch wenn man als Arbeitgeber nicht zu Änderungen verpflichtet ist, sollte man Arbeitnehmer nicht frustrieren, indem „die Trauben fast unerreichbar hoch gehängt werden". Der Grat zwischen Motivationserhalt und „Öffnen von Tür und Tor für ständige Zielveränderungsdebatten" ist aber sehr schmal.

Mit Blick auf die motivatorische Seite vertritt *Heiden (2009b)* eine interessante juristische Minderheitsmeinung. Ihm sind die Voraussetzungen für eine Anwendung der Regeln zur *„Störung der Geschäftsgrundlage"* nach § 313 BGB zu hoch angesetzt. Zu Recht weist *Heiden* darauf hin, dass durch deutlichere Veränderungen der Rahmenbedingungen *„das sorgsam ausgewogene Leistungs-Gegenleistungsverhältnis hinfällig (wird) und dem Arbeitnehmer entweder der Zielbonus ‚in den Schoß (fällt)' oder in unerreichbare Ferne (rückt)."* Diese Situation entspricht dann weder dem Ziel der Motivation, noch dem Ziel der Entgeltgerechtigkeit. Zudem könnte auch die Situation eintreten, dass der Arbeitgeber aus unternehmerischen Erwägungen von einmal vereinbarten Zielen wieder Abstand nehmen möchte. Die recht hohe Hürde, die durch § 313 BGB für eine Zielveränderung aufgebaut wird, stellt dann eine Behinderung für die freie Ausübung des Direktionsrechts dar.

Ein beidseitiger Korrekturanspruch für Ziele kann auch aus Sicht von *Heiden* nur bei *„einigermaßen erheblichen Einflüssen"*, *„die die von den Parteien austarierte Chancen-Risikenzuordnung aus dem Gleichgewicht gebracht"* haben, in Frage kommen. Dieser Anspruch setzt aber aus seiner Sicht schon unterhalb der strengen Voraussetzungen von § 313 BGB an, zumal bei vielen Zielvereinbarungen vermutlich die Rahmenbedingungen der Zielverfolgung nicht explizit zur Geschäftsgrundlage gemacht wurden.

Grundsätzlich könnte sich ein Korrekturanspruch für Ziele ganz allgemein aus § 242 BGB ergeben, nach dem *„die Leistung so zu bewirken ist, wie Treu und Glauben mit Rücksicht auf die Verkehrssitte es erfordern"*. Nach dieser Bestimmung erwächst den Vertragspartnern die Verpflichtung, alles zu tun, um den Vertragszweck auch wirklich zu erreichen, und alles zu unterlassen, was den Vertragszweck vereiteln würde *(Klunziger 2006)*.

Irgendwann wird vermutlich das Bundesarbeitsgericht nicht umhinkommen, für diese wichtige Praxisfrage der Zielvereinbarung einen Prüfkatalog zu entwerfen, der mehr Sicherheit in der Frage bringt, ab wann Ziele verändert werden müssen. Andererseits stellt sich natürlich die Frage, ob nicht angesichts der Vielzahl der im Wirtschaftsleben vorstellbaren Bedingungskonstellationen ein solcher Katalog so abstrakt ausfallen müsste, dass er in der Praxis auch wieder wenig hilfreich wäre.

Die Konsequenz aus diesen Erörterungen kann nur sein, dass sich Vorgesetzte und Mitarbeiter bei der Zielfestlegung intensiv mit den Umfeldbedingungen auseinandersetzen, die während der Zielverfolgung auftreten können, und die Ergebnisse auch zusammen mit den Zielen dokumentieren. Im Einzelnen wären festzuhalten:

- Zentrale Einflussfaktoren auf die Zielerreichung,
- zugrunde gelegte, wahrscheinliche Ausprägungsgrade der Einflussfaktoren,
- akzeptabler Schwankungsbereich der Einflussfaktoren i.S. eines „normalen unternehmerischen Chance-Risiko-Korridors".

Damit wären zugleich die Situationen definiert, die eine Zielanpassung auslösen. Intensives Vordenken der Rahmenbedingungen kann eigentlich nur die Qualität der Zielfestlegung steigern und nebenher auch noch die Rechtssicherheit.

23 Feststellung der Zielerreichung

„Ein guter Anwalt kennt das Gesetz, ein großartiger Anwalt kennt den Richter."

(Sprichwort unter Juristen in den USA)

23.1 Dissens über Zielerreichungsniveaus

> *„Was passiert, wenn sich Arbeitgeber und Arbeitnehmer hinsichtlich des Ausmaßes der Zielerfüllung nicht einigen können?"*

Diese Frage kann sich nur bei Zielen stellen, bei denen der Erreichungsgrad nicht auf eindeutige Weise quantitativ zu bestimmen ist. Dies betrifft in erster Linie *qualitativ* formulierte Ziele. Im Einzelfall kann es aber auch bei *quantitativ* formulierten Zielen Dissens über das genaue Messprocedere geben (z. B. ab wann ein gefertigtes Stück „fehlerfrei" ist und wann nicht mehr). Bei der Erreichungsbeurteilung solcher „Zieltypen mit Unschärfe" steht dem Arbeitgeber ein Beurteilungsspielraum zu. Dieser ist analog zu sehen zu anderen Gelegenheiten, bei denen die Arbeitsgüte von Mitarbeitern zu beurteilen ist: Erstellung von Leistungsbeurteilungen, Ausstellung von Arbeitszeugnissen. Bei der Nutzung dieses Beurteilungsspielraums ist einerseits auf die Wahrung des Gleichbehandlungsgrundsatzes zu achten. Und andererseits müssen die Beurteilungen in analoger Anwendung von § 315 Abs. 1 BGB *„nach billigem Ermessen"*, also unter angemessener Berücksichtigung der Interessen der Arbeitnehmer getroffen werden.

Grundsätzlich möglich wäre auch die Einrichtung einer betrieblichen Schlichtungsstelle, die sich aus Vertretern der Mitarbeiter, des Arbeitgebers und gegebenenfalls unabhängigen Externen zusammensetzt. Diese könnte einen Kompromissvorschlag erarbeiten oder aber sogar eine verbindliche Entscheidung fällen. Es müssten dann im Vorfeld der Schlichtungsanlass und das Schlichtungsprocedere möglichst präzise definiert werden. Empfohlen wird dieser Weg hier aber nicht, da er das Zielvereinbarungssystem aufwändig und schwerfällig macht, möglicherweise Bewertungskonflikte weiter dynamisiert (*„dann lassen wir das eben mal extern klären"*) und vor allem das Führungsgeschehen von der direkten Ebene zwischen Mitarbeiter und Vorgesetzten wegverlagert. Entscheidet man sich trotzdem für eine solche Institution, dann sollte darauf geachtet werden, dass sie – quasi als Ultima Ratio – erst nach intensiven Einigungsversuchen zwischen Vorgesetzten und Mitarbeiter in Aktion tritt.

Kein Allheilmittel, aber sicherlich eine wirksame Vorbeugungsmaßnahme gegen Meinungsverschiedenheit hinsichtlich des Zielerreichungsgrads ist es, im Rahmen der Zielfestlegung möglichst präzise und ausführlich die Kriterien zu definieren, an denen der Grad der Zielerreichung abzulesen sein soll (siehe dazu die Ausführungen in Kapitel 10.4). Dies würde auch das Risiko vermindern, dass qualitative Ziele (z. B. „Verbesserung der Kundenzufriedenheit") im Rahmen einer AGB-Kontrolle nach § 307 Abs. Satz 2 BGB als intransparent gelten, damit als *„benachteiligend"* für den Arbeitnehmer eingestuft werden und in der Konsequenz unwirksam sind *(Bissels/Haag 2008)*.

Auf alle Fälle sollte in der Rahmenvereinbarung eindeutig festgelegt sein, wer die finale Feststellungskompetenz für den Zielerreichungsgrad hat (Arbeitgeber, Schlichtungsstelle). Bei Zielvereinbarungen kann nämlich vor dem Hintergrund, dass bei einem Vertragsverhältnis typischerweise beide Seiten Gestaltungsrechte haben, nicht automatisch von einem Alleinbestimmungsrecht des Arbeitgebers über den Grad der Zielerreichung ausgegangen werden *(Heiden 2009b)*. Insbesondere, wenn Elemente wie „Selbsteinschätzung", „Zielerreichungsgespräch", „Widerspruchsrechte" o.Ä. im Zielvereinbarungssystem vorgesehen sind, kann das den Eindruck nahelegen, dass der Arbeitgeber bereit ist, Teile seiner Entscheidungsmacht über die Feststellung der Zielerreichung abzugeben. Will er das nicht, dann muss auch klar geregelt sein, dass er sich trotz solcher partizipativen Elemente die Letztentscheidung allein vorbehält.

23.2 Berücksichtigung von Ausfallzeiten

> *„Wie sind längere Erkrankungen und andere Ausfallzeiten des Mitarbeiters bei der Beurteilung der Zielerreichung und einer nachfolgenden Bonusgewährung einzubeziehen?"*

Erreicht ein Mitarbeiter trotz einer längeren Erkrankungsphase seine Ziele, dann ist der Fall auf den ersten Blick relativ unproblematisch. Die Zielerreichung führt zur Bonusgewährung. Diese Aussage gilt aber nur für Zielbonussysteme nach dem einfachen „Schwarz-Weiß-Muster" d.h. bei denen die Bonusgewährung lediglich von der Feststellung *„Ziel erreicht vs. Ziel nicht erreicht"* abhängt.

Viele Systeme sind aber nicht nach diesem einfachen Strickmuster aufgebaut, sondern sehen auf einer Skala auch Teilzielerreichungen oder Zielübererfüllungen vor. Und dann fängt es an, auch bei Zielerreichungen in Verbindung mit längeren Erkrankungsphasen problematischer zu werden. Dann wäre nämlich vorstellbar, dass der Mitarbeiter ohne Erkrankungsphase einen Bonus jenseits der 100 % realisiert hätte.

Bleiben wir zunächst bei einem einfachen System, das lediglich auf Zielerreichung oder Zielverfehlung abhebt. Erreicht der Mitarbeiter aufgrund einer längeren Krankheit seine Ziele nicht, dann könnte die Konsequenz sein, dass der Bonusanspruch entfällt *(Bauer/Diller/Göpfert 2002)*. Die Argumentationslogik dahinter wäre, dass das Entgeltfortzahlungsgesetz (EFZG) im Krankheitsfall nur den Ausfall der *vertraglich geschuldeten Vergütung* schützt. Zielboni wären aber *Sondervergütungen*, die nur bei tatsächlicher Zielerreichung geschuldet werden. Während einer Erkrankung erhält der Arbeitgeber vom Arbeitnehmer nicht einmal die geschuldete Basisleistung, obwohl er dafür bezahlt. Es wäre daher „unbillig", wenn er darüber hinaus auch noch für nicht erreichte Ziele bezahlen sollte.

Eine andere Rechtsauffassung *(Mohnke 2008)* hebt darauf ab, dass Zielboni *„eine auf das Ergebnis der Arbeit abgestellte Vergütung"* im Sinne von § 4 Abs. 1a Satz 2 EFZG sind. Nach dieser Vorschrift ist bei der Berechnung der Entgeltfortzahlung im Krankheitsfall *„der von dem Arbeitnehmer in der für ihn maßgebenden Arbeitszeit erzielbare Durchschnittsverdienst zu-*

grunde zu legen". Folgt man dieser Norm, dann ist der Arbeitnehmer so zu stellen, als ob er während der Erkrankungszeit an der Zielerreichung gearbeitet hätte. Dies gilt allerdings nur für die Zeit der Entgeltfortzahlung, also für maximal 6 Wochen. Für eine über diesen Entgeltfortzahlungsanspruch hinausgehende längere Erkrankungsdauer kommt dann aber eine Fingierung der Arbeit an der Zielrealisierung nicht mehr in Betracht. Stattdessen ist eine proportionale Kürzung des Bonusanspruchs für die Zeiten möglich, in denen der Arbeitnehmer erkrankt ist und keinen Entgeltfortzahlungsanspruch mehr hat.

Diese zweite Auffassung überzeugt insbesondere auch deshalb, weil sie ebenfalls auf Zielbonussysteme anwendbar ist, die Teilzielerreichungen oder/und Zielübererfüllungen zulassen. Bei längeren Erkrankungen der Mitarbeiter steht also der Vorgesetzte für Zeiten, in denen der Mitarbeiter *Anspruch auf Entgeltfortzahlung* hat, vor der Aufgabe, den de facto erreichten Zielerfüllungsgrad des Mitarbeiters fingiert nach oben zu korrigieren. Seine Leitfrage dazu wäre: *„Welchen Zielerreichungsgrad hätte der Mitarbeiter realisiert, wenn er auch während des Erkrankungszeitraums gearbeitet hätte?"*. Dieser fingierte Zielerfüllungsgrad ist dann die Basis für die Bonusgewährung. Zweifellos stellt sich den Vorgesetzten hier keine einfache Einschätzungsaufgabe und zweifellos kommt damit auch eine gewisse Unschärfe in die Zielerreichungsfeststellung. Diese Vorgehensweise ist aber kompatibel mit einer Kernintention des Entgeltfortzahlungsgesetzes, nämlich den Arbeitnehmer – zumindest für eine begrenzte Zeit – im Falle des „Schicksalsschlags Krankheit" abzusichern und ihm nicht noch zusätzliche finanzielle Belastungen zuzumuten.

Man könnte in Reaktion auf längere Erkrankungen des Mitarbeiters grundsätzlich auch alternativ den Weg wählen, die Ziele neu vorzugeben bzw. neu zu verhandeln. Schließlich handelt es sich bei Erkrankungen um eine Veränderung der Rahmenbedingungen, die die Zielerreichung schwieriger macht. Allerdings erscheint dieser Weg weniger praxisgerecht, da er bei mehreren Erkrankungen des Mitarbeiters auch zu mehreren unterjährigen Zielanpassungen führen müsste. Deutlich weniger aufwändig ist daher die Ex-Post- und En-Bloc-Berücksichtigung aller während der Zielperiode angefallenen Krankheitszeiten im Wege einer fingierten Korrektur des Zielerreichungsgrads.

Es wäre allerdings ebenso nicht praxisgerecht, für jeden wegen Krankheit ausgefallenen Arbeitstag eine Korrektur des Zielerreichungsgrads vornehmen zu wollen. Eine gewisse Anzahl an Krankheitstagen im Jahr entspricht der allgemeinen Lebenswirklichkeit und stellt für den Arbeitnehmer ein Risiko dar, das er bei seiner Zielverfolgung ebenso tragen muss wie ein gewisses Änderungsrisiko bei den Umfeldbedingungen der Aufgabenerfüllung. Daher sollten nur aufsummierte Krankheitsdauern über 15 Arbeitstage p.a. hinaus zu einer fingierten Korrektur des Zielerreichungsgrads führen. Bei angenommenen 250 Arbeitstagen p.a. entspricht dies einem Fehlzeitenprozentsatz von 6 % auf die Soll-Arbeitstage. Dies sollte in einer Rahmenvereinbarung auch explizit so kommuniziert werden.

Für Phasen, in denen das Arbeitsverhältnis ruht (Mutterschutz, Elternzeit, Wehr-/Ersatzdienst) kommt die fiktive Annahme, dass der Arbeitnehmer während dieser Zeit seine Ziele verfolgt, nicht in Frage. Analoges gilt für längeren unbezahlten Urlaub und Phasen der Kurzarbeit. Die maximal möglichen Zielboni sind zeitproportional zu kürzen. Dies sollte ebenfalls in einer ausdrücklichen Regelung klargestellt werden.

23.3 Konsequenzen von Zielverfehlungen

„Welche weiteren arbeitsrechtlichen Konsequenzen können aus Zielverfehlungen des Mitarbeiters abgeleitet werden?“

Zur Beantwortung dieser Frage ist es wichtig, sich nochmals zu verdeutlichen, welche Motive in aller Regel mit einem zielorientierten Führungssystem verfolgt werden. Der Arbeitgeber möchte, dass die einzelnen Mitarbeiter zur Erreichung der Oberziele der Organisation substanzielle Beiträge leisten. Häufig ist er bereit, dafür sogar eine Zusatzvergütung zu gewähren (Zielbonussystem). Insofern sind die vereinbarten oder vorgegebenen Ziele als Konkretisierung der Aufgabenpflichten des Mitarbeiters zu sehen. Diese Konkretisierung ist durch das Direktionsrecht des Arbeitgebers abgedeckt.

Der Mitarbeiter schuldet dem Arbeitgeber aber keinen konkreten Erfolg bei der Zielerfüllung. Das würde auch dem Wesen eines Arbeitsvertrags als Spezialform des *Dienstvertrages* nach § 611 BGB nicht entsprechen. Würde der Arbeitnehmer einen konkreten Erfolg schulden, dann wäre aus dem Dienstvertrag ein *Werkvertrag* nach § 631 BGB geworden. Das ist nicht gewollt. Beim Werkvertrag wird ein bestimmter Erfolg völlig *unabhängig von der dazu nötigen Arbeitszeit* geschuldet. Beim Arbeitsvertrag steht aber die *Ableistung von Diensten innerhalb einer bestimmten geschuldeten Arbeitszeit* im Vordergrund. Dies gilt auch bei Leistungslohnsystemen (Akkord-, Prämienentlohnung). Zielbonussysteme stellen eine Spezialform einer Leistungsentlohnung dar und sind diesen damit gleichgestellt *(Köppen 2002)*. Die Verfehlung von Zielen kann somit keine weiteren arbeitsrechtlichen Konsequenzen nach sich ziehen.

Der Arbeitnehmer schuldet dem Arbeitgeber aber, dass er zur Zielverfolgung überhaupt tätig wird und sich um die Zielerreichung ernsthaft bemüht. Ein Recht des Arbeitnehmers, unter bewusstem Verzicht auf Verdienstchancen die Führungs- und Steuerungssysteme des Arbeitgebers zu boykottieren, gibt es nicht *(Heiden 2009a)*. Verweigert er beharrlich und bewusst die Arbeit an den Zielen, dann verletzt er seine Hauptpflicht aus dem Arbeitsvertrag. Der Tatbestand einer Schlechterfüllung oder sogar einer Arbeitsverweigerung ist damit erfüllt. Die Konsequenzen wären eine Abmahnung, im Wiederholungsfall auch eine verhaltensbedingte Kündigung nach den üblichen Regeln für diese Art der Leistungsstörung.

23.4 Veröffentlichung von Zielerreichungsgraden

„Dürfen Zielerreichungsgrade einzelner Mitarbeiter organisationsintern veröffentlicht werden?“

Ein gesunder Wettbewerb kann durchaus motivationssteigernd wirken. Insofern kann die Organisation Interesse an der organisationsinternen Veröffentlichung von Zielerreichungsgraden einzelner Mitarbeiter haben. Bei Zielerreichungsgraden handelt es sich aber eindeutig um „personenbezogene Daten“ im Sinne von § 3 Abs. 1 Bundesdatenschutzgesetz (BDSG). Sie fallen damit klar unter den Schutzzweck des BDSG, durch das der Einzelne vor einer Beeinträchtigung seiner Persönlichkeitsrechte u.a. durch Übermittlung seiner personenbezogenen Daten geschützt werden soll (§ 1 Abs. 1 i.V.m. § 3 Abs. 4 Nr. 3 BDSG).

Zwar erlaubt § 28 Abs. 1 Nr. 1 und 2 u.a. das *„Übermitteln personenbezogener Daten"*, wenn *„es der Zweckbestimmung eines Vertragsverhältnisses dient"* oder wenn *„es zur Wahrung berechtigter Interessen der verantwortlichen Stelle (hier: Arbeitgeber) erforderlich ist und* (!) *kein Grund zu der Annahme besteht, dass das schutzwürdige Interesse des Betroffenen (hier: Arbeitnehmer) (...) überwiegt"*. Weder dürfte der überzeugende Nachweis gelingen, dass die Veröffentlichung individueller Zielerreichungsdaten für die Zielvereinbarung im Rahmen des Arbeitsvertrags unabdingbar notwendig ist, noch dass die Arbeitgeberinteressen so dominieren, dass der Schutz der Persönlichkeitsrechte des Arbeitnehmers dahinter zurückstehen müsste. Im Ergebnis ist damit eine namentliche Veröffentlichung von Zielerreichungsgraden nicht möglich, es sein denn, der Mitarbeiter hat gem. § 4a Abs. 1 vorher, explizit, freiwillig und schriftlich eingewilligt.

Möglich bleibt allerdings eine anonymisierte Veröffentlichung von Zielerreichungsgraden, sofern kein Rückschluss auf den einzelnen Mitarbeiter möglich ist.

Die vorangegangenen Ausführungen zu den rechtlichen Fragen lassen erahnen, dass einige Rechtsprobleme im Zusammenhang mit zielorientierten Führungssystemen möglicherweise noch gar nicht aufgedeckt wurden, weil sie noch nicht strittig wurden und sie auch die Wissenschaft noch nicht „auf dem Radar hat". Insofern wird die verstärkte und ausdifferenzierte Anwendung dieses Führungssystems in der Praxis künftig noch für etliche neue und überraschende juristische Fragen gut sein. Aber auch viele bekannte Rechtsfragen sind noch nicht abschließend gelöst. Es gibt zum Teil divergierende Rechtsauffassungen in der Literatur und in den Instanzengerichten. Bis vor das Bundesarbeitsgericht haben es zwecks (vorläufig) endgültiger Klärung nur wenige Fragen geschafft. Man kann prognostizieren, dass auf die Rechtsprechung in Sachen zielorientierter Führungssysteme noch etliches an Arbeit zukommen wird. Insofern befinden wir uns momentan noch eher in der Phase der juristischen Jäger und Sammler. Ein absolut gesichertes rechtliches Fundament ist für die anwendenden Organisationen noch ein ganzes Stück entfernt. Auch mit einer Empfehlung aus dem einschlägigen Schrifttum kann man sich nicht ganz auf der sicheren Seite wähnen.

Überdeutlich klar geworden ist aber auch, dass der Löwenanteil an Rechtsproblemen aus der Bezahlung nach Zielerreichungsgraden resultiert. Kommt Geld ins Spiel, kommt Streit ins Spiel. Insofern lohnt sich auch vor diesem Hintergrund, nochmals gründlich zu überlegen, ob man den Weg über Zielboni wirklich gehen sollte. Es rein bei der Mitarbeiterführung über Ziele zu belassen – Arbeitsrechtsanwälte mögen es mir verzeihen –, könnte eine Menge Ärger ersparen.

Quellenverzeichnis

Betriebswirtschaftliche und psychologische Quellen

[1] ACHTZIGER, A./GOLLWITZER, P. M.: Motivation und Volition im Handlungsverlauf, in: Heckhausen, J./Heckhausen, H. (Hrsg.): Motivation und Handeln, 3. Aufl., Heidelberg 2006, S. 277-302

[2] ADAMS, J. S.: Toward an Understanding of Inequity, in: Journal of Abnormal and Social Psychology, 11/1963, S. 422-436

[3] ARIELY, D./WERTENBROCH, K.: Procrastination, Deadlines, and Performance, in: American Psychological Society, 3/2002, S. 219-224

[4] ATKINSON, J. W.: Motivational Determinants of Risk-Taking Behavior, in: Psychological Review, 6/1957, S. 359-372

[5] BANDURA, A.: Self-Efficacy: The Exercise of Control, New York 2001

[6] BECKMANN, J./HECKHAUSEN, H.: Motivation durch Erwartung und Anreiz, in: Heckhausen, J./Heckhausen, H. (Hrsg.): Motivation und Handeln, 3. Aufl., Heidelberg 2006, S. 105-142

[7] BEERY, M./CANNON, M. D.: Promise and Peril in Implementing Pay-for-Performance, in: Human Resource Management, 1/ 2004, S. 3-20

[8] BENDER, G.: Dezentral und entstandardisiert – Neue Formen der individuellen Entgeltdifferenzierung, in: Industrielle Beziehungen, 2/2000, S. 157-179

[9] BERKEL, K.: Mit dem Mitarbeiter sprechen, in: Institut Mensch und Arbeit (Hrsg.): Besser führen – Problemfeld 1, München 1994

[10] BERTHEL, J./BECKER, F. G.: Personal-Management, 8. Aufl., Stuttgart 2007

[11] BLEICHER, K.: Das Konzept Integriertes Management, 7. Aufl., Frankfurt/New York 2004

[12] BRANDSTÄTTER, H.: Persönliche Verhaltens- und Leistungsbedingungen, in: Schuler, H. (Hrsg.): Lehrbuch Organisationspsychologie, 4. Aufl., Bern 2007, S. 257-288

[13] BRANDSTÄTTER, V.: Persistenz und Zielablösung, Göttingen et al. 2003

[14] BRÜCK, CH.: Erfolgsfaktoren für Zielvereinbarungen, in: Personal-Magazin, 03/2006, S. 60-61

[15] BRUNSTEIN, J./HECKHAUSEN, H.: Leistungsmotivation, in: Heckhausen, J./Heckhausen, H. (Hrsg.): Motivation und Handeln, 3. Aufl., Heidelberg 2006, S. 143-191

[16] CONRAD, P./MANKE, G.: Ergebnisse einer branchenübergreifenden Studie zu Zielvereinbarung, Leistungsbeurteilung und flexibler Vergütung, in: REFA-Nachrichten, 02/2002, S. 24-29

[17] COVINGTON, M. V./ROBERTS, B. W.: Self-Worth and College Achievement: Motivational and Personality Correlates, in: Pintrich, P. R./Brown, D. R./Weinstein, C. E. (Hrsg.): Student Motivation, Cognition and Learning, Hillsdale 1994, S. 157-188

[18] CSIKSZENTMIHALYI, M.: Flow im Beruf: Das Geheimnis des Glücks am Arbeitsplatz, 2. Aufl., Stuttgart 2004

[19] DREXEL, I.: Zielvereinbarungen und Interessenvertretung – ein Instrument dezentraler Leistungs- und Entlohnungspolitik in der Praxis, in: Industrielle Beziehungen, 6/2002, S. 341-346

[20] DRUCKER, P. F.: Die Praxis des Management, Düsseldorf 1956

[21] EYER, E.: Leistungs- und erfolgsabhängiges Entgeltsystem für außertarifliche Mitarbeiter, in: Industrial Engineering, 02/2009, S.14-17

[22] EYER, E./HAUSSMANN, TH.: Zielvereinbarung und variable Vergütung, 4. Aufl., Wiesbaden 2009

[23] FEMPPEL, K.: Keine Fehler im System, in: Personal, 01/2005, S. 38-40

[24] FEMPPEL, K.: Mit Variablen zum Erfolg, in: Personal, 12/2006, S. 48-49

[25] FEMPPEL, K./BÖHM, H.: Ziele und variable Vergütung in einem dynamischen Umfeld, Bielefeld 2006

[26] FIEGE, R./MUCK, P. M./SCHULER, H.: Mitarbeitergespräche, in: Schuler, H. (Hrsg.): Lehrbuch der Personalpsychologie, 2. Aufl., Göttingen 2006, S. 471-522

[27] FRATSCHNER, F. A.: Flexible Leistungs- und Vergütungssysteme, in: Arbeit und Arbeitsrecht, 05/2005, S. 294-298

[28] GALBERG, C.: Leistungssteigerung von Mitarbeitern durch Zielvorgaben, in: Zeitschrift Führung und Organisation (zfo), 2/2000, S. 97-101

[29] GMÜR, M./THOMMEN, J.-P.: Human Resource Management, Zürich 2006

[30] GRAUMANN, M./KLAVINA, M.: Chancen und Risiken unterschiedlicher Partizipationsgrade?, in: Personalführung, 7/2009, S. 30-35

[31] GRAUMANN, M./NIEDERMEYER, M.: Höhere Motivation durch Partizipation?, in: Personalführung, 1/2003, S. 72 – 75

[32] GRAUMANN, M./SIEGER, C.: Verdrängen extrinsische Anreize die intrinsische Motivation?, in: Personalführung, 12/2004, S. 90-97

[33] HAUFE-VERLAG (Hrsg.): Stichwort: Einmalzahlungen, in: Das Personalbüro, Gruppe 2/142, Heft 1/2009, S. 1-6

[34] HECKHAUSEN, H.: Motivation und Handeln, 2. Aufl., Berlin 1989

[35] HEINEN, E.: Unternehmenskultur als Gegenstand der Betriebswirtschaftslehre, in: Heinen, E. (Hrsg.): Unternehmenskultur, München/Wien 1987, S. 1-48

[36] HEINEN, E./DILL, P.: Unternehmenskultur, in: Zeitschrift für Betriebswirtschaft, 3/1986, S. 202-218

[37] HENNIG-SCHMIDT, H./ROCKENBACH, B./SADRIEH, A: In Search of Workers's Real Effort Reciprocity – A Field and a Laboratory Experiment, in: Journal of the European Economic Association, 4/2010, S. 817-837

[38] HENTZE, J./GRAF, A.: Personalwirtschaft 2, 7. Aufl., Bern 2005

[39] HILDEBRANDT-WOECKEL, S.: Zu viele Bälle in der Luft, in: FAZ vom 06.10.2007, S. C 5

[40] HINKE, R.: Zielvereinbarungen in der Praxis der ostdeutschen Metall- und Elektroindustrie, in: WSI-Mitteilungen, 6/2003, S. 377-385

[41] VON HÖREN, M.: Chancen ausschöpfen, in: Personal, 12/2004, S. 16-18

[42] ILGEN, D. R./FISHER, C. D./TAYLOR, M. S.: Consequences of Individual Feedback on Behavior in Organisations, in: Journal of Applied Psychology, 4/1979, S. 349-371

[43] JONES, G. R./BOUNCKEN, R. B.: Organisation – Theorie, Design und Wandel, 5. Aufl., München 2008

[44] KAHLERT, A.: Das wettbewerbs- und karriereorientierte Zielvereinbarungssystem, in: Personal, 12/2002, S. 16-21

[45] KAPLAN, R. S./NORTON, D. P.: Balanced Scorecard: Strategien erfolgreich umsetzen, Stuttgart 1997

[46] KIRCHLER, E./WALENTA, CH.: Motivation, in: Kirchler, E. (Hrsg.): Arbeits- und Organisationspsychologie, 2. Aufl., Wien 2008, S. 317-408

[47] KLEINBECK, U.: Handlungsziele, in: Heckhausen, J./Heckhausen, H. (Hrsg.): Motivation und Handeln, 3. Aufl., Heidelberg 2006, S. 255-276

[48] KNEBEL, H.: Variable Vergütung gekoppelt an Zielvereinbarungen, in: Zander, E./Wagner, D. (Hrsg.): Handbuch Entgeltmanagement, München 2005, S. 95-113

[49] KÖNIG, C. J./KLEINMANN, M.: Selbstmanagement, in: Schuler, H. (Hrsg.): Lehrbuch der Personalpsychologie, 2. Aufl., Göttingen 2006, S. 331-348

[50] KRÄKEL, M.: Prinzipal-Agenten-Ansatz, in: Schreyögg, G./von Werder, A. (Hrsg.): Handwörterbuch Unternehmensführung und Organisation, 4. Aufl., Stuttgart 2004, Sp. 1174-1182

[51] KROGERUS, M./TSCHÄPPELER, R.: 50 Erfolgsmodelle – Kleines Handbuch für Strategische Entscheidungen, 6. Aufl., Zürich 2009

[52] KÜPERS, W./WUNDERER, R.: Motivationsbarrieren erkennen und reduzieren – Ergebnisse einer empirischen Untersuchung, in: Personalwirtschaft, 8/2001, S. 28-31

[53] KUHL, J.: Motivation, Konflikt und Handlungskontrolle, Berlin 1983

[54] KUHL, J.: Kurzanweisung zum Fragebogen HAKEMP90. Handlungskontrolle nach Erfolg, Misserfolg und prospektiv, Osnabrück o.J.

[55] KUHL, J.: Individuelle Unterschiede in der Selbststeuerung, in: Heckhausen,J./Heckhausen, H. (Hrsg.): Motivation und Handeln, 3. Aufl., Heidelberg 2006, S. 303-329

[56] KUNZ, A. H.: Personalcontrolling zwischen Ökonomie und Sozialpsychologie: Schaden finanzielle Anreizsysteme der Mitarbeitermotivation?, in: Betriebswirtschaftliche Forschung und Praxis (BFuP), 1/2005, S. 58-73

[57] LIEBER, B.: Personalführung, Stuttgart 2007

[58] LOCKE, E. A./LATHAM, G. P.: A Theory of Goal Setting and Task Performance, Englewood Cliffs 1990

[59] LÖHR, J.: Management by Mohrrübe, in: FAZ vom 23./24.01.2010, S. C 1
[60] MALIK, F.: Führen – Leisten – Leben, 2. Aufl., München 2000
[61] MASLOW, A. H.: Motivation und Persönlichkeit, Olten/Freiburg 1977
[62] NEUBERGER, O.: Führen und führen lassen, 6. Aufl., Stuttgart 2002
[63] NG, T. W. H./SORENSEN, K. L./EBY, L. T.: Locus of Control at Work: A Meta-Analysis, in: Journal of Organizational Behavior, 8/2006, S. 1057-1087
[64] JUNG, R. H./BRUCK, J./QUARG, S.: Allgemeine Managementlehre, 3. Aufl., Berlin 2008
[65] ODIORNE, G. S.: Management by Objectives, München 1967
[66] OETTINGEN, G./GOLLWITZER, P. M.: Theorien der modernen Zielpsychologie, in: Frey, D. (Hrsg.): Theorien der Sozialpsychologie Bd. 3, Bern 2002, S. 51-74
[67] O.V.: Rohölpreis steigt auf Vierwochenhoch, in: FAZ vom 30.12.2009, S. 20
[68] PFLÄGING, N.: Führen mit flexiblen Zielen. Beyond Budgeting in der Praxis, Frankfurt/New York 2008
[69] PLEIER, N.: PMS: Fluch oder Segen?, in: Personal, 3/2008, S. 40-43
[70] PUTZ, P./LEHNER, J. M.: Effekte zielorientierter Führungssysteme – Entwicklung und Validierung des Zielvereinbarungsbogens (ZVB), in: Zeitschrift für Arbeits- und Organisationspsychologie, 1/2002, S. 22-34
[71] RIST, F./ENGBERDING, M.: „Aber morgen fange ich richtig an!" – Prokrastination als verbreitete Arbeitsstörung, in: Personalführung, 6/2006, S. 64-78
[72] RHEINBERG, F. ET AL.: Flow bei der Arbeit, doch Glück in der Freizeit, in: Zeitschrift für Arbeits- und Organisationspsychologie, 3/2007, S. 105-115
[73] RHEINBERG, F.: Intrinsische Motivation und Flow-Erleben, in: Heckhausen, J./Heckhausen, H. (Hrsg.): Motivation und Handeln, 3. Aufl., Heidelberg 2006, S. 331-354
[74] ROTTER, J. B.: Generalized Expectancies for Internal versus External Control of Reinforcement, in: Psychological Monographs, 1/1966, S. 1-28
[75] SCHÄFFER, U./MATLACHOWSKY, PH.: Warum die Balanced Scorecard nur selten als strategisches Managementsystem genutzt wird. Eine fallstudienbasierte Analyse der Entwicklung von Balanced Scorecards in deutschen Unternehmen, in: Zeitschrift für Planung und Unternehmenssteuerung, 2/2008, S. 207-232
[76] SCHIERENBECK, H./WÖHLE, C.: Grundzüge der Betriebswirtschaftslehre, 17. Aufl., München 2008
[77] SCHNEIDER, H./KNEBEL, H.: Team und Teambeurteilung, Köln 1995
[78] SCHNEIDER, M.: Zielvorgabe und Organisationskultur: Eine Fallstudie, in: Die Betriebswirtschaft (DBW), 6/2007, S. 619-637
[79] SCHULER, H./PROCHASKA, M. (UNTER MITARBEIT VON FRINTRUP, A.): LMI – Leistungsmotivationsinventar – Dimensionen berufsbezogener Leistungsorientierung, Göttingen 2001
[80] SCHREYÖGG, G.: Organisation, 4. Aufl., Wiesbaden 2006
[81] SEMMER, N. K./UDRIS, I.: Bedeutung und Wirkung von Arbeit, in: Schuler, H. (Hrsg.): Lehrbuch Organisationspsychologie, 4. Aufl., Bern 2007, S. 157-195
[82] SONNENMOSER, M.: Geld regiert die Welt – und ist doch nicht alles. Was Führungskräfte motiviert und demotiviert, in: Personalführung, 7/2006, S. 42-46
[83] SPRENGER, R.: Zielvereinbarungen – Kontra, in: Personalwirtschaft, 4/2001, S. 90
[84] SPRENGER, R.: Mit Lob bringt man die Freiheit um (Interview von Thomas Hartge), in: Personalführung, 9/2006, S. 30-37
[85] STAEHLE, W. H.: Management, 8. Aufl., München 1999
[86] STIENSMEIER-PELSTER, J./HECKHAUSEN, H.: Kausalattribution von Verhalten und Leistung, in: Heckhausen, J./ Heckhausen, H. (Hrsg.): Motivation und Handeln, 3. Aufl., Heidelberg 2006, S. 355-392
[87] STOCK-HOMBURG, R.: Personalmanagement, Wiesbaden 2008
[88] STÖGER, R.: Balanced Scorecard – Eine Bilanz, in: Organisationsentwicklung, 4/2007, S. 25-33
[89] STOLZ, R.: Viele Chefs haben Angst vor dem Mitarbeitergespräch, in: FAZ vom 21.09.2009, S. 18
[90] STROEBE, A. I./STROEBE, R. W.: Motivation durch Zielvereinbarungen, 2. Aufl., Frankfurt 2006

[91] WATZKA, K.: Controlling der Handhabung von Leistungsbeurteilungen. Ein Beispiel aus dem Werk Gaggenau der Mercedes-Benz AG, in: Gerpott, T. J./Siemers, S. H. (Hrsg.): Controlling von Personalprogrammen, Stuttgart 1995, S. 175-209

[92] WEBER, J./LINDER, S./HIRSCH, B.: Neugestaltung der Budgetierung: Relative, benchmarkorientierte oder absolute, intern orientierte Ziele, in: Zeitschrift für Planung & Unternehmenssteuerung, 1/2004, S. 57-75

[93] WEINER, B.: An Attributional Theory of Motivation and Emotion. New York 1986

[94] WUNDERER, R.: Führung und Zusammenarbeit, 6. Aufl., Darmstadt 2006

[95] ZOBEL, J. G.: Richtig motivieren – ein kritischer Erfolgsfaktor, in: Personal, 9/2001, S. 506-509

Juristische Quellen

[96] BAUER, J. H./DILLER, M./GÖPFERT, B.: Zielvereinbarungen auf dem arbeitsrechtlichen Prüfstand, in: Betriebs-Berater, 17/2002, S. 882-887

[97] BAUM, L. W.: Arbeitsrechtliche Aspekte von Zielvereinbarungen: Konflikte antizipieren, Risiken minimieren, in: Personalführung, 6/2007, S. 74-82

[98] BISSELS, A./HAAG, G.: Zielvorgaben rechtlich neu justieren, in: Personalmagazin, 5/2008, S. 70-71

[99] FISCHER, S./DÖRING, A.: Zielvereinbarung und Zielvorgaben – Variable Vergütung, in: Arbeit und Arbeitsrecht, 11/2008, S. 684-686

[100] FRIEDRICH, N.: Arbeitsrechtliche Aspekte von Zielvereinbarungen, in: Personalführung, 5/2006, S. 22-35

[101] GAUL, B./RAUF, B.: Bonusanspruch trotz unterlassener Zielvereinbarung – oder: Von den Risiken arbeitgeberseitiger Untätigkeit, in: Der Betrieb, 16/2008, S. 869-874

[102] HAUFE-VERLAG (Hrsg.): Stichwort: Betriebsvereinbarung, in: Das Personalbüro, Gruppe 2/121, Heft 3/2002, S. 1-3

[103] HAUFE-VERLAG (Hrsg.): Stichwort: Günstigkeitsprinzip, in: Das Personalbüro, Gruppe 2/196, Heft 3/2002, S. 1-2

[104] HEIDEN, R.: Grenzen der Entgeltvariabilisierung am Beispiel zielvereinbarungsgestützter Vergütung, in: Der Betrieb, 44/2006, S. 2401-2406

[105] HEIDEN, R. (2009A): Entgeltvariabilisierung durch Zielvereinbarungen, in: Der Betrieb, 32/2009, S. 1705-1709

[106] HEIDEN, R. (2009B): Unterjährige Zielanpassung und Feststellung der Zielerreichung bei entgeltrelevanten Zielvereinbarungen, in: Der Betrieb, 50/2009, S. 2714-2718

[107] JUNKER, A.: Grundkurs Arbeitsrecht, 5. Aufl., München 2006

[108] KLUNZIGER, E.: Einführung in das Bürgerliche Recht, 14. Aufl., München 2009

[109] KÖPPEN, M.: Rechtliche Wirkungen arbeitsrechtlicher Zielvereinbarungen, in: Der Betrieb, 7/2002, S. 374-379

[110] MOHNKE, L.: Effektive Ausgestaltung von Zielvereinbarungen, in: Arbeit und Arbeitsrecht, 6/2008, S. 342-345

[111] OLBERT, H.: Zielvereinbarungen gestalten – Mitbestimmungspflichten beachten, in: Arbeit und Arbeitsrecht, 2/2006, S. 84-87

[112] O.V.: Entgeltrecht – Bonuszahlung bei unterbliebener Zielvereinbarung (BAG-Urteil vom 12.12.2007 -10 AZR 97/07, in: Der Betrieb, 9/2008, S. 473-478

Internetquellen

[113] www.aphorismen.de

[114] www.zitate.de

[115] www.zitate.net

[116] www.zitate-online.de

Stichwortverzeichnis

Der Autor

Prof. Dr. rer. pol. Klaus Watzka, Jahrgang 1959, studierte Betriebswirtschaftslehre an den Universitäten Bayreuth und Siegen. Nach dem Examen zum Diplomkaufmann im Jahr 1984 folgte eine 5-jährige Tätigkeit als Wissenschaftlicher Mitarbeiter am Lehrstuhl für Personal-Management der Universität Siegen. In diese Zeit fällt auch die Anfertigung der Dissertation zur interdisziplinären Thematik „Betriebliche Reintegration von Arbeitslosen". Die Arbeit wurde 1990 mit dem Forschungspreis der Bundesanstalt für Arbeit ausgezeichnet.

Es folgte eine dreijährige Tätigkeit im Personalbereich der Mercedes-Benz AG. Im Werk Gaggenau war er zusammen mit seinem Team verantwortlicher Personalbetreuer für etwa 500 Angestellte, insbesondere aus den logistischen Bereichen. Zusätzlich nahm er für alle 2000 Angestellten des Gesamtwerkes die Querschnittsfunktion „Gehaltsplanung" wahr.

Im Jahr 1993 erfolgte der Ruf auf die Professur „Allgemeine Betriebswirtschaft, insbesondere Personalwirtschaft" an die FH Jena. Neben dem Aufbau des eigenen Schwerpunktgebiets übernahm er in etlichen Ämtern der akademischen Selbstverwaltung Aufbauaufgaben für die gesamte Hochschule. Ein zentrales Element der Lehre im Fach „Personalwirtschaft" sind seit 12 Jahren Projektarbeiten in der regionalen Wirtschaftspraxis. Im Jahr 2010 wurde ein studentisches Projekt für die Bosch Solar Energy AG/Erfurt mit dem TheoPrax-Preis ausgezeichnet.

Klaus Watzka ist Autor zahlreicher Fachaufsätze, insbesondere aus den Bereichen Personalmanagement und Mitarbeiter-/Unternehmensführung. Sein besonderes Interesse gilt interdisziplinären Themen an der Schnittstelle zwischen Betriebswirtschaft und Psychologie. Über sieben Jahre war er zudem als Aufsichtsrat beim größten Thüringer Zeitarbeitsunternehmen, GeAT AG/Erfurt, tätig.

Kommentare, Kritik und Verbesserungsvorschläge zum Buch sind jederzeit herzlich willkommen unter der E-Mail-Adresse: klaus.watzka@t-online.de.